"十三五"职业教育国家规划教材

工程力学

(第八版)

微课版

○主　编　蒙晓影
○副主编　苟阿妮　张　磊
　　　　　胡渊明

大连理工大学出版社

图书在版编目(CIP)数据

工程力学 / 蒙晓影主编. －8版. －－ 大连：大连理工大学出版社，2022.1(2022.12重印)
　ISBN 978-7-5685-3724-7

Ⅰ. ①工… Ⅱ. ①蒙… Ⅲ. ①工程力学－高等职业教育－教材 Ⅳ. ①TB12

中国版本图书馆CIP数据核字(2022)第020026号

大连理工大学出版社出版
地址：大连市软件园路80号　邮政编码：116023
发行：0411-84708842　邮购：0411-84708943　传真：0411-84701466
E-mail：dutp@dutp.cn　URL：https://www.dutp.cn
大连图腾彩色印刷有限公司印刷　大连理工大学出版社发行

幅面尺寸：185mm×260mm　印张：17　字数：391千字
2004年9月第1版　2022年1月第8版
2022年12月第4次印刷

责任编辑：吴媛媛　　　　　　　责任校对：陈星源
封面设计：方　茜

ISBN 978-7-5685-3724-7　　　　　　　　　定　价：51.80元

本书如有印装质量问题，请与我社发行部联系更换。

前　言

《工程力学》(第八版)是"十三五"职业教育国家规划教材及"十二五"职业教育国家规划教材。

本版教材是在前几版教材的基础上进行修订和完善的。此次修订注意保留了前几版教材的特色,又重点考虑了以下几点:

1. 在编写过程中遵循职业教育教学规律和高职学生成长规律,符合学生认知特点,体现先进职业教育理念,融入课程思政元素,激发学生的学习兴趣和创新潜能。

2. 引入大量典型案例,突出从工程构件与结构到力学模型和相应的力学分析,以及从力学模型与理论分析成果到解决工程实际问题的基本思路,力求在提高学生学习兴趣的同时,提高学生的工程意识和责任意识。

3. 教材完全遵循提出问题—新知识学习—解决问题的思路进行编写。在每一章开篇都引入了工程中的典型案例,结尾给出该典型案例的分析与解答,做到了工学结合、学用统一,同时提高了学生解决实际问题的能力。

4. 本教材是一本真正面向学生的教材。对于初学者来说,常常觉得力学教材难读,本教材在保证内容完整性和理论严谨性的同时,力争用通俗的语言向初学者进行解释。这是一本既适合学生学习,又适合教师教学的教材。

5. 在章节安排上,前3章讲述静力学基本知识,后7章阐述构件的承载能力,教材整个体系科学、完整。教材绝大部分为必学内容,少部分为选学内容(在教材中用 * 注明)。

本教材共分10章,分别是:静力学的基本概念和受力分析;平面力系;空间力系与重心;杆件的轴向拉伸与压缩;剪切和挤压;扭转;弯曲;组合变形;压杆稳定;动载荷与疲

劳强度概述。

为方便教师授课和学生自学，本教材配有微课、教案、课件、考试试卷及习题参考答案等丰富的配套资源。

本教材由渤海船舶职业学院蒙晓影任主编，厦门华天涉外职业技术学院苟阿妮、淮北职业技术学院张磊及中冶葫芦岛有色金属集团有限公司胡渊明任副主编。具体编写分工如下：蒙晓影编写课程总论及第1、2、6、7章；苟阿妮编写第4、5章及附录；张磊编写第8~10章；胡渊明编写第3章。全书由蒙晓影负责统稿和定稿。

在编写本教材的过程中，我们参考、引用和改编了国内外出版物中的相关资料以及网络资源，在此对这些资料的作者表示深深的谢意！请相关著作权人看到本教材后与出版社联系，出版社将按照相关法律的规定支付稿酬。

尽管我们在教材特色的建设方面做出了许多的努力，但由于编者水平有限，教材中仍可能存在一些疏漏和不妥之处，恳请各教学单位和读者多提宝贵的意见和建议，以便下次修订时改进。

编　者
2022年1月

所有意见和建议请发往：dutpgz@163.com
欢迎访问职教数字化服务平台：https://www.DUTP.cn/sve/
联系电话：0411-84707424　84708979

目 录

课程总论 ··· 1

第1章 静力学的基本概念和受力分析 ·· 7
1.1 静力学的基本概念 ··· 8
1.2 静力学公理 ·· 10
1.3 力的投影 ··· 13
1.4 力对点之矩 ·· 14
1.5 力　偶 ··· 16
1.6 约束与约束反力 ··· 18
1.7 物体的受力分析 ··· 20
小　结 ·· 24
思考题 ·· 25
习　题 ·· 26

第2章 平面力系 ·· 29
2.1 平面汇交力系合成与平衡的解析法 ··· 31
2.2 平面力偶系的合成与平衡 ··· 35
2.3 平面任意力系的简化 ··· 37
2.4 平面任意力系的平衡方程及应用 ·· 41
2.5 物体系统的平衡 ··· 45
2.6 平面静定桁架的静力分析 ··· 49
2.7 考虑摩擦时的平衡问题 ·· 53
小　结 ·· 59
思考题 ·· 60
习　题 ·· 61

第3章 空间力系与重心 ··· 66
3.1 空间力的投影 ··· 68
3.2 力对轴之矩 ·· 70
3.3 空间力系的平衡方程及应用 ·· 72
3.4 空间平行力系的中心和物体的重心 ··· 77
小　结 ·· 81
思考题 ·· 82
习　题 ·· 83

第 4 章 杆件的轴向拉伸与压缩 …… 86
- 4.1 拉伸与压缩的概念 …… 87
- 4.2 拉伸与压缩时横截面上的内力——轴力 …… 88
- 4.3 应 力 …… 90
- 4.4 拉压杆斜截面上的应力 剪应力互等定律 …… 92
- 4.5 轴向拉伸与压缩杆件的变形 胡克定律 …… 94
- 4.6 材料拉伸与压缩时的力学性能 …… 96
- 4.7 拉伸与压缩的强度计算 …… 100
- 4.8 拉压杆的超静定问题 …… 106
- 小 结 …… 110
- 思考题 …… 111
- 习 题 …… 112

第 5 章 剪切和挤压 …… 115
- 5.1 剪切和挤压的概念 …… 116
- 5.2 剪切和挤压的实用强度计算 …… 118
- 5.3 剪应变 剪切胡克定律 …… 125
- 小 结 …… 126
- 思考题 …… 127
- 习 题 …… 128

第 6 章 扭 转 …… 131
- 6.1 扭转的概念及外力偶矩计算 …… 132
- 6.2 扭转时横截面上的内力——扭矩 …… 134
- 6.3 扭转时横截面上的应力 …… 136
- 6.4 圆轴扭转强度条件及应用 …… 141
- 6.5 圆轴扭转变形及刚度条件 …… 147
- *6.6 非圆截面杆的扭转问题 …… 150
- 小 结 …… 152
- 思考题 …… 153
- 习 题 …… 154

第 7 章 弯 曲 …… 158
- 7.1 平面弯曲和静定梁 …… 159
- 7.2 梁的内力——剪力和弯矩 …… 160
- 7.3 剪力图和弯矩图 …… 163
- 7.4 载荷集度、剪力和弯矩的关系 …… 168
- 7.5 平面弯曲梁横截面上的正应力 …… 174
- 7.6 弯曲正应力强度条件 …… 179
- 7.7 弯曲切应力简介 …… 184

7.8　梁的变形 ·· 186
　　7.9　提高梁承载能力的措施 ·· 191
　　小　结 ·· 196
　　思考题 ·· 197
　　习　题 ·· 199

第8章　组合变形 ·· 204
　　8.1　拉(压)弯组合变形 ·· 206
　　8.2　弯曲与扭转组合变形 ·· 209
　　小　结 ·· 214
　　思考题 ·· 215
　　习　题 ·· 215

第9章　压杆稳定 ·· 218
　　9.1　压杆稳定的概念 ·· 219
　　9.2　压杆的临界力和临界应力 ·· 221
　　9.3　压杆的稳定性计算 ·· 224
　　9.4　提高压杆稳定性的措施 ·· 228
　　小　结 ·· 229
　　思考题 ·· 230
　　习　题 ·· 231

第10章　动载荷与疲劳强度概述 ·· 233
　　10.1　等加速度直线运动时构件上的惯性力与动应力 ······················· 234
　　10.2　旋转构件的受力分析与动应力计算 ······························· 235
　　10.3　疲劳强度概述 ·· 238
　*10.4　材料的持久极限及其影响因素 ·· 241
　　小　结 ·· 245
　　思考题 ·· 246
　　习　题 ·· 246

参考文献 ·· 248
附　录 ·· 249
　　附录1　转动惯量 ·· 249
　　附录2　型钢表 ·· 251
　　附录3　中英文名词对照表 ·· 260

微课资源列表

序号	微课名称	对应页码
1	力的投影	13
2	力对点之矩	14
3	力偶	16
4	光滑圆柱铰链约束	19
5	构件的受力分析	20
6	力的平移定理	37
7	平面任意力系的简化	38
8	物体系统的平衡	46
9	轴力和轴力图	88
10	低碳钢拉伸时应力-应变曲线	97
11	拉压杆强度计算	104
12	剪挤面和挤压面	118
13	圆轴扭转剪应力	136
14	扭转角的计算	147
15	剪力图和弯矩图的快捷画法	165
16	脆性梁的强度计算	182
17	拉(压)弯组合变形强度计算	207
18	圆轴弯扭组合变形强度计算	212
19	压杆的稳定性	219
20	临界力和临界应力的计算	221

课程总论

课程定位

工程力学是研究物体机械运动的一般规律和工程构件的强度、刚度及稳定性等计算原理的一门学科。它是高职机械设计与制造、机电一体化、数控技术、船舶动力装置、轮机工程、钢结构、材料工程等专业的一门理论性较强的技术基础课,在整个教学过程中起着承上启下的作用。通过本课程的学习,可以开发学生的智力,培养学生敏锐的观察能力、丰富的想象能力、科学严谨的思维能力和较强的计算能力,并为后续专业课程的学习和解决工程实际问题提供基本理论和方法。

指导思想

本课程遵循高职学生成长和认知规律,注重理论与实践结合,在学习知识、提升能力的同时注重学生综合素质的提升。通过工程案例分析学习培养学生具有较强的社会责任感和良好的职业道德;通过小组学习培养学生吃苦耐劳和团结协作的精神;通过受力分析等知识学习培养学生实事求是、言行一致的思想作风;通过铸铁梁等强度计算培养学生踏实肯干、科学严谨的工作态度。

工程力学的内容极其广泛,本书所讲述的是工程力学最基础的内容,它包含静力学和材料力学两部分。

1. 机械工程中的力学问题

在工农业生产、建筑、交通运输、航空航海等工程中,广泛地运用着各种机械设备和工程结构,它们都是由若干个基本的零部件按照一定的规律组成的,组成机械的基本零部件称为构件。当机械工作时,组成机械的各构件都要受到来自相邻构件和其他物体的力的作用,这些力在工程上称为载荷。

在载荷的作用下，构件可能处于平衡状态，也可能发生运动状态的改变，与此同时，构件也会发生变形。每个构件都是由一定的材料制成的，若构件所承受的载荷超过材料的承载能力，构件就会产生过大的变形或断裂而不能继续正常工作，即失效。例如，起重机的横梁（图 0-1）若因载荷过大而断裂，起重机就无法工作；机床的主轴（图 0-2）若变形过大，将造成齿轮间不能正常啮合，引起轴承间的不均匀磨损，从而影响加工精度并产生噪声；又如千斤顶的

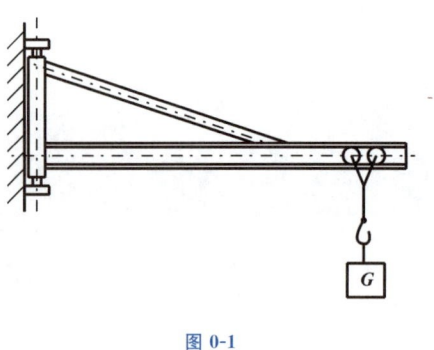

图 0-1

螺杆，当其承受的轴向压力超过一定的限度时就会丧失稳定性而不能正常工作。以上这些例子分别是构件的强度、刚度和稳定性问题。因此为保证机械安全正常地工作，要求任何一个构件都要具有足够的承载能力。构件的承载能力是机械工程中经常遇到的力学问题。本书将为分析和解决这些问题提供必要的基础理论和方法。

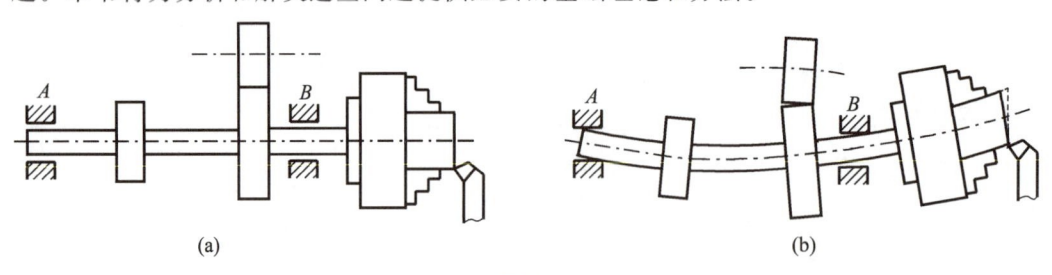

图 0-2

2. 工程力学的主要内容和任务

工程力学是研究构件在载荷作用下的运动规律、平衡规律及构件承载能力的一门学科，本课程的主要内容包括以下两个部分。

（1）静力学：研究物体在力系作用下的平衡规律的科学。力系是指作用在同一物体上的一组力。平衡是指物体处于静止或匀速直线运动状态，是机械运动的特殊形式。力系只有满足平衡条件才能成为平衡力系。静力学研究的主要内容之一就是建立力系的平衡条件，并根据此条件解决工程构件的受力问题。

静力学中建立力系平衡条件的主要方法是力系的简化。所谓力系的简化就是用简单的力系来代替复杂的力系，这种替代必须在两力系对物体的作用效应完全相同的条件下进行。对同一物体作用效应相同的两力系，彼此互为等效力系。

因此，静力学研究三个主要问题：①物体的受力分析；②力系的简化；③建立物体在力系作用下的平衡条件及其在工程中的应用。

（2）材料力学：研究构件承载能力的科学。工程中的机构或机器都是由构件组合而成的，如果一个机构能够正常工作完成其使命，那么它的每一个构件都应该具有足够的承载能力。材料力学的任务就是要解决构件承载能力分析的问题。具体来讲，构件的承载能力包括强度、刚度和稳定性。

强度即构件抵抗破坏的能力。构件破坏在工程设计中是不允许的。如果构件的尺寸、所用材料的性能与载荷不相匹配，就有可能使机器无法正常工作，甚至造成灾难性的

事故。例如,起吊机上起吊货物的锁链太细,所选用的材料性能太差或货物太重,都可能使锁链因强度不够而发生断裂,造成事故。因而工程设计中首先要解决的问题就是构件的强度问题。

刚度即构件抵抗变形的能力。工程中的构件除了要求具有足够的强度来保证安全以外,还不能有过大变形,如车床主轴在长期使用中易产生弯曲变形,若变形过大,如图 0-2 所示,则破坏齿轮的正常啮合,引起轴承间的不均匀磨损,影响加工精度,从而使机器不能正常工作。因此,对这类构件还需要解决刚度问题,即保证在载荷作用下,其变形量不超过正常工作所允许的限度。

对于细长压杆,当压力达到一定数值时,可能出现突然失去稳定的平衡状态的现象,称为失稳。例如,千斤顶当载荷达到临界值时会突然变弯折断,造成事故。由于发生失稳的临界载荷值很低,所以,对于这一类构件必须首先解决稳定性问题。

3. 工程力学的研究对象及基本假设

实际构件的形状是多种多样的,工程力学主要研究杆类零件,即杆件。所谓杆件就是其纵向尺寸远远大于其横向尺寸,如连杆、梁、键和轴等机械零件。轴线为曲线的杆件称为曲杆,轴线为直线的杆件称为直杆。本课程主要研究直杆的力学问题。

自然界的物体受力作用后会产生两种效果:①运动状态(或趋势)的改变;②变形。我们把运动状态的改变称为力的外效应,而把变形称为力的内效应。静力学把物体理想化为刚体,主要讨论物体在外力作用下保持平衡的受力特点、力系的平衡条件及应用,考虑力对物体的外效应。构件的承载能力分析由于要研究构件的强度、刚度和稳定性问题,必须考虑构件在力作用下的变形,所以刚体这一模型不再适用,必须把物体看成变形体,研究物体在外力作用下的变形特征,即考虑力的内效应。研究力的外效应是为研究内效应打基础。

在工程中,杆的变形问题是一个主要问题,而板、壳、块的很多问题都可以简化成杆的变形问题,尤其是等直杆的变形问题。等直杆的基本变形形式可分为以下四种,如图 0-3 所示。

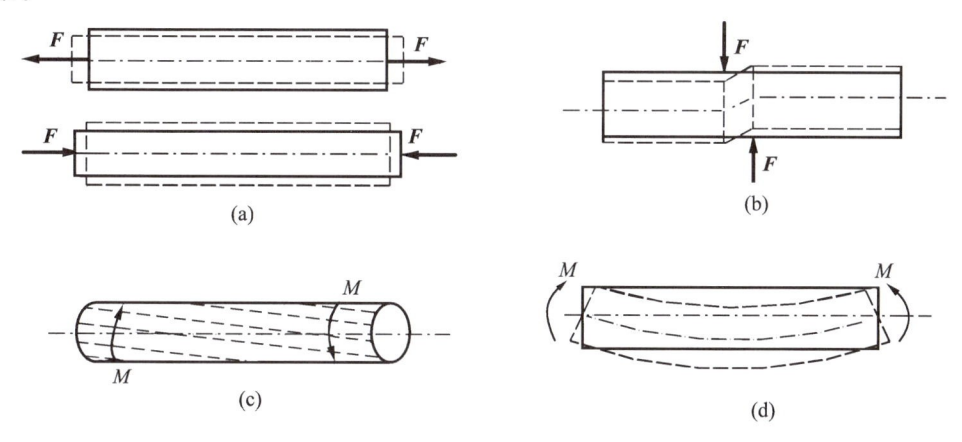

图 0-3

(1)轴向拉伸与压缩:外力沿轴线作用,杆沿轴向伸长或缩短,如图 0-3(a)所示。

(2) 剪切：在大小相等、方向相反、作用线相距很近的横向力作用下，外力作用点间的截面发生相对错动，如图 0-3(b) 所示。

(3) 扭转：在大小相等、方向相反、作用面垂直于杆轴线的力偶作用下，力偶作用点间各截面发生相对转动，如图 0-3(c) 所示。

(4) 弯曲：外力垂直于杆件轴线或作用于纵向平面内，杆件轴线由直线变为曲线，如图 0-3(d) 所示。

工程实际中，杆件往往同时发生以上四种基本变形中的两种或两种以上变形，这种情况称为组合变形。

本书将四种基本变形形式中的每一种均作为一章，再加上组合变形问题，从而涵盖工程的绝大多数问题。

在工程研究中，为使问题简化，对变形体做出如下三个基本假设：

(1) 连续均匀性假设：假设变形体内毫无间隙地充满了物质，而且各处力学性能都相同。

(2) 各向同性假设：假设变形体在各个方向上具有相同的力学性能。

(3) 变形微小假设：假设变形体所产生的变形与其尺寸相比十分微小。

对于上述三条假设，工程中绝大多数材料如钢、铜、铸铁和玻璃等的变形问题都是符合的。而对于各向异性材料及变形较大的情况，结论会有一定误差，如何修正不在本课程研究范围之内。

4. 工程力学的研究方法

工程力学和其他任何一门学科一样，就其研究方法而言，都不可能离开认识过程的客观规律。工程力学的研究方法是：从实践出发或通过实验观察，经过抽象、综合和归纳，建立公理或提出基本假设，再用数学演绎和逻辑推理得到定理和结论，最后通过实践来验证理论的正确性。

(1) 观察和实验是理论发展的基础。

首先，人们通过观察生活和生产实践中的各种现象，经过分析、综合和归纳，总结出力学的基本规律。在远古时代，人们为了生活和灌溉的需要，制造了辘轳；为了建筑上搬运重物的需要，使用了杠杆、斜面和滑轮；为了长途运输的需要，制造了车子，等等。制造和使用这些生活和生产工具，使人类对于机械运动有了初步认识，并逐步形成了一些有关力学的基本概念和力学基本规律，如力、力矩、杠杆原理和二力平衡公理等。

人们除了在生活和生产实践中进行观察和分析，进行实验也是必不可少的。实验是形成理论的重要基础。例如，伽利略对自由落体和物体在斜面上的运动做了多次实验，提出了"加速度"的概念；摩擦定律的提出也是以实验为基础的。特别是从近代力学的研究和发展来看，实验更是重要的研究方法之一。

(2) 在观察和实验的基础上，用抽象的方法建立力学模型。

抽象化的方法就是在客观事物的复杂现象中，抓住起决定性作用的主要因素，忽略次要的、局部的和偶然性的因素，深入现象的本质，明确事物的内在联系。例如，在静力学分析中忽略物体受力产生的变形，得到刚体的模型；在运动力学中忽略物体的几何尺寸，得到质点的模型。但是，抽象化的方法是有条件的、相对的，当研究问题的条件改变了，原来的模型就不一定适用了。例如,在构件的承载能力分析中,研究物体内部的受力情况和变形时,刚体的模型不再适用。总之,抽象化的方法既使得研究的问题大为简化,又更深刻地反映了事物的本质。

(3) 在建立力学模型的基础上,根据公理、定律和基本假设,借助数学工具,通过演绎和推理的方法,考虑问题的具体条件,得到各种形式的、具有物理意义和实用价值的定理和结论。

工程力学是前人经过无数次"实践—理论—实践"的循环反复过程,使认识不断提高和深化的成果。因此,我们在学习工程力学的知识后,还必须在生产实践中去应用、验证和发展它。

5. 工程力学的发展简介

静力学从公元前 3 世纪开始发展,到公元 17 世纪,伽利略奠定了动力学基础。农业和建筑业的要求,以及精密测量的需要,推动了力学的发展。人们在使用简单的工具和机械的基础上,逐渐总结出力学的概念和公理。例如,从滑轮和杠杆得出力矩的概念,从斜面得出力的平行四边形法则等。

阿基米德是使静力学成为一门真正科学的奠基者。他创立了杠杆理论和静力学的一些主要原理,第一个使用严密的推理求出了平行四边形、三角形和梯形的重心位置,还近似求出了封闭抛物线的重心。

在古代,虽然还没有严格的科学理论,但人们在长期的生产实践中得到的一些粗浅认识已经体现在一些古代建筑中,大体上也符合现代材料力学的基本原理。随着工业的发展,人们在车辆、船舶、机械和大型建筑工程的建造中所碰到的问题日益复杂,单凭经验已无法解决。这种情况下,在对构件强度、刚度和稳定性长期定量研究的基础上,逐渐形成了材料力学。

意大利科学家伽利略通过一系列实验,于 1638 年首次提出了梁的强度计算公式,但由于当时对材料受力后会发生变形这一规律缺乏认识,他采用了刚体力学的方法进行计算,导致所得到的结论不完全正确。后来,英国科学家胡克在 1678 年发表了根据弹簧实验所得到的胡克定律,即"力与变形成正比",奠定了材料力学的基础。而直到 17 世纪末期,牛顿创立了古典力学,才实现了人类对自然界认识的巨大飞跃。

以牛顿三大运动定律为基础的古典力学体系,决定了三百多年的力学发展方向与范畴。毫无疑问,今后它还将继续指导力学这门学科的发展。但应该指出的是,牛顿在叙述这些运动定律时,曾引入了所谓"绝对空间"和"绝对时间"观念,他将时间和空间理解为与物质和物质运动都无关的绝对标准,这显然是错误的。牛顿的另一个成就是,他发现了表达因果性物理定律的必要工具,即数学方法。关于这一点,爱因斯坦曾做过这样的论述:"为了给予他的体系以数学的形式,牛顿首先提出微积分的概念,并用微分方程的形式来表达他的运动定律,这或许是有史以来一个人所能迈出的一个最大的理智步伐。"

从 18 世纪到 19 世纪末,力学的发展主要是把牛顿的古典力学体系向深度和广度两方面推进。在向深度推进方面,一是哈密顿原理的出现,把力学的基础建立在能量组合(拉格朗日函数)的积分极值原理上,对从牛顿力学通向广义相对论和量子力学起到了桥梁的作用;二是统计力学的出现,把牛顿力学推进到了微观世界。在向广度推进方面,则表现为牛顿基本运动规律和具体物体的结合,即把不同介质作为具有不同特性的质点组处理,从而出现了刚体力学、弹性力学、流体力学和气动力学等。

  本课程所研究的运动是速度远小于光速的宏观物体的机械运动,属于经典力学的范畴。经典力学以牛顿定理为基础,对于接近光速的物体和基本粒子的运动,经典力学有一定的局限性,必须用相对论和量子力学加以研究。但长期的实践证明,现代一般工程中所遇到的大量力学问题,用经典力学来解决,不仅方便简捷,而且具有足够的精度,所以经典力学至今仍有很大的实用意义,并且还在不断地发展。值得一提的是,随着冶金工业的发展,新的高强度金属逐渐成为主要的工程材料,从而使薄型和细长型构件大量被采用,这类构件的失效破坏屡有发生,从而引起工程界的广泛关注。另外,由于超高强度材料和焊接结构的广泛应用,低应力脆断和疲劳问题又成为新的课题,也促使这方面的研究迅速发展。

第1章 静力学的基本概念和受力分析

典型案例

还记得小时候我们玩过的"平衡鹰"玩具吗？只要给它一个支点，它就能"飞"，就是这么神奇。平衡鹰也叫作平衡老鹰或金字塔平衡鹰，它是一种塑料摆件。如图 1-1 所示，平衡鹰具有尖尖的嘴、向前展开的两个翅膀和向后翘起的尾巴。将它的嘴尖放在手指尖上，轻轻动一下，平衡鹰就和不倒翁一样晃动而从未掉落，直到完全静止下来。大家知道其中蕴含的力学知识吗？

图 1-1

学习目标

【知识目标】
1. 掌握静力学的基本概念、静力学公理和推论的内容及应用。
2. 掌握工程中常见的几种约束类型及其受力特点。
3. 掌握绘制受力图的方法和注意事项。
4. 掌握力矩的概念和计算方法、力偶的概念和性质。
5. 掌握投影的概念和力的投影的计算方法。

【能力目标】
1. 能分辨各种常见约束的受力特点及其性质。
2. 对简单的物体系统，能熟练根据工程需要取分离体并画出其受力图。

3. 具有可以将工程实际问题转化为力学简图的能力。

【素质目标】

1. 从熟悉的儿时平衡鹰玩具趣味导入，激发学生的学习兴趣和潜能，使工程力学知识贴近生活，贴近实际，贴近学生。

2. 从物体的受力分析体会科学严谨的求知精神，培养学生尊重科学、崇尚实践、细致认真、敬业守职的职业精神。

3. 从静力学基本概念和公理学习中，引导学生用理论指导实践，再由实践上升到理论的研究问题的思路和方法。

4. 从二力构件受力分析等重、难点知识学习中培养学生吃苦耐劳、坚强的意志品质和团队协作能力。

静力学是研究物体在力系作用下的平衡规律的科学，重点解决刚体在满足平衡条件的基础上如何求解未知力的问题。静力学理论是从生产实践中发展起来的，是机械零件或机构承载计算的基础，在工程技术中有着广泛的应用。

本章重点研究物体的受力分析，即分析某个物体共受几个力，以及每个力的大小、方向和作用线位置。为了正确分析物体的受力情况，本章先介绍静力学的一些基本概念和公理，然后介绍工程中常见的几种典型约束及其约束反力，最后重点讲解物体及物系受力分析和绘制受力图的方法。

1.1 静力学的基本概念

一、刚体的概念

所谓**刚体**，是指在力的作用下永不变形的物体，也就是物体受力的作用时，其内部任意两点间的距离永远保持不变。这是一个理想化的力学模型。实际上，物体在力的作用下，都会产生不同程度的变形。但在一般情况下，工程上的结构构件和机械零件的变形都是很微小的，这种微小的变形对构件的受力平衡影响甚微，可以略去不计，所以可以将结构构件和机械零件抽象化为刚体。这种抽象会使我们所研究的问题大大简化，但是不应该把刚体的概念绝对化。通常在静力学中我们研究的是平衡问题，将受力的物体假想为刚体，但在研究构件的强度、刚度和稳定性问题时，必须把它看作**变形体**。例如，研究一根横梁在平衡状态下所受的外力时，我们把横梁看作刚体，可是在研究横梁的内力、变形及强度等问题时，必须把它看作变形体。

在静力学中将物体理想化为刚体，故又称刚体静力学。由若干个刚体组成的系统称为物体系统，简称物系。

二、质点的概念

在静力学中根据问题的不同，除了将实际物体抽象化为刚体外，还可以将物体抽象为另外一种理想模型，即质点。所谓**质点**，是指具有一定质量而形状和大小可以忽略不计的

第1章 静力学的基本概念和受力分析

物体。当我们研究物体整体运动时,它的大小和形状不影响我们所研究问题的性质,即可将该物体简化为质点。

三、力的概念

力是物体间的相互作用。它具有两种效应:一是使物体的运动状态发生改变,例如地球对月球的引力不断地改变月球的运动方向而使之绕地球转动;二是使物体产生变形,例如作用在弹簧上的拉力使弹簧伸长。前者称为力的外效应,后者称为力的内效应。一般来说,这两种效应是同时存在的。但是,为了使问题的研究简化,通常将外效应和内效应分开来研究。静力学主要研究物体的外效应。

力的作用效果取决于力的三要素:①力的大小;②力的方向;③力的作用点。

需要指出的是,力的作用点是力的作用位置的抽象,实际上力的作用位置一般来说并不是一个点,而是作用于物体的一定面积上。当作用面积很小时,可将其抽象为一个点,将作用于物体某个点上的力称为集中力,通过力的作用点并代表力的方位的直线称为力的作用线。如果力的作用面积较大,不能抽象为点,则将作用于这个面积上的力称为面分布力,面分布力的作用强度用单位面积上力的大小 $q(\mathrm{N/cm^2})$ 来度量。同理,如果力分布在一个物体内,将作用在该物体上的力称为体积分布力,体积分布力的作用强度用单位体积上力的大小 $q(\mathrm{N/cm^3})$ 来度量。如果力的作用点可简化为一条直线,则称该力为线分布力,线分布力的作用强度用单位长度上力的大小 $q(\mathrm{N/m})$ 来度量。体积分布力、面分布力和线分布力都称为载荷集度,若分布力在作用体积、作用面积或作用线上均匀分布,则称其为均布载荷。在静力学上,均布载荷可看成是一个作用在重心或图形几何中心的集中力,力的方向与均布载荷方向相同,力的大小分别为物体的体积、图形面积或杆件长度与均布载荷的乘积。

在国际单位制(SI)中,力的单位是牛顿或千牛顿,其符号为 N 或 kN。在工程单位制(LFT)中,力的单位是千克力或吨力,其符号为 kgf 或 tf。两者的换算关系为

$$1 \text{ kgf} = 9.8 \text{ N}$$
$$1 \text{ tf} = 9.8 \text{ kN} = 9\,800 \text{ N}$$

力是矢量,所以可以用一个定位的有向线段来表示。如图 1-2 所示,线段的长度按一定的比例尺表示力的大小,箭头的指向表示力的方向,线段的起点(或终点)表示力的作用点。与线段重合的直线称为力的作用线。我们通常用黑体字母 $\boldsymbol{F}$ 来表示力。

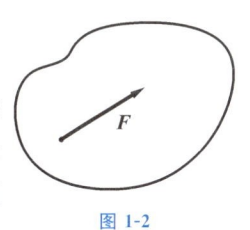

图 1-2

四、力系的概念

力系是指作用于物体上的一群力。力系中力的作用形式是千变万化的,可能是一个力,也可能是多个力。力的作用线可能在同一平面内,称为平面力系;也可能在三维空间内,称为空间力系;一个力是最简单的一种力系。在解决复杂力系的问题时,应该在保持对刚体作用效果不变的前提下,用一个简单力系代替一个复杂力系,从而使问题简化,这个过程称为力系的简化。如果一个力与一个力系等效,则称此力为该力系的合力,该力系中各力称为其合力的分力或分量。求合力的过程称为力系的合成。

五、平衡的概念

所谓**平衡**,是指物体相对于惯性参考系保持静止或做匀速直线运动。在工程问题中,平衡通常是指物体相对地球静止或做匀速直线运动和匀速定轴转动,也就是将惯性参考系固连在地球上,这时作用于物体上的力系称为平衡力系。实际上,物体的平衡总是暂时的、相对的,永久的、绝对的平衡是不存在的。研究物体的平衡问题,就是研究物体在力系作用下的平衡条件,并应用这些平衡条件解决工程实际问题。为了便于寻求各种力系对物体作用的总效应和力系的平衡条件,需要将力系进行简化。

1.2 静力学公理

静力学公理是人们在生活和生产活动中长期积累起来的、经过实践反复检验的、证明是符合客观实际的普遍规律。静力学公理是对力的基本性质的概括和总结,是静力学全部理论的基础,是解决力系的简化、平衡条件的建立以及物体的受力分析等问题的理论依据。

一、公理1 力的平行四边形法则

作用于物体上同一点的两个力,可以合成为一个合力。其合力仍作用于该点上,合力的大小和方向,由以这两个力为邻边所构成的平行四边形的对角线来确定。 它是复杂力系简化的基础。

如图1-3(a)所示,F_1、F_2为作用于O点的两个力,以这两个力为邻边作平行四边形$OACB$,则对角线$\overrightarrow{OC}$即为F_1与F_2的合力R,或者说,合力矢R等于原来两个力矢F_1与F_2的矢量和,可用矢量式来表示,即

$$R = F_1 + F_2 \tag{1-1}$$

为了便于求两个汇交力的合力,也可不画整个平行四边形,而从O点作一个与F_1大小相等、方向相同的矢线$\overrightarrow{OA}$,再过A点作一个与F_2大小相等、方向相同的矢线$\overrightarrow{AC}$,则矢线$\overrightarrow{OC}$即表示合力R的大小和方向,如图1-3(b)所示。这种求合力的方法称为**力的三角形法则**。必须清楚,在$\triangle OAC$中,各矢线只表示力的大小和方向,而不能表示力的作用点或作用线。

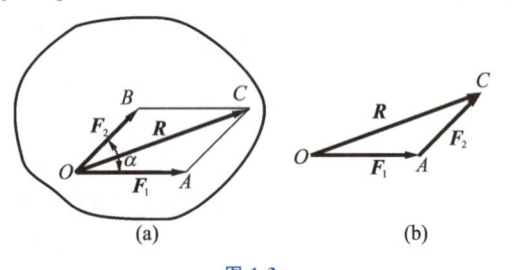

图 1-3

如图1-4(a)所示,设物体受到多个共点力F_1、F_2、F_3和F_4的作用。求此力系的合力时,可连续使用力的三角形法则。如先求F_1和F_2的合力R_1,再求R_1和F_3的合力R_2,最后将R_2与F_4合成,即得力系的合力R,如图1-4(b)所示。

由作图的结果可以看出,在求合力R时,表示R_1和R_2的线段完全可以不画。可将各力F_1、F_2、F_3、F_4依次首尾相接,形成一条折线,连接其始、末端,形成封闭图形,则从F_1的始端指向F_4的末端所形成的矢量为合力R,如图1-4(c)所示,此法则称为**力的多边形法则**。

力的多边形法则可以推广到确定n个共点力的合力。可得出结论:共点力的合力等于力系中各力的矢量和,合力的作用线通过共点力的交点。合力R可用矢量式表示为

第1章 静力学的基本概念和受力分析

$$R = F_1 + F_2 + \cdots + F_n = \sum_{i=1}^{n} F_i \tag{1-2}$$

画力多边形时,若改变各分力相加的次序,将得到形状不同的力多边形,但合力不变,如图 1-5 所示,所求 R 与图 1-4(c)一致。

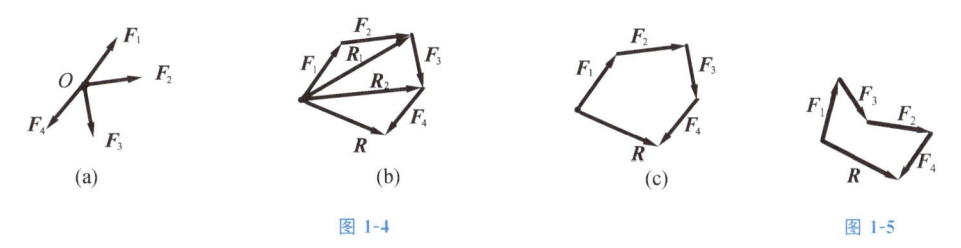

    (a)   (b)   (c)

图 1-4   图 1-5

应用力的平行四边形法则、三角形法则和多边形法则可以求多个力的合力,同时也可以将一个力分解成作用于同一点的两个分力。在工程问题中,常将力沿互相垂直的两个方向分解,这种分解称为正交分解。

二、公理 2   二力平衡公理

作用在同一刚体上的两个力,使刚体处于平衡状态的必要充分条件是:这两个力的大小相等,方向相反,且作用在同一直线上。如图 1-6 所示,即

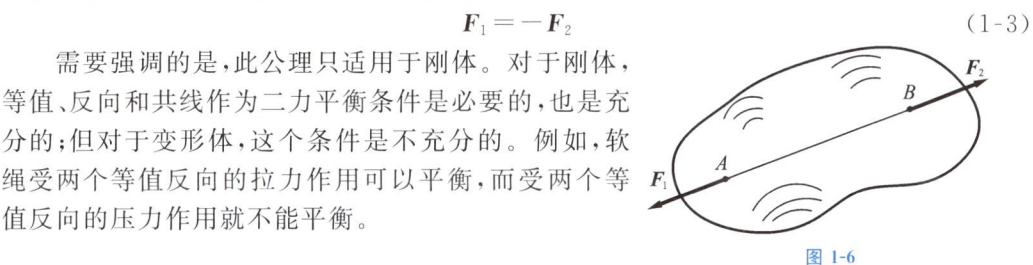

$$F_1 = -F_2 \tag{1-3}$$

需要强调的是,此公理只适用于刚体。对于刚体,等值、反向和共线作为二力平衡条件是必要的,也是充分的;但对于变形体,这个条件是不充分的。例如,软绳受两个等值反向的拉力作用可以平衡,而受两个等值反向的压力作用就不能平衡。

图 1-6

三、公理 3   加减平衡力系公理

在已知力系上加上或减去任意的平衡力系,并不改变原力系对刚体的作用效应。

这个公理是力系简化的重要理论依据。根据上面三个公理可以导出下列推论。

推论 1 力的可传递性原理

作用于刚体上的力,可以沿着它的作用线移到刚体内任意一点,而不改变该力对刚体的作用效果。

证明:设有力 F 作用于刚体上的 A 点,如图 1-7(a)所示。根据加减平衡力系公理,可在力的作用线上任取一点 B,并加上两个相互平衡的力 F_1 和 F_2,使 $F = F_2 = -F_1$,如图 1-7(b) 所示。由于力 F 和 F_1 也是一个平衡力系,故可减去,这样只剩下一个力 F_2,如图 1-7(c) 所示。于是,原来的这个力 F 与力系(F, F_1, F_2)以及力 F_2 等效。而力 F_2 就是原来的力 F 沿着它的作用线由 A 点移动到 B 点得到的。

由此可见,对于刚体来说,力的作用点已不是决定力的作用效果的要素,它已被作用线所代替。因此,作用于刚体上的力的三要素是:力的大小、方向和作用线。

必须注意,力的可传递性原理只适用于刚体,而且力只能在刚体内部沿其作用线移

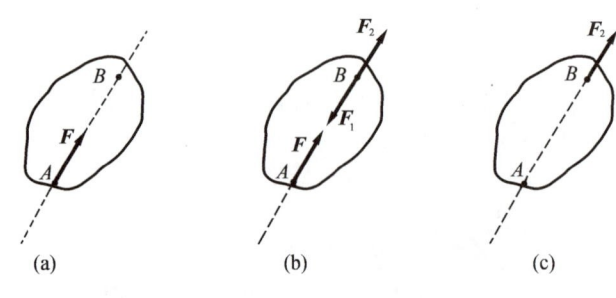

图 1-7

动,而不能移到其他刚体上去,力的可传递性原理说明力是一个可滑移矢量。

推论 2 三力平衡汇交定理

刚体在三个力的作用下平衡,若其中二力作用线相交,则第三个力的作用线必过该交点,且三力共面。

证明:如图 1-8 所示,刚体上 A、B、C 三点分别作用力 F_1、F_2 和 F_3,其中 F_1 与 F_2 的作用线相交于 O 点,刚体在此三力作用下处于平衡状态。根据力的可传递性原理,将力 F_1 和 F_2 移至 O 点,合成得合力 R_{12},则力 F_3 应与 R_{12} 平衡,因而 F_3 必与 R_{12} 共线,即 F_3 作用线也通过 O 点。另外,因为 F_1、F_2 与 R_{12} 共面,所以 F_1、F_2 与 F_3 也共面。

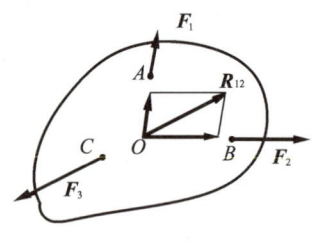

图 1-8

利用三力平衡汇交定理,可以确定刚体在同一平面三个非平行力作用下平衡时未知力的方向,这在画受力图时经常用到。

四、公理 4 作用力与反作用力公理

两物体间的作用力与反作用力总是同时存在的,且两力的大小相等、方向相反,沿着同一直线,分别作用在两个相互作用的物体上。

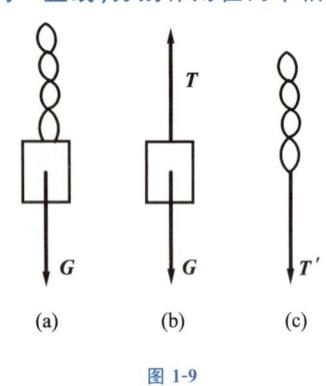

如图 1-9 所示,起吊一重物,G 为重物所受的重力,T 为钢丝绳作用于重物上的拉力。因为 G 与 T 都作用在重物上而使重物保持静止,所以它们互为平衡力。T 的反作用力是重物拉钢丝绳的力 T',它与 T 大小相等、方向相反,T 与 T' 作用在同一条直线上。请读者思考,重力 G 的反作用力是什么?

由此可见,力总是成对地以作用力与反作用力的形式存在于物体之间,有作用力必有反作用力,它们同时出现、同时消失,分别作用在两个相互作用的物体上。应用作用力与反作用力公理,可以把物系中相互作用的物体的受力分析联系起来。

图 1-9

必须注意公理 2 与公理 4 的区别:前者是作用在同一个物体上,后者则是分别作用在两个相互作用的物体上。

1.3 力的投影

一、力在直角坐标轴上的投影

如图 1-10(a)所示,设在平面直角坐标系 xOy 内,有一已知力 F,从力 F 的两端 A 和 B 分别向 x、y 轴作垂线,得到线段 $\overline{ab}$ 和 $\overline{a'b'}$,其中 $\overline{ab}$ 为力 F 在 x 轴上的投影,以 F_x 表示;$\overline{a'b'}$ 为力 F 在 y 轴上的投影,以 F_y 表示。规定:当力的投影始端到末端的指向与坐标轴的正向相同时,投影为正;反之为负。图 1-10(a)中的 F_x、F_y 均为正值,图 1-10(b)中的 F_x、F_y 均为负值。因此,力在坐标轴上的投影是代数量。

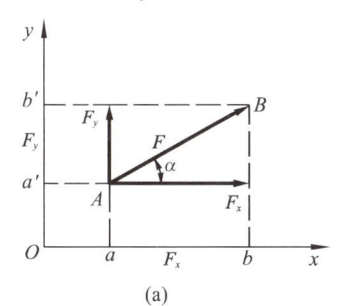

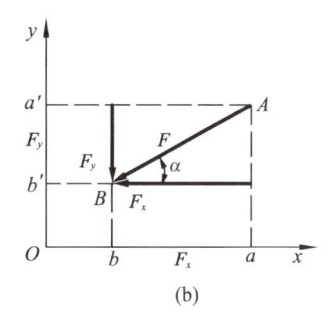

微课1

力的投影

图 1-10

力的投影的大小可用三角公式计算,设力 F 与 x 轴的正向夹角为 α,则对于图 1-10(a)所示的情况为

$$F_x = F\cos \alpha$$
$$F_y = F\sin \alpha \tag{1-4}$$

对于图 1-10(b)所示的情况为

$$F_x = -F\cos \alpha$$
$$F_y = -F\sin \alpha \tag{1-5}$$

在计算时要特别注意投影的符号,同时要弄清楚投影与分力的区别和联系,如将力 F 沿 x、y 坐标轴分解,所得分力 F_x、F_y,其大小与力 F 在同轴的投影 F_x、F_y 值相等。但必须注意:力的投影与分力是两个不同的概念。力的投影是代数量,而分力是矢量。只有在直角坐标系中,两者大小相等,投影的正、负号表明分力的指向。

二、合力投影定理

合力投影定理建立了合力与分力的投影之间的关系。图 1-11 表示平面汇交力系的各力矢 F_1、F_2、F_3、F_4 组成的力多边形,R 为合力。将力多边形中各力矢投影到 x 轴上,由图可见

$$ae = ab + bc + cd - de$$

按投影定义,上式左端为合力 R 的投影,右端为四个分力的投影的代数和,即 $R_x = F_{1x} + F_{2x} + F_{3x} + F_{4x}$,显然,上式

图 1-11

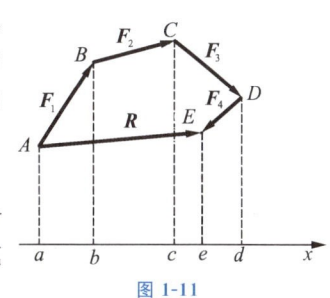

可推广到任意多个力的情况,即

$$R_x = F_{1x} + F_{2x} + \cdots + F_{nx} = \sum_{i=1}^{n} F_{ix} \tag{1-6}$$

同理

$$R_y = F_{1y} + F_{2y} + \cdots + F_{ny} = \sum_{i=1}^{n} F_{iy} \tag{1-7}$$

由此得合力投影定理：**合力在任一坐标轴上的投影等于各分力在同一轴上的投影的代数和。**

1.4 力对点之矩

一、力对点之矩的概念

实践表明,作用在物体上的力除有平动效应外,有时还有转动效应。必须指出,一个力不可能只使物体产生绕质心的转动效应。如单桨划船,船不可能只在原处旋转。但是,作用在有固定支点的物体上的力就可以使物体只产生绕支点的转动效应。如用扳手拧螺母,作用于扳手上的力 F 使扳手绕固定点 O 转动,如图 1-12 所示。

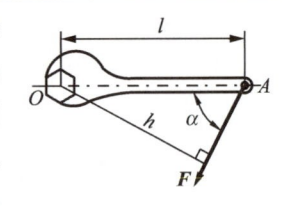

图 1-12

由经验可知,使螺母绕 O 点转动的效果,不仅与力 F 的大小成正比,而且与 O 点至该力作用线的垂直距离 h 也成正比。同时,如果力使扳手绕 O 点转动的方向不同,则其效果也不同。由此可见,力 F 使扳手绕 O 点转动的效果,取决于两个因素：一是力的大小与 O 点到该力作用线垂直距离的乘积($F \cdot h$)；二是力使扳手绕 O 点转动的方向。可用一个代数量 $\pm Fh$ 来表示,称为力对 O 点之矩,简称力矩,记为

微课 2
力对点之矩

$$M_O(\boldsymbol{F}) = \pm Fh \tag{1-8}$$

式中,O 点称为力矩中心,简称矩心,距离 h 称为力臂。

在平面问题中,力对点之矩是一个代数量,力矩的大小等于力的大小与力臂的乘积。其正负号表示力使物体绕矩心转动的方向。通常规定：力使物体做逆时针方向转动时力矩为正,如图 1-13(a)所示；反之为负,如图 1-13(b)所示。

(a)　　(b)

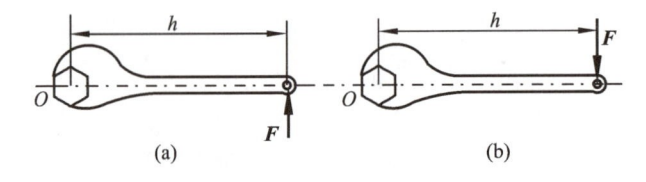

图 1-13

力矩的单位在国际单位制中为牛·米,符号为 N·m,或千牛·米,符号为 kN·m。当力的作用线通过矩心,即力臂等于零时,力矩等于零。

第1章 静力学的基本概念和受力分析

例 1-1 图 1-14 中带轮直径 $D=400$ mm，平带拉力 $F_1=1\,500$ N，$F_2=750$ N，与水平线夹角 $\theta=15°$。求平带拉力 F_1、F_2 对轮心 O 的矩。

解：平带拉力沿带轮的切线方向，则力臂 $d=D/2$，而与角 θ 无关。根据

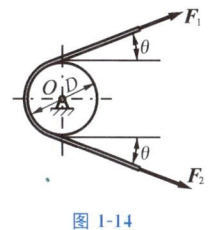

$$M_O(\boldsymbol{F})=\pm Fd$$

得

$$M_O(\boldsymbol{F}_1)=-F_1 d=-F_1\frac{D}{2}=-1\,500\times\frac{0.4}{2}=-300\text{ N·m}$$

$$M_O(\boldsymbol{F}_2)=F_2 d=F_2\frac{D}{2}=750\times\frac{0.4}{2}=150\text{ N·m}$$

图 1-14

二、合力矩定理

在计算力矩时，有时力臂的计算比较困难。这时，如果将力做适当分解，计算各分力的力矩则很方便。利用合力矩定理，可以建立合力对某点的矩与其分力对同一点的矩之间的关系。

平面汇交力系的合力对平面内任一点的矩，等于力系中各分力对该点力矩的代数和，即

$$M_O(\boldsymbol{R})=M_O(\boldsymbol{F}_1)+M_O(\boldsymbol{F}_2)+\cdots+M_O(\boldsymbol{F}_n)$$

或

$$M_O(\boldsymbol{R})=\sum_{i=1}^{n}M_O(\boldsymbol{F}_i) \tag{1-9}$$

例 1-2 如图 1-15(a)所示，作用于齿轮的啮合力 $P_n=1\,000$ N，节圆直径 $D=160$ mm，压力角 $\alpha=20°$，求啮合力 $\boldsymbol{P}_n$ 对于轮心 O 的矩。

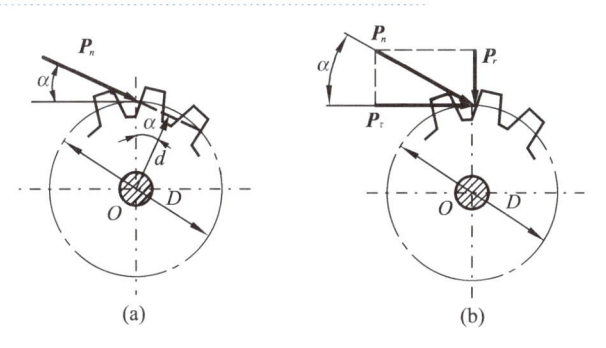

图 1-15

解：(1) 应用力矩公式计算。由图 1-15(a)中几何关系可知力臂 $d=\dfrac{D}{2}\cos\alpha$，则

$$M_O(\boldsymbol{P}_n)=-P_n d=-1\,000\times\left(\frac{0.16}{2}\times\cos 20°\right)=-75.2\text{ N·m}$$

(2) 应用合力矩定理计算。将啮合力 $\boldsymbol{P}_n$ 正交分解为圆周力 $\boldsymbol{P}_\tau$ 和径向力 $\boldsymbol{P}_r$，如图 1-15(b)所示，可知节圆半径是圆周力的力臂，根据合力矩定理，得

$$M_O(\boldsymbol{P}_n)=M_O(\boldsymbol{P}_\tau)+M_O(\boldsymbol{P}_r)=-P_n\left(\frac{D}{2}\cos\alpha\right)+0=$$

$$-1\,000\times\left(\frac{0.16}{2}\times\cos 20°\right)=-75.2\text{ N·m}$$

工程中齿轮的圆周力和径向力是分别给出的，因此第二种方法较为普遍。

分析思路与过程

1. 计算力矩可采用定义法或合力矩定理法。
2. 计算力矩时,若力的作用线过矩心,力矩为零。
3. 若力臂非常容易计算,可直接应用 $M_O(F) = \pm Fd$ 即可。
4. 若力臂计算烦琐,要想到合力矩定理,原则是分解的两个分力力臂值很容易计算,最好是一个分力过矩心。
5. 在计算力矩时,一定要考虑正负号。

1.5 力 偶

一、力偶与力偶矩

在工程问题中,常常遇到承受力偶作用的物体。所谓**力偶是由大小相等、方向相反、不共线的两个平行力 F 与 F' 组成的**,通常用符号 (F, F') 表示。两力作用线所决定的平面称为力偶的作用面,两力作用线间的垂直距离称为力偶臂。如图 1-16 所示,用丝锥攻螺纹和汽车司机转动方向盘等,都是受到大小相等、方向相反、不共线的两个平行力的作用。

微课3

力偶

(a)　　(b)

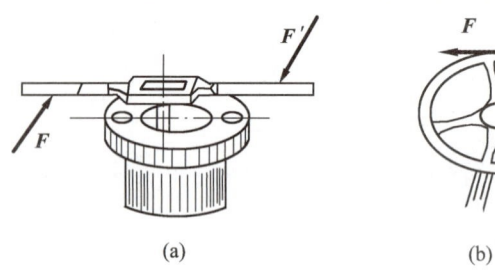

图 1-16

在力偶中,等值反向平行力的合力显然等于零,但由于它们不共线而不能相互平衡,它们能使物体的转动状态发生改变。既然力偶不能合成为一个力或用一个力来等效替换,那么力偶也不能用一个力来平衡。因此,力和力偶是静力学的两个基本要素。

力偶由两个力组成,它的作用是改变物体的转动状态。因此,力偶对物体的转动效果,可用力偶的两个力对其作用面内某点的矩的代数和来度量。

设有力偶 (F, F'),其力偶臂为 d,如图 1-17 所示。力偶对点 O 的矩为 $m_O(F, F')$,则

$$m_O(F, F') = m_O(F) + m_O(F') = F \cdot \overline{aO} - F' \cdot \overline{bO} = F(\overline{aO} - \overline{bO}) = Fd \quad (1-10)$$

因为矩心 O 是任意选取的,由此可知,力偶的作用效果取决于力的大小和力偶臂的长短,与矩心的位置无关。

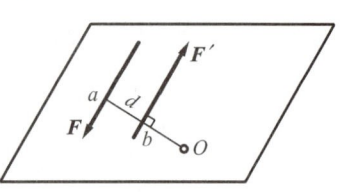

图 1-17

力与力偶臂的乘积称为力偶矩,记作 $m(\boldsymbol{F},\boldsymbol{F}')$,简记为 m。

力偶在作用面内的转向不同,作用效果也不同。因此,力偶对物体的作用效果由两个因素决定:一是力偶矩的大小;二是力偶在作用面内的转向。若把力偶矩视为代数量,就可以包括这两个因素,即

$$m = \pm Fd \tag{1-11}$$

可得结论:力偶矩是一个代数量,其绝对值等于力的大小与力偶臂的乘积,正负号表示力偶的转向,逆时针转向为正,反之为负。力偶矩的单位与力矩相同,也是牛顿·米(N·m),或千牛·米(kN·m)。

二、力偶的等效条件　力偶表示法

定理:在同一平面内的两个力偶,如果力偶矩相等,则两力偶等效。

如图 1-18 所示,汽车司机用双手转动方向盘,作用于汽车方向盘上的力偶$(\boldsymbol{F}_1,\boldsymbol{F}_1')$与具有相同力偶矩的另外一个力偶$(\boldsymbol{F}_2,\boldsymbol{F}_2')$使方向盘产生完全相同的运动效应。

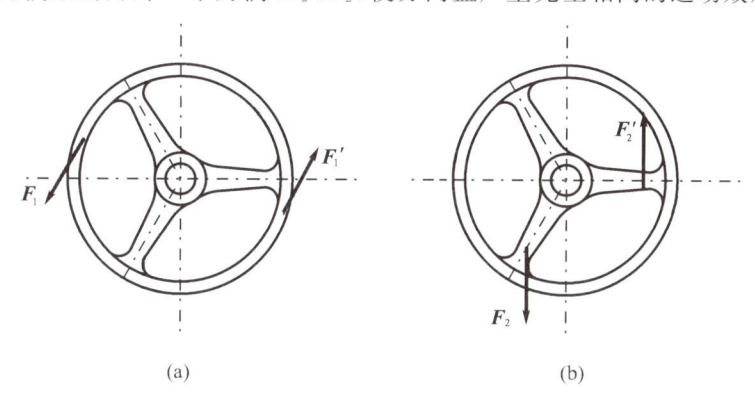

图 1-18

由此可知,同平面内力偶等效的条件是:力偶矩的大小相等,力偶的转向相同。并可得出两个重要推论:

(1)只要不改变力偶矩的大小和力偶的转向,力偶的位置可以在它的作用面内任意移动或转动,而不改变它对物体的作用效果。

(2)只要保持力偶矩不变,可以同时改变力偶中力的大小、方向和力偶臂的长短,而不改变力偶对物体的作用效果。

平面力偶表示法:由于力偶对物体的作用完全取决于力偶矩的大小和转向,而不必顾及力偶中力的大小、方向和力偶臂的长短,所以在力学计算中,有时用带箭头的弧线或折线表示力偶,如图 1-19(a)、图 1-19(b)所示,图中箭头表示力偶矩转向,M 表示力偶矩的大小。

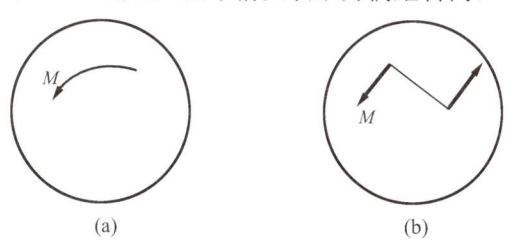

图 1-19

三、力偶的性质

力偶是两个具有特殊关系的力的组合,具有与单个力不同的性质,现说明如下。

(1)力偶的两个力在任何坐标轴上的投影代数和为零。力偶没有合力,因此力偶不能与一个力平衡,它必须用力偶来平衡。

(2)力偶对物体的作用效果取决于力偶的二要素,即力偶矩的大小及转向,而与力偶的作用位置无关。

(3)力偶对作用面内任一点的矩为一常量并等于其力偶矩,而与矩心位置无关。

1.6 约束与约束反力

如果物体在空间沿任何方向的运动都不受限制,则这种物体称为**自由体**,如飞机、火箭等。在日常生活和工程中,物体通常总是以各种形式与周围的物体互相联系并受到周围物体的限制而不能任意运动,我们称其为**非自由体**。例如,转轴受到轴承的限制;卧式车床的刀架受床身导轨的限制;悬挂的重物受到吊绳的限制等。

凡是限制物体运动的其他物体称为约束。例如,上面提到的轴承是转轴的约束;导轨是刀架的约束;吊绳是重物的约束。既然约束限制物体的自由运动,也就是能够起到改变物体运动状态的作用,所以约束的本质是力的作用。这种作用在物体上限制物体运动或运动趋势的力称为**约束反力**。约束反力来自于约束,它的作用取决于主动力的作用情况和约束的形式;又因为它对物体的运动起限制作用,因而约束反力的方向必定与该约束所能够限制物体的运动方向或运动趋势方向相反。应用这个准则,在受力分析中,可以确定约束反力的方向或作用线的位置。约束反力的大小总是未知的,在静力学中,如果约束反力和物体受的其他已知力构成平衡力系,我们可通过平衡条件来求解未知力的大小。

下面,介绍工程上常见的几种约束类型及确定约束反力的方法。

一、柔性约束

由柔软的绳索、链条和皮带等构成的约束统称为**柔性约束**。这类约束的特点是:柔软易变形,不能抵抗弯曲,只能受拉,不能受压,并且只能限制物体沿约束伸长方向的运动,而不能限制其他方向的运动。因此,柔性约束的约束反力只能是拉力,作用在与物体的连接点上,作用线沿着约束背离物体。通常用 T 或 S 表示这类约束反力。如图 1-20 所示,T 即为绳索给球的约束反力。

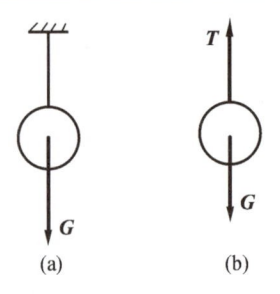

图 1-20

二、光滑接触面约束

两个互相接触的物体,如果略去接触面间的摩擦,就可以认为是**光滑接触面约束**。这类约束不能限制物体沿接触面切线方向的运动,只能限制物体沿接触面公法线方向的运动,并且只能受压不能受拉。因此,光滑接触面约束对物体的约束反力作用在接触点处,作用线沿接触面公法线方向指向物体。通常用 N 表示。如图1-21所示,N 即为曲面 A 对小球的约束反力;又如图1-22所示,直杆 A、B、C 三处的约束反力分别为 N_A、N_B、N_C。

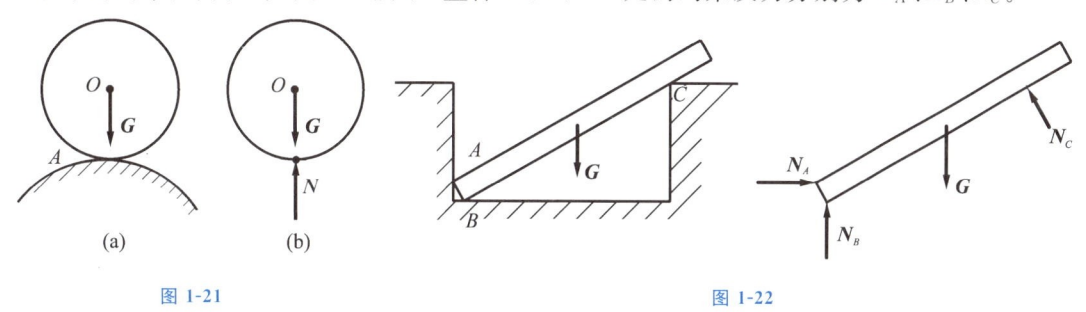

图 1-21

图 1-22

三、光滑圆柱铰链约束

光滑圆柱铰链约束包括中间铰链约束、固定铰链支座和活动铰链支座。

1. 中间铰链约束

在机器中,经常用圆柱形销钉将两个带孔零件连接在一起,如图 1-23(a)、图 1-23(b)所示。这种铰链只能限制物体间的相对径向移动,不能限制物体绕圆柱销轴线的转动和平行于圆柱销轴线的移动,图1-23(c)是中间铰链的简化示意图。由于圆柱销与圆柱孔是光滑曲面接触,则约束反力应在沿接触线上的一点到圆柱销中心的连线上,垂直于轴线,如图1-23(d)所示。因为接触线的位置不能预先确定,因而约束反力 N 的方向也不能预先确定。通常把它分解为两个相互垂直的约束反力 N_x、N_y,作用在圆心上,如图 1-23(e)所示。

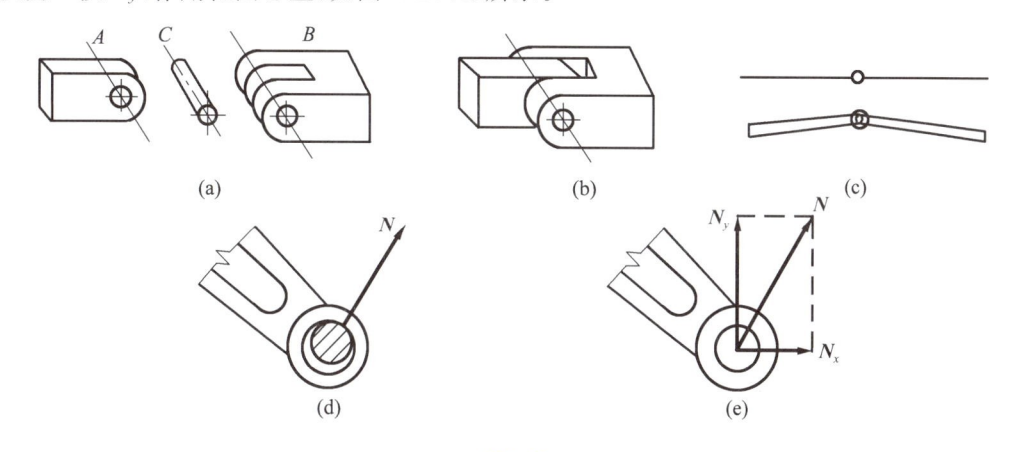

图 1-23

2. 固定铰链支座

图 1-24(a)所示是一种常用的圆柱铰链连接,它由一个固定底座和一个构件用销钉连接而成,简称铰支座。这种支座的简图如图 1-24(b)所示。铰支座约束的约束反力作用在垂直于圆柱销轴线的平面内,通过圆柱销的中心,方向不能确定,通常用相互垂直的两个分力 N_x、N_y 表示,如图 1-24(c)所示。

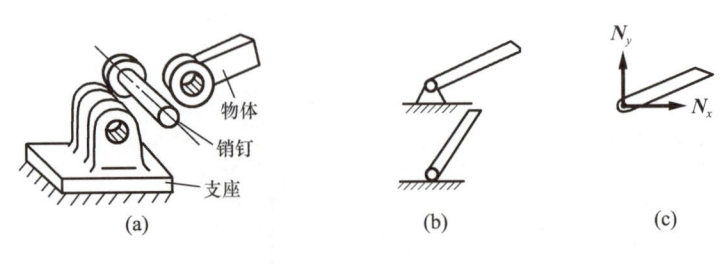

图 1-24

3. 活动铰链支座

如果在固定铰链支座的底部安装一排滚轮,如图 1-25(a)所示,就可使支座沿固定支承面移动。这是工程中常见的一种复合约束,称为活动铰链支座,这种支座常用于桥梁、屋架或天车等结构中,可以避免由温度变化而引起结构内部变形应力。这类约束的简化示意图如图 1-25(b)所示。在不计摩擦的情况下,活动铰链支座只能限制构件沿支承面垂直方向的移动。因此活动铰链支座的约束反力方向必垂直于支承面,且通过铰链中心,常用字母 N 表示。如图 1-25(c)所示,N_A 为活动铰链支座 A 的约束反力。

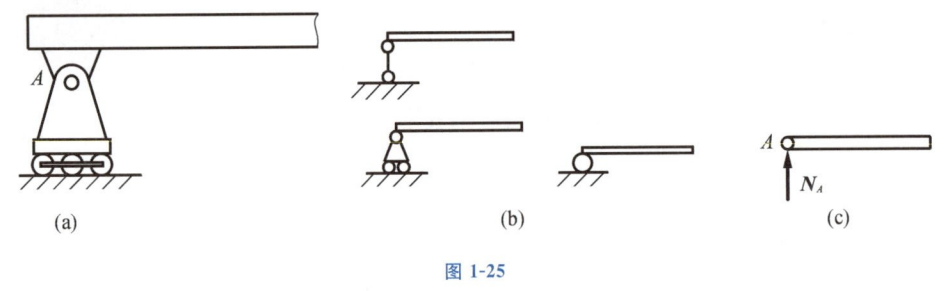

图 1-25

1.7 物体的受力分析

解决工程实际问题时,通常要根据已知力,利用平衡条件,求解未知力。因此,首先要确定物体受到哪些力的作用,并且分析出每个力的作用位置和作用方向,这个分析过程称为物体的受力分析。

作用在物体上的力可分为两类:一类是**主动力**;另一类是**约束反力**,约束反力是被动力,通常是未知的。

在受力分析中,为了清晰地表示物体的受力情况,我们需要把受力物体从周围物体中分离出来,单独画出它的简图,这个步骤称为取研究对象或取分离体。然后把物体所受的所有力(包括主动力和约束反力)全部画出来。这种表示物体受力的简明图形,称为受力图。在静力学中,恰当地选取研究对象,正确画出物体受力图是解决问题的关键。具体分析可通过以下几个步骤进行:

(1)选取研究对象,取分离体,要保持原构体的形状、尺寸与方位一致。

(2)画主动力,标注力的符号,遵照主动力的原貌。

微课 5
构件的受力分析

第1章 静力学的基本概念和受力分析

(3)根据与受力物体相连接或接触的物体的约束类型画约束反力,并标注力的符号。
(4)检查受力图中的力有无多、漏、错的现象。
下面举例说明受力图的画法。

例 1-3 用力 F 拉动碾子以压平路面,碾子受到一石块的阻碍,如图 1-26(a)所示。试画出碾子的受力图。

解:选取碾子为研究对象,取分离体并画简图。

画主动力。主动力有重力 G 和杆对碾子中心的拉力 F。

画约束反力。因碾子在 A 和 B 两处受到石块和地面的约束,如不计摩擦,则均为光滑接触面约束,故在 A 处受石块的法向力 N_A 的作用,在 B 处受地面的法向力 N_B 的作用,它们都沿着碾子上接触点的公法线而指向圆心。

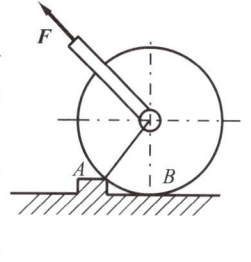

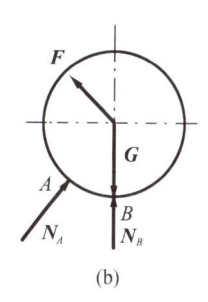

碾子的受力图如图 1-26(b)所示。

例 1-4 悬臂吊车如图 1-27(a)所示。简图中 A、B、C 三点为铰链,起吊重量为 P,横梁 AB 和斜杆 BC 的自重可略去不计。试画出横梁 AB 的受力图。

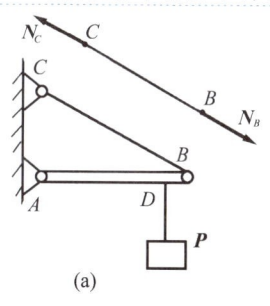

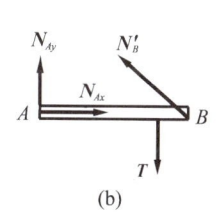

图 1-27

解:(1)先分析 BC 杆的受力,BC 杆忽略了重力,只在 B、C 两处受力,工程上常遇到只受两个力作用而平衡的物体,我们称之为<u>二力构件</u>或<u>二力杆</u>,二力构件平衡时,二力必在经过两作用点的连线上,且两作用力的大小相等,方向相反。杆 BC 是二力杆,受力沿 BC 两点连线,受拉力,如图 1-27(a)所示。

(2)再分析横梁 AB 的受力。画拉力 T,因起吊重物重量为 P,所以在 D 点的拉力大小与已知力 P 相等。画约束反力,B 处的受力与杆 BC 在 B 点的受力互为作用力与反作用力,大小与 N_B 相等,方向相反,在同一条直线上,A 处为铰链约束,其约束反力通过铰链中心,但方向不能确定,故用两个互相垂直的分力 N_{Ax} 和 N_{Ay} 表示,横梁受力图如图 1-27(b)所示。

请读者思考,A 点的约束反力方向能否唯一确定?

例 1-5 如图 1-28(a)所示的三铰拱桥由左、右两拱铰接而成。设各拱自重不计,在拱 AC 上作用有载荷 P。试分别画出拱 AC 和 BC 的受力图。

解:(1)先分析拱 BC 的受力。由于拱 BC 自重不计,且只在 B、C 两处受到铰链的约束,因此拱 BC 为二力构件。在铰链中心 B、C 处分别受 S_B、S_C 两力的作用,且 $S_B = S_C$,这两个力的方向如图 1-28(b)所示。

22 工程力学

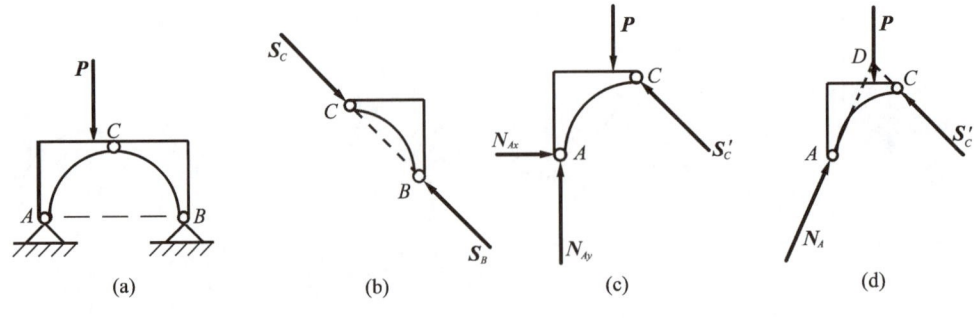

(a) (b) (c) (d)

图 1-28

(2)取拱 AC 为研究对象。由于自重不计,因此主动力只有载荷 P。拱在铰链 C 处受拱 BC 给它的约束反力 S_C' 的作用,根据作用力和反作用力公理,$S_C' = S_C$。拱在 A 处受固定铰支座给它的约束反力 N_A 的作用,由于方向未定,可用两个大小未知的正交分力 N_{Ax} 和 N_{Ay} 代替。拱 AC 的受力图如图 1-28(c)所示。再进一步分析可知,由于拱 AC 在 P、S_C' 和 N_A 三个力作用下平衡,故可根据三力平衡汇交定理,确定铰链 A 处约束反力 N_A 的方向。点 D 为力 P 和 S_C' 作用线的交点,当拱 AC 平衡时,力 N_A 的作用线必通过点 D,如图 1-28(d)所示;至于 N_A 的指向,可由平衡条件确定。

例 1-6 画出图 1-29(a)所示平面构架的整体受力图以及杆 AO、AB 和 CD 的受力图。各杆重力均不计,所有接触处均为光滑接触。

(a) (b)

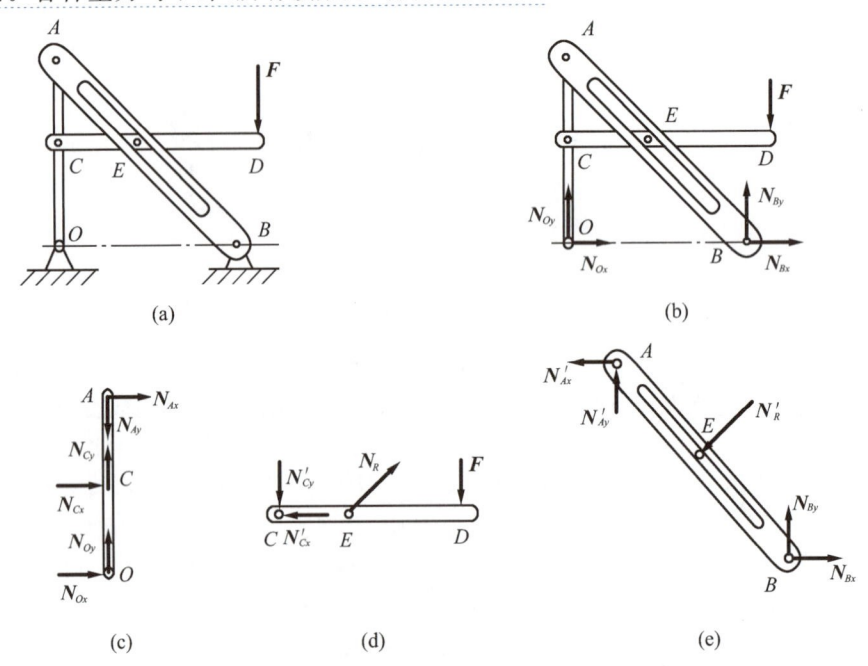

(c) (d) (e)

图 1-29

解:(1)以整体为研究对象。整体受力如图 1-29(b)所示。O、B 两处为固定铰链约束,各有一个水平约束反力和一个铅垂约束反力,假设约束反力方向如图中所示;其余各处的约束反力均为内力;D 处作用有主动力 F。

(2)以 AO 杆为研究对象。AO 杆受力如图 1-29(c)所示。其中 O 处受力与图 1-29(b)

中相同;C、A 两处为中间活动铰链,约束反力可以分解为两个力。

(3) 以 CD 杆为研究对象。CD 杆受力如图 1-29(d)所示。其中 C 处受力与 AO 杆在 C 处受力互为作用力和反作用力;CD 杆上所带销钉 E 处受到 AB 杆中斜槽光滑面约束反力 $\boldsymbol{N}_R$;在 D 处作用有主动力 $\boldsymbol{F}$。

(4) 以 AB 杆为研究对象。AB 杆受力如图 1-29(e)所示。其中 A 处受力与 AO 杆在 A 处的受力互为作用力和反作用力;E 处受力与 CD 杆在 E 处的受力互为作用力和反作用力;B 处的约束反力用水平与铅垂约束反力表示。

例 1-7 图 1-30(a)所示为发动机工作原理图,请画出其机构简图,并分析构件的受力。

解: 图 1-30(a)所示系统为发动机工作原理图,其简图如图 1-30(b)所示。AB 连杆为二力杆,其受力如图 1-30(c)所示;活塞可简化为一滑块,受到连杆给它的反作用力和气缸壁给它的约束反力以及气体的压力,如图 1-30(d)所示;曲轴可简化为一直杆,其上作用一个主动力矩,在主动力矩的作用下,刚体有转动趋势,由于曲轴受到连杆给它的反作用力和轴 O 处的约束反力作用,故其匀速转动,处于平衡状态,其受力如图 1-30(e)所示。

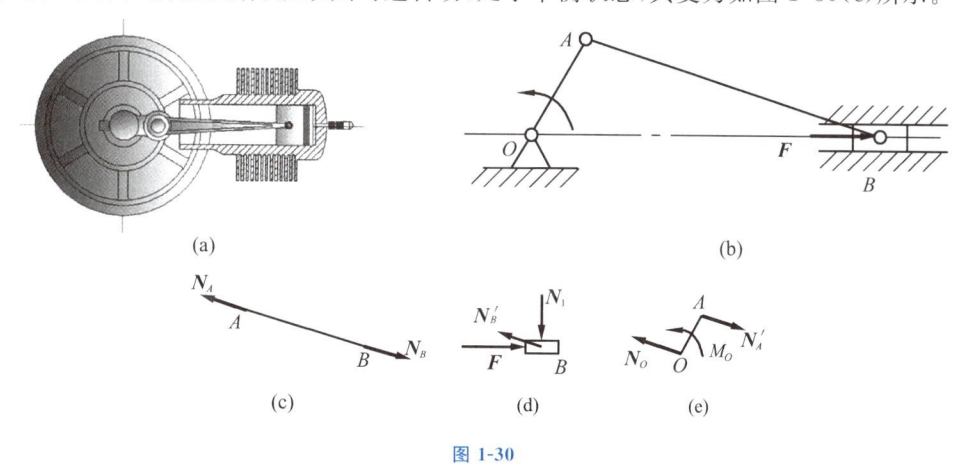

图 1-30

该例题最重要的步骤是将工程中的实物图简化为力学分析中的简图,这是力学建模的过程。

画受力图时需注意以下几点:

(1) 首先要明确是画哪个物体的受力图,确定受力物体及施力物体。要求一个研究对象画一个受力图。

(2) 在分离体的简图上画出全部主动力和约束反力,明确力的数量,不能多画,也不能少画。若选取的研究对象是物系,则物系内物体与物体间的作用力对物系而言是内力,受力图上不画内力。

(3) 画约束反力时,一定注意,一个物体往往同时受到几个约束的作用,这时应分别根据每个约束单独作用时,由该约束本身特性来确定约束反力的方向,而不能凭主观臆测。

(4) 受力图上要标明各力的名称及作用点的位置,不要任意改变力的作用位置。

(5) 一般情况下,不要将力分解或合成。如果需要分解或合成,分力与合力不要同时画在同一受力图上,以免重复。必要时,用虚线表示分力与合力中的一种。

(6) 画受力图时,要注意应用二力平衡公理、三力平衡汇交定理及作用力与反作用力公理。

分析思路与过程

1. 在分析物系受力时,二力杆优先,其受力特点即此二力一定沿两个作用点的连线,满足二力平衡条件。
2. 再画与二力杆相联系的其他物体的受力,注意作用力与反作用力公理的应用。
3. 如果一个刚体受到三个非平行平面力的作用而处于平衡,且已知两个力的方向和交点,可应用三力平衡汇交定理确定第三个力的方向。
4. 没有上述特点的均按约束的类型及受力特点确定约束反力。
5. 画受力图时注意只画受力,不画施力;只画外力,不画内力。

案例分析与解答

1. 平衡鹰身体是塑料制成的,而且嘴部含有铁块,这样平衡鹰的大部分重量都集中在嘴部,塔尖是个小小的凹槽,以便支撑鹰体和适应鹰嘴滑动。

2. 平衡鹰向前展开的两个对称翅膀和向后翘起的尾部这三部分以一定的角度使得平衡鹰的物理重心集中在鹰嘴部位。

3. 同样在重力作用和杠杆原理下,我们把塔尖凹槽中心当作支点,由于支点和重心距离非常接近,这样支点和重心的力臂就非常微小,力臂长度就不会超出凹槽的支撑范围,塔顶的支撑力便可完全支撑

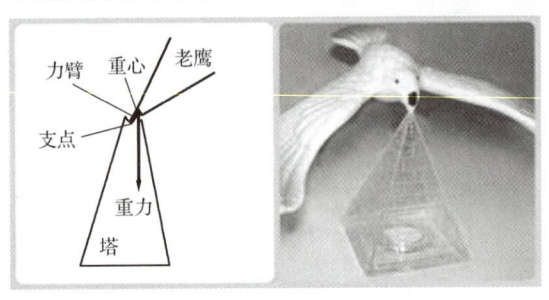

图 1-31

重力和杠杆作用力,这样轻轻动一下平衡鹰,平衡鹰便和不倒翁一样在塔顶摇晃而不掉落,直到完全静止,如图 1-31 所示(注意:鹰嘴是重心也是支撑接触点,但这两点并不完全集中在同一点)。

小 结

1. 主要内容

(1)力的概念

力是物体间的相互作用,使物体的运动状态改变或产生变形。力的大小、方向和力的作用线是其三要素,决定了力的作用效果。力的投影是将矢量问题转化为代数问题来解决的依据。

(2)力偶的概念

力偶是两个具有特殊关系的力的组合,对刚体具有单纯转动效应,力偶不能用一个力等效,为此力和力偶是力学上的两个基本要素。

(3) 力对点之矩的概念

力对点之矩是一个代数量,其大小等于力的大小与力臂的乘积,其正负号表示力使物体绕矩心转动的方向。通常规定:力使物体做逆时针方向转动时力矩为正;反之为负。当力臂值计算烦琐时,可应用合力矩定理计算。

(4) 静力学公理和推论

静力学公理是静力学理论的基础。二力平衡公理、加减平衡力系公理和力的可传递性原理只适用于刚体。

(5) 约束与约束反力

约束反力取决于约束的性质,有什么样的约束,就有什么样的约束反力。约束反力的方向在某些情况下是可以确定的,但是,在某些情形下约束反力的作用线和指向是未知的。当约束反力的作用线或指向仅凭约束性质不能确定时,可将其分解为两个互相垂直的约束分力。

(6) 物体的受力分析

根据具体问题选择研究对象;确定物体所受的主动力或外加载荷;根据约束性质确定约束反力;考虑二力构件、三力平衡汇交定理、作用力与反作用力公理等的应用;绘制受力图。

2. 研究思路

先介绍本课程涉及的基本概念、基本公理、约束类型和受力特点,再将其应用到物体及物系的受力分析中,为学好后续内容打下坚实的基础。

3. 注意的问题

本章是工程力学的基础内容,贯穿于课程始终,为此要加深对概念的理解,掌握静力学公理和推论的使用范围。特别需要强调的是,物体的受力分析是解决工程力学问题的前提,要掌握受力图的画法,尤其是静力学公理、推论在受力分析中的应用。

思 考 题

1. 力的三要素是什么？两个力等效的条件是什么？如图 1-32 所示的两个矢量 F_1 与 F_2 大小相等,则这两个力对刚体的作用效果是否相同？

2. 二力平衡公理和作用力与反作用力公理都是说二力等值、反向、共线,二者有什么区别？

3. 为什么说二力平衡公理、加减平衡力系公理和力的可传递性原理等都只适用于刚体？

4. 说明下列式子的意义和区别。

(1) $P_1 = P_2$；(2) $\boldsymbol{P}_1 = \boldsymbol{P}_2$；(3) 力 $\boldsymbol{P}_1$ 等于力 $\boldsymbol{P}_2$。

5. 合力是否一定比分力大？

6. 确定约束反力方向的原则是什么？光滑铰链约束有什么特点？

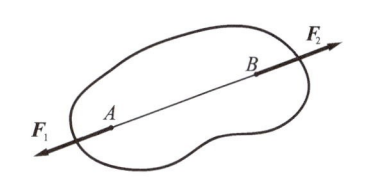

图 1-32

7. 什么叫作二力构件？分析二力构件受力时与构件的形状有无关系？

8. 已知作用于如图 1-33 所示物体上的二力 F_1 与 F_2，满足二力大小相等、方向相反、作用线相同的条件，物体是否平衡？

9. 力偶是否可以用一个力来平衡？为什么？

10. 由平面力偶理论可知，一个力不能与力偶平衡。但是为什么如图 1-34 所示的轮子上的力偶矩 m 似乎与重物的重力 P 相平衡呢？原因在哪里？

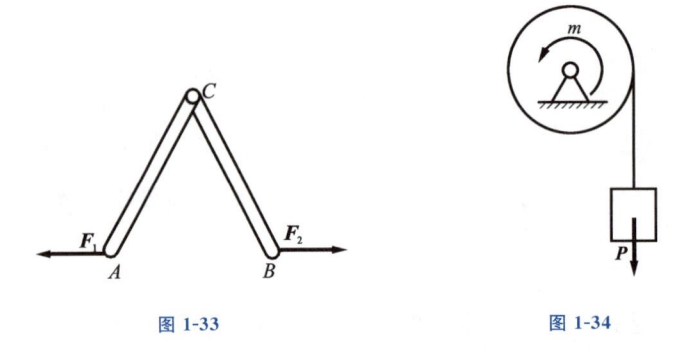

图 1-33

图 1-34

习　题

1. A 和 B 两人拉一压路碾子，如图 1-35 所示，$F_A = 400\text{ N}$，为使碾子沿图中所示的方向前进，B 应施加多大的力（F_B）？

2. 如图 1-36 所示，摆锤受重力 G 的作用，其重心 A 点到悬挂点 O 的距离为 l。试求摆锤分别位于图中 1、2、3 三个位置时，重力对 O 点之矩。

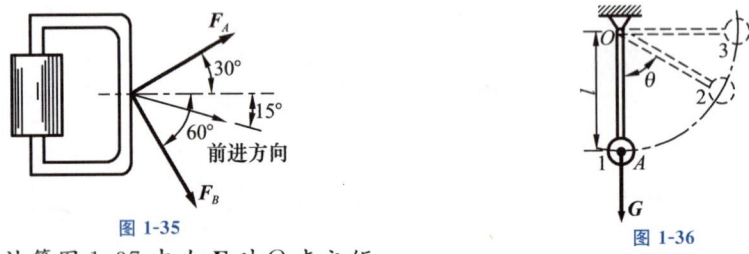

图 1-35

图 1-36

3. 试计算图 1-37 中力 F 对 O 点之矩。

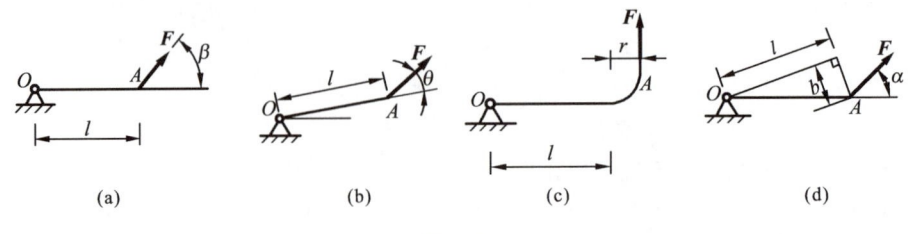

(a)　(b)　(c)　(d)

图 1-37

4. 如图 1-38 所示,齿轮齿条压力机在工作时,齿条 BC 作用在齿轮 O 上的力 $F_n=2$ kN,方向如图所示,压力角 $\alpha_0=20°$,齿轮的节圆直径 $D=80$ mm。求齿间压力 F_n 对轮心 O 点的力矩。

5. 画出如图 1-39 所示节点 A、B 的受力图。

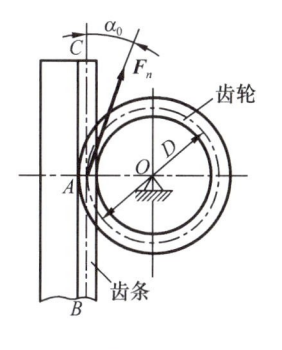

图 1-38

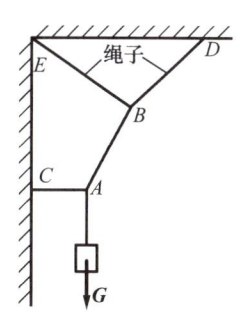

图 1-39

6. 画出图 1-40 所示各物体的受力图。

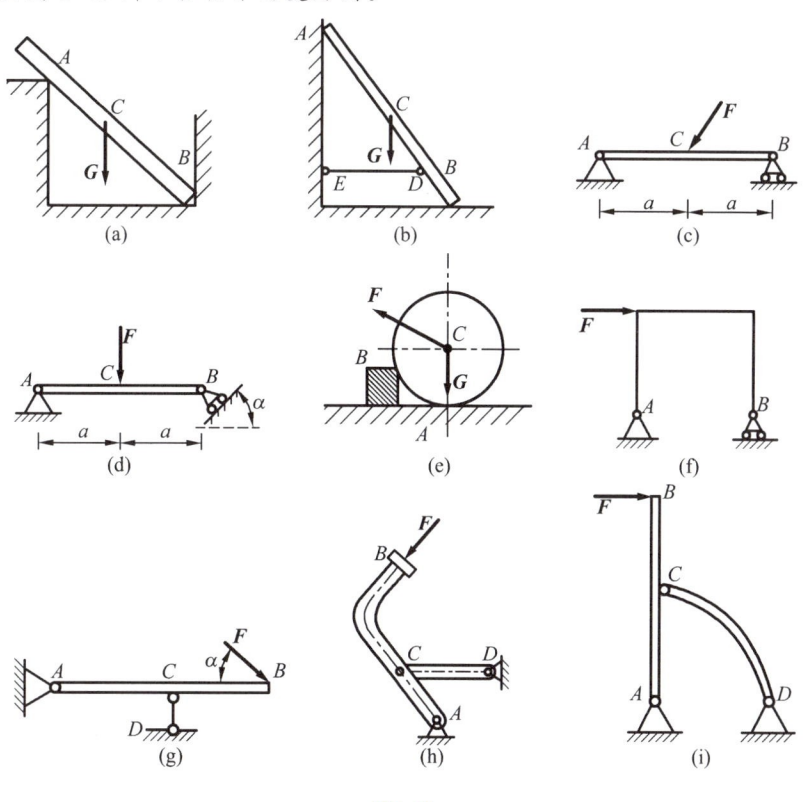

图 1-40

7. 画出图 1-41 所示物系中各物体和整体的受力图。

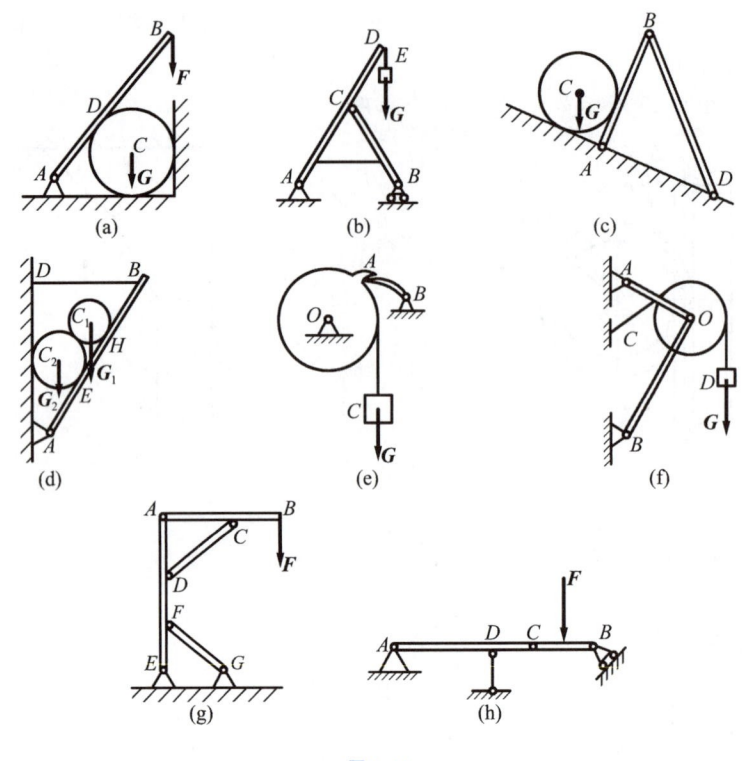

图 1-41

第 2 章

平面力系

典型案例

智慧的劳动人民虽然没有学习过工程力学，但是丰富的生活经验中蕴含着很多力学知识。比如图2-1所示的绳索拔桩装置，就是用力学原理设计的。绳索的E、C两点拴在架子上，在点B与拴在桩A上的绳索AB相连接，在点D处施加一个铅垂向下的力P，通过调整角度的大小，就可以在绳索AB上产生很大的拔桩力。到底能得到多大的拔桩力呢？等我们学习了平面力系相关知识后，就可以解决这个问题了。

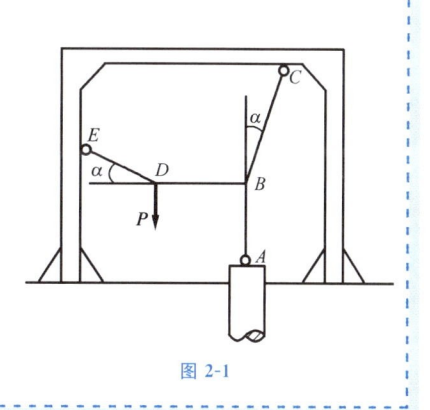

图 2-1

学习目标

【知识目标】

1. 掌握各种类型的平面力系的简化方法和简化结果，能熟练地计算主矢和主矩。
2. 会应用各种力系的平衡条件和平衡方程求解单个物体和简单物体系统的平衡问题。
3. 能根据工程实际情况正确地取分离体，应用合适的平衡方程求解未知力。
4. 会简单运用桁架内力计算的节点法和截面法解决桁架内力计算问题。
5. 掌握滑动摩擦的概念和摩擦力的特征。
6. 了解考虑滑动摩擦时简单物体系统的平衡问题的解法。

【能力目标】

1.能简化各种类型力系并对其分析,能够建立各种类型力系的平衡方程及应用。

2.能运用所学知识解决工程实际中的平衡问题。

3.能把书本知识、学习到的理论与工程实际有机结合,能够将教材中的力学简图与工程实际结构对应学习。

【素质目标】

1.从绳索拔桩装置案例引入,引导学生认识到工程力学可以解决实际问题的生活性,激发学生的求知欲。

2.从简单、特殊力系到一般力系平衡问题的解法,使学生掌握研究问题从特殊到一般,从简单到复杂的规律,培养学生的逻辑思维意识和科学的方法。

3.从忽略摩擦到考虑摩擦,使学生认识到研究问题要抓住问题的主要矛盾或矛盾的主要方面,忽略次要问题的影响会使研究问题大大简化。

4.在讲解摩擦力的作用时,使学生认识到就像摩擦力是一把双刃剑一样,任何问题都要一分为二辩证地看待,要客观、公正。

5.通过桁架内力从人脑到计算机计算的飞跃,让学生理解把烦琐的计算留给机器,把思维的空间留给大脑的创新价值。

前面已经讲过,静力学研究力系的合成和平衡问题。在研究合成和平衡问题时,我们通常采用两种方法:一种是几何法;另一种是解析法。本教材重点讲解力系合成和平衡的解析法。力系有各种不同的类型,按力系中各力作用线是否在同一平面,可将力系分为平面力系与空间力系两类。如果作用于物体上的各力作用线位于同一平面内,则称为平面力系,即作用在物体上的力的作用线都分布在同一平面内,或可以简化到同一平面内。如果它们的作用线任意分布,则称为平面任意力系。例如,图2-2所示的曲柄连杆机构受力 P、力偶 m 以及支座约束反力 N_{Ax}、N_{Ay} 和 N 的作用;图2-3所示的梁受载荷 P、重力 Q 以及支座约束反力 N_{Ax}、N_{Ay} 和 N_{By} 的作用。这两个力系都是平面任意力系。

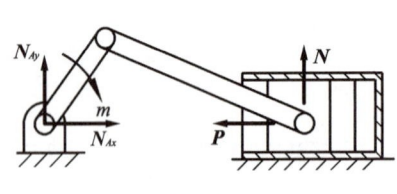

图 2-2

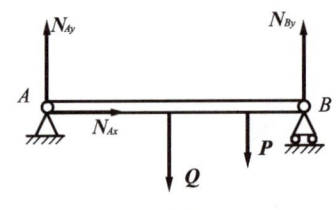

图 2-3

在工程中也常常碰到一些特殊力系,如图2-4所示。这种作用于物体上的各力作用线位于同一平面上且汇交于一点的力系,称为平面汇交力系。另外还有一种在刚体上只有力偶的作用,称为平面力偶系,如图2-5所示。

本章主要研究平面力系的合成和平衡问题。按照从简单到复杂、从特殊到一般的规律,即先讲解平面特殊力系的合成和平衡问题,再讲解平面任意力系的平衡问题及物系平衡问题的解法。

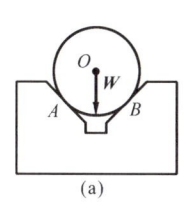

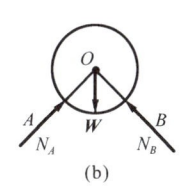

图 2-4 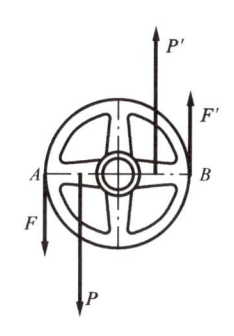   图 2-5

2.1 平面汇交力系合成与平衡的解析法

如果作用在刚体上的力的作用线汇交于一点且作用在一个平面内,则该力系称为平面汇交力系。由前面的知识我们知道平面汇交力系可以简化为一个合力,可以应用力的平行四边形法则或力的多边形法则确定合力的大小和方向,但作图质量要求较高,否则会引起很大的误差。为此在工程上应用较多的是解析法,主要以力在坐标轴上的投影为基础来进行计算。

一、平面汇交力系合成的解析法

平面汇交力系合成的解析法,是应用力在直角坐标轴上的投影,计算合力的大小,确定合力的方向。

设在刚体上 O 点处作用了由 n 个力 F_1、F_2、…、F_n 组成的平面汇交力系,如图2-6(a)所示,求合力的大小和方向。

设 F_{1x} 和 F_{1y}、F_{2x} 和 F_{2y}、…、F_{nx} 和 F_{ny} 分别表示力 F_1、F_2、…、F_n 在正交轴 Ox 和 Oy 上的投影。根据合力投影定理,可求得合力 R 在这两轴上的投影,如图 2-6(b)所示。

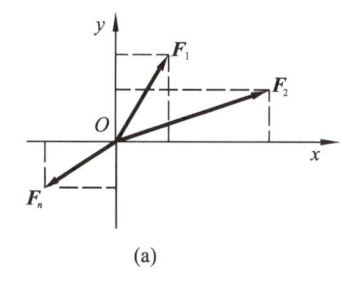

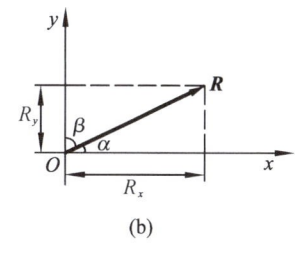

图 2-6

$$R_x = F_{1x} + F_{2x} + \cdots + F_{nx} = \sum_{i=1}^{n} F_{ix}$$

$$R_y = F_{1y} + F_{2y} + \cdots + F_{ny} = \sum_{i=1}^{n} F_{iy}$$

则合力的大小和方向为

$$R = \sqrt{R_x^2 + R_y^2} = \sqrt{(\sum_{i=1}^{n} F_{ix})^2 + (\sum_{i=1}^{n} F_{iy})^2} \qquad (2-1)$$

$$\tan \alpha = \left| \frac{R_y}{R_x} \right| \qquad (2-2)$$

式中,α 表示合力与 x 轴所夹的锐角;R 的实际指向由 R_x、R_y 的正负号决定。

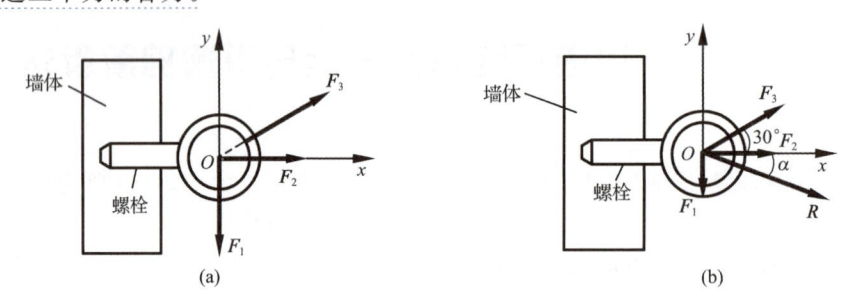

例 2-1 环形螺栓固定于墙体内,其中作用力有 F_1、F_2、F_3 三个,各个力的方向如图 2-7(a)所示,各个力的大小分别为 $F_1 = 3 \text{ kN}$,$F_2 = 4 \text{ kN}$,$F_3 = 5 \text{ kN}$。试求:作用在螺栓上的这三个力的合力。

图 2-7

解:要求螺栓作用在墙体上的力就是要确定作用在螺栓上所有力的合力。我们这里采用解析法计算。先建立直角坐标系,分别计算合力在坐标轴上的投影,最后确定合力的大小和方向。

$$R_x = \sum_{i=1}^{3} F_x = F_{1x} + F_{2x} + F_{3x} = 0 + 4 + 5 \times \cos 30° = 8.33 \text{ kN}$$

$$R_y = \sum_{i=1}^{3} F_y = F_{1y} + F_{2y} + F_{3y} = -3 + 0 + 5 \times \sin 30° = -0.5 \text{ kN}$$

由此可得合力的大小和方向(其作用线与 x 轴的夹角)

$$R = \sqrt{R_x^2 + R_y^2} = \sqrt{8.33^2 + (-0.5)^2} = 8.345 \text{ kN}$$

$$\cos \alpha = \frac{R_x}{R} = \frac{8.33}{8.345} = 0.998$$

$$\alpha = 3.6°$$

二、平面汇交力系平衡的解析条件

平面汇交力系平衡的充分、必要条件是力系的合力等于零,即合力的大小为

$$R = \sqrt{(\sum_{i=1}^{n} F_{ix})^2 + (\sum_{i=1}^{n} F_{iy})^2} = 0 \qquad (2-3)$$

即

$$\begin{cases} \sum_{i=1}^{n} F_{ix} = 0 \\ \sum_{i=1}^{n} F_{iy} = 0 \end{cases} \qquad (2-4)$$

由此可知,平面汇交力系平衡的解析条件是**力系中所有力在任选的两个正交坐标轴**

上投影的代数和为零。

式(2-4)是平面汇交力系平衡的解析条件,亦称平面汇交力系的平衡方程。由于平面汇交力系有两个独立的平衡方程,因此只能求解两个未知量,可以是力的大小,也可以是力的方向。

应用平衡方程来解决工程上的平衡问题是静力学的主要任务之一。下面举例说明平面汇交力系平衡方程的应用。

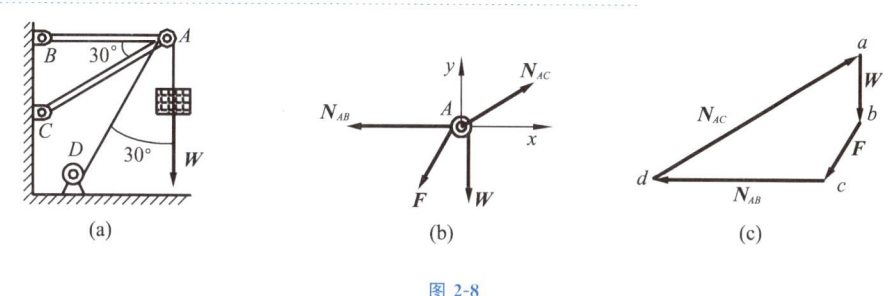

例 2-2 简易起重装置如图 2-8(a)所示,重物吊在钢丝绳的一端,钢丝绳的另一端跨过定滑轮 A,绕在绞车 D 的鼓轮上,定滑轮用直杆 AB 和 AC 支承,定滑轮半径较小,其大小可忽略不计,设重物重 $W = 2$ kN,定滑轮、各直杆以及钢丝绳的重量不计,各处接触均为光滑。试求匀速提升重物时,杆 AB 和 AC 所受的力。

图 2-8

解: 杆 AB 和 AC 的受力可以通过它们对滑轮的约束反力求出。因此,可以选取滑轮为研究对象,因为滑轮的尺寸很小,故可将其简化为一个点(以后会知道,即使滑轮尺寸不能忽略,也不影响结果),其承受 AB 和 AC 杆的约束反力,因 AB 和 AC 杆为二力杆,所以约束反力的方向沿杆的轴线,其中 AB 杆为拉杆,AC 杆为压杆。此外,滑轮还受绳索的拉力,与物体的重力大小相等。滑轮的受力图如图 2-8(b)所示,其中只有 N_{AB} 和 N_{AC} 的大小未知,两个未知量可由平面汇交力系平衡方程解出。

由

$$\sum F_y = 0, N_{AC}\sin 30° - F\cos 30° - W = 0$$

得

$$N_{AC} = \frac{W + F\cos 30°}{\sin 30°} = \frac{2 + 2 \times 0.866}{0.5} = 7.46 \text{ kN}$$

再由

$$\sum F_x = 0, -N_{AB} + N_{AC}\cos 30° - F\sin 30° = 0$$

可得

$$N_{AB} = N_{AC}\cos 30° - F\sin 30° = 7.46 \times 0.866 - 2 \times 0.5 = 5.46 \text{ kN}$$

所以,由作用力和反作用力公理可得,AB 杆受拉力 5.46 kN,AC 杆受压力 7.46 kN。

图 2-8(c)是根据力的多边形法则确定平面汇交力系的平衡的几何条件,即力多边形自行封闭。请读者自行学习。

例 2-3 压榨机简图如图 2-9(a)所示,在铰链 A 处作用一水平力 F 使压块 C 压紧物体 D。若杆 AB 和 AC 的重量忽略不计,各处接触均为光滑,求物体 D 所受的压力。

34 工程力学

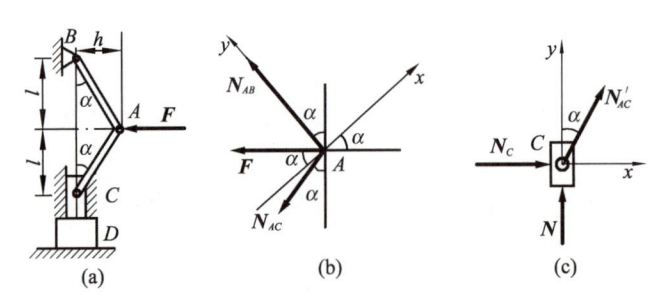

图 2-9

解：根据作用力与反作用力的关系，求压块 C 对物体的压力，可通过物体对压块的约束反力 N 而得到，而欲求压块 C 所受的力 N，则需先确定杆 AC 所受的力。为此，应先考虑铰链 A 的平衡，找到杆 AC 内力与主动力 F 的关系。

根据上述分析，可先取铰链 A 为研究对象，设二力杆 AB 和 AC 均受拉力，因此铰链 A 的受力图如图 2-9(b) 所示。为了使某个未知力只在一个轴上有投影，在另一个轴上的投影为零，坐标轴应尽量取在与未知力作用线相垂直的方向。这样在一个平衡方程中，可减少一个未知量。为此以 N_{AB} 作用线所在的直线为 y 轴建立如图 2-9(b) 所示坐标系，列出平衡方程，即

$$\sum F_x = 0, -F\cos\alpha - N_{AC}\cos(90° - 2\alpha) = 0$$

得

$$N_{AC} = -F\frac{\cos\alpha}{\sin(2\alpha)} = -\frac{F}{2\sin\alpha}$$

再选取压块 C 为研究对象，以 N_C 作用线所在直线为 x 轴建立坐标系，其受力图如图 2-9(c) 所示，列平衡方程，即

$$\sum F_y = 0, N'_{AC}\cos\alpha + N = 0$$

$$N = -N_{AC}\cos\alpha = -\left(\frac{-F}{2\sin\alpha}\right)\cos\alpha = \frac{F\cot\alpha}{2} = \frac{Fl}{2h}$$

物体 D 所受的压力是 N 的反作用力。

通过以上例题，可以看出静力分析的方法在求解静力学平衡问题中的重要性。归纳平面汇交力系平衡方程应用的主要步骤和注意事项如下：

(1) 选择研究对象时应注意：①所选择的研究对象应作用有已知力（或已经求出的力）和未知力，这样才能应用平衡条件由已知力求得未知力；②先以受力简单并能由已知力求得未知力的物体为研究对象，然后再以受力较为复杂的物体为研究对象。

(2) 取隔离体，画受力图。研究对象确定之后，进而需要分析受力情况。为此，需将研究对象从周围物体中隔离出来。根据其所受的外载荷画出隔离体所受的主动力；根据约束性质画出隔离体所受的约束反力，最后得到研究对象的受力图。

(3) 选取坐标系，计算力系中所有的力在坐标轴上的投影。坐标轴可以任意选择，但应尽量使坐标轴与未知力平行或垂直，这样可以使力的投影简便，同时使平衡方程中包括最少数目的未知量，避免解联立方程。

(4) 列平衡方程，求解未知量。若求出的力为正值，则表示受力图上所假设的力的方向与实际方向相同；若求出的力为负值，则表示受力图上力的实际方向与所假设的力的方向相反，在受力图上不必改正，在答案中要说明力的方向。

> **分析思路与过程**
>
> 1. 正确地选择研究对象，画受力图。
>
> 2. 应用解析法解题时，坐标轴选取尽量与未知力垂直或平行。
>
> 3. 若已知力与未知力不在同一个物体上，要找到两者之间的联系，一般来说通过二力杆相联系，逐步扩大已知力的个数。
>
> 4. 不需要确定的未知力可以不计算，以便减少方程的数目。

2.2 平面力偶系的合成与平衡

一、平面力偶系的合成

由作用于物体上的一组力偶组成的力系称为力偶系；各个力偶位于同一平面内的力偶系称为平面力偶系。由于平面内的力偶对物体的作用效果只决定于力偶矩的大小和力偶的转向，所以平面力偶系合成的结果必然是一个合力偶，并且其合力偶矩应等于各分力偶矩的代数和。设 m_1、m_2、$\cdots$、m_n 为平面力偶系中各力偶矩，M 为合力偶矩，则

$$M = \sum_{i=1}^{n} m_i \tag{2-5}$$

二、平面力偶系的平衡

平面力偶系的合力偶矩等于零时，物体处于平衡状态，且力偶系平衡时，合力偶矩必等于零。因此，平面力偶系平衡的充分和必要条件是：各分力偶矩的代数和等于零，即

$$\sum_{i=1}^{n} m_i = 0 \tag{2-6}$$

式(2-6)称为平面力偶系的平衡方程。应用平面力偶系的平衡方程只能求解一个未知量。

例 2-4 如图 2-10 所示，用多轴钻床在水平放置的工件上同时钻四个直径相等的孔，每个钻头的主切削力在水平面内组成一力偶，各力偶矩的大小 $m_1=m_2=m_3=m_4=15\ \text{N}\cdot\text{m}$，转向如图 2-10 所示。试求工件受到的总切削力偶矩。

解：作用于工件的力偶有四个，各力偶矩的大小相等，转向相同，且在同一平面内。可

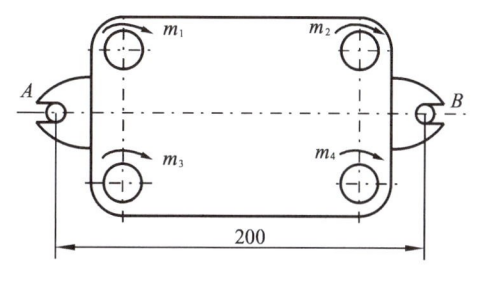

图 2-10

求出其合力偶矩为
$$M = m_1 + m_2 + m_3 + m_4 = 4 \times (-15) = -60 \text{ N·m}$$
负号表示合力偶为顺时针转向。

例 2-5 一平行轴减速箱如图 2-11(a)所示,所受的力可视为都在图 2-11 所示平面内。减速箱输入轴Ⅰ上作用一顺时针力偶,其矩为 $m_1 = 50$ N·m;输出轴Ⅱ上作用一逆时针力偶,其矩为 $m_2 = 60$ N·m。设 AB 间距 $l = 20$ cm,不计减速箱重量。试求螺栓 A、B 以及支承面所受的力。

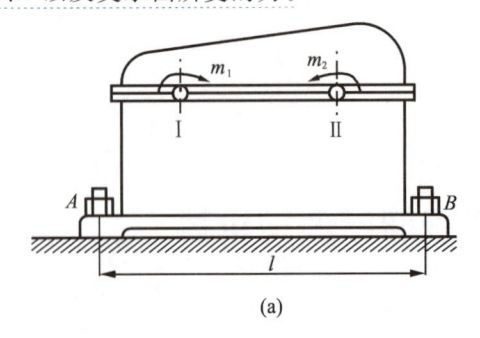

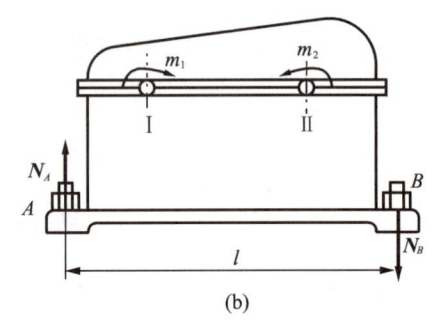

图 2-11

解：取减速箱为研究对象。减速箱除受两个力偶矩作用外,还受到螺栓与支承面的约束反力的作用。因为力偶必须用力偶来平衡,故这些约束反力也必定组成一力偶,A、B 处约束反力方向如图 2-11(b)所示,且 $N_A = N_B$。

根据平面力偶系的平衡条件,列平衡方程
$$\sum_{i=1}^{n} m_i = 0, \quad m_2 - m_1 - N_A l = 0$$
得
$$N_A = \frac{m_2 - m_1}{l} = \frac{60 - 50}{20 \times 10^{-2}} = 50 \text{ N}$$
$$N_A = N_B = 50 \text{ N}$$

约束反力 N_A 及 N_B 是分别由 A 处支承面和 B 处支承面产生的反作用力。因而,A 处支承面受压力,B 处支承面受拉力,大小都为 50 N。

例 2-6 电动机的功率是通过联轴器传递给工作轴的,联轴器是电动机转轴与工作机械转轴的连接部件,它由两个法兰盘和连接两者的螺栓组成。如图 2-12 所示,4 个螺栓 A、B、C、E 均匀分布在同一圆周上,圆周直径 $D = 200$ mm。已知电动机转轴传给联轴器的力偶矩 $M = 2.5$ kN·m,设每个螺栓所受的力大小相等,即 $F_1 = F_2 = F_3 = F_4 = F$。试求螺栓受的力。

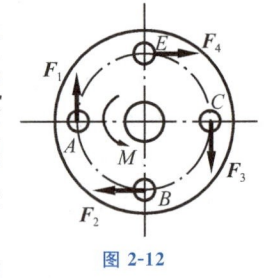

图 2-12

解：根据作用力与反作用力公理,螺栓所受的力与法兰盘受到螺栓的力互为作用力与反作用力。为此,取法兰盘为研究对象,其上作用有主动力偶 M 以及 4 个螺栓的约束反力 F_1、F_2、F_3、F_4,其受力图如图 2-12 所示。

法兰盘在平面力偶系的作用下处于平衡状态,由平面力偶系的平衡方程得

第2章 平面力系

$$\sum M = 0$$
$$M + M(\boldsymbol{F}_2, \boldsymbol{F}_4) + M(\boldsymbol{F}_1, \boldsymbol{F}_3) = 0$$
$$M - 2FD = 0$$
$$F = \frac{M}{2D} = \frac{2.5}{2 \times 200 \times 10^{-3}} = 6.25 \text{ kN}$$

所以 4 个螺栓受力均为 $F = 6.25$ kN，与法兰盘上四点受力互为作用力与反作用力。

2.3 平面任意力系的简化

一、力的平移定理

由力的可传递性得知，力沿其作用线移动时，对刚体的作用效果是不改变的。但是，能不能在不改变力对刚体作用效果的前提下，将力平移到作用线以外的任意一点呢？下面我们来研究这个问题。

如图 2-13(a)所示，设有一力 $\boldsymbol{F}$ 作用于刚体的 A 点，为将该力平移到任一点 B，在 B 点加一对平衡力 $\boldsymbol{F}_1$ 和 $\boldsymbol{F}_1'$，作用线与 $\boldsymbol{F}$ 平行，且使 $\boldsymbol{F}_1' = -\boldsymbol{F}_1 = -\boldsymbol{F}$，在 $\boldsymbol{F}$、$\boldsymbol{F}_1$、$\boldsymbol{F}_1'$ 三力中 $\boldsymbol{F}$ 和 $\boldsymbol{F}_1'$ 两力组成一个力偶，其力偶臂为 d，其力偶矩恰好等于原力对点 B 之矩，如图 2-13(b)所示，即

$$m(\boldsymbol{F}, \boldsymbol{F}_1') = M_B(\boldsymbol{F}) = Fd$$

显然，三个力组成的新力系与原来的一个力 $\boldsymbol{F}$ 等效。我们可以将这三个力看作一个作用在 B 点的力 $\boldsymbol{F}_1$ 和一个力偶 $(\boldsymbol{F}, \boldsymbol{F}_1')$ 的联合作用。这样，原来作用在 A 点的力 $\boldsymbol{F}$ 便被力 $\boldsymbol{F}_1$ 和力偶 $(\boldsymbol{F}, \boldsymbol{F}_1')$ 等效代换，力偶 $(\boldsymbol{F}, \boldsymbol{F}_1')$ 称为附加力偶，如图 2-12(c)所示，其矩 m 为

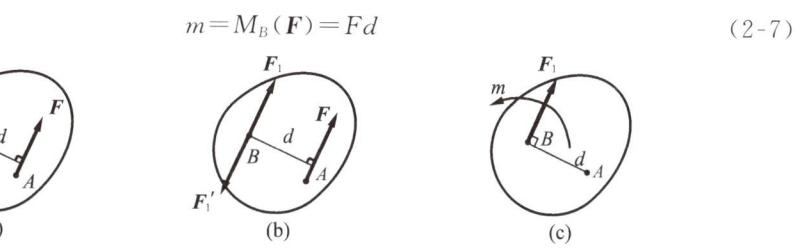

$$m = M_B(\boldsymbol{F}) = Fd \quad (2-7)$$

图 2-13

由此可得力的平移定理：**作用在刚体上的力，可以平移至刚体内任一点，若不改变该力对于刚体的作用，则必须附加一力偶，其力偶矩等于原力对新作用点的矩。**

力的平移定理是力系向一点简化的理论依据，也是分析和解决实际工程中力学问题的重要方法。如图 2-14(a)所示，钳工攻螺纹时，要求在丝锥手柄的两端均匀用力，即形成一力偶使手柄产生转动。若在手柄的单边加力，如图 2-14(b)所示，那么丝锥极易折断，这是什么原因呢？如图 2-14(c)所示，根据力的平移定理，作用在 B 点的力可用作用于 O 点的力 $\boldsymbol{F}'$ 和一附加力偶 m 来代替。$\boldsymbol{F}'$ 的大小和方向与作用于 B 点的力 $\boldsymbol{F}$ 相同，而

力偶矩等于力 F 对 O 点的矩。力偶 m 使手柄产生顺时针转动进行攻螺纹,而丝锥上受到一个横向力 F',易造成丝锥折断。

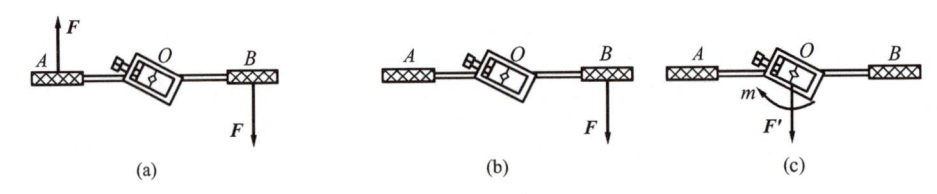

图 2-14

二、平面任意力系的简化

设刚体受一个平面任意力系作用,利用力的平移定理,我们可将平面任意力系向任一点平移得一个平面汇交力系和一个平面力偶系,再通过该平面汇交力系和平面力偶系的合成方法来解决平面任意力系的简化问题。

为了具体说明力系向一点简化的方法,我们设想有三个力 F_1、F_2、F_3 作用在刚体上,如图 2-15(a)所示。在平面内任取一点 O,称为简化中心。应用力的平移定理,把各力都平移到 O 点。这样,得到作用于点 O 的力 F_1'、F_2'、F_3' 以及相应的附加力偶,其矩分别为 m_1、m_2、m_3,如图 2-15(b)所示。这些力偶作用在同一平面内,它们的矩分别等于力 F_1、F_2、F_3 对 O 点的矩,即

$$m_1 = m_O(F_1)$$
$$m_2 = m_O(F_2)$$
$$m_3 = m_O(F_3)$$

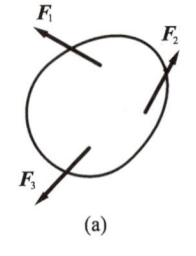

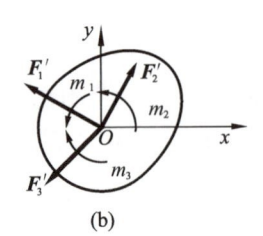

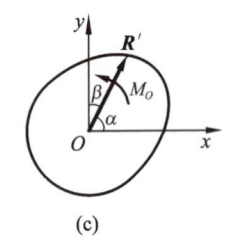

图 2-15

这样,平面任意力系分解成了两个力系:平面汇交力系和平面力偶系。然后,再分别合成这两个力系。

平面汇交力系 F_1'、F_2'、F_3' 可按力多边形法则合成一个力 R',也作用于 O 点,并等于 F_1'、F_2'、F_3' 的矢量和,如图 2-15(c)所示。因为,F_1'、F_2'、F_3' 各力分别与 F_1、F_2、F_3 各力大小相等,方向相同,所以

$$R' = F_1 + F_2 + F_3$$

微课 7
平面任意力系的简化

根据前节所述,平面力偶系 m_1、m_2 和 m_3 合成后仍为一力偶,该力偶的矩 M_O 等于各力偶矩的代数和。注意附加力偶矩等于力对简化中心的矩,故

$$M_O = m_1 + m_2 + m_3 = m_O(F_1) + m_O(F_2) + m_O(F_3)$$

即该力偶的矩等于原来各力对简化中心的矩的代数和。

对于力的数目为 n 的平面任意力系,不难推广为

$$R' = \sum_{i=1}^{n} F_i$$

$$M_O = \sum_{i=1}^{n} m_O(F_i)$$

平面任意力系中所有各力的矢量和 R' 称为该力系的主矢;而这些力对于任选简化中心的矩的代数和 M_O,称为该力系对于简化中心的主矩。

因此,上面所得结果可陈述如下:

在一般情形下,平面任意力系向作用面内任选一点 O 简化,可得一个主矢和一个主矩,即

$$R' = \sum_{i=1}^{n} F_i \tag{2-8}$$

$$M_O = \sum_{i=1}^{n} m_O(F_i) \tag{2-9}$$

由于主矢等于各力的矢量和,所以它与简化中心的选择无关。而主矩等于各力对简化中心的矩的代数和,取不同的点为简化中心,各力的力臂将有改变,则各力对简化中心的矩也有所改变,所以在一般情况下主矩与简化中心的选择有关。以后说到主矩时,必须指出是力系对于哪一点的主矩。

为了求出力系的主矢 R' 的大小和方向,可应用解析法。通过 O 点取坐标系 xOy,如图 2-15(b) 所示,则有

$$R'_x = F_{1x} + F_{2x} + \cdots + F_{nx} = \sum_{i=1}^{n} F_{ix}$$

$$R'_y = F_{1y} + F_{2y} + \cdots + F_{ny} = \sum_{i=1}^{n} F_{iy}$$

式中,R'_x 和 R'_y 以及 F_{1x}、F_{2x}、$\cdots$、F_{nx} 和 F_{1y}、F_{2y}、$\cdots$、F_{ny} 分别为主矢 R' 以及原力系中各力 F_1、F_2、$\cdots$、F_n 在 x 轴和 y 轴上的投影。

于是主矢 R' 的大小和方向余弦分别为

$$R' = \sqrt{(R'_x)^2 + (R'_y)^2} = \sqrt{(\sum_{i=1}^{n} F_{ix})^2 + (\sum_{i=1}^{n} F_{iy})^2} \tag{2-10}$$

$$\cos \alpha = \frac{R'_x}{R'}$$
$$\cos \beta = \frac{R'_y}{R'} \tag{2-11}$$

式中,α 和 β 分别为主矢与 x 轴、y 轴的夹角。

现应用力系向一点简化的方法,分析固定端约束。如图 2-16(a)、图 2-16(b) 所示,车刀和工件分别夹持在刀架和卡盘上,是固定不动的,这种约束称为固定端约束,其简图如图 2-16(c) 所示。固定端约束对物体的作用,是在接触面上作用了一群约束反力。在平面问题中,这些力组成平面任意力系,如图 2-17(a) 所示。将这些力向作用平面内 A 点简化得到一个力和一个力偶,如图 2-17(b) 所示。一般情况下这个力的大小和方向均为未

知量。可用两个未知分力来代替。因此,在平面力系情况下,固定端 A 处的约束反力可简化为两个约束反力 N_{Ax}、N_{Ay} 和一个约束反力偶 M_A,如图 2-17(c)所示。

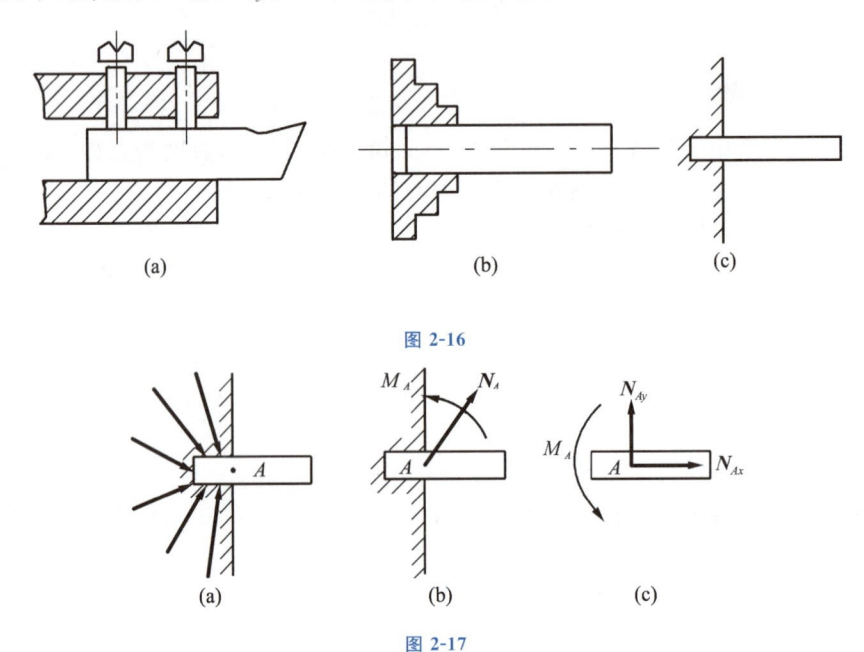

图 2-16

图 2-17

比较固定端约束和固定铰链约束的性质,可以看出固定端约束除了限制物体移动外,还能限制物体在平面内转动。因此,除了约束反力外,还有约束反力偶。而固定铰链约束没有约束反力偶,它不能限制物体在平面内转动。在工程实际中,固定端约束是经常见到的,除前面讲到的刀架、卡盘外,还有插入地基中的电线杆以及悬臂梁等。

三、平面任意力系简化结果讨论

平面任意力系向作用面内一点简化的结果,通常为一个力和一个力偶,但进一步简化为四种情况:

(1)若 $R'=0,M_O\neq 0$,则原力系简化为一个力偶,称为合力偶,其矩等于原力系对简化中心的主矩。在这种情况下,此力系可简化为平面力偶系,简化结果与简化中心的选择无关。

(2)若 $R'\neq 0,M_O=0$,则原力系简化为一个力,称为合力。在这种情况下,此力系可简化为平面汇交力系,作用线通过简化中心。

(3)若 $R'\neq 0,M_O\neq 0$,则原力系简化为一个主矢和一个主矩。在这种情况下,根据力的平移定理,这个力和力偶还可以继续合成为一个合力 R。

如图 2-18(a)所示,力系向 O 点简化的结果是主矢和主矩都不等于零,现将矩 M_O 用两个力 R 和 R'' 表示,并令 $R'=R=-R''$,如图 2-18(b)所示。由于 R' 与 R'' 是一对平衡力,所以可将作用于 O 点的力 R' 和力偶(R,R'')合成为一个作用在 O' 点的力 R,如图 2-18(c)所示。

图 2-18(c)所示的力 R 就是原力系的合力。合力的大小等于主矢;合力的作用线在 O 点的哪一侧,需根据主矢的方向和主矩的转向确定;合力作用线离 O 点的距离为 d,其值为

(a) (b) (c)

图 2-18

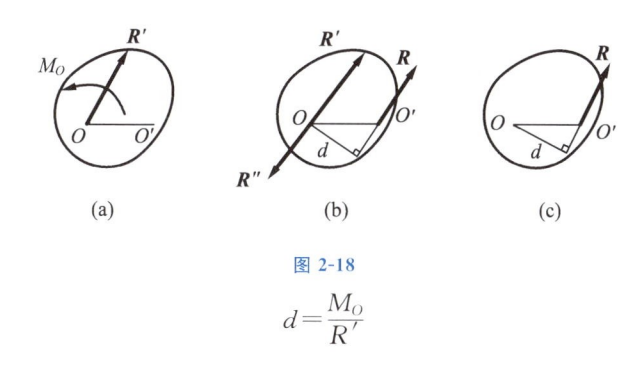

$$d=\frac{M_O}{R'}$$

因为

$$M_O=m(\boldsymbol{R},\boldsymbol{R}'')=Rd=R'd$$

(4)若 $R'=0, M_O=0$,则原力系是平衡力系。这种情况将在下节详细讨论。

2.4 平面任意力系的平衡方程及应用

由平面任意力系的简化可知,主矢 $\boldsymbol{R}'$ 和主矩 M_O 都等于零时,力系是平衡的。而要使力系平衡,必须 $R'=0, M_O=0$。因此,平面任意力系平衡的充分和必要条件是:**力系的主矢与主矩同时等于零**,即

$$\begin{cases} R' = \sqrt{(\sum F_x)^2 + (\sum F_y)^2} = 0 \\ M_O = \sum M_O(\boldsymbol{F}) = 0 \end{cases} \tag{2-12}$$

得

$$\begin{cases} \sum F_x = 0 \\ \sum F_y = 0 \\ \sum M_O(\boldsymbol{F}) = 0 \end{cases} \tag{2-13}$$

式(2-13)称为平面任意力系的平衡方程。它是平衡方程的基本形式。力系中各力在任何方向的坐标轴上投影的代数和等于零,说明力系对物体无任何方向的平动,称为投影方程;各力对平面内任意点之矩的代数和等于零,说明力系对物体无转动作用,称为力矩方程。

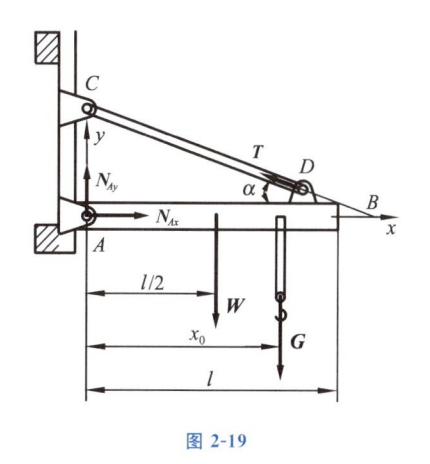

例 2-7 悬臂吊车如图 2-19 所示。横梁 AB 长 $l=2.5$ m,重力 $W=1.2$ kN。拉杆 CD 延长线与横梁 AB 相交于 B 点,其倾角 $\alpha=30°$,重力不计。电葫芦连同重物重力 $G=$

图 2-19

7.5 kN。试求当电葫芦在 $x_0 = 2$ m 的位置时,拉杆的拉力 T 和铰链 A 的约束反力。

解:(1)选横梁 AB 为研究对象。

(2)画受力图。作用于横梁上的力有重力 $\boldsymbol{W}$、电葫芦及重物的重力 $\boldsymbol{G}$、拉杆的拉力 $\boldsymbol{T}$ 和铰链 A 处的约束反力 $\boldsymbol{N}_{Ax}$、$\boldsymbol{N}_{Ay}$。因拉杆 CD 是二力杆,故拉力 T 的方向沿 CD 连线。显然各力作用线在同一平面内且任意分布,属于平面任意力系。

(3)选图 2-19 所示坐标系,列平衡方程求解。

$$\sum F_x = 0, N_{Ax} - T\cos\alpha = 0$$

$$\sum F_y = 0, N_{Ay} + T\sin\alpha - W - G = 0$$

$$\sum M_A(\boldsymbol{F}) = 0, Tl\sin\alpha - W\frac{l}{2} - Gx_0 = 0$$

解得

$$T = \frac{1}{l\sin\alpha}\left(W\frac{l}{2} + Gx_0\right) = \frac{1}{2.5 \times \sin 30°} \times \left(1.2 \times \frac{2.5}{2} + 7.5 \times 2\right) = 13.2 \text{ kN}$$

$$N_{Ax} = T\cos\alpha = 13.2 \times \cos 30° = 11.4 \text{ kN}$$

$$N_{Ay} = W + G - T\sin\alpha = 1.2 + 7.5 - 13.2 \times \sin 30° = 2.1 \text{ kN}$$

(4)讨论。考虑到悬臂梁吊车在工作时电葫芦是可移动的,如要校核拉杆的强度,应考虑 x 为何值时,拉力 T 值最大。现从力矩方程可以看出,当 $x = l$ 时,拉力 T 值最大。

$$T_{\max} = \frac{1}{\sin\alpha}\left(\frac{W}{2} + G\right) = \frac{1}{\sin 30°} \times \left(\frac{1.2}{2} + 7.5\right) = 16.2 \text{ kN}$$

(5)校核计算结果。另取一个非独立的投影方程或力矩方程,对某一个未知量进行运算,所得结果与前面计算结果相同时,表明原计算正确。

例如,再取 C 点为简化中心,列力矩方程

$$\sum M_C(\boldsymbol{F}) = 0, N_{Ax} l\tan\alpha - W\frac{l}{2} - Gx_0 = 0$$

$$N_{Ax} = \left(\frac{W}{2} + \frac{Gx_0}{l}\right)\cot\alpha = \left(\frac{1.2}{2} + \frac{7.5 \times 2}{2.5}\right)\cot 30° = 11.4 \text{ kN}$$

计算结果与前面计算结果相同,原计算正确。

应该指出,在应用平衡方程解题时,为使计算简化,通常将矩心选在众多未知力的交点上,坐标轴应尽可能选取与该力系中多数未知力的作用线平行或垂直,避免解联立方程。

例 2-8 悬臂梁 AB 长为 l,在均布载荷 q、集中力偶 T 和集中力 F 作用下平衡,如图 2-20 所示。设 $T = ql^2$,$F = ql$。试求固定端 A 处的约束反力。

分析: 在解题时应注意以下几点:

(1)固定端 A 处的约束反力,除了 N_{Ax}、N_{Ay} 之外,还有约束反力偶 M_A,初学者极易遗漏。

(2)力偶的两个力对任意一轴的投影代数和均为零;力偶对作用面内任一点之矩恒等于力偶矩。

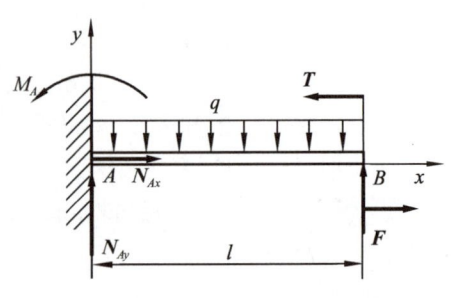

图 2-20

（3）均布载荷 q 是单位长度上受的力，其单位为 N/m 或 kN/m，均布载荷的简化结果为一合力，通常用 Q 表示。合力 Q 的大小等于均布载荷 q 与其作用线长度 l 的乘积，即 $Q=ql$，合力 Q 的方向与均布载荷 q 的方向相同；由于是均布载荷，显然，合力 Q 的作用线通过均布载荷作用段的中点，即 $l/2$ 处。如果是非均布载荷，其合力大小一般要经过积分计算，而合力作用线位置用合力矩定理求出。

解：取悬臂梁 AB 为研究对象。受力图及所取坐标如图 2-20 所示。列平衡方程有

$$\sum F_x = 0, N_{Ax} = 0$$

$$\sum F_y = 0, N_{Ay} + F - ql = 0$$

$$\sum M_A(\boldsymbol{F}) = 0, M_A + Fl + T - \frac{1}{2}ql^2 = 0$$

解得

$$M_A = \frac{1}{2}ql^2 - Fl - T = \frac{1}{2}ql^2 - ql^2 - ql^2 = -\frac{3}{2}ql^2$$

$$N_{Ay} = ql - F = ql - ql = 0$$

M_A 为负值，表明约束反力偶与假设方向相反，即顺时针转向。

从以上例题可见，选取适当的坐标轴和矩心，可以减少平衡方程中所含未知量的数目。采用力矩方程比投影方程计算要简便一些。而实际上，平面任意力系的平衡方程，除了它的基本形式外，还有其他两种形式：

（1）二力矩式平衡方程

$$\begin{cases} \sum F_x = 0 \\ \sum M_A(\boldsymbol{F}) = 0 \quad (A \text{、} B \text{ 两点的连线不能与 } x \text{ 轴垂直}) \\ \sum M_B(\boldsymbol{F}) = 0 \end{cases} \quad (2\text{-}14)$$

（2）三力矩式平衡方程

$$\begin{cases} \sum M_A(\boldsymbol{F}) = 0 \\ \sum M_B(\boldsymbol{F}) = 0 \quad (A \text{、} B \text{、} C \text{ 三点不能在同一条直线上}) \\ \sum M_C(\boldsymbol{F}) = 0 \end{cases} \quad (2\text{-}15)$$

应该注意，不论选用哪种形式的平衡方程，对于同一平面力系来说，最多只能列出三个独立的平衡方程，因而只能求出三个未知量。选用力矩方程，必须满足使用条件，否则所列的平衡方程将不是独立的。

例 2-9 如图 2-21(a)所示，车削工件时车刀的一端为固定端约束，车刀伸出长度 $l=50$ mm，已知车刀所受的切削阻力 $P_n=6\,000$ N，$\boldsymbol{P}_n$ 与铅垂线的夹角 $\alpha=20°$。试求固定端的约束反力。

解：取车刀为研究对象，其受力图及所选坐标系如图 2-21(b)所示。

车刀的约束为固定端约束，因为车刀杆受到的主动力 $\boldsymbol{P}_n$ 可分解为水平和垂直方向的分力 $\boldsymbol{P}_{nx}$ 和 $\boldsymbol{P}_{ny}$，故固定端的约束反力以水平和垂直方向的分力 $\boldsymbol{N}_{Ax}$ 和 $\boldsymbol{N}_{Ay}$ 表示，设其方向与坐标轴的方向一致，并假设约束反力偶 M_A 为顺时针方向。列平面任意力系的平衡方程

$$\sum F_x = 0, -P_n \sin \alpha + N_{Ax} = 0 \quad (1)$$

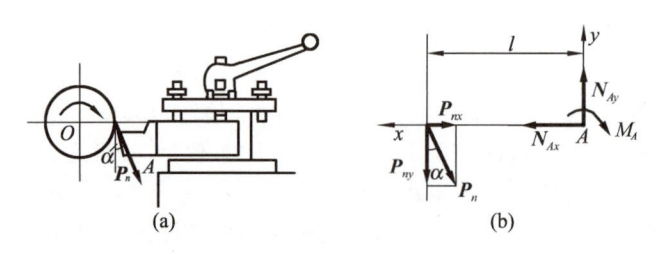

图 2-21

$$\sum F_y = 0, \quad -P_n\cos\alpha + N_{Ay} = 0 \tag{2}$$

$$\sum M_A(\boldsymbol{P}) = 0, \quad -M_A + P_n\cos\alpha \cdot l = 0 \tag{3}$$

由式(1)得 $N_{Ax} = P_n\sin\alpha = 6\,000 \times \sin 20° = 2\,052$ N

由式(2)得 $N_{Ay} = P_n\cos\alpha = 6\,000 \times \cos 20° = 5\,638$ N

由式(3)得 $M_A = P_n\cos\alpha \cdot l = 6\,000 \times \cos 20° \times 0.05 = 281.91$ N·m

所求得的固定端 A 的约束反力 N_{Ax}、N_{Ay} 与 M_A 的数值均为正值,说明所假设的各力的方向与实际方向相同。

平面平行力系和平面汇交力系、平面力偶系是平面任意力系的特殊情况。

设刚体上作用一平面平行力系 F_1、F_2、$\cdots$、F_n,如图 2-22 所示。若取坐标系中 y 轴与各力作用线平行,则不论该力系是否平衡,各力在 x 轴上的投影恒等于零,即 $\sum F_x = 0$。因此,平面平行力系的平衡方程为

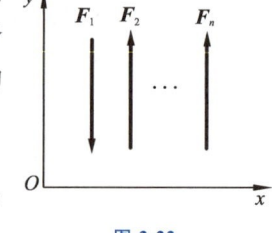

$$\begin{cases} \sum F_y = 0 \\ \sum M_O(\boldsymbol{F}) = 0 \end{cases} \tag{2-16}$$

图 2-22

即平面平行力系平衡的必要与充分条件是:**力系中各力在与其平行的坐标轴上投影的代数和等于零,并且各力对任意点之矩的代数和等于零。**

二力矩式平衡方程为

$$\begin{cases} \sum M_A(\boldsymbol{F}) = 0 \\ \sum M_B(\boldsymbol{F}) = 0 \end{cases} \quad (A、B 两点连线不能与各力的作用线平行) \tag{2-17}$$

由此可见,平面平行力系只有两个独立的平衡方程,因此只能求出两个未知量。

例 2-10 塔式起重机的结构简图如图 2-23 所示。设机架重力 $W = 500$ kN,重心在 C 点,与右轨 B 相距 $a = 1.5$ m,最大起重量 $P = 250$ kN,与右轨 B 最远距离 $l = 10$ m。两轨 A 与 B 的间距为 $b = 3$ m,$x = 6$ m。试求起重机在满载与空载时都不致翻倒的平衡物重力 G 的取值范围。

解:取起重机整体为研究对象。

起重机在起吊重物时,作用其上的力有机架重力 W,平衡物重力 G,最大起重量 P 以及轨道对轮 A、B 的约束反力 N_A、N_B,这些力组成平面平行力系,受力图

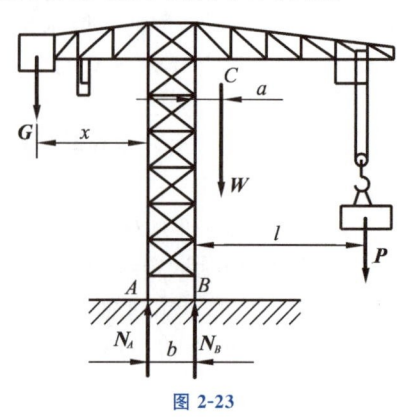

图 2-23

如图 2-23 所示。

起重机在平衡时,力系具有 N_A、N_B 和 G 三个未知量,而力系只有两个独立的平衡方程,问题不可解。

但是,本题是求使起重机满载与空载都不致翻倒的平衡物重 G 的取值范围,因而可分为满载右翻与空载左翻的两个临界情况来讨论 G 的最小值与最大值,从而确定 G 值的范围。

满载($P = 250 \text{ kN}$)时,起重机可能绕 B 轨右翻,在平衡的临界情况(将翻而未翻时)下,左轮 A 将悬空,$N_A = 0$,这时由平衡方程求出的是平衡物重力 G 的最小值 $G_{\min}$。列平衡方程

$$\sum M_B(\boldsymbol{F}) = 0, G_{\min}(x+b) - Wa - Pl = 0$$

解得

$$G_{\min} = \frac{Wa + Pl}{x + b} = \frac{500 \times 1.5 + 250 \times 10}{6 + 3} = 361.1 \text{ kN}$$

空载($P = 0 \text{ kN}$)时,起重机可能绕 A 轨左翻,在平衡的临界情况下,右轮 B 将悬空,$N_B = 0$,这时由平衡方程求出的是平衡物重力 G 的最大值 $G_{\max}$。列平衡方程

$$\sum M_A(\boldsymbol{F}) = 0, G_{\max} x - W(a+b) = 0$$

解得

$$G_{\max} = \frac{W(a+b)}{x} = \frac{500 \times (1.5+3)}{6} = 375 \text{ kN}$$

在 $x = 6 \text{ m}$ 的条件下,平衡物重力 G 的范围为 $361.1 \text{ kN} \leqslant G \leqslant 375 \text{ kN}$。

2.5 物体系统的平衡

工程中的机械或结构一般总是由若干部件以一定形式的约束联系在一起而组成的,这个组合体称为物体系统,简称物系。

在研究物系的平衡时,不仅要研究外界物体对这个系统的作用,同时还要分析系统内部各物体之间的相互作用。外界物体作用于系统的力,称为外力;系统内部各物体之间相互作用的力,称为内力。内力与外力的概念是相对的。在研究整个系统平衡时,由于内力总是成对出现,这些内力是不必考虑的;当研究系统中某一物体或部分物体的平衡时,系统中其他物体对它们的作用力就成为外力,必须予以考虑。所谓外力与内力应视所取的研究对象而定。例如,图 2-24(a)所示为一货车拖一拖车,若将货车与拖车视为一个整体,则两物体连接处的作用力为内力(货车拉拖车的力与拖车拉货车的力),可不考虑。若如图 2-24(b)所示,将货车视为一单独物体时,拖车对货车的拉力 S 则为外力;同样单独以拖车为研究对象,货车对拖车的拉力 S' 则为外力。

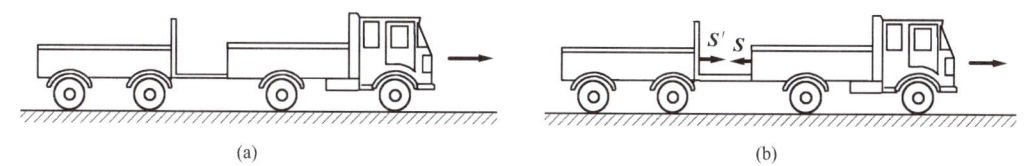

(a)   (b)

图 2-24

当整个系统平衡时,组成该系统的每个物体也平衡。因此在求解物体系统的平衡问题时,既可选整个系统为研究对象,也可选单个物体或部分物体为研究对象。对每一个研究对象,在一般情况(平面任意力系)下,可列出三个独立的平衡方程,对于由 n 个物体组成的物体系统,就可以列出 $3n$ 个独立的平衡方程,因而可以求解 $3n$ 个未知量。如果系统中的物体受平面汇交力系或平面力偶系的作用时,整个系统的平衡方程数目相应地减少。

解物体系统的平衡问题有两种方法:一是先整体后拆开;二是逐次拆开,分别选择研究对象。 下面举例说明物体系统平衡问题的求解方法。

例 2-11 一构架如图 2-25(a)所示,已知 $F=10$ kN,$P=20$ kN,$a=1$ m。试求两固定铰链 A、B 的约束反力。

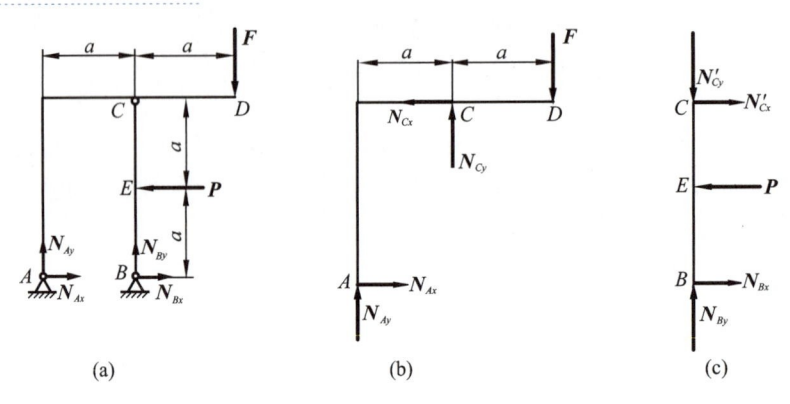

图 2-25

解:(1)分析整体受力,如图 2-25(a)所示,则有

$$\sum M_B(\boldsymbol{F}) = 0, \quad -N_{Ay} \cdot a + P \cdot a - F \cdot a = 0$$

$$N_{Ay} = P - F = 20 - 10 = 10 \text{ kN}$$

$$\sum M_A(\boldsymbol{F}) = 0, \quad N_{By} \cdot a + P \cdot a - F \cdot 2a = 0$$

$$N_{By} = 2F - P = 2 \times 10 - 20 = 0$$

$$\sum F_x = 0, \quad N_{Ax} + N_{Bx} - P = 0$$

(2)画 ACD 杆及 CEB 杆受力图,如图 2-25(b)、图 2-25(c)所示。

(3)研究 CEB 杆,如图 2-25(c)所示,则有

$$\sum M_C(\boldsymbol{F}) = 0, \quad N_{Bx} \cdot 2a - P \cdot a = 0$$

解得

$$N_{Bx} = \frac{P}{2} = 10 \text{ kN}$$

$$N_{Ax} = P - N_{Bx} = 20 - 10 = 10 \text{ kN}$$

讨论与说明:

此例采用的就是先整体后拆开的方法,即先以整体为研究对象,画受力图。我们发现一个受力图中有 4 个未知量,但我们能列的独立平衡方程只有 3 个,因此是不可解的,于是我们再分析一个构件的受力,对于任何一个受力图,我们能列的独立方程都有 3 个,但由于此时只需要一个方程就够了,以 C 为矩心列力矩方程即可。

可解条件有时会在局部存在。如果 n 个未知力中,有 $(n-1)$ 个未知力相互汇交或相互平衡,则可选此汇交点为矩心或选平行力的垂线为坐标轴,列出平衡方程,即可求得部分未知力,然后再如前所述,逐步扩大已知量个数,直至全部解决。这也是求解物系平衡问题常见情况之一。

例 2-12 图 2-26(a)所示为多跨梁,AB 梁和 BC 梁用中间铰链 B 连接而成。C 端为固定端,A 端由活动铰支座支承。已知 $T=20$ kN·m,$q=15$ kN/m。试求 A、B、C 三点的约束反力。

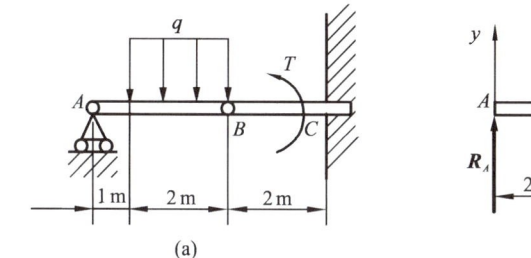

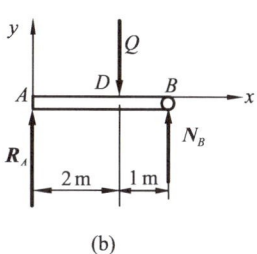

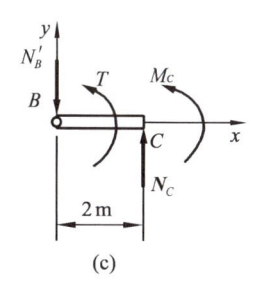

图 2-26

解:若取 ABC 梁为研究对象,由于作用力较多,计算较繁。从多跨梁结构来看,梁 AB 上未知力较少,故将多跨梁拆开来分析为最佳解题方案。

(1)先取 AB 梁为研究对象,受力如图 2-26(b)所示,均布载荷 q 可以简化为作用于 D 点的集中力 Q,在受力图上不再画 q,以免重复。因 AB 梁上只作用主动力 Q 且铅垂向下,故判断 B 铰链的约束反力 N_B 沿铅垂方向,AB 梁在平面平行力系作用下平衡,列平衡方程

$$\sum M_B(\boldsymbol{F}) = 0, -3R_A + Q = 0$$

解得

$$R_A = \frac{Q}{3} = \frac{30}{3} = 10 \text{ kN}$$

$$\sum M_A(\boldsymbol{F}) = 0, 3N_B - 2Q = 0$$

解得

$$N_B = \frac{2}{3}Q = \frac{2}{3} \times 30 = 20 \text{ kN}$$

(2)再取 BC 梁为研究对象,受力如图 2-26(c)所示,$\boldsymbol{N}'_B$ 和 $\boldsymbol{N}_B$ 是作用力与反作用力,同样可以判断固定端 C 处受约束反力偶 M_C 和沿铅垂方向的力 $\boldsymbol{N}_C$。BC 梁在任意力系作用下平衡,列平衡方程

$$\sum F_y = 0, N_C - N'_B = 0$$

解得

$$N_C = N'_B = 20 \text{ kN}$$

$$\sum M_B(\boldsymbol{F}) = 0, M_C + T + 2N_C = 0$$

解得

$$M_C = -T - 2N_C = -20 - 2 \times 20 = -60 \text{ kN·m}$$

负值表示 C 端约束反力偶的实际转向是顺时针。对于此例,需要计算 B 点受力,为此选择逐次拆开的方法比较合适。

例 2-13 图 2-27(a)所示为曲轴冲床简图,由轮 I、连杆 AB 和冲头 B 组成。A、B 两处为固定铰链连接。$OA=R$,$AB=l$。如果忽略摩擦和物体的自重,当 OA 在水平位置、

48 工程力学

冲压阻力为 P 时,求:(1)作用在轮 I 上的力偶矩 M 的大小;(2)轴承 O 处的约束反力;(3)连杆 AB 受的力;(4)冲头给导轨的侧压力。

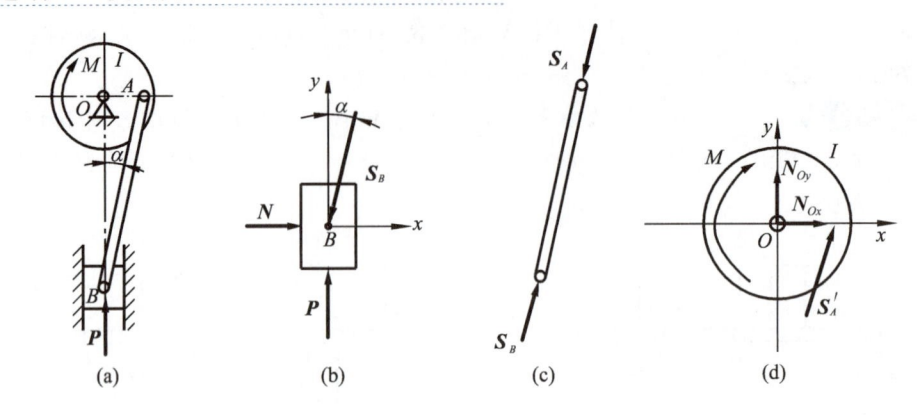

图 2-27

解:(1)首先以冲头为研究对象。冲头受冲压阻力 P、导轨约束反力 N 以及连杆(二力杆)的作用力 S_B 作用,方向如图 2-27(b)所示,这些力构成一平面汇交力系。设连杆与铅垂线间的夹角为 α,按图示坐标轴列平衡方程,得

$$\sum F_x = 0, N - S_B \sin \alpha = 0 \tag{1}$$

$$\sum F_y = 0, P - S_B \cos \alpha = 0 \tag{2}$$

由式(2)得

$$S_B = \frac{P}{\cos \alpha} = \frac{Pl}{\sqrt{l^2 - R^2}}$$

S_B 为正值,说明假设的 S_B 的方向与实际方向相同,即连杆受压力,如图 2-27(c)所示。代入式(1)得

$$N = P \tan \alpha = \frac{PR}{\sqrt{l^2 - R^2}}$$

冲头对导轨的侧压力的大小等于 N,方向与导轨约束反力方向相反。

(2)再以轮 I 为研究对象。轮 I 受平面任意力系作用,包括矩为 M 的力偶,连杆作用力 S'_A 以及轴承的约束反力 N_{Ox}、N_{Oy},如图 2-27(d)所示。按图示坐标轴列平衡方程,得

$$\sum M_O(\boldsymbol{F}) = 0, S'_A \cos \alpha \cdot R - M = 0 \tag{3}$$

$$\sum F_x = 0, N_{Ox} + S'_A \sin \alpha = 0 \tag{4}$$

$$\sum F_y = 0, N_{Oy} + S'_A \cos \alpha = 0 \tag{5}$$

由式(3)得

$$M = PR$$

由式(4)得

$$N_{Ox} = -S'_A \sin \alpha = -P \tan \alpha = -\frac{PR}{\sqrt{l^2 - R^2}}$$

由式(5)得

$$N_{Oy} = -S'_A \cos \alpha = -P$$

负号说明,力 N_{Ox}、N_{Oy} 的方向与图示假设的方向相反。

现将解平面力系平衡问题的方法和步骤归纳如下:

(1)首先弄清题意,明确要求,正确选择研究对象。对于单个物体,只要指明某物体为研究对象即可。对于物体系统,往往要选两个以上的研究对象。如果选择了合适的研究对象,再选择适当形式的平衡方程,则可使解题过程大为简化。显然,选择研究对象存在多种可能性。例如,可选物体系统和系统内某个构件为研究对象;也可选物体系统和系统内由若干物体组成的局部为研究对象;还可考虑把物体系统全部拆开逐个分析的方法,其平衡问题总是可以解决的。因此,在分析时,应排好研究对象的先后次序,整理出解题思路,确定最佳的解题方案。

(2)分析研究对象的受力情况,并画出受力图。在受力图上画出作用在研究对象上的全部主动力和约束反力。特别是约束反力,必须根据约束特点去分析,不能主观地随意设想,对于工程上常见的几种约束类型要正确理解,熟练掌握。对于物体系统,每确定一个研究对象,必须单独画出它的受力图,不能把几个研究对象的受力图都画在一起,以免混淆。还应特别注意各受力图之间的统一和协调,比如,受力图之间各作用力的名称和方向要一致;注意作用力和反作用力所用名称应该统一,方向应相反。注意区分外力和内力,在受力图上不画内力。

(3)选取坐标轴和矩心列平衡方程。平衡方程要根据物体所受的力系类型列出。比如,平面任意力系只能列出三个独立的平衡方程;平面汇交力系或平面平行力系只能列两个独立的平衡方程;平面力偶系只能列一个独立的平衡方程;对于由 n 个物体组成的物体系统,可列出 $3n$ 个独立的平衡方程。列平衡方程时,应选取适当的坐标轴和矩心。应尽可能选与力系中较多未知力的作用线平行或垂直的坐标轴,以利于列投影方程,矩心则尽可能选在力系中较多未知力的交点上,以减少力矩的计算。总之,选择的原则是应使每个平衡方程中未知量越少越好,最好每个方程中只含有一个未知量,以避免解联立方程。

(4)解方程,求未知量。解题时最好用文字符号进行运算,得到结果时再代入已知数据。这样可以避免由于数据运算引起的运算错误,对简化计算、减少误差都有好处。还要注意计算结果的正、负号,正号表示预先假设的指向与实际的指向相同,负号表示预先假设的指向与实际的指向相反。在运算过程中,应连同负号代入其他方程继续求解。

(5)讨论和校核计算结果。在求出未知量后,对解的力学含义进行讨论,对解的正确性进行校核也是必要的,特别是对较复杂的平衡问题。

2.6 平面静定桁架的静力分析

一、工程结构中的桁架

平面静定桁架的静力分析是桁架设计的基本程序之一。关于桁架的静力学分析,在结构力学课程中有专门而且更为详尽的论述,本书着重讨论桁架的力学模型以及应用刚体系统平衡问题的基本解法进行其静力分析。

桁架是一种常见的工程结构,特别是大跨度建筑物或大型机械中,诸如房屋、铁路桥梁、油田井架、起重设备、雷达天线、导弹发射架、输电线路铁塔以及某些电视发射塔等均属于桁架结构。

桁架是由若干直杆在两端按一定的方式连接所组成的工程结构。

若组成桁架的所有杆件均处在同一平面内,且载荷作用在相同的平面内,则称为平面桁架。如果这些杆件不在同一平面内,或者载荷不作用在桁架所在的平面内,则称为空间桁架。

某些具有对称平面的空间结构,当载荷均作用在对称面内时,对称面两侧的结构也可以视为平面桁架加以分析。图 2-28 所示为房屋结构中的平面桁架;图 2-29 所示则为桥梁结构中的空间桁架。当载荷作用在对称面内时,可视为平面桁架。

图 2-28 图 2-29

工程中桁架结构的设计涉及结构形式的选择、杆件几何尺寸的确定以及材料的选用等。所有这些,都与桁架杆件的受力有关。本章主要研究简单的平面静定桁架杆件的受力分析。若将组成桁架的杆件视为弹性体,则这种分析又可称为桁架杆件的内力分析。

二、桁架的力学模型

桁架中各杆连接处的实际结构比较复杂,需要经过简化,才能进行受力或内力分析。

1. 杆件连接处的简化模型

桁架杆件端部连接方式一般有铆接(图 2-30(a))、焊接(图 2-30(b))和螺栓连接(图 2-30(c))等,即将有关的杆件连接在角撑板上,或者简单地在相关杆件端部用螺栓直接连接。

实际上,桁架杆件端部并不能完全自由转动,因此每根杆件的杆端均作用有约束力偶,这将使桁架分析过程复杂化。

理论分析和实测结果表明,如果连接处的角撑板刚度不大,而且各杆轴线又汇交于一点(图 2-30 中的点 A_1、A_2、A_3),则连接处的约束力偶很小。这时,可以将连接处的约束简化为光滑铰链(图 2-30(d)、图 2-30(e)、图 2-30(f)),从而使分析和计算过程大大简化。当要求更加精确地分析桁架杆件的内力时,才需要考虑杆端约束力偶的影响。这时,桁架将不再是静定的,而变为超静定的。但是,如果采用计算机分析,这类问题也不难解决。

2. 节点与非节点载荷的简化模型

理想桁架模型要求载荷都必须作用在节点上,这一要求对于某些屋顶和桥梁结构是能够满足的。图 2-31、图 2-32 所示为两种桁架的简化模型。图 2-31 所示屋顶的载荷通过檩条(梁)作用在桁架节点上;图 2-32 所示桥板上的载荷先施加于纵梁上,然后再通过纵梁对横梁的作用,由后者施加在两侧桁架上。

图 2-30

图 2-31   图 2-32

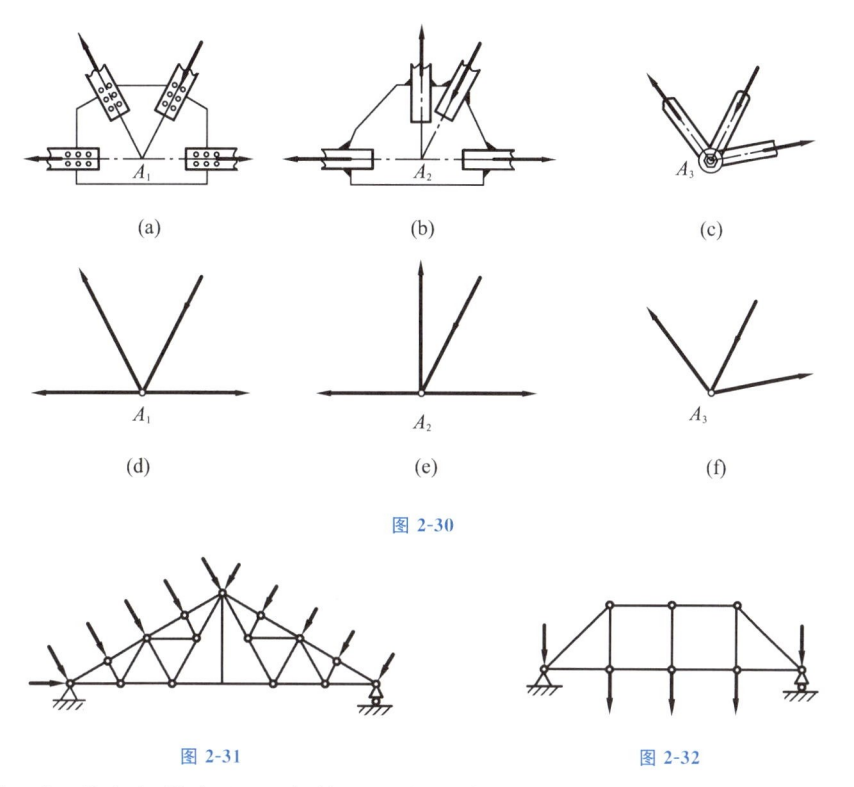

此外,对于桁架杆件自重,一般情形下由于其引起的杆件受力要比载荷引起的小得多,因而可以忽略不计。

根据上述简化模型,桁架所有杆件都是二力构件,或者二力杆,即桁架杆件内力或者为拉力(图 2-33(a)),或者为压力(图 2-33(b))。

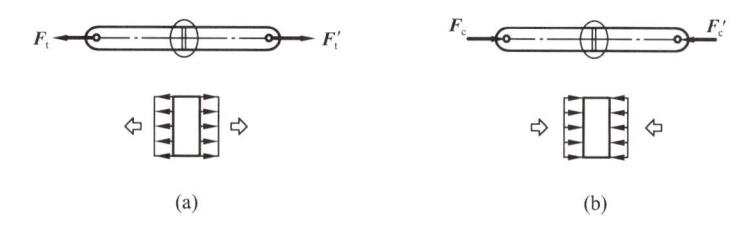

图 2-33

三、桁架静力分析的两种方法

若桁架处于平衡状态,则它的任何一局部,包括节点、杆以及用假想截面截出的任意局部,都必须是平衡的。据此,产生了分析桁架内力的节点法和截面法。

1. 节点法

以节点为研究对象,逐个考察其受力与平衡,从而求得全部杆件的受力的方法称为节点法。由于作用在节点上各力的作用线汇交于一点,故为平面汇交力系。因此,每个节点只有两个独立的平衡方程。通过求解平衡方程,可以求得所有杆的内力。

2. 截面法

假想用截面将桁架截开，考察其中任一部分平衡，应用平衡方程，可以求出被截杆件的内力，这种方法称为截面法。截面法对于只需要确定部分杆件内力的情形，显得更加简便，而且一次能求解三个未知力。

例 2-14 平面桁架受力如图 2-34(a)所示。若尺寸 d 和载荷 F_P 均为已知，试求各杆的受力。

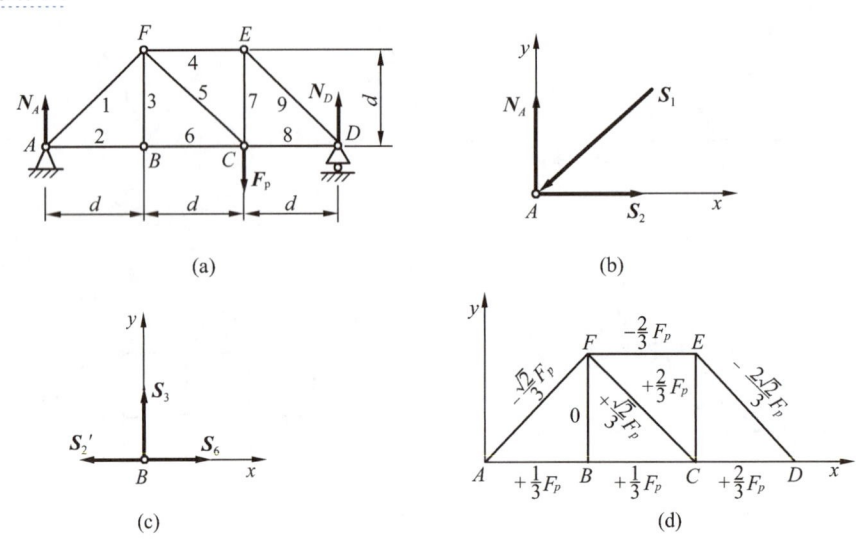

图 2-34

解：首先考察整体平衡，求出支座 A、D 两处的约束反力。桁架整体受力如图 2-34(a) 所示。根据整体平衡列平衡方程

$$\sum M_D(\boldsymbol{F}) = 0, \quad \sum F_y = 0$$

求得

$$N_A = \frac{1}{3} F_P, \quad N_D = \frac{2}{3} F_P$$

再以节点 A 为研究对象，其受力如图 2-34(b) 所示。由平衡方程

$$\sum F_y = 0, \quad \sum F_x = 0$$

解得

$$S_1 = \frac{\sqrt{2}}{3} F_P (压), \quad S_2 = \frac{1}{3} F_P (拉)$$

考察节点 B 的平衡，其受力如图 2-34(c) 所示。由平衡方程 $\sum F_y = 0$，得到

$$S_3 = 0$$

这表明，杆 3 的内力为 0。工程上将桁架中不受力的杆称为零力杆或零杆。

以下可继续从左向右，也可从右向左，或者二者同时进行，考察有关节点的平衡，求出各杆内力。现将最后计算结果标注在图 2-34(d) 中。其中，"+"表示受拉力(拉杆)；"-"表示受压力(压杆)；"0"表示零杆。

本例讨论：读者可以注意到，本例所考察的节点是从 A 到 B 开始的，那么能否从考察节点 C 开始呢？这个问题留给读者去思考，并从中归纳出"节点法"的要求。

例 2-15 试用截面法求例 2-14 中杆 4、5、6 的内力。

解：首先用图 2-35 所示的假想截面将桁架分解为两部分,假设截开的所有杆件均受拉力。

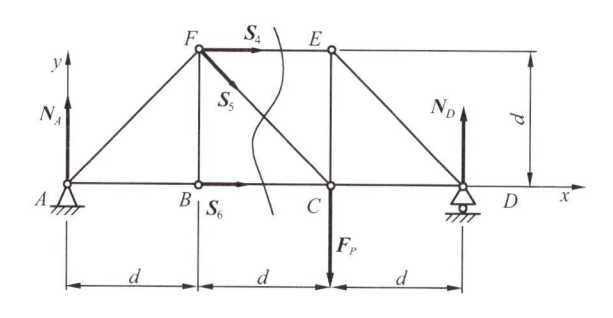

图 2-35

考察左边部分的受力与平衡。写出平面力系的 3 个平衡方程,有

$$\sum M_F(\boldsymbol{F}) = 0, N_A d - S_6 d = 0$$

$$\sum M_C(\boldsymbol{F}) = 0, N_A \times 2d + S_4 d = 0$$

$$\sum F_y = 0, N_A - S_5 \times \frac{\sqrt{2}}{2} = 0$$

由此解得

$$S_6 = N_A = \frac{1}{3}F_P(拉), S_4 = -2N_A = -\frac{2}{3}F_P(压), S_5 = \frac{\sqrt{2}}{3}F_P(拉)$$

2.7 考虑摩擦时的平衡问题

关于摩擦问题,本书主要讨论工程中常见的一类摩擦——干摩擦。重点是根据库仑定律,分析具有滑动摩擦时的平衡问题。

一、工程中的摩擦问题

在此之前所涉及的平衡问题,均没有考虑摩擦力,这实际上是一种简化。这种简化,对于那些摩擦力较小(接触面光滑或有润滑剂)的情形,是合理的。

工程中有一类问题摩擦力不能忽略,如车辆的制动、螺旋连接与锁紧装置、楔紧装置、缆索滑动和传动系统等。这类平衡问题统称为摩擦平衡问题。

相互接触的物体或介质在相对运动(包括滑动与滚动)或有相对运动趋势的情形下,接触表面(或层)会产生阻碍运动趋势的机械作用,这种现象称为摩擦,相应的阻碍运动的力称为摩擦力。

本书只讨论考察滑动摩擦时的平衡问题。

二、滑动摩擦力　库仑定律

考察质量为 m 静止于水平面上的物块,设接触面为非光滑面。现在物块上施加水平力 P,如图 2-36(a)所示,并令其自 0 开始逐渐增大,物块的受力如图 2-36(b)所示。因为是非光滑面接触,所以作用在物块上的约束反力除法向力 N 外,还有切向力 F,此力即摩擦力。

当 $P=0$ 时,由于二者无相对滑动趋势,故静摩擦力 $F=0$。当 P 增加时,静摩擦力 F 随之增加,物块仍然保持静止,这一阶段始终有 $F=P$。当 P 增加到某一临界值时,摩擦力达到最大值,$F=F_{max}$(F_{smax},因为主要研究静摩擦,故简记为 F_{max}),物块开始沿力 P 方向滑动。与此同时,F_{max} 突变至动摩擦力 F_d(F_{dmax},略低于 F_{max})。

此后,P 值若再增加,则 F 基本上保持为常值。若速度更高,则 F_d 值下降。上述过程中 F-P 关系曲线如图 2-37 所示。

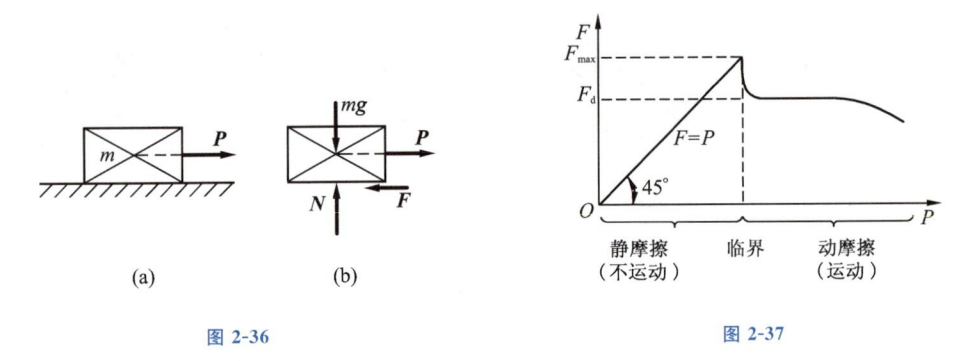

图 2-36

图 2-37

上述中的 F_{max} 称为最大静摩擦力,方向与相对滑动趋势的方向相反,大小与正压力成正比,而与接触面积的大小无关,即

$$F_{max}=f_s N \tag{2-18}$$

这一关系称为库仑摩擦定律。式中,f_s 称为静摩擦因数;N 为法向约束反力的大小。

静摩擦因数 f_s 主要与材料和接触面的粗糙程度有关,可以在机械工程手册中查到,但由于影响静摩擦因数的因素比较复杂,所以如需较准确的 f_s 数值,则应由试验测定。

上述分析过程表明,通常所讲的静摩擦力并不是定值,而是有一定的取值范围,其数值介于 0 与最大静摩擦力之间,即

$$0 \leqslant F \leqslant F_{max} \tag{2-19}$$

上述分析过程还表明,静摩擦力也是一种约束反力。静摩擦力与法向约束反力 N 组成非光滑接触面的总约束反力。

动摩擦力的方向与两接触面的相对速度方向相反,其大小与法向约束反力成正比,即

$$F_d = fN \tag{2-20}$$

式中,f 称为动摩擦因数。根据经典摩擦理论,f 与 f_s 均只与接触物体的材料和表面粗糙程度有关。

三、摩擦角与自锁现象

1. 摩擦角

考察图 2-38 所示的物块受力,当 $F<F_{\max}$ 时,静摩擦力与法向约束反力的合力为

$$N+F=R \qquad (2-21)$$

R 称为总约束反力或全反力。这时 $\varphi=\angle(N,R)$。由于法向约束反力 $N=-mg$,其值为常量,故全反力 R 与角度 φ 将随着静摩擦力 F 的增大而增大,同时由于三力(P、N、R)应汇交于点 O,因而随着静摩擦力的增加,全反力 R 的作用点 A 将向右移动。当 $F=F_{\max}$ 时,$R=R_{\max}$,点 A 移至点 A_{m},这时角度 $\varphi=\varphi_{\mathrm{m}}$,称为摩擦角。一般情况下

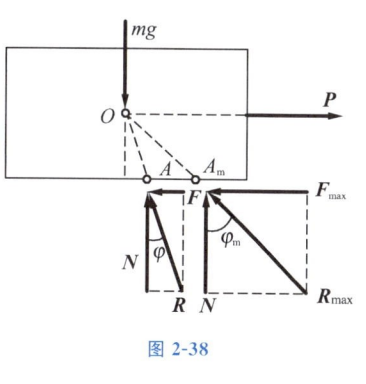

$$0\leqslant\varphi\leqslant\varphi_{\mathrm{m}} \qquad (2-22)$$

图 2-38

这一关系式表明了全反力 R 在平面内的作用范围,式(2-19)为静摩擦力的取值范围的解析表达式;式(2-22)则是几何表达式。因而,二者等价。

当 $F=F_{\max}$ 时,得到静摩擦因数与摩擦角的关系式,即

$$\tan\varphi_{\mathrm{m}}=\frac{F_{\max}}{N}=f_{\mathrm{s}}$$

据此,有

$$\varphi_{\mathrm{m}}=\arctan f_{\mathrm{s}} \qquad (2-23)$$

这表明,摩擦角的正切等于静摩擦因数。因此,φ_{m} 与 f_{s} 都是表示两物体间摩擦性质的物理量。

如果将作用线过点 O 的主动力 P 在水平面内连续改变方向,则全反力 R 的方向也随之改变。假设两物体接触面沿任意方向的静摩擦因数均相同,这样,在两物体处于临界平衡状态时,全反力 R 的作用线将在空间组成一个顶角为 $2\varphi_{\mathrm{m}}$ 的正圆锥面。这一圆锥面称为摩擦锥(图 2-39)。摩擦锥是全反力 R 在三维空间内的作用范围。

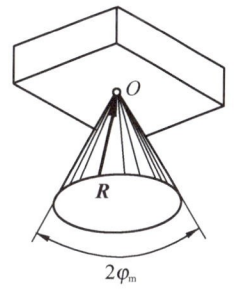

图 2-39

2. 自锁

考察图 2-40 中所示物块,当存在摩擦力时其运动与平衡的可能性。设主动力合力 $F_Q=N+F_P$,其中 F_P 为物块受到的推力。采用几何法不难证明,当 F_Q 的作用线与接触面法线矢量 n 的夹角 α 取不同值时,物块将存在如下三种可能的运动状态:

(1) $\alpha<\varphi_{\mathrm{m}}$ 时,物块保持静止(图 2-40(a))。

(2) $\alpha>\varphi_{\mathrm{m}}$ 时,物块发生运动(图 2-40(b))。

(3) $\alpha=\varphi_{\mathrm{m}}$ 时,物块处于平衡与运动的临界状态(图 2-40(c))。

读者不难看出,在以上的分析中,只涉及了主动力合力 F_Q 的作用线方向,而与其大小无关。

这表明,当主动力合力的作用线处于摩擦角(或锥)的范围以内时,无论主动力有多大,物体一定保持平衡,这种力学现象称为自锁。反之,当主动力合力的作用线处于摩擦

(a) $\alpha < \varphi_m$ (b) $\alpha > \varphi_m$ (c) $\alpha = \varphi_m$

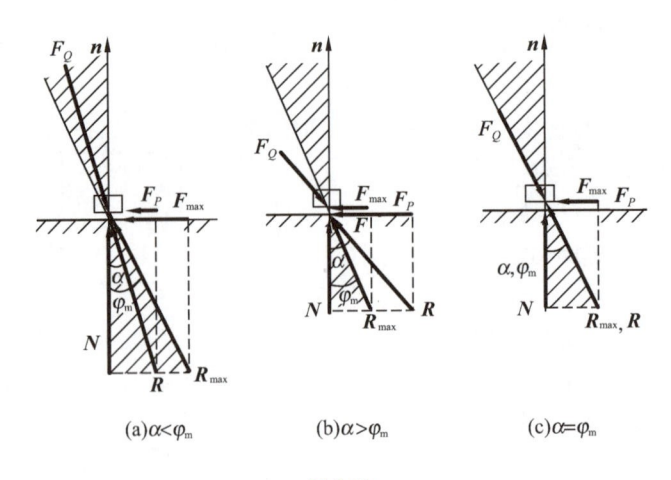

图 2-40

角(或锥)的范围以外时,无论主动力有多小,物体一定不能保持平衡,这种力学现象称为不自锁。

注意:在滑动摩擦力已达到最大值的所有问题中,都存在自锁(或不自锁)问题。

如图 2-41 所示,对于存在摩擦力的物块-斜面系统,在斜面坡度小到一定程度后,物块总能在主动力 F_Q 与全反力 R 二力作用下保持平衡;而在坡度增大到一定程度后,则得到相反结果。读者应用几何法,不难得出自锁时斜面倾角 α 必须满足

$$\alpha \leqslant \varphi_m \tag{2-24}$$

这一关系式称为斜面-物块系统的自锁条件。

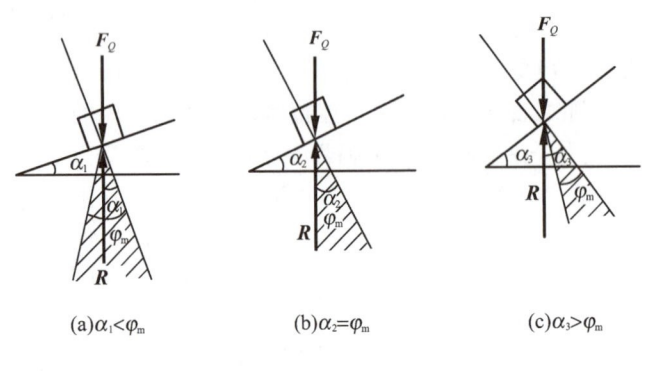

(a) $\alpha_1 < \varphi_m$ (b) $\alpha_2 = \varphi_m$ (c) $\alpha_3 > \varphi_m$

图 2-41

四、考虑滑动摩擦时的平衡问题

与无摩擦平衡问题相似,求解摩擦平衡问题,依然是从受力分析入手,画出研究对象的受力图,然后根据力系的特点建立平衡方程,并与式(2-18)和式(2-19)联立求解所要求的未知量。

例 2-16 如图 2-42(a)所示,梯子 AB 一端靠在铅垂的墙壁上,另一端搁置在水平地面上。假设梯子与墙壁间为光滑约束,而梯子与地面之间存在摩擦。已知摩擦因数为 f_s,梯子长度 $AB = L$,梯子重力为 W。试求:(1)若梯子在倾角 α_1 的位置保持平衡,求梯子与地面之间的摩擦力 F_A 和其余约束反力;(2)为使梯子不致滑倒,求倾角 α 的取值范围。

第2章 平面力系

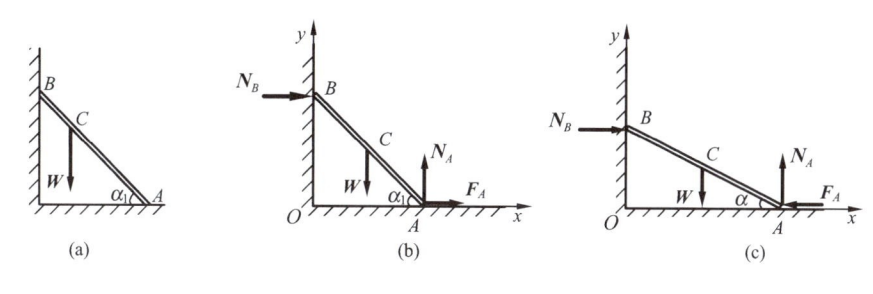

图 2-42

解：为简化计算，梯子可视为均质杆。

(1) 梯子在倾角 α_1 的位置保持平衡时，梯子的受力如图 2-42(b) 所示，其中 N_A 和 N_B 分别为 A、B 两处的法向约束反力；F_A 为摩擦力，其方向是假设的。于是可列出平衡方程

$$\sum M_A(\boldsymbol{F}) = 0, W \times \frac{L}{2}\cos\alpha_1 - N_B L \sin\alpha_1 = 0$$

$$\sum F_y = 0, N_A - W = 0$$

$$\sum F_x = 0, F_A + N_B = 0$$

据此解得

$$N_B = \frac{W\cos\alpha_1}{2\sin\alpha_1}$$

$$N_A = W$$

$$F_A = -\frac{W}{2}\cot\alpha_1$$

与前面求约束反力相似，$F_A < 0$，表明图 2-42(b) 中所设的 F_A 方向与实际方向相反。

(2) 梯子不滑倒，这种情形下，可以根据梯子在地面上的滑动趋势，确定摩擦力的方向。梯子的受力如图 2-42(c) 所示，于是平衡方程和物理条件分别为

$$\sum M_A(\boldsymbol{F}) = 0, W \times \frac{L}{2}\cos\alpha - N_B L \sin\alpha = 0$$

$$\sum F_y = 0, N_A - W = 0$$

$$\sum F_x = 0, F_A - N_B = 0$$

解得

$$\begin{cases} F_A = \dfrac{W}{2}\cot\alpha \\ N_A = W \end{cases}$$

因为 $F_A \leqslant f_s N_A$，所以 $\dfrac{W}{2}\cot\alpha \leqslant f_s \cdot W$，即 $\cot\alpha \leqslant 2f_s$。

据此不仅可以解出 A、B 两处的约束反力，而且可以确定保持平衡时梯子的临界倾角

$$\alpha = \text{arccot}(2f_s)$$

由常识可知，α 越大，梯子越容易保持平衡，故平衡时梯子对地面的倾角范围为

$$\alpha \geqslant \text{arccot}(2f_s)$$

分析思路与过程

1. 理清题意，正确地选择研究对象，原则是未知力的个数尽可能少。
2. 正确地绘制受力图，这是解决问题的基础和关键。
3. 适当地选择坐标系和矩心，坐标轴尽可能与未知力垂直，矩心可选在多个未知力的交点上。
4. 在解物系平衡问题时一定要分析问的是什么，再选择平衡方程，若矩心选择得好，可以避免解联立方程。
5. 平面静定桁架的静力分析是桁架设计的基本程序之一，要在计算桁架内力时将所有杆件简化为二力杆。
6. 考虑摩擦的平衡问题时，在受力图上画出摩擦力，添加补充方程。

案例分析与解答

对于典型案例中的拔桩装置（图 2-1），可以将图中 AB 视为铅垂方向，DB 可视为水平方向。我们可以分别选择 D 点和 B 点进行受力分析，画受力图，再确定拔桩力和 **F** 的关系，如图 2-43 所示。

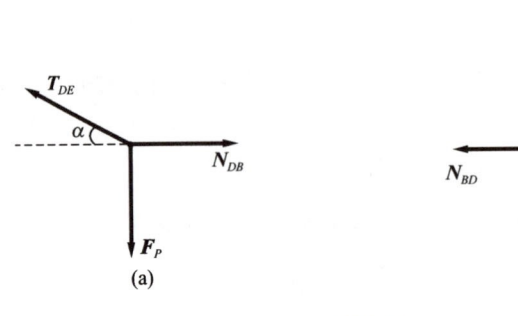

图 2-43

对 D 点

$$\sum F_x = 0, \; -T_{DE}\cos\alpha + N_{DB} = 0$$

$$\sum F_y = 0, \; T_{DE}\sin\alpha - F_P = 0$$

对 B 点

$$\sum F_x = 0, \; T_{BC}\sin\alpha - N_{BD} = 0$$

$$\sum F_y = 0, \; T_{BC}\cos\alpha - F_Q = 0$$

可得

$$\frac{F_Q}{F_P} = \cot^2\alpha$$

可见 α 角越小,拔桩力越大。当 $\alpha = \text{arccot } 0.1$ 时,得到的拔桩力大约是铅垂力的 100 倍。

小　结

1. 基本内容

(1) 平面任意力系的简化方法:利用力的平移定理将力向平面内一点平移,形成一平面汇交力系和平面力偶系,得一力和一个力偶,力 $\boldsymbol{R}' = \sum \boldsymbol{F}_i$,作用在简化中心,称为力系的主矢量,但与简化中心位置无关;力偶矩 $M_O = \sum m_O(\boldsymbol{F}_i)$,为力系对简化中心的主矩,与简化中心位置有关。

(2) 平面任意力系平衡的充分和必要条件是
$$R' = 0, M_O = 0$$

(3) 平面任意力系有三个独立的平衡方程,可解三个未知量,其基本形式为
$$\begin{cases} \sum F_x = 0 \\ \sum F_y = 0 \\ \sum M_O(\boldsymbol{F}) = 0 \end{cases}$$

也可将方程列为二力矩形式或三力矩形式
$$\begin{cases} \sum F_x = 0 \\ \sum M_A(\boldsymbol{F}) = 0 (x \text{ 轴与 } A \text{、} B \text{ 两点连线不垂直}) \\ \sum M_B(\boldsymbol{F}) = 0 \end{cases}$$

或
$$\begin{cases} \sum M_A(\boldsymbol{F}) = 0 \\ \sum M_B(\boldsymbol{F}) = 0 (A \text{、} B \text{、} C \text{ 三点不共线}) \\ \sum M_C(\boldsymbol{F}) = 0 \end{cases}$$

(4) 平面汇交力系、平面力偶系和平面平行力系可看成平面任意力系的特殊情况。平面汇交力系有两个独立的平衡方程,可解两个未知量,其形式为
$$\begin{cases} \sum F_x = 0 \\ \sum F_y = 0 \end{cases}$$

平面力偶系有一个独立的平衡方程,可解一个未知量,其形式为
$$\sum m = 0$$

平面平行力系则有两个独立的平衡方程,可解两个未知量,其基本形式为
$$\begin{cases} \sum F_x = 0 \\ \sum M_O(\boldsymbol{F}) = 0 \end{cases}$$

也可列二力矩形式方程
$$\begin{cases} \sum M_A(\boldsymbol{F}) = 0 \\ \sum M_B(\boldsymbol{F}) = 0 \end{cases} (A \text{、} B \text{ 两点连线不与力的作用线垂直})$$

(5)物体系统的平衡方程,通过选取整体或部分或某单个物体作为研究对象,进行受力分析,列平衡方程,求解未知力。注意在划分区域时,内力和外力的区分以边界线确定。

(6)考虑摩擦力时物体的平衡问题,也是用平衡条件来求解,解题方法和步骤与前面相同,只是在画受力图时必须加上摩擦力 F。

2. 研究思路

解决平面力系的平衡问题时,必须明确研究对象,正确地绘制物体的受力图,列出平衡方程求解。

3. 注意事项

要对每个问题明确研究对象,正确地分析受力,选取合适的坐标轴和矩心,列出平衡方程,求解未知力。

思 考 题

1. 如图 2-44 所示的力 F 和力偶(F', F'')对轮的作用有何不同?设轮的半径均为 r,且 $F' = \dfrac{F}{2}$。

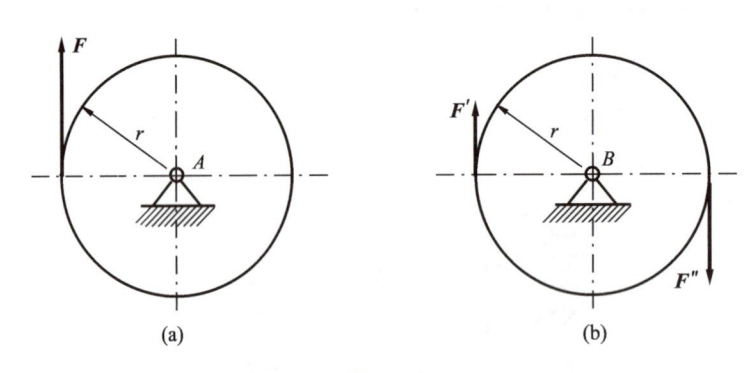

图 2-44

2. 设一平面任意力系向某一点简化得到一合力。如另选适当的点为简化中心,力系能否简化为一力偶?为什么?

3. 在刚体上 A、B、C 三点分别作用三个力,各力的方向如图 2-45 所示,大小恰好与 $\triangle ABC$ 的边长成比例。该力系是否平衡?为什么?

4. 力系如图 2-46 所示,且 $F_1 = F_2 = F_3 = F_4$。力系分别向 A 点和 B 点简化的结果是什么?二者是否等效?

5. 平面汇交力系的平衡方程中,可否取两个力矩方程,或一个力矩方程和一个投影方程?这时,其矩心和投影轴的选择有什么限制?

6. 前面在推导平面平行力系平衡方程时,设轴垂直于各平行力。现若取轴与各力都不平行或垂直,如图 2-47 所示,则其独立平衡方程有几个?其平衡方程的形式是否改变?

图 2-45　　　　　　　　图 2-46　　　　　　　　图 2-47

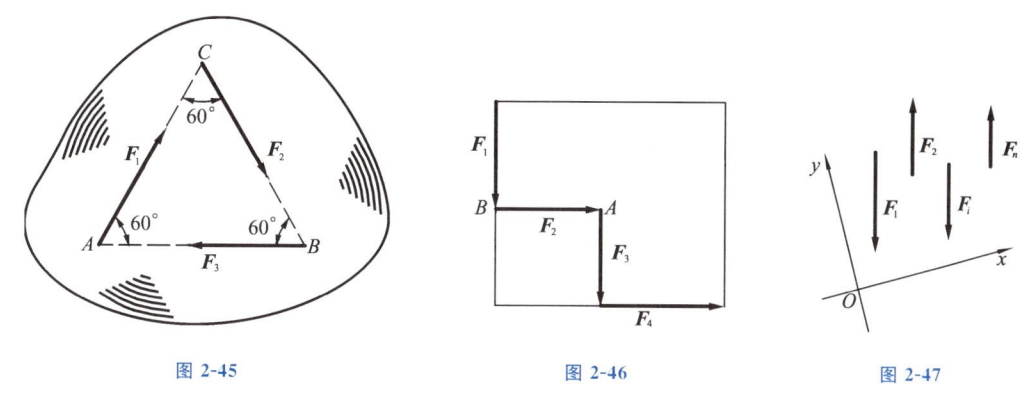

7. 你从哪些方面去理解平面任意力系只有三个独立的平衡方程？为什么说任何第四个方程只是前三个方程的线性组合？

8. 如图 2-48 所示三铰拱，在构件 CB 上分别作用一力偶 M（图 2-48(a)）或力 F（图 2-48(b)）。当求铰链 A、B、C 的约束反力时，能否将力偶 M 或力 F 分别移到构件 AC 上？为什么？

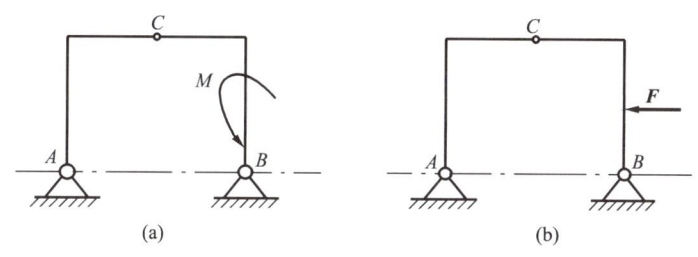

图 2-48

习　题

1. 如图 2-49 所示，三角支架由杆 AB 和 AC 铰接而成，在 A 处作用有重力 G，求出图中杆 AB 和 AC 所受的力（不计杆自重）。

2. 如图 2-50 所示，三角支架由杆 AB 和 AC 铰接而成，在 A 处作用有重力 G，求出图中杆 AB 和 AC 所受的力（不计杆自重）。

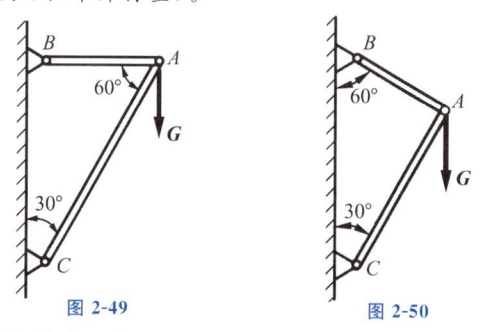

图 2-49　　　　　　　　图 2-50

3. 如图 2-51 所示，翻罐笼由滚轮 A 和 B 支承，已知翻罐笼连同煤车共重 $G=3$ kN，$\alpha=30°$，$\beta=45°$。求滚轮 A 和 B 所受到的压力 F_{NA} 和 F_{NB}。有人认为 $F_{NA}=G\cos\alpha$，$F_{NB}=G\cos\beta$，对不对，为什么？

62 工程力学

4. 如图 2-52 所示，简易起重机用钢丝绳吊起重力 $G=2$ kN 的重物，不计杆件自重、摩擦及滑轮大小，A、B、C 三处简化为铰链连接，求杆 AB 和 AC 所受的力。

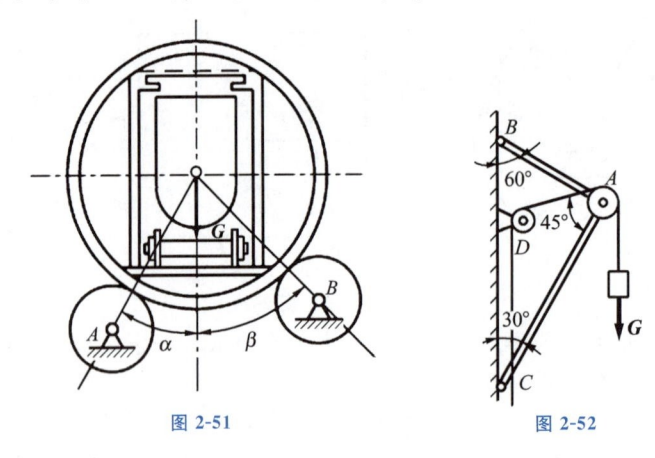

图 2-51

图 2-52

5. 构件的支承及载荷如图 2-53 所示，求支座 A 和 B 处的约束反力。

(a)

(b)

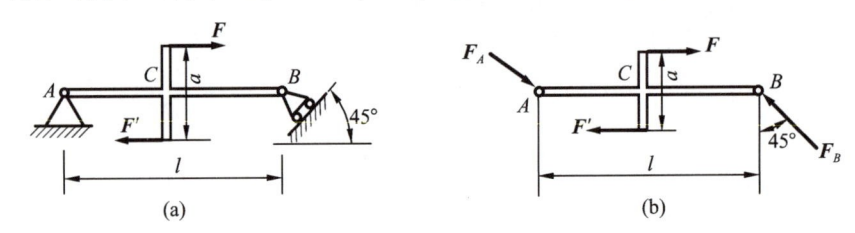

图 2-53

6. 如图 2-54 所示，电动机用螺栓 A、B 固定在角架上，自重不计。角架用螺栓 C、D 固定在墙上。已知 $M=20$ kN·m，$a=0.3$ m，$b=0.6$ m，求螺栓 A、B、C、D 所受的力。

7. 铰链四连杆机构 $OABO_1$ 在如图 2-55 所示位置处于平衡，已知 $OA=0.4$ m，$O_1B=0.6$ m，作用在曲柄 OA 上的力偶矩 $M_1=1$ N·m，不计杆重，求力偶矩 M_2 的大小及连杆 AB 所受的力。

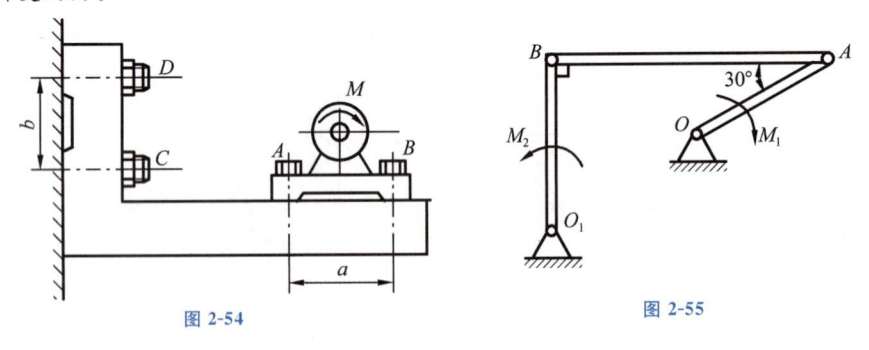

图 2-54

图 2-55

8. 分析如图 2-56 所示平面任意力系向 O 点简化的结果。已知 $F_1=100$ N，$F_2=150$ N，$F_3=200$ N，$F_4=250$ N，$F=F'=50$ N。

第2章　平面力系　63

9. 厂房立柱的一端用混凝土砂浆固定于杯形基础中，如图 2-57 所示，其上受力 $F=60$ kN，风载荷 $q=2$ kN/m，自重 $G=40$ kN，$a=0.5$ m，$h=10$ m，试求立柱 A 端的约束反力。

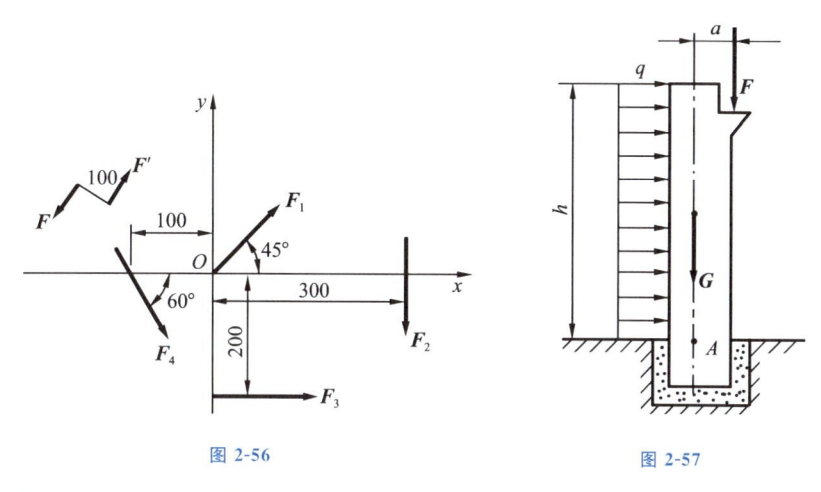

图 2-56

图 2-57

10. 试求如图 2-58 所示梁的支座约束反力。已知 $F=6$ kN，$q=2$ kN/m。

11. 试求如图 2-59 所示梁的支座约束反力。已知 $q=2$ kN/m，$M=2$ kN·m。

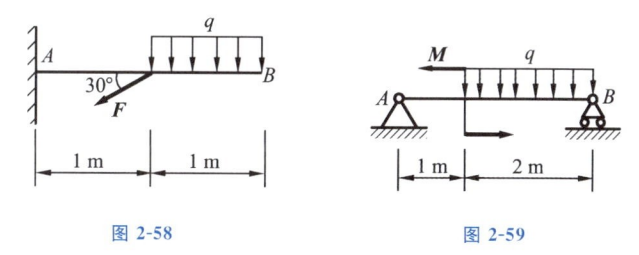

图 2-58

图 2-59

12. 试求如图 2-60 所示梁的支座约束反力。已知 $F=6$ kN，$q=2$ kN/m，$M=2$ kN·m，$a=1$ m。

13. 试求如图 2-61 所示梁的支座约束反力。已知 $F=6$ kN，$a=1$ m。

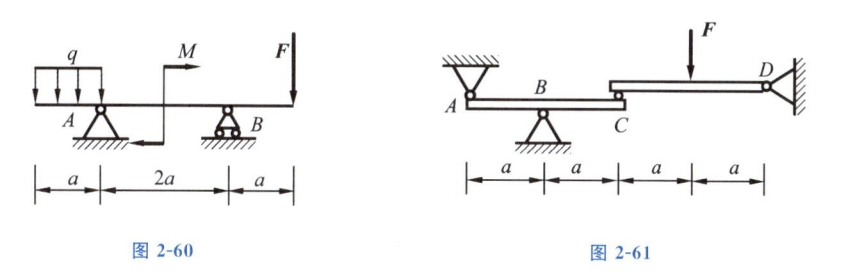

图 2-60

图 2-61

14. 构架尺寸如图 2-62 所示。已知 $l=2R$，重物重为 P，各杆及滑轮的重量不计，铰链均光滑，绳子不可伸长。试求构架的外约束反力。

15. 如图 2-63 所示，已知均布载荷的载荷集度为 q，集中力偶的力偶矩为 $M=ql^2$。试求 A、C 两处的约束反力。

图 2-62

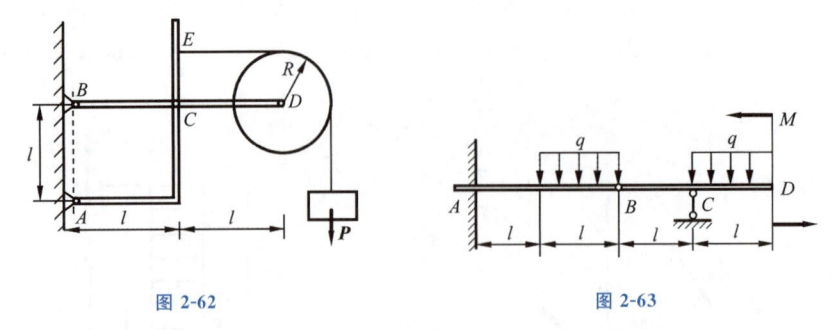

图 2-63

16. 水塔固定在支架 ABCD 上,如图 2-64 所示。已知水塔总重力 $G=160$ kN,风载荷 $q=16$ kN/m。为保证水塔平衡,试求 A、B 间的最小距离。

17. 如图 2-65 所示,汽车起重机车体重力 $G_1=26$ kN,吊臂重力 $G_2=4.5$ kN,起重机旋转和固定部分重力 $G_3=31$ kN。设吊臂在起重机对称面内,试求汽车的最大起重量 G。

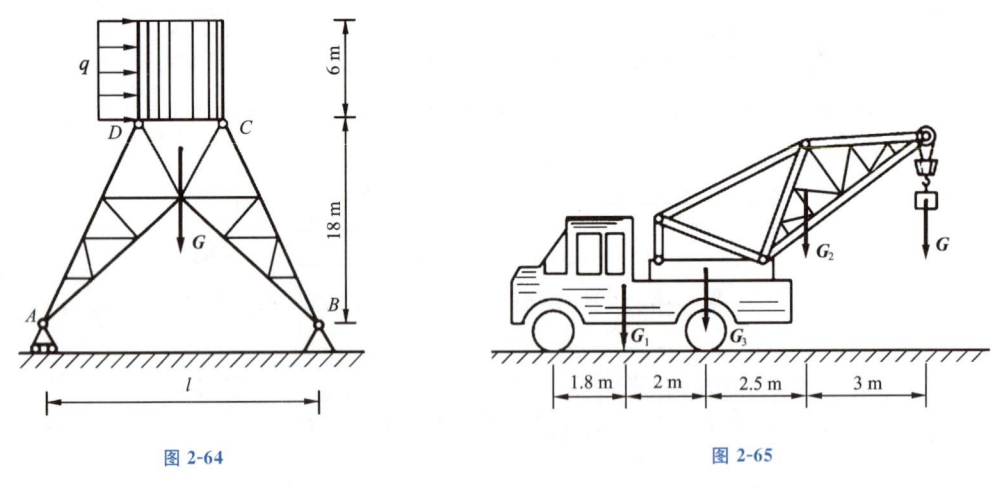

图 2-64

图 2-65

18. 汽车地秤如图 2-66 所示,BCE 为整体台面,杠杆 AOB 可绕 O 轴转动,B、C、D 三点均为光滑铰链连接,已知砝码重 G_1、尺寸 l 和 a。不计其他构件自重,试求汽车自重 G_2。

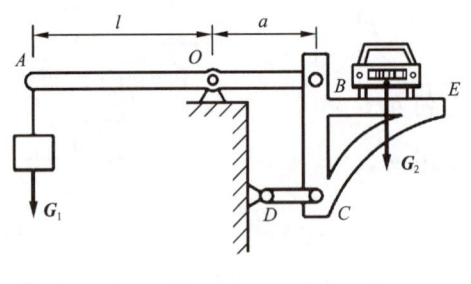

图 2-66

19. 驱动力偶矩 M 使锯床转盘旋转,并通过连杆 AB 带动锯弓往复运动,如图 2-67 所示。设锯条的切削阻力 $F=5$ kN,试求驱动力偶矩及 O、C、D 三处的约束反力。

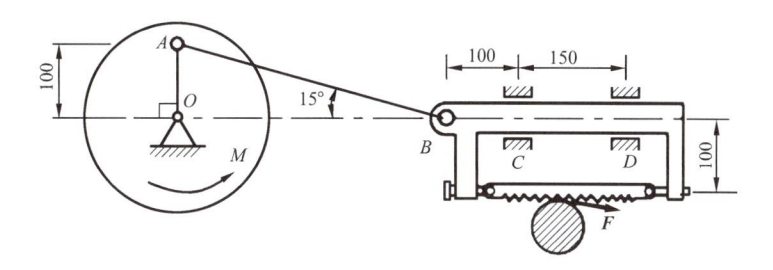

图 2-67

20. 如图 2-68 为小型推料机的简图。电动机驱动曲柄 OA 使其转动，并靠连杆 AB 使推料板 O_1C 绕轴 O_1 转动，即可把料推到运输机上。已知装有销钉 A 的圆盘重 $G_1=200$ N，均质杆 AB 重 $G_2=300$ N，推料板 O_1C 重 $G=600$ N。设作用于推料板 O_1C 上 B 点的力 $F=1\,000$ N，且与板垂直，$OA=0.2$ m，$AB=2$ m，$O_1B=0.4$ m，$\alpha=45°$。若在图示位置机构处于平衡，试求作用于曲柄 OA 上的力偶矩 M 的大小。

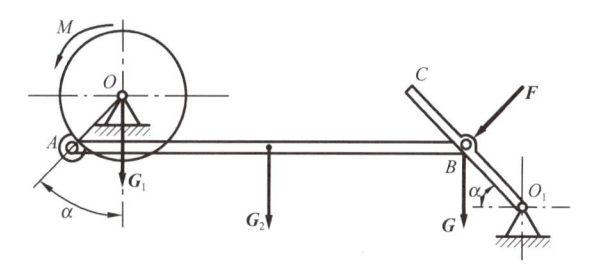

图 2-68

21. 求图 2-69 所示桁架中 CD 杆的内力。

22. 砖夹宽 280 mm，爪 AHB 和 BCED 在 B 点处铰接，尺寸如图 2-70 所示。被提起的砖重力为 G，提举力 F 作用在砖夹中心线上。若砖夹与砖之间的静摩擦因数 $f_s=0.5$，则尺寸 b 应为多大，才能保证砖夹住不滑掉？

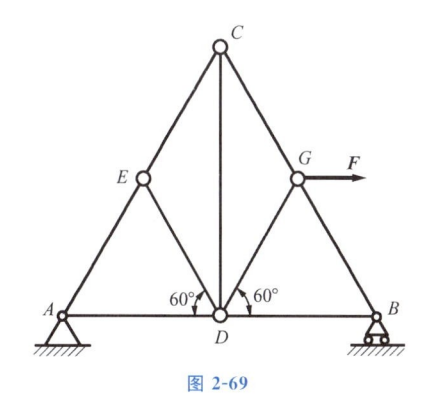

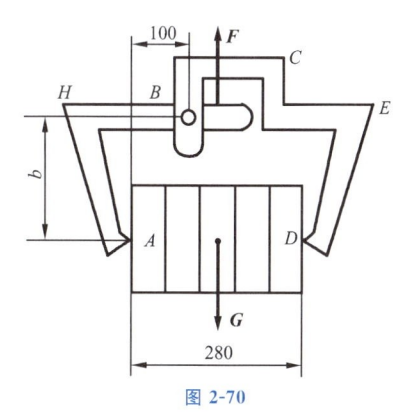

图 2-69

图 2-70

第 3 章

空间力系与重心

典型案例

比萨斜塔(图 3-1)是意大利比萨城大教堂的独立式钟楼,位于意大利托斯卡纳省比萨城北面的奇迹广场上。几个世纪以来,钟楼的倾斜问题始终吸引着好奇的游客、艺术家和学者,使得比萨斜塔世界闻名。

比萨斜塔修建于 1173 年,由著名建筑师那诺·皮萨诺主持修建。比萨斜塔从地基到塔顶高 58.36 m,从

图 3-1

地面到塔顶高 55 m,钟楼墙体在地面上的宽度是 4.09 m,在塔顶宽 2.48 m,总质量约 14 453 t,重心在地基上方 22.6 m 处。圆形地基面积为 285 m²,对地面的平均压强为 497 kPa。倾斜角度 3.99°,偏离地基外沿 2.5 m,顶层突出 4.5 m。1174年首次发现倾斜。比萨斜塔为什么会倾斜,专家们曾为此争论不休。尤其是在 14 世纪,人们在两种论调中徘徊,比萨斜塔究竟是建造过程中无法预料和避免的地面下沉累积效应的结果,还是建筑师有意而为之。进入 20 世纪,随着对比萨斜塔越来越精确的测量、使用各种先进设备对地基土层进行的深入勘测,以及对历史档案的研究,一些事实逐渐浮出水面:比萨斜塔在最初的设计中本应是垂直的建筑,但是在建造初期就开始偏离了正确位置。比萨斜塔之所以会倾斜,是由于它地基下面土层的特殊性造成的。比萨斜塔下有好几层不同材质的土层,是由各种软质粉土的沉淀物和非常软的黏土相间形成的,而在深约 1 m 的地方则是地下水层。这个结论是在对地基土层成分进行观测后得出的。最新的挖掘表明,钟楼建造在了古代的海岸边缘,因此土质在建造时便已经沙化和下沉。

第3章 空间力系与重心

学习目标

【知识目标】

1. 会计算空间力在轴上的投影,尤其是二次投影法的应用。
2. 理解空间力对轴之矩的概念,将空间力系问题转化为平面力系问题的分析方法。
3. 掌握空间力对点之矩与空间力对轴之矩的关系。
4. 将空间力系平衡问题分解为三个平面的平面力系平衡问题求解。
5. 掌握平行力系中心、形心和重心的概念及其在工程中的应用。

【能力目标】

1. 掌握将空间力系问题转化为平面力系问题的方法。
2. 掌握将空间力对轴之矩转化为平面力对点之矩的计算方法。
3. 掌握将复杂问题简单化,将未知问题转化为已知已会知识的能力。

【素质目标】

1. 通过意大利比萨斜塔案例引入,使学生认识到工程力学不仅仅是一门有用的科学,更是一门神奇与美丽的学科。
2. 通过空间力系受力分析与平衡问题转化为三个平面力系的解法,使学生深刻认识到温故而知新的道理。
3. 通过重心位置的确定难点的学习,培养学生吃苦耐劳精神,挖掘自身潜力和顽强的意志品质。

在工程中,经常遇到物体所受各力作用线不在同一平面内,而是空间分布的,即空间力系。按各力作用线的相对位置,也可分为空间汇交力系、空间力偶系、空间平行力系和空间任意力系。显然,空间任意力系是力系的最一般形式,如图 3-2 所示。

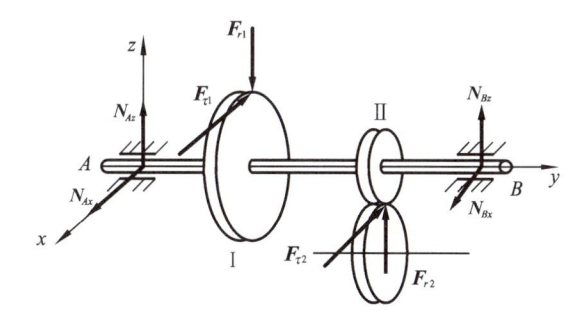

图 3-2

本章重点研究空间力系的平衡方程及应用。

3.1 空间力的投影

一、力在空间直角坐标轴上的投影

根据力在坐标轴上的投影的概念,可以求得一个任意力在空间直角坐标轴上的三个投影。如图 3-3 所示,若已知力 F 与三个坐标轴 x、y、z 的夹角分别为 α、β、γ 时,则 F 在三个坐标轴上的投影分别为

$$\begin{cases} F_x = F\cos\alpha \\ F_y = F\cos\beta \\ F_z = F\cos\gamma \end{cases} \tag{3-1}$$

以上投影方法称为直接投影法,或一次投影法。

由图 3-3 可见,若以 F 为对角线,以三坐标轴为棱边作正六面体,则此正六面体的三条棱边之长正好分别等于力 F 在三个轴上投影 F_x、F_y、F_z 的绝对值。

也可采用二次投影法,如图 3-4 所示,当空间力 F 与其一坐标轴(如 z 轴)的夹角 γ 及力在垂直于此轴的坐标面(xOy 面)上的投影与另一坐标轴 x 的夹角 φ 已知时,可先将力 F 投影到该坐标面内,然后再将力向其他坐标轴上投影,这种投影方法称作二次投影法。如图 3-4 所示的力 F 在三个坐标轴上的投影为

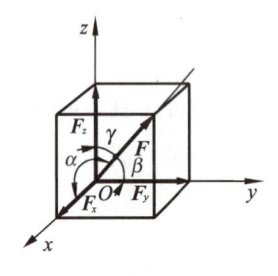

图 3-3

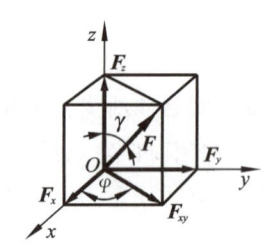

图 3-4

$$\begin{cases} F_x = F\sin\gamma\cos\varphi \\ F_y = F\sin\gamma\sin\varphi \\ F_z = F\cos\gamma \end{cases}$$

反之,当已知力 F 在三个坐标轴上的投影时,可求出力 F 的大小和方向

$$F = \sqrt{F_x^2 + F_y^2 + F_z^2} \tag{3-2}$$

$$\begin{cases} \cos\alpha = F_x/F \\ \cos\beta = F_y/F \\ \cos\gamma = F_z/F \end{cases} \tag{3-3}$$

第3章 空间力系与重心

例 3-1 长方体上作用有三个力，$F_1=50$ N，$F_2=100$ N，$F_3=150$ N，方向与尺寸如图 3-5 所示，求各力在三坐标轴上的投影。

解：由于力 $\boldsymbol{F}_1$ 及 $\boldsymbol{F}_2$ 与坐标轴间的夹角都已知，可应用直接投影法，力 $\boldsymbol{F}_3$ 在 xOy 平面上的投影与坐标轴 x 的夹角 φ 及仰角 θ 已知，可用二次投影法，由几何关系知

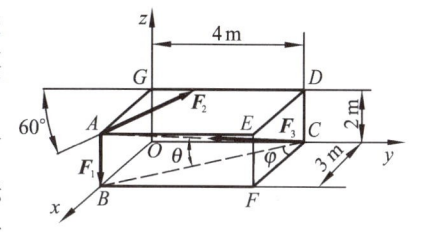

图 3-5

$$\sin\theta=\frac{AB}{AC}=\frac{2}{\sqrt{4^2+3^2+2^2}}=\frac{2}{5.39}, \cos\theta=\frac{BC}{AC}=\frac{5}{\sqrt{4^2+3^2+2^2}}=\frac{5}{5.39}$$

$$\sin\varphi=\frac{BF}{BC}=\frac{4}{\sqrt{3^2+4^2}}=\frac{4}{5}, \cos\varphi=\frac{CF}{BC}=\frac{3}{\sqrt{3^2+4^2}}=\frac{3}{5}$$

各力在坐标轴上的投影分别为

$$\begin{cases} F_{1x}=F_1\cos 90°=0 \\ F_{1y}=F_1\cos 90°=0 \\ F_{1z}=F_1\cos 180°=-50 \text{ N} \end{cases}$$

$$\begin{cases} F_{2x}=-F_2\sin 60°=-100\times 0.866=-86.6 \text{ N} \\ F_{2y}=F_2\cos 60°=100\times 0.5=50 \text{ N} \\ F_{2z}=F_2\cos 90°=0 \end{cases}$$

$$\begin{cases} F_{3x}=F_3\cos\theta\cos\varphi=150\times\dfrac{5}{5.39}\times\dfrac{3}{5}=83.5 \text{ N} \\ F_{3y}=-F_3\cos\theta\sin\varphi=-150\times\dfrac{5}{5.39}\times\dfrac{4}{5}=-111.3 \text{ N} \\ F_{3z}=F_3\sin\theta=150\times\dfrac{2}{5.39}=55.7 \text{ N} \end{cases}$$

综上可知：$\boldsymbol{F}_1$ 为轴向力，$\boldsymbol{F}_2$ 为平面力，$\boldsymbol{F}_3$ 为空间力。

二、合力投影定理

若分布在空间的若干个力的作用线汇交于一点，则称该力系为空间汇交力系。按照求平面汇交力系的合成方法，也可以求得空间汇交力系的合力，即合力的大小和方向可以用力多边形求出，合力的作用线通过汇交点。与平面汇交力系不同的是，空间汇交力系的力多边形的各边不在同一平面内，它是一个空间多边形。

由此可见，空间汇交力系可以合成为一个合力，合力矢等于各分力矢的矢量和，其作用线通过汇交点。写成矢量表达式为

$$\boldsymbol{R}=\boldsymbol{F}_1+\boldsymbol{F}_2+\cdots+\boldsymbol{F}_n=\sum_{i=1}^{n}\boldsymbol{F}_i \qquad (3-4)$$

在实际应用中，常以解析法求合力，它的根据是合力投影定理：合力在某一轴上的投影等于各分力在同一轴上投影的代数和。合力投影定理的数学表达式为

$$\begin{cases} R_x = \sum F_x \\ R_y = \sum F_y \\ R_z = \sum F_z \end{cases} \tag{3-5}$$

式中,R_x、R_y、R_z 表示合力在各轴上的投影。

若已知各力在坐标轴上的投影,则合力的大小和方向可按下式求得

$$R = \sqrt{R_x^2 + R_y^2 + R_z^2} = \sqrt{(\sum F_x)^2 + (\sum F_y)^2 + (\sum F_z)^2} \tag{3-6}$$

$$\begin{cases} \cos\alpha = \sum F_x / R \\ \cos\beta = \sum F_y / R \\ \cos\gamma = \sum F_z / R \end{cases} \tag{3-7}$$

式中,α、β、γ 分别表示合力与 x、y、z 轴正向的夹角。

3.2 力对轴之矩

一、力对轴的矩

在实际工程中,经常遇到力使物体绕固定轴转动的情况。以推门为例,如图 3-6 所示,讨论力对轴之矩。实践证明,力使门转动的效应,不仅取决于力的大小和方向,而且与力作用的位置有关。如图 3-6(a)、图 3-6(b) 所示,沿 F_1、F_2 方向施加外力,力的作用线与门的转轴平行或相交,则力无论多大,都不能推开门。如图 3-6(c) 所示,力 F 垂直于门且不通过门轴时,门就能推开,并且力越大,或其作用线与门轴间的垂直距离越大,则转动效果越显著。

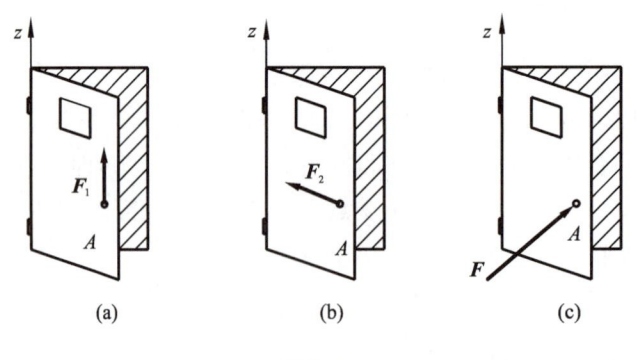

图 3-6

在一般情况下,如图 3-7 所示,设有一力 F,作用于 A 点,其作用线与 z 轴既不平行也不相交。若计算该力对 z 轴的矩,可将 F 分解为两个分力 F_{xy} 与 F_z。因 F_z 平行于 z 轴,对 z 轴无转动效应。显然,只有力 F_{xy} 才能使刚体产生绕 z 轴转动的效应。而 F_{xy} 对 z 轴

的力矩就是力 $\boldsymbol{F}_{xy}$ 对点 O' 的矩,即

$$M_z(\boldsymbol{F}) = M_z(\boldsymbol{F}_{xy}) = M_{O'}(\boldsymbol{F}_{xy}) = \pm F_{xy}d \qquad (3\text{-}8)$$

或

$$M_z(\boldsymbol{F}) = \pm F\cos\alpha d \qquad (3\text{-}9)$$

式(3-9)表明,力对轴之矩等于力在与轴垂直的平面上的投影对轴与该平面的交点的矩。

力对轴之矩的正负号规定如下:按右手螺旋法则,即用右手的四指来表示力绕轴的转向,如果拇指的指向与 z 轴正向相同,力矩为正,如图 3-8 所示;反之为负。

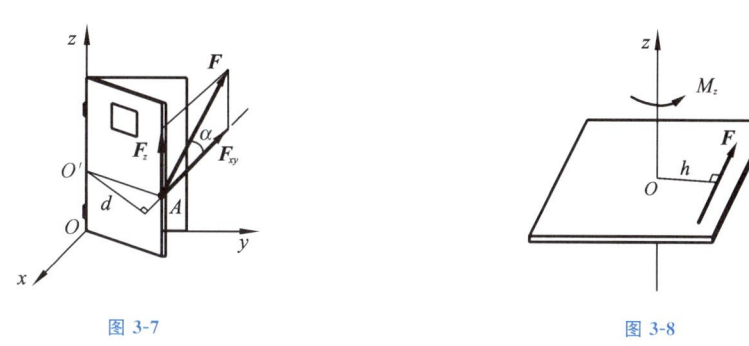

图 3-7

图 3-8

力对轴之矩的单位与力对点之矩的单位相同,为 N·m、kN·m 或 kN·cm 等。

二、合力矩定理

平面力系中的合力矩定理在空间力系中仍然适用。如图 3-9 所示,力 $\boldsymbol{F}$ 对某轴(如 z 轴)的力矩,为力 $\boldsymbol{F}$ 在 x、y、z 三个坐标方向的分力 $\boldsymbol{F}_x$、$\boldsymbol{F}_y$、$\boldsymbol{F}_z$ 对同轴(z 轴)力矩的代数和,即

$$M_z(\boldsymbol{F}) = M_z(\boldsymbol{F}_x) + M_z(\boldsymbol{F}_y) + M_z(\boldsymbol{F}_z) \qquad (3\text{-}10)$$

式(3-10)为合力矩定理。因分力 $\boldsymbol{F}_z$ 平行于 z 轴,故 $M_z(\boldsymbol{F}_z) = 0$,于是

$$M_z(\boldsymbol{F}) = M_z(\boldsymbol{F}_x) + M_z(\boldsymbol{F}_y)$$

同理可得
$$M_x(\boldsymbol{F}) = M_x(\boldsymbol{F}_z) + M_x(\boldsymbol{F}_y)$$
$$M_y(\boldsymbol{F}) = M_y(\boldsymbol{F}_x) + M_y(\boldsymbol{F}_z)$$

图 3-9

力对轴之矩的解析表达式为

$$\begin{cases} M_x(\boldsymbol{F}) = F_z y_A - F_y z_A \\ M_y(\boldsymbol{F}) = F_x z_A - F_z x_A \\ M_z(\boldsymbol{F}) = F_y x_A - F_x y_A \end{cases} \qquad (3\text{-}11)$$

应用式(3-11)时,力的投影 F_x、F_y、F_z 及坐标 x_A、y_A、z_A 均应考虑本身的正负号,所得力矩的正负号也将表明力矩绕轴的转向。

> **分析思路与过程**
>
> 1. 投影的计算大多采用二次投影法，关键在于确定两个角，比如 γ 和 φ。
> 2. 投影的计算中要注意正负号的判定，方法与平面力在轴上投影相同。
> 3. 空间力对轴之矩是一个代数量，也有两种计算方法，定义法关键在于正确计算力 F 在与轴垂直平面内的分力及正确确定此轴与该平面交点位置；合力矩定理在于正确计算出力在各坐标轴上的分力及力臂值的确定。
> 4. 力在轴上的投影和力对轴之矩的计算是解决空间力系平衡问题的基础。

3.3 空间力系的平衡方程及应用

和平面任意力系一样，空间任意力系也可应用力的平移定理，向任一点简化，而得到一个空间汇交力系和一个空间力偶系，从而合成为一个力和一个力偶，此力及附加力偶与原力系等效。

其主矢为

$$R' = \sum F = \sqrt{(\sum F_x)^2 + (\sum F_y)^2 + (\sum F_z)^2} \tag{3-12}$$

主矩为

$$M_O = \sum M_O(\boldsymbol{F}) = \sqrt{[\sum M_x(\boldsymbol{F})]^2 + [\sum M_y(\boldsymbol{F})]^2 + [\sum M_z(\boldsymbol{F})]^2} \tag{3-13}$$

即主矩等于原力系中各力对简化中心的矩的矢量和。

若空间任意力系平衡，则力系中各力的矢量和与各力对简化中心的矩的代数和均为零，因此得到

$$\begin{cases} \sum F_x = 0 \\ \sum F_y = 0 \\ \sum F_z = 0 \end{cases} \quad \text{和} \quad \begin{cases} \sum M_x(\boldsymbol{F}) = 0 \\ \sum M_y(\boldsymbol{F}) = 0 \\ \sum M_z(\boldsymbol{F}) = 0 \end{cases} \tag{3-14}$$

由此可知，空间任意力系平衡的充分和必要条件是：力系中所有的力在任意相互垂直的三个坐标轴的每一个轴上的投影的代数和等于零，以及力系对这三个坐标轴的矩的代数和分别等于零。

空间任意力系有六个独立的平衡方程，所以空间任意力系问题至多可解六个未知量。

现将常见的空间约束类型及其简化画法以及可能作用于物体上的约束反力与约束反力偶介绍如下（表3-1）。

第3章 空间力系与重心

表 3-1　　　　　　　　　机械中常见的空间约束类型

空间约束类型	简化画法	约束反力
向心滚子轴承与径向滑动轴承		N_z, N_x
向心推力圆锥滚子（球）轴承、径向止推（短）滑动轴承和球铰链		N_x, N_y, N_z
柱销铰链		N_x, N_y, N_z, m_x, m_z
固定端		N_x, N_y, N_z, m_x, m_y, m_z

例 3-2 在车床上用三爪卡盘夹固工件。设车刀对工件的切削力 $F = 1\ 000$ N，方向如图 3-10 所示，$\alpha = 10°$，$\beta = 70°$（α 为力 F 与铅垂面间的夹角，β 为力 F 在铅垂面上的投影与水平线间的夹角）。工件的半径 $R = 5$ cm，求当工件做匀速转动时，卡盘对工件的约束反力。

解：以工件为研究对象。工件除受切削力 F 作用以外，还受卡盘的约束反力作用。卡盘限制工件相对于它实现任意方向的位移和绕任何轴的转动，因此它的约束性质与空间固定端一样，其约束反力可用三个相互垂直的分力 N_{Ax}、N_{Ay} 和 N_{Az} 表示，其约束反力偶可用在三个坐标平面内的分力偶表示，它们的矩分别为 m_x、m_y

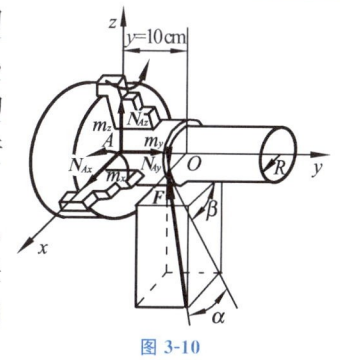

图 3-10

和 m_z。这些约束反力、约束反力偶和切削力 F 组成空间平衡力系。

以 F_x、F_y、F_z 表示力 F 在三个坐标轴上的分力的大小，则

$$F_x = F\sin\alpha, F_y = F\cos\alpha\cos\beta, F_z = F\cos\alpha\sin\beta$$

列平衡方程，得

$$\sum F_x = 0, N_{Ax} - F_x = 0$$

$$\sum F_y = 0, N_{Ay} - F_y = 0$$

$$\sum F_z = 0, N_{Az} - F_z = 0$$

$$\sum M_x(\boldsymbol{F}) = 0, m_x + F_z y = 0$$

$$\sum M_y(\boldsymbol{F}) = 0, m_y - F_z R = 0$$

$$\sum M_z(\boldsymbol{F}) = 0, m_z + F_x y - F_y R = 0$$

解以上方程，得

$$N_{Ax} = 174 \text{ N}, N_{Ay} = 337 \text{ N}, N_{Az} = -926 \text{ N}$$

$$m_x = -92.6 \text{ N}\cdot\text{m}, m_y = 46.3 \text{ N}\cdot\text{m}, m_z = -0.55 \text{ N}\cdot\text{m}$$

可见，当车刀沿轴线 y 移动时，力偶矩 m_x、m_z 的大小将会改变，这将使轴的弯曲程度改变，从而影响切削精度。

在工程中计算轴类零件的受力时，常将轴上受到的各力分别投影到三个坐标平面上，得到三个平面力系。这样，可把空间任意力系的平衡问题，简化为三个坐标平面内的平面力系的平衡问题。例如，将例 3-2 中工件的受力图向三个坐标平面上投影，得到如图 3-11 所示的三个平面任意力系。

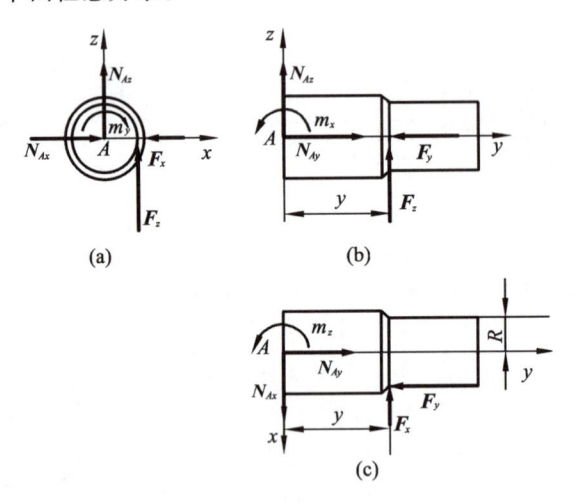

图 3-11

（1）由侧视图 3-11(a)可见，各力在 xAz 平面上的投影有：主动力 F_x 和 F_z，约束反力 N_{Ax}、N_{Az} 和 m_y，其中 $F_x = F\sin\alpha, F_z = F\cos\alpha\sin\beta$。列平衡方程，得

$$\sum F_x = 0, N_{Ax} - F_x = 0 \tag{1}$$

$$\sum F_z = 0, N_{Az} + F_z = 0 \tag{2}$$

$$\sum M_A(\boldsymbol{F}) = 0, -F_z R + m_y = 0 \tag{3}$$

式(3)相当于 $\boldsymbol{F}$ 对 y 轴的矩,即 $\sum M_y(\boldsymbol{F}) = 0$。

(2)由正视图 3-11(b)可见,各力在坐标平面 yAz 上的投影有:主动力 $\boldsymbol{F}_y$、$\boldsymbol{F}_z$,约束反力 $\boldsymbol{N}_{Az}$、$\boldsymbol{N}_{Ay}$ 和 m_x,其中 $F_y = F\cos\alpha\cos\beta$。列平衡方程,得

$$\sum F_y = 0, N_{Ay} - F_y = 0 \tag{4}$$

$$\sum M_A(\boldsymbol{F}) = 0, m_x + F_z y = 0 \tag{5}$$

式(5)相当于 $\boldsymbol{F}$ 对通过 A 点的 x 轴的矩,即 $\sum M_x(\boldsymbol{F}) = 0$。

(3)由俯视图 3-11(c)可见,各力在 xAy 平面上的投影有:主动力 $\boldsymbol{F}_x$、$\boldsymbol{F}_y$,约束反力 $\boldsymbol{N}_{Ax}$、$\boldsymbol{N}_{Ay}$ 和 m_z。列平衡方程,得

$$\sum M_A(\boldsymbol{F}) = 0, m_z + F_x y - F_y R = 0 \tag{6}$$

式(6)相当于 $\boldsymbol{F}$ 对通过 A 点的 z 轴的矩,即 $\sum M_z(\boldsymbol{F}) = 0$。

解以上方程可求得约束反力 $\boldsymbol{N}_{Ax}$、$\boldsymbol{N}_{Ay}$、$\boldsymbol{N}_{Az}$ 和约束反力偶 m_x、m_y、m_z,其值与前面的相同。

例 3-3 如图 3-12 所示为起重绞车的鼓轮轴。已知 $G = 10$ kN,$AC = 20$ cm,$CD = DB = 30$ cm,齿轮半径 $R = 20$ cm,在最高处 E 点受力 $\boldsymbol{P}_n$ 的作用,$\boldsymbol{P}_n$ 与齿轮分度圆切线的夹角为 $\alpha = 20°$,鼓轮半径 $r = 10$ cm,A、B 两端为向心轴承。试求 $\boldsymbol{P}_n$ 及 A、B 两轴承的径向压力。

解:取鼓轮轴为研究对象,选直角坐标系如图 3-12 所示。$\boldsymbol{N}_{Ax}$、$\boldsymbol{N}_{Az}$、$\boldsymbol{N}_{Bx}$、$\boldsymbol{N}_{Bz}$ 为 A、B 两处轴承的约束反力,因轴沿 y 轴方向不受力,故只需要列五个平衡方程求解。

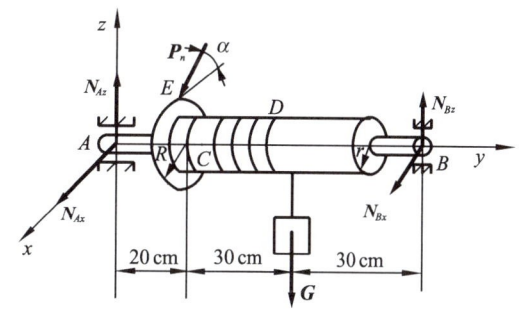

图 3-12

列空间任意力系的平衡方程

$$\sum F_x = 0, N_{Ax} + N_{Bx} + P_n \cos\alpha = 0 \tag{1}$$

$$\sum F_z = 0, N_{Az} + N_{Bz} - P_n \sin\alpha - G = 0 \tag{2}$$

$$\sum m_x = 0, N_{Bz} \cdot AB - G \cdot AD - P_n \sin\alpha \cdot AC = 0 \tag{3}$$

$$\sum m_y = 0, P_n \cos\alpha R - Gr = 0 \tag{4}$$

$$\sum m_z = 0, -N_{Bx} \cdot AB - P_n \cos\alpha \cdot AC = 0 \tag{5}$$

先计算式(4)可得

$$P_n = \frac{Gr}{R\cos\alpha} = \frac{10 \times 10}{20 \times \cos 20°} = 5.32 \text{ kN}$$

将 P_n 代入式(3)、式(5)得

$$N_{Bz} = \frac{G \cdot AD + P_n \sin \alpha \cdot AC}{AB} = \frac{10 \times 50 + 5.32 \times \sin 20° \times 20}{80} = 6.7 \text{ kN}$$

$$N_{Bx} = -\frac{P_n \cos \alpha \cdot AC}{AB} = -\frac{5.32 \times \cos 20° \times 20}{80} = -1.25 \text{ kN}$$

由式(1)、式(2)得

$$N_{Ax} = -N_{Bx} - P_n \cos \alpha = -(-1.25) - 5.32 \times \cos 20° = -3.75 \text{ kN}$$

$$N_{Az} = -N_{Bz} + P_n \sin \alpha + G = -6.7 + 5.32 \times \sin 20° + 10 = 5.11 \text{ kN}$$

N_{Ax}、N_{Bx} 的"—"号表示实际指向与所设指向相反。

空间力系的平衡问题也可以转化为三个平面力系的平衡问题来求解。在工程中,常把空间的受力图投影到三个坐标平面上,画出三视图(主视图、俯视图、侧视图),这样就得到三个平面力系,分别列出它们的平衡方程,同样可以解出所求的未知量,这种求解方法称为空间问题的平面解法。此法在进行轴和轴承受力分析时经常应用。下面举例说明。

例 3-4 试用空间任意力系的平面解法解例 3-3。

解: 如图 3-13 所示,作出图 3-12 所示鼓轮轴在两个坐标平面上的投影受力图。本题 xAz 平面为平面任意力系问题,yAz 和 xAy 平面为平行力系问题。

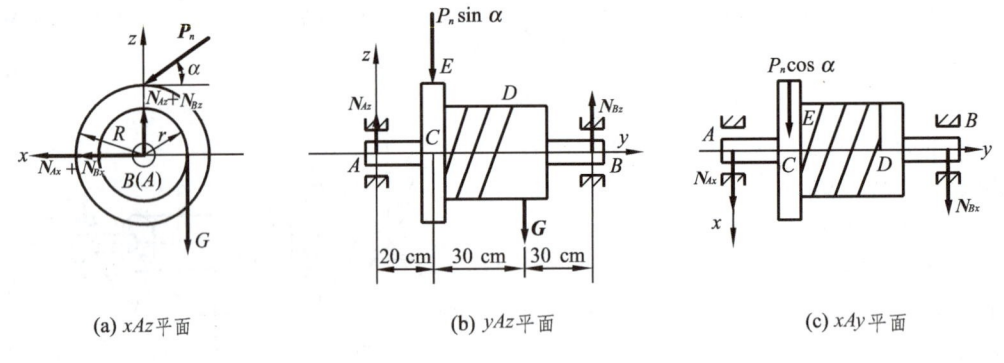

(a) xAz 平面   (b) yAz 平面   (c) xAy 平面

图 3-13

根据三个投影受力图,分别列出平面力系平衡方程并求解。

xAz 平面

$$\sum M_B(\boldsymbol{F}) = 0, P_n \cos \alpha R - Gr = 0$$

$$P_n = \frac{Gr}{R \cos \alpha} = \frac{10 \times 10}{20 \times \cos 20°} = 5.32 \text{ kN}$$

yAz 平面

$$\sum M_A(\boldsymbol{F}) = 0, N_{Bz} \cdot AB - P_n \sin \alpha \cdot AC - G \cdot AD = 0$$

$$N_{Bz} = \frac{P_n \sin \alpha \cdot AC + G \cdot AD}{AB} = \frac{5.32 \times \sin 20° \times 20 + 10 \times 50}{80} = 6.7 \text{ kN}$$

$$\sum F_z = 0, N_{Az} + N_{Bz} - P_n \sin \alpha - G = 0$$

$$N_{Az} = -N_{Bz} + P_n \sin \alpha + G = -6.7 + 5.32 \times \sin 20° + 10 = 5.11 \text{ kN}$$

xAy 平面

$$\sum M_A(\boldsymbol{F}) = 0, -N_{Bx} \cdot AB - P_n\cos\alpha \cdot AC = 0$$

$$N_{Bx} = \frac{-P_n\cos\alpha \cdot AC}{AB} = -\frac{5.32 \times \cos 20° \times 20}{80} = -1.25 \text{ kN}$$

$$\sum F_x = 0, N_{Ax} + N_{Bx} + P_n\cos\alpha = 0$$

$N_{Ax} = -N_{Bx} - P_n\cos\alpha = -(-1.25) - 5.32 \times \cos 20° = -3.75 \text{ kN}$

所得结果与例 3-3 所求结果相同。

3.4 空间平行力系的中心和物体的重心

一、空间平行力系的中心

若空间力系各合力的作用线相互平行,则称其为空间平行力系。空间平行力系的合成可依次取二力合力,重复进行下去,最后可得合成结果。其结果有三种情况:一合力；一力偶；力系平衡。若力系为一合力,合力的作用点即平行力系的中心,并可证明,平行力系的中心只与平行力系中各力的大小和作用点的位置有关,而与各平行力的方向无关。

二、重心的概念

重心是平行力系中的一个特例,在地面上的一切物体都受到地球的重力作用,物体是由许多微小部分组成的,可以把物体各部分的重力看成是铅垂向下、相互平行的空间平行力系,这个空间平行力系的合力为物体的重力,重力的大小等于物体所有各部分重力大小的总和,重力的作用点即空间平行力系的中心,称为物体的重心。

若将物体看成刚体,则不论物体在空间处于什么位置,也不论怎样放置,它的重心在物体中的相对位置是确定不变的。因为重心是物体的重力作用点,若在重心位置加上一个与重力大小相等、方向相反的力,即可以使物体平衡。因此悬挂或支持在重心位置的物体在任何位置都能保持平衡。

在工程中,确定物体重心的位置十分重要。例如,起吊重物时,吊钩必须位于被吊物体的重心正上方,以保证起吊后保持物体的平衡；高速转动的零件,都要求在设计、制造、安装时使其重心位于转轴轴线上,以免引起强烈振动等。

三、重心和形心的坐标公式

我们可应用合力矩定理确定重心位置。

设物体重心坐标为 (x_C, y_C, z_C),如图 3-14 所示。将物体分成若干微小部分,其重力分别为 $\Delta W_1, \Delta W_2, \cdots, \Delta W_n$,各力作用点的坐标分别为 (x_1, y_1, z_1), (x_2, y_2, z_2), $\cdots$, (x_n, y_n, z_n)。物体重力 W 的值为 $W = \sum_{i=1}^{n} \Delta W_i$。

根据合力矩定理,有

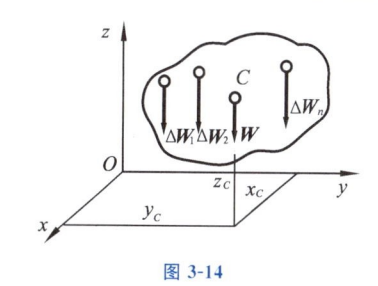

图 3-14

$$M_x(\boldsymbol{W}) = \sum_{i=1}^{n} M_x(\Delta \boldsymbol{W}_i)$$

$$M_y(\boldsymbol{W}) = \sum_{i=1}^{n} M_y(\Delta \boldsymbol{W}_i)$$

$$-y_C W = -\sum_{i=1}^{n} y_i \Delta W_i$$

$$x_C W = \sum_{i=1}^{n} x_i \Delta W_i$$

根据力系中心的位置与各平行力的方向无关的性质，可将物体连同坐标系一起绕 x 轴顺时针转过 $90°$，使 y 轴朝下，这时重力 $\boldsymbol{W}$ 和各力 $\Delta \boldsymbol{W}_i$ 都与 y 轴同向且平行，再对 x 轴应用合力矩定理，得

$$-z_C W = -\sum_{i=1}^{n} z_i \Delta W_i$$

因此得物体重心 C 的坐标公式为

$$\begin{cases} x_C = \dfrac{\sum\limits_{i=1}^{n} x_i \Delta W_i}{W} \\[2mm] y_C = \dfrac{\sum\limits_{i=1}^{n} y_i \Delta W_i}{W} \\[2mm] z_C = \dfrac{\sum\limits_{i=1}^{n} z_i \Delta W_i}{W} \end{cases} \quad (3\text{-}15)$$

若物体为均质，其密度为 ρ，将 $W = \rho g V$，$\Delta W_i = \rho g \Delta V_i$ 代入式(3-15)，令 $\Delta V_i \to 0$，取极限，即可得

$$\begin{cases} x_C = \dfrac{\sum\limits_{i=1}^{n} x_i \Delta V_i}{V} = \dfrac{\int_V x \mathrm{d}V}{V} \\[2mm] y_C = \dfrac{\sum\limits_{i=1}^{n} y_i \Delta V_i}{V} = \dfrac{\int_V y \mathrm{d}V}{V} \\[2mm] z_C = \dfrac{\sum\limits_{i=1}^{n} z_i \Delta V_i}{V} = \dfrac{\int_V z \mathrm{d}V}{V} \end{cases} \quad (3\text{-}16)$$

可见均质物体的重心完全取决于物体的几何形状，而与物体的重量无关，因此均质物体的重心也称为形心。但应注意：重心和物体的几何形状的中心是两个不同的概念，只有均质物体的重心和形心才重合于一点。

若物体是均质薄壳(或薄板)，以 A 表示壳或板的表面面积，ΔA_i 表示微小部分的面积，同理可求得均质薄壳的重心或形心 C 的位置坐标公式为

$$\begin{cases} x_C = \dfrac{\sum_{i=1}^{n} x_i \Delta A_i}{A} = \dfrac{\int_A x\,dA}{A} \\[2mm] y_C = \dfrac{\sum_{i=1}^{n} y_i \Delta A_i}{A} = \dfrac{\int_A y\,dA}{A} \\[2mm] z_C = \dfrac{\sum_{i=1}^{n} z_i \Delta A_i}{A} = \dfrac{\int_A z\,dA}{A} \end{cases} \quad (3\text{-}17)$$

若物体是等截面均质细杆（或细线），以 L 表示细杆的长度，ΔL_i 表示微小部分的长度，同样可求得细杆的重心或形心 C 的位置坐标公式为

$$\begin{cases} x_C = \dfrac{\sum_{i=1}^{n} x_i \Delta L_i}{L} = \dfrac{\int_L x\,dL}{L} \\[2mm] y_C = \dfrac{\sum_{i=1}^{n} y_i \Delta L_i}{L} = \dfrac{\int_L y\,dL}{L} \\[2mm] z_C = \dfrac{\sum_{i=1}^{n} z_i \Delta L_i}{L} = \dfrac{\int_L z\,dL}{L} \end{cases} \quad (3\text{-}18)$$

四、求重心的方法

确定重心位置的方法有很多，下面介绍几种常用的方法。

1. 对称法

凡是具有对称面、对称轴或对称中心的均质物体，它们的重心必在对称面、对称轴或对称中心上。如图 3-15 所示，工程实际中常用的几种型钢的截面形状，其重心都在它们的对称轴上。

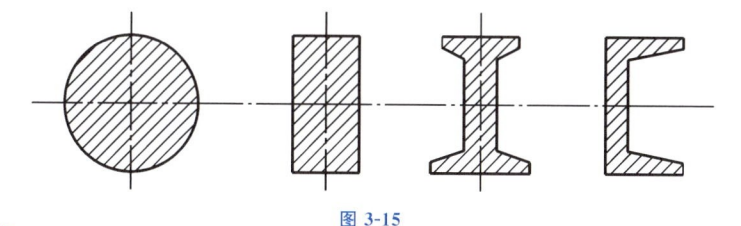

图 3-15

2. 积分法

求不规则形状物体的形心，可将形体分割成无限多个微小形体，在此极限情况下，利用形心的积分公式式(3-16)～式(3-18)求得。对于匀质物体，其形心即重心。

对于常用的一些简单的图形形心和匀质物体的重心位置可从工程手册中查得。现将几种常用的简单形体的重心位置列于表 3-2，以供参阅。

表 3-2　　　　　　　　　　　常用简单形状匀质物体的重心位置

图 形	重心位置	图 形	重心位置
三角形	在中线交点上 $y_C = \dfrac{1}{3}h$	圆环扇形	$x_C = \dfrac{2(R^3 - r^3)\sin\alpha}{3(R^2 - r^2)\alpha}$
梯形	在上、下底边中点的连线上 $y_C = \dfrac{h(2a+b)}{3(a+b)}$	弓形	$x_C = \dfrac{4R\sin^3\alpha}{3[2\alpha - \sin(2\alpha)]}$
圆弧	$x_C = \dfrac{r\sin\alpha}{\alpha}$ 半圆弧 $\alpha = \pi/2$ $x_C = \dfrac{2r}{\pi}$	半球	$z_C = \dfrac{3}{8}r$
扇形	$x_C = \dfrac{2r\sin\alpha}{3\alpha}$ 半圆 $\alpha = \pi/2$ $x_C = \dfrac{4r}{3\pi}$	圆锥	$z_C = \dfrac{1}{4}h$

3. 组合法

对于平面组合图形的形心位置求法，可将物体看成由几个简单形体组合而成。若这些简单形体的形心可查表得知，则整个物体的形心可用形心公式求出。对于均质物体，其形心即重心。

例 3-5　图 3-16 所示为 Z 形钢的截面，求 Z 形钢截面的重心位置。

解：将 Z 形钢截面分割为三部分，每部分都是矩形。设坐标系 xOy，三部分矩形的面积和坐标分别为

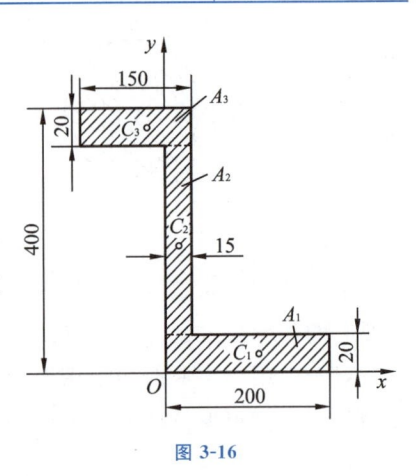

图 3-16

$$A_1 = 20 \times 2 = 40 \text{ cm}^2, x_1 = 10 \text{ cm}, y_1 = 1 \text{ cm}$$
$$A_2 = 36 \times 1.5 = 54 \text{ cm}^2, x_2 = 0.75 \text{ cm}, y_2 = 20 \text{ cm}$$
$$A_3 = 15 \times 2 = 30 \text{ cm}^2, x_3 = -6 \text{ cm}, y_3 = 39 \text{ cm}$$

将这些数据代入式(3-17)中,得到 Z 形钢截面重心位置为

$$x_C = \frac{\sum x_i A_i}{A} = \frac{10 \times 40 + 0.75 \times 54 + (-6) \times 30}{40 + 54 + 30} = 2.1 \text{ cm}$$

$$y_C = \frac{\sum y_i A_i}{A} = \frac{1 \times 40 + 20 \times 54 + 39 \times 30}{40 + 54 + 30} = 18.47 \text{ cm}$$

案例分析与解答

比萨斜塔是世界建筑史上的一大奇迹,由于塔身压力过重和地质松软,南面的地基比北面约低 2 m。在施工期间塔身即出现轻微倾斜,随着工程的进度,倾斜度不断增大。到塔身建到第三层时,可明显看出倾斜,曾一度停工。一百多年以后,经工程师托马索·皮萨诺精心测量和计算,证明比萨斜塔虽倾斜,但不会倒塌。因为这个塔虽然倾斜,但是它的重心仍然在塔底底面的铅垂线上(图 3-17),因此地基可以承受塔的重力,塔不会倒塌,施工得以继续。至今,比萨斜塔还屹立在意大利比萨城北面的奇迹广场上。

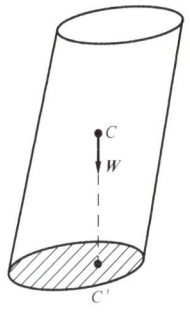

图 3-17

小 结

1. 基本内容

(1)力在空间直角坐标轴上的投影方法有直接投影法和二次投影法。

直接投影法

$$\begin{cases} F_x = F\cos\alpha \\ F_y = F\cos\beta \\ F_z = F\cos\gamma \end{cases}$$

二次投影法

$$\begin{cases} F_x = F\sin\gamma\cos\varphi \\ F_y = F\sin\gamma\sin\varphi \\ F_z = F\cos\gamma \end{cases}$$

(2)在力与轴平行或力与轴相交的情况下,该力对轴的矩为零。在力与轴空间交错(不平行也不相交)时,得到力对轴之矩的解析表达式

$$\begin{cases} M_x(\boldsymbol{F}) = F_z y_A - F_y z_A \\ M_y(\boldsymbol{F}) = F_x z_A - F_z x_A \\ M_z(\boldsymbol{F}) = F_y x_A - F_x y_A \end{cases}$$

(3) 空间任意力系合成和平衡求解有两种方法：
① 直接利用空间力系在坐标轴上的投影得到

$$R' = \sum F = \sqrt{(\sum F_x)^2 + (\sum F_y)^2 + (\sum F_z)^2}$$

$$M_O = \sum M_O(\boldsymbol{F}) = \sqrt{[\sum M_x(\boldsymbol{F})]^2 + [\sum M_y(\boldsymbol{F})]^2 + [\sum M_z(\boldsymbol{F})]^2}$$

若空间力系平衡，可得到平衡方程

$$\sum F_x = 0, \sum F_y = 0, \sum F_z = 0$$

$$\sum M_x(\boldsymbol{F}) = 0, \sum M_y(\boldsymbol{F}) = 0, \sum M_z(\boldsymbol{F}) = 0$$

② 将空间力系转化为三个平面力系求解问题。
(4) 物体的重心位置可根据应用合力矩定理得到的确定重心的坐标公式得出。

2. 研究思路

(1) 空间力对轴之矩，可用定义法和合力矩定理求解。
(2) 计算轴类零件受力时，常将轴上各力分别投影到三个坐标平面上，得到三个平面力系进行求解。

3. 学习中注意的问题

(1) 注意力在轴上投影和力对轴之矩的正负号的判定。
(2) 区分重心和形心的概念。对于均质物体，形心即重心。

思 考 题

1. 轴 AB 上作用一主动力偶，矩为 m_1，齿轮的啮合半径 $R_2 = 2R_1$，如图 3-18 所示。问：当研究轴 AB 和 CD 的平衡问题时，(1) 能否以力偶矩矢是自由矢量为理由，将作用在轴 AB 上的矩为 m_1 的力偶移到轴 CD 上？(2) 若在轴 CD 上作用矩为 m_2 的力偶，使两轴平衡，两力偶的矩的大小是否相等？为什么？

2. 空间力系的简化结果是什么？

3. 若：(1) 空间力系中各力的作用线平行于某一固定平面；(2) 空间力系中各力的作用线分别汇交于两个固定点。试分析这两种力系各有几个独立的平衡方程。

4. 传动轴用两个止推轴承支承，每个轴承有三个未知力，共六个未知量，而空间任意力系的平衡方程恰好有六个，是否可解？

5. 空间任意力系向三个相互垂直的坐标平面投影，得到三个平面任意力系。为什么其独立的平衡方程数只有六个？

6. 空间任意力系的平衡方程能否为六个力矩方程？若可以，如何选取这六个力矩轴？

7. 一受空间任意力系作用的正方形平板，可用 12 根二力杆支承，如图 3-19 所示，但正方形平板只有用 6 根杆支承才是静定结构。问:(1)这 6 根杆应如何布置,才可保证此正方形平板受力后不会运动?(2)可否只用 5 根杆就使正方形平板保持平衡?

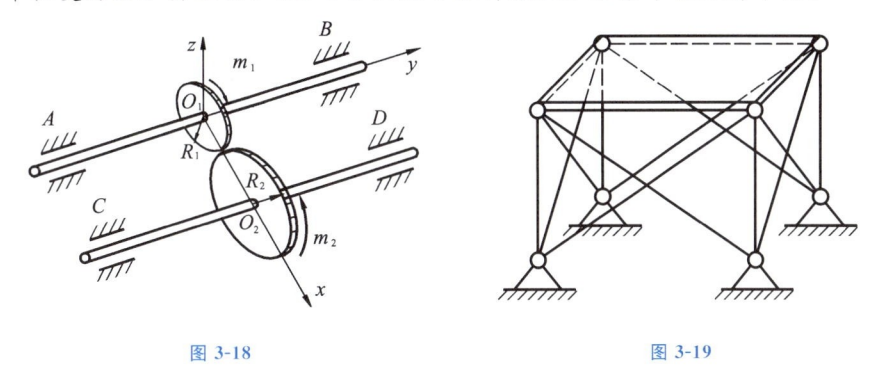

图 3-18

图 3-19

习 题

1. 平行力系由五个力组成,各力方向如图 3-20 所示。已知 $P_1=150$ N,$P_2=100$ N,$P_3=200$ N,$P_4=150$ N,$P_5=100$ N。图中坐标的单位为 1 cm/格。求平行力系的合力。

2. 如图 3-21 所示,架空电缆的角柱 AB 由两根绳索 AC 和 AD 拉紧,两电缆水平且互成直角,其拉力大小都等于 T;设一根电缆与 CBA 平面所成的角为 φ,求角柱和绳索 AC 与 AD 所受的力,并讨论角 φ 的适用范围。

3. 如图 3-22 所示,三脚圆桌的半径 $r=50$ cm,重为 $G=600$ N,圆桌的三脚 A、B 和 C 形成一个等边三角形。如在中线 CO 上距圆心为 a 的点 M 处作用一铅垂力 $P=1\,500$ N,求使圆桌不致翻倒的最大距离 a。

图 3-20

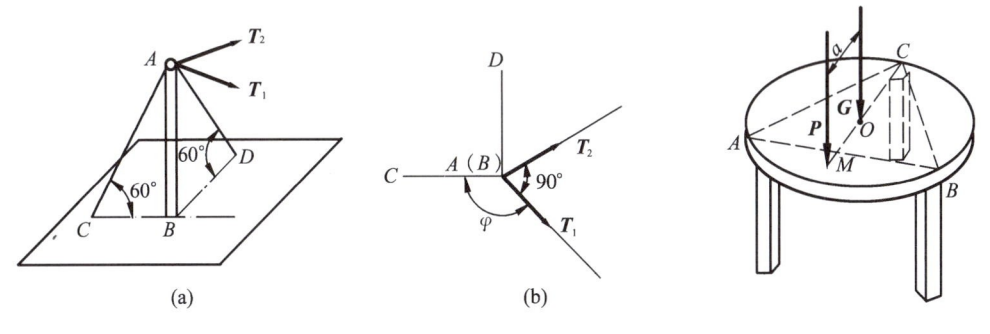

图 3-21

图 3-22

4. 半径各为 $r_1=30$ cm、$r_2=20$ cm、$r_3=10$ cm 的三圆盘 A、B、C 分别固结在刚接的三臂 OA、OB 及 OC 的一端,三臂在同一平面内,盘与臂相垂直。盘 A 及 B 上各受一力偶作用,如图 3-23 所示。求必须施于盘 C 上的力偶的力 **P**,以及臂 OC 与 OB 所成的角 α 为多大,才能使系统维持平衡。

5. 如图 3-24 所示水平面上装有两个凸轮,凸轮上分别作用已知力 $P=800$ N 和未知力 F。如轴平衡,求力 F 和轴承的约束反力。

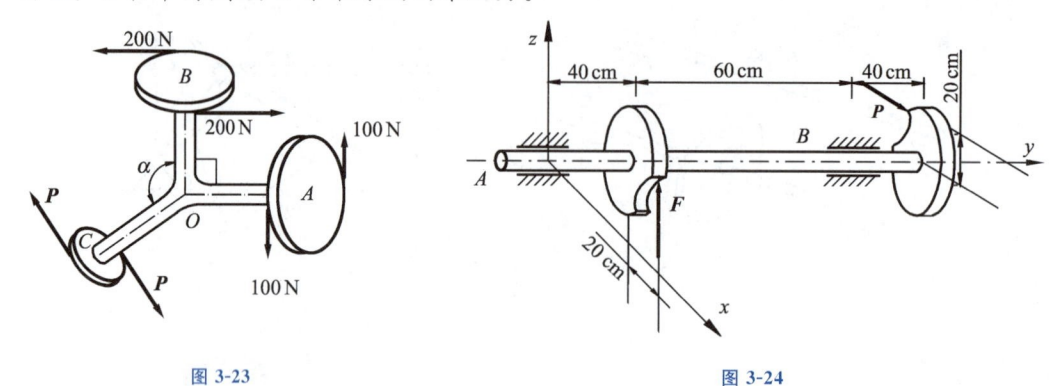

图 3-23

图 3-24

6. 小车 C 借助如图 3-25 所示装置沿斜面匀速上升,已知小车重 $G=10$ kN,鼓轮重 $W=1$ kN,四根杠杆的臂长相同且均垂直于鼓轮轴,其端点作用有大小相同的力 P_1、P_2、P_3 及 P_4。求加在每根杠杆上的力的大小及轴承 A、B 的约束反力。

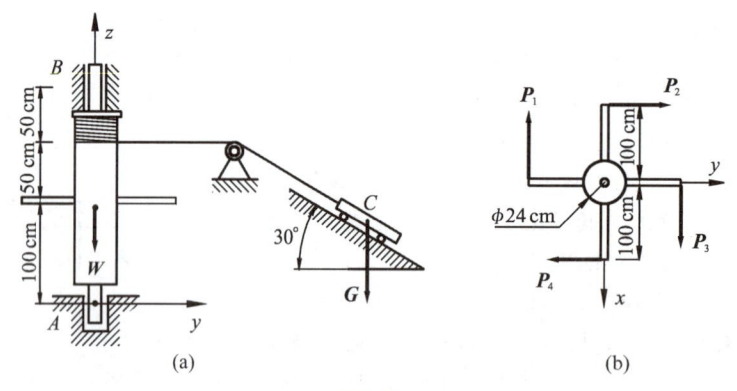

图 3-25

7. 图 3-26 所示为一挂物架。三根杆重量不计,用铰链连接于 O 点,BOC 平面处于水平状态,且 $BO=OC$,若在 O 点挂一重力 $F_G=1\,000$ N 的重物,试求三根杆所受的力。

8. 一等边三角形板 ABC,边长为 a,用六根杆支承成水平位置,如图 3-27 所示。若在板面上作用一力偶,其矩为 m。试求各杆的约束反力。

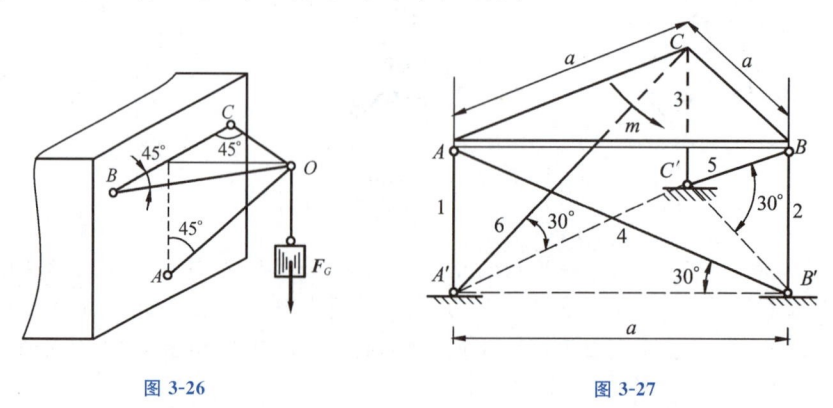

图 3-26

图 3-27

9. 如图 3-28 所示一力 F 作用在手柄的 A 点上，该力的大小和指向未知，其作用线与 xOz 平面平行。已知 $M_x(F) = -3\ 600\ \text{N·cm}$，$M_z(F) = 2\ 020\ \text{N·cm}$。求该力对 y 轴的矩。

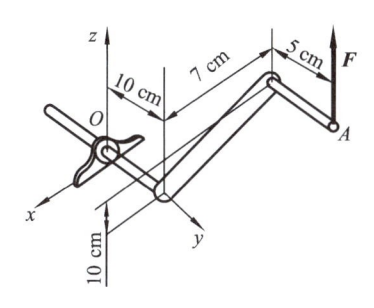

图 3-28

10. 如图 3-29 所示工字钢，在 A 点受力 P 作用。已知 $P = 100\ \text{kN}$，坐标系如图中所示。求该力对三个坐标轴的矩。

11. 已知力 P 的大小和方向如图 3-30 所示，求力 P 对 z 轴的矩。如图 3-30(a)所示的力 P 位于其过轮缘作用点的切平面内，且与轮平面夹角 $\alpha = 60°$；如图 3-30(b)所示的力 P 位于轮平面内，与轮的法线 n 夹角 $\beta = 60°$。

图 3-29

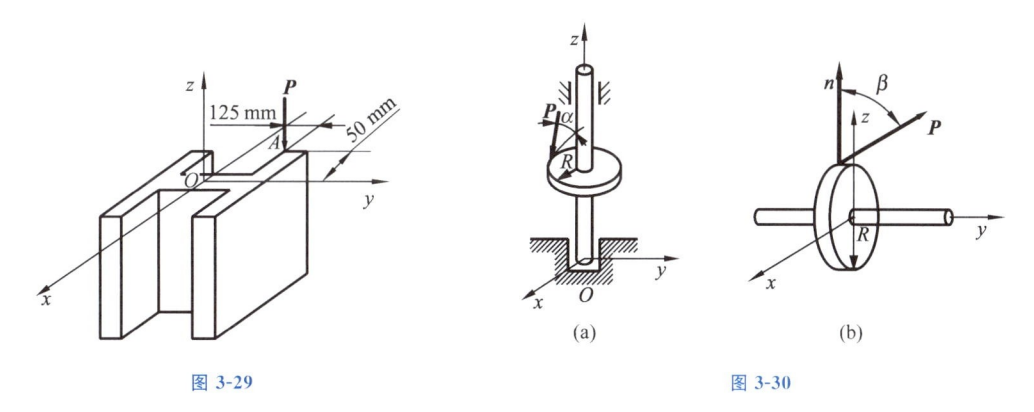

(a)　　(b)

图 3-30

第4章 杆件的轴向拉伸与压缩

典型案例

1988年1月13日中午,山东省某矿山公司所属的井巷工程公司安装队,发生了一起死亡7人、重伤多人的重大恶性事故。

当天上午7点半,安装队到张矿主井执行吊桶改罐施工的落盘任务,要把在井深434米的三层吊盘降到井深506米处。参加施工的职工有18人在井内工作,其中14人在吊盘上工作。吊盘悬吊在井内,直径为7.3米。三层吊盘上分别站有7人、4人、3人,负责放电缆、看稳绳、通信、指挥。8点左右,开始落盘(井内做垂直下落)。在落盘过程中,盘上工作人员发现由4根钢丝绳悬吊的吊盘下落不平衡。井下指挥人员马上同地面电话联系,随即连续四次进行调整。上午10点40分,吊盘从井下434米处落到井下456米码头门(进巷道的口)时,盘上工人突然听到响声,随即西北角一根直径34毫米的悬吊钢丝绳发生断裂。刹那间,井内灯灭了,盘上与井口的信号联系中断,三层吊盘同时倾斜75°以上,有9人坠入离作业面60多米的"深渊"。造成这起事故的直接原因是什么呢?这根钢丝绳是怎么断的呢?

学习目标

【知识目标】

1. 掌握内力、应力、变形及应变、胡克定律、应力集中等基本概念和理论。
2. 掌握轴力的计算和轴力图的绘制方法。
3. 掌握横截面、斜截面的应力计算,拉(压)杆内最大正应力和最大切应力的计算。
4. 了解低碳钢和铸铁的力学性能指标及其意义。
5. 掌握拉、压强度条件及关于强度的三种类型的计算。

【能力目标】

1. 会根据杆件的受力特点分析变形形式。
2. 掌握内力分析的截面法。
3. 掌握材料拉、压时的力学性能测定的实验步骤及实验结果的分析。
4. 能够根据强度计算法则解决工程实际中杆件的强度设计问题。

【素质目标】

1. 从山东省某井巷工程公司的一起恶性事故案例引入,激发学生的社会责任感,树立安全第一的工程意识。
2. 从力的作用效果的变形效应,使学生认识到有力就有变形,有什么样的力就会产生什么样的变形的客观存在,激发学生追根溯源的热情和创新意识。
3. 从材料的力学性能测定实验让学生感悟实验是检验真理的唯一标准,注重科学性和实验性的统一,理论和实践的有机结合。
4. 通过大量烦琐的计算,增强学生战胜困难的勇气,在实验过程中培养学生的团队合作精神、动手操作能力和语言组织能力。

4.1 拉伸与压缩的概念

在工程实际中,发生拉伸与压缩变形的构件很多,如内燃机的连杆、简易吊车中的拉杆和建筑物中的支柱等,都是拉伸或压缩的实例,如图 4-1、图 4-2 和图 4-3 所示。

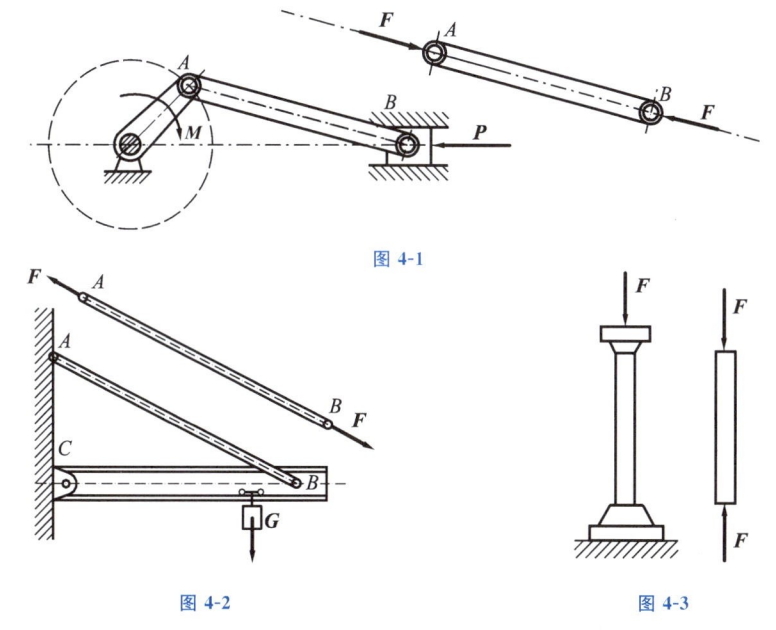

图 4-1

图 4-2

图 4-3

通过以上实例可以看出,拉伸与压缩杆件的受力特点是:所有外力(或外力的合力)沿杆轴线作用。变形特点是:杆沿轴线伸长或缩短。这种变形形式称为拉伸与压缩变形。由于是沿杆件轴线伸长或缩短,所以也叫作轴向拉伸或压缩。

4.2 拉伸与压缩时横截面上的内力——轴力

一、内力分析与计算

1. 内力的概念

物体内部某一部分与另一部分之间相互作用的力称为**内力**。

这里所说的内力,不是指物体分子间在未受外力之前已经存在的相互作用力,而是指由于外力作用而引起的内力改变量,也称为附加内力。

内力的大小及在杆件内部截面上的分布方式与构件的强度、刚度和稳定性有着密切的联系,所以内力计算是解决杆件强度、刚度和稳定性问题的基础。

微课9

轴力和轴力图

2. 内力分析与计算方法——截面法

截面法是求内力的最根本的方法。截面法的基本步骤可用以下几个词来概括:

一截为二 在需要求内力的截面处,用假想截面将杆件截成两部分。

弃一留一 取其中任一部分为研究对象,将弃去部分对研究对象的作用用内力来替代。

平衡求力 对保留部分列平衡方程,由已知外力求出内力。

截面法首先要用假想截面将杆件截开,实际中通常选取垂直于轴线的横截面。

设拉杆在外力 F 的作用下处于平衡状态,如图4-4所示,运用截面法,将杆件沿任一假想截面 m-m 分为两段。拿掉部分的作用用内力来替代,实际内力是个分布力系,我们用合力来表示。拉压杆件的所有外力都沿杆的轴线方向作用,由平衡条件可知,其任一截面内力的作用线也必沿杆的轴线作用,正是因为这一特点,拉伸与压缩杆件横截面的内力也习惯简称为轴力,用符号 N 来表示。

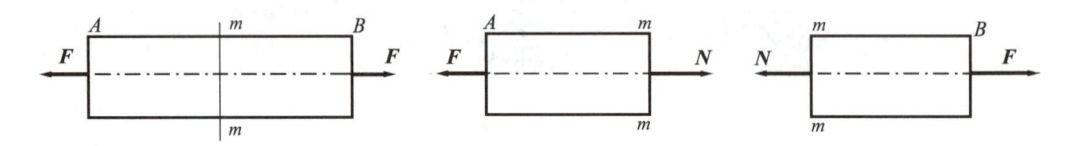

图 4-4

轴力 N 的大小,由左段(或右段)的平衡方程得

$$\sum F_x = 0, N - F = 0$$

得

$$N = F$$

必须说明一点:静力学中,外力的正负是由外力与坐标轴位置之间的关系来确定的;而在工程中,内力的正负是按变形的特点来确定的。轴力的正负与外力的规定不同,不代表方向,而表示受拉和受压。一般情况下规定:正的轴力表示受拉;负的轴力表示受压。

二、轴力计算法则

在使用截面法时,要求首先进行受力分析,然后取任一侧列方程求解。在以后的强度问题中,往往要求知道所有截面的内力,上述计算过程比较烦琐。为此,在截面法基础之上,我们总结出轴力计算法则。这一方法不需要画受力图,可直接计算求解。

轴力计算法则:

(1)轴力等于截面一侧所有外力的代数和。

(2)当外力与截面外法线反向时,轴力为正,反之为负。

轴力计算法则其实是简化的截面法,取截面的左侧或右侧都是适用的,只不过取不同侧时,截面的外法线方向相反,这一点请读者注意。

三、轴力图

轴力图是在以杆件轴线为横轴、以截面对应轴力 N 为纵轴的坐标系上作出的关于轴力的图像。轴力图可以反映出轴力沿杆件轴线的变化规律,是强度校核与设计的重要依据。在拉压问题中,只要沿轴线轴力值不完全相同,就必须画出轴力图。轴力图是内力图的一种,以后介绍其他基本变形时,还要介绍其他变形的内力图。

轴力图可以将坐标轴隐去,隐去坐标轴的轴力图两侧封闭区域要标明正负号,以垂直于轴线的竖线填充,每段标明轴力值及单位。轴力图必须与其结构简图一一对应,以表示各截面处对应的轴力。下面举例说明轴力计算及轴力图的画法。

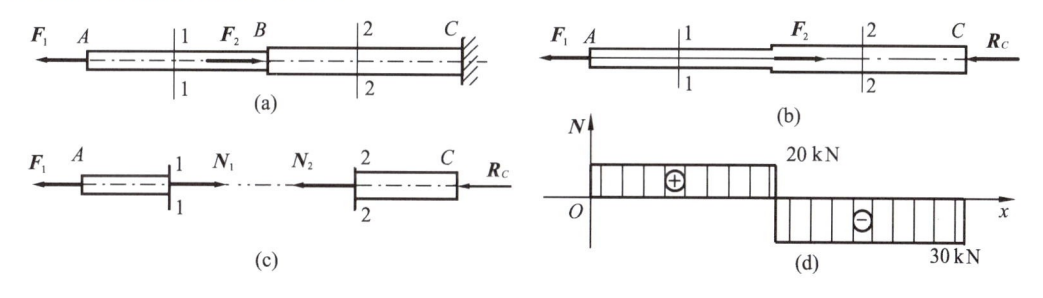

例 4-1 试求如图4-5(a)所示直杆指定截面的轴力值并画出整个杆的轴力图。已知 $F_1=20 \text{ kN}, F_2=50 \text{ kN}$。

图 4-5

解:(1)求 C 端约束反力。画出整个杆的受力图,如图 4-5(b)所示,由整个杆的平衡条件

$$\sum F_x = 0, F_1 - F_2 + R_C = 0$$

得

$$R_C = 30 \text{ kN}$$

(2)计算图 4-5(b)中指定截面 1-1、2-2 上的轴力。

1-1 截面　　$N_1 = F_1 = 20 \text{ kN}$　　　(取左侧,1-1 截面外法线向右,如图 4-5(c)所示)

2-2 截面　　$N_2 = -R_C = -30 \text{ kN}$　　(取右侧,2-2 截面外法线向左,如图 4-5(c)所示)

(3)画轴力图。由截面法分析可知,AB 段所有截面轴力与 1-1 截面相同,BC 段所有截面轴力与 2-2 截面相同,故轴力图如图 4-5(d)所示。

综上所述,绘制轴力图的方法与步骤如下:第一,确定作用在杆件上的外载荷与约束反力;第二,根据杆件上作用的载荷以及约束反力,确定轴力图的分段点:有集中力作用处即轴力图的分段点;第三,应用轴力计算法则确定截面上轴力的大小和正负;第四,建立坐标系,画出轴力图。

分析思路与过程

1. 轴力图的绘制是拉压杆强度计算的基础。

2. 轴力图的正负表示变形情况,拉为正,压为负。

3. 截面法是分析内力的基本方法。

4. 在外力作用处轴力图突变,但轴力的大小绝不是外力值的大小。

4.3 应　力

一般情况下,用同一种材料制成而横截面积不同的两杆,在相同拉力的作用下,随着拉力的增大,横截面小的杆件必然先被拉断。这说明,杆的强度不仅与轴力的大小有关,而且与横截面的大小有关,即杆的强度取决于内力在横截面上分布的密集程度。分布内力在某点处的集度,即该点处的应力。可将应力作为判断杆是否被破坏的强度指标。

一、应力的概念

为了确定截面上任意点 C 的应力的大小,可绕 C 点取一微小截面积 ΔA,设 ΔA 上作用的微内力为 ΔF,如图 4-6 所示,则该点的应力为

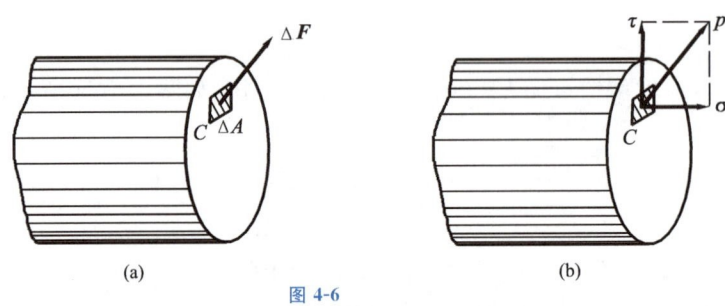

$$p = \lim_{\Delta A \to 0} \frac{\Delta F}{\Delta A} = \frac{\mathrm{d}F}{\mathrm{d}A} \tag{4-1}$$

图 4-6

应力是矢量,它的方向与 ΔF 方向相同。工程力学中,通常把 p 分解为垂直于截面的分量 σ 和沿截面的分量 τ,σ 称为正应力,τ 称为剪应力。正应力和剪应力所产生的变形及对构件的破坏方式是不同的,所以在强度问题中通常分开处理。

在国际单位制中,应力的单位是帕斯卡,用符号 Pa 来表示,$1\ \mathrm{Pa} = 1\ \mathrm{N/m^2}$,比较大的应力用 $\mathrm{MPa}(1 \times 10^6\ \mathrm{Pa})$ 和 $\mathrm{GPa}(1 \times 10^9\ \mathrm{Pa})$ 来表示。

二、拉压杆横截面上的正应力

前面介绍过,应力通常分解成垂直于截面的正应力和与截面相切的剪应力,那么在拉压杆的横截面上究竟是什么样的应力,又如何计算呢? 为了解决这一问题,必须确定内力

第4章 杆件的轴向拉伸与压缩

在横截面上的分布情况。

取一个橡胶或海绵等易变形的材料制成的等截面矩形截面杆,如图 4-7 所示,受力前在侧面画两条垂直于轴线的横向线,横向线之间上下各画一条平行于轴线的纵向线。横向线代表两个横截面,纵向线用来观察伸长情况,推知应力分布情况。

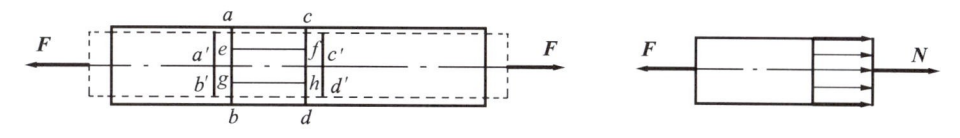

图 4-7

试验时,在杆两端加拉力。可以观察到两条横向线远离,但仍为垂直于轴线的直线,说明横截面属性未变;纵向线伸长说明两端受沿轴线的拉力,两横截面间的纵向线伸长长度相同说明所受拉力相等。截面间未有错动,说明截面上每点只受正应力,未受剪应力,且截面上每点所受正应力相同,沿截面均匀分布。

因此,拉压构件横截面上的应力可用平均应力计算,即

$$\sigma = \frac{N}{A} \tag{4-2}$$

式中,σ 为横截面上的正应力;N 为横截面上的内力(轴力);A 为横截面的面积。

例 4-2 圆截面阶梯杆不计自重,如图 4-8(a)所示。设载荷 $F = 3.14$ kN,粗段直径 $d_1 = 20$ mm,细段直径 $d_2 = 10$ mm。试求:(1)各段内力,并画轴力图;(2)各段应力。

解:(1)外力分析。画出杆的受力图,由杆的平衡方程

$$\sum F_x = 0, \quad -R_A + 3F - F = 0$$

求出 A 端未知约束反力为 $R_A = 6.28$ kN。

(2)内力分析。首先进行分段,由于内力计算只与外力有关,与截面形状和尺寸无关,相邻外力之间的所有截面的内力相等,所以可将阶梯杆分为两段:AB 段和 BD 段,如图 4-8(b)所示,然后在每一段任取截面,用轴力计算法计算出各段轴力

$$N_1 = 2F = 6.28 \text{ kN} \quad (拉力)$$
$$N_2 = -F = -3.14 \text{ kN} \quad (负号表示受压)$$

作出整个杆的轴力图,如图 4-8(c)所示。

(3)应力分析。应力也要分段计算,由应力计算公式可知,应力与 N 和 A(面积)有关,根据轴力将杆分为两段,而 BD 段粗细不同,可再分为两段,故一共分为三段:AB 段、BC 段、CD 段。

AB 段 $\quad \sigma_{AB} = \dfrac{N_1}{A_1} = \dfrac{6.28 \times 10^3}{\dfrac{3.14 \times 20^2}{4}} = 20$ MPa （拉应力）

BC 段 $\quad \sigma_{BC} = \dfrac{N_2}{A_1} = \dfrac{-3.14 \times 10^3}{\dfrac{3.14 \times 20^2}{4}} = -10$ MPa （压应力）

CD 段 $\quad \sigma_{CD} = \dfrac{N_2}{A_2} = \dfrac{-3.14 \times 10^3}{\dfrac{3.14 \times 10^2}{4}} = -40$ MPa （压应力）

92　工程力学

(a)

(b)

(c)

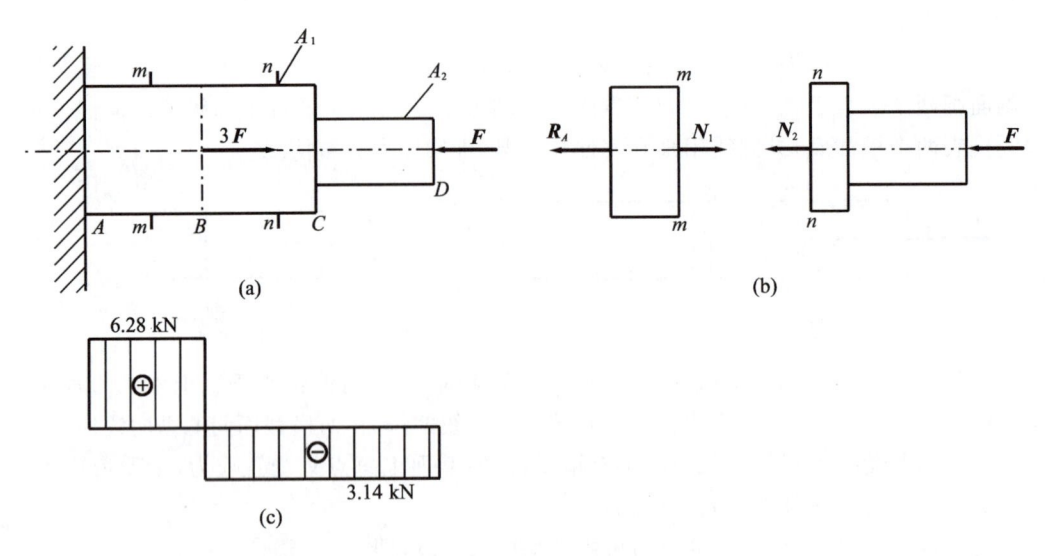

图 4-8

从以上计算结果可以看出，对于拉、压承受能力相同的材料来讲，CD 段是最危险的，因为 CD 段的应力绝对值最大。

4.4　拉压杆斜截面上的应力　剪应力互等定律

一、斜截面上的正应力和剪应力

现分析拉压杆任意斜截面 $K\text{-}K'$ 上的应力（图 4-9(a)）。由截面法求得 $K\text{-}K'$ 斜截面上的轴力（图 4-9(b)），即

$$N = P$$

(a) (b)

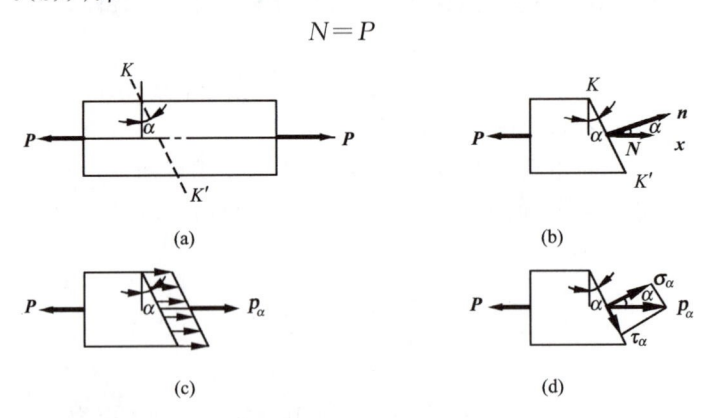

(c) (d)

图 4-9

由于各纵向纤维的变形相同，所以内力系也均匀分布于斜截面上，且斜截面上各点的应力相同（图 4-9(c)）。设 $K\text{-}K'$ 斜截面面积为 A_α，则 $K\text{-}K'$ 斜截面上的应力为

$$p_\alpha = \frac{N}{A_\alpha} \tag{1}$$

因斜截面外法线与 x 轴夹角 α 也是斜截面与横截面间的夹角（图 4-9(b)），故 A_α 与横截面面积 A 有如下关系

$$A_\alpha = \frac{A}{\cos \alpha} \tag{2}$$

将式(2)代入式(1)得

$$p_\alpha = \frac{N}{A} \cos \alpha = \sigma \cos \alpha$$

式中，$\frac{N}{A} = \sigma$，是横截面上的正应力。

p_α 的方向与轴力方向一致，将应力 p_α 分解成垂直于斜截面的正应力 σ_α 和切于斜截面的剪（或切）应力 τ_α（图 4-9(d)），即

$$\begin{aligned} \sigma_\alpha &= p_\alpha \cos \alpha = \sigma \cos^2 \alpha \\ \tau_\alpha &= p_\alpha \sin \alpha = \sigma \cos \alpha \sin \alpha = \frac{\sigma}{2} \sin(2\alpha) \end{aligned} \tag{4-3}$$

剪应力正负规定如下：若剪应力的方向与截面的外法线 n 按顺时针转 $90°$ 后的方向 n' 一致，则为正（图 4-10(a)）；反之，则为负（图 4-10(b)）。

图 4-10

式(4-3)表明：拉压杆的斜截面上既有正应力，又有剪应力，它们的大小及方向均随截面方位角 α 的变化而变化。

二、斜截面最大正应力　最大剪应力

(1) 当 $\alpha = 0°$ 时（横截面）

$$\sigma_\alpha = \sigma_{0°} = \sigma = \sigma_{\max}, \tau_\alpha = \tau_{0°} = 0$$

(2) 当 $\alpha = 45°$ 时

$$\sigma_\alpha = \sigma_{45°} = \frac{\sigma}{2}, \tau_\alpha = \tau_{45°} = \frac{\sigma}{2} = \tau_{\max}$$

(3) 当 $\alpha = 90°$ 时（平行于杆轴线的截面）

$$\sigma_\alpha = \sigma_{90°} = 0, \tau_\alpha = \tau_{90°} = 0$$

以上结果表明：

(1) 拉压杆上某点的最大正应力发生在通过该点的横截面上，且正应力最大的截面上剪应力等于零。

(2) 拉压杆上某点的最大剪应力发生在通过该点的 $45°$ 斜截面上，且其大小等于横截

面上正应力的一半。

(3) 平行于杆轴线的截面上既无正应力,也无剪应力。

三、剪应力互等定律

当 $\alpha_1 = \alpha + 90°$ 时(图 4-11),有

$$\tau_{\alpha+90°} = \frac{1}{2}\sigma\sin[2(\alpha+90°)] = -\frac{\sigma}{2}\sin(2\alpha)$$

因此

$$\tau_{\alpha+90°} = -\tau_\alpha \tag{4-4}$$

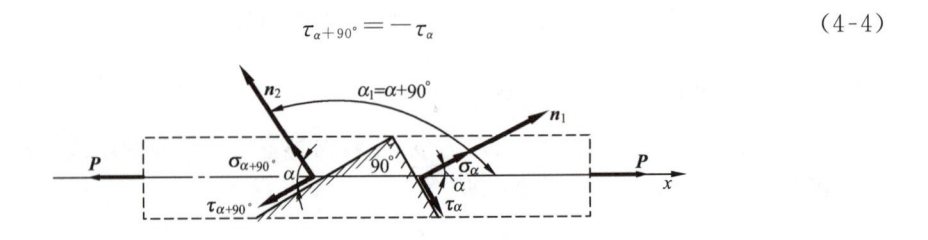

图 4-11

式(4-4)表达了**剪应力互等定律**:杆上某点在任意两相互垂直截面上的剪应力大小相等,符号相反。说明两相互垂直截面上的剪应力必定成对出现,它们的矢量箭头必同时指向或背离两互相垂直截面的交线。

4.5 轴向拉伸与压缩杆件的变形 胡克定律

对拉压杆的受力研究,到应力已经是足够详细了,那么拉压杆的变形又有什么特点,与受力又有什么关系?下面我们来分析一下工程力学关心的另一方面——变形问题。

拉压杆的变形可通过绝对变形和线应变两种形式来表示。

一、变形

实践表明,当拉杆沿其轴向伸长时,横向截面将变小;压杆则相反,当轴向缩短时,其横向截面变大。

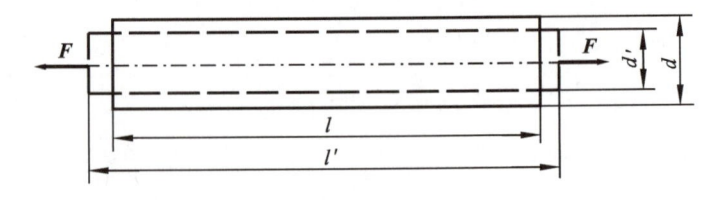

图 4-12

如图 4-12 所示,设直杆变形前原长为 l,变形前的横向尺寸为 d;变形后的纵向尺寸为 l',横向尺寸为 d',则纵向变形和横向变形分别为

$$\Delta l = l' - l$$

$$\Delta d = d' - d$$

式中，Δl 和 Δd 是杆纵向伸长量和横向缩短量，分别称作纵向变形和横向变形，也叫作绝对变形。

拉伸时 Δl 为正，Δd 为负；压缩时 Δl 为负，Δd 为正。无论拉伸或压缩，二者始终为异号。

绝对变形的优点是直观，可直接测量；缺点是无法表示变形的程度，如把 1 cm 长和 10 cm 长的两根橡皮棒均拉长 1 mm，绝对变形相同，但变形程度不同，因此绝对变形是无法表示变形程度的。工程中变形程度通常用线应变来表示。

二、线应变

上例中，两根橡皮棒的绝对变形相同，但原长不同，故变形程度不同。如果消除原长的影响就可表示变形程度，于是定义单位长度上的变形为线应变，用符号 ε 表示，则纵向线应变和横向线应变分别为

$$\varepsilon = \frac{\Delta l}{l}$$

$$\varepsilon_1 = \frac{\Delta d}{d}$$

线应变也叫作相对变形。上例中，长 1 cm 棒的线应变为 10%，长 10 cm 棒的线应变为 1%，前者是后者的 10 倍。

三、泊松比

实践表明：对于同种材料，在弹性限度内，横向线应变和纵向线应变成正比，即

$$\varepsilon_1 = -\mu\varepsilon \tag{4-5}$$

式中，系数 μ 称为横向变形系数，又称泊松比，量纲为一，随材料不同而不同，由试验测定。工程中常见材料的 μ 值见表 4-1。

表 4-1　几种常见材料的 E、μ 值

材料名称	E/GPa	μ
低碳钢	196～216	0.24～0.28
合金钢	186～206	0.25～0.30
灰铸铁	78.5～157	0.23～0.27
铜及其合金	72.6～128	0.31～0.42
橡胶	0.008～0.670	0.47

泊松比指出了横向变形和纵向变形的定量关系，今后在对拉伸与压缩进行变形研究时，不用分两个方位同时研究，只需研究纵向变形，横向变形可以由纵向变形和泊松比推出。以后再提到变形时，若不外加说明均指纵向变形。

四、胡克定律

实践表明，对于拉伸与压缩杆件，当应力不超过比例极限时，杆的变形量 Δl 与轴力大小 N、杆长 l 成正比，与杆的横截面面积 A 成反比，即

$$\Delta l = \frac{Nl}{EA} \tag{4-6}$$

这一结论于 1678 年由英国科学家胡克提出，故称为**胡克定律**。胡克定律是力学中最为重要的定律之一，它最先揭示了材料力学的两大研究方向之一的力与变形的定量关系。式中，系数 E 称为**弹性模量**，其值大小代表材料抵抗拉伸与压缩弹性变形的能力，是材料重要的刚度指标，单位是 MPa 或 GPa。各种材料的弹性模量 E 可通过试验测得，几种常见材料的 E 值见表 4-1。

将应力 $\sigma = \dfrac{N}{A}$ 及线应变 $\varepsilon = \dfrac{\Delta l}{l}$ 代入式(4-6)中，胡克定律可化为另一种形式，即

$$\varepsilon = \frac{\sigma}{E} \quad \text{或} \quad \sigma = E\varepsilon \tag{4-7}$$

式(4-7)表明：当应力不超过比例极限时，应力与应变成正比。式(4-7)揭示了应力与应变的定量关系。

胡克定律在使用时需要注意以下几点：

(1) 胡克定律的适用范围是应力不超过比例极限。比例极限是材料的一个特性指标，通过试验测得，我们将在材料的力学特性中介绍。应力超过比例极限后，胡克定律误差较大，不再适用。

(2) 应力与应变、轴力与变形必须在同一方向上。

(3) 在长度 l 范围内，须保证 N、E、A 均为常量，所以经常用分段计算的方法，以保证上述各量为常量。

例 4-3 例 4-2 中若已知材料的弹性模量 $E = 200$ GPa，$AB = BC = CD = l = 100$ mm，试计算杆的总变形。

解：杆的总变形为

$$\Delta l = \Delta l_{AB} + \Delta l_{BC} + \Delta l_{CD} = \frac{N_1 l}{EA_1} + \frac{N_2 l}{EA_1} + \frac{N_2 l}{EA_2} =$$

$$\frac{6.28 \times 10^3 \times 100}{200 \times 10^3 \times (3.14 \times 20^2)/4} + \frac{-3.14 \times 10^3 \times 100}{200 \times 10^3 \times (3.14 \times 20^2)/4} +$$

$$\frac{-3.14 \times 10^3 \times 100}{200 \times 10^3 \times (3.14 \times 10^2)/4} = 0.01 - 0.005 - 0.02 = -0.015 \text{ mm}$$

负号说明材料整体受压。

4.6 材料拉伸与压缩时的力学性能

材料的力学性能是指材料承载时，在强度和变形等方面所表现出来的特性。

不同材料在受力时所表现的特性是不同的。材料的性能是影响构件强度、刚度和稳定性的重要因素。材料的力学性能只能通过试验测定。通过试验建立理论，再通过试验来验证理论是科学研究的基本方法。

温度和加载方式对材料的力学性能有很大的影响，我们这里所讨论的力学性能是指常温、静载下的性能。

工程中常根据材料的塑性大小将材料分为塑性材料和脆性材料。塑性材料包括钢、铜、铝等可产生较大变形的材料,以低碳钢最具代表性;脆性材料包括铸铁、玻璃等在受力情况下变形较小的材料。本节中将以低碳钢和铸铁为代表,分别介绍这两种材料的力学性能。

载荷随时间的变化可分为:

(1)静载荷——由零缓慢增大到某一定值以后保持不变的载荷。

(2)动载荷——随时间不断变化的载荷。动载荷又分为交变载荷和冲击载荷。

静载拉伸试验是材料力学中最基本的试验之一。其基本过程如下:首先把所要试验的材料做成一定形状和尺寸的标准试件,如图 4-13 所示,通常采用圆截面的标准拉伸长试件($l=10d$)或短试件($l=5d$)。由于加工中存在误差,所以试验前要进行相关尺寸的测量,然后将试件装在试验机的上、下夹头之间,缓慢增大载荷,一直到把试件拉断。这一过程中,试验机的测力示值系统会显示出每一时刻的拉力大小 F,试验机的位移-载荷记录系统会将每一时刻的拉力大小 F 和对应的变形 Δl 自动绘制成拉伸图。拉伸图反映出试件的力学性能与试件的尺寸是相关的。为了消除试件几何尺寸的影响,利用 $\sigma = N/A$,$\varepsilon = \Delta l/l$,将拉伸图转化为应力-应变图。应力-应变图反映的是材料的力学性能。下面就结合应力-应变图来说明以低碳钢为代表的塑性材料拉伸时的力学性能。

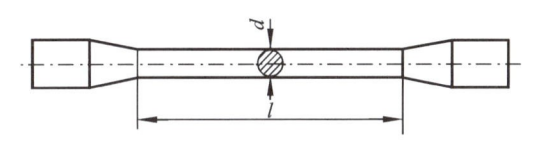

图 4-13

一、低碳钢拉伸时的力学性能

结合应力-应变曲线及试验现象,可将试件的拉伸过程分为四个阶段。

1. 弹性阶段

弹性阶段是以弹性变形现象命名的。弹性变形是指将外力撤去后,随之消失的那部分变形。如图 4-14 所示,a 点以下的变形都是弹性变形。a 点对应的应力 σ_e 叫作**弹性极限**,是指产生弹性变形的最大应力值。其中 Oa' 段是直线段,表明应力与应变成正比,直线的斜率为材料的弹性模量,即

$$E = \frac{\sigma}{\varepsilon}$$

线段最高点 a' 对应的应力 σ_p 叫作**比例极限**,是胡克定律适用的最大应力值。σ_e 略大于 σ_p,工程中常将两者视为相等。Q235 钢的比例极限通常为 200 MPa 左右。

图 4-14

2. 屈服阶段

屈服阶段是以屈服现象命名的。试件进入这一阶段,曲线会剧烈波动,应力虽不再增大,但变形却继续加大,材料暂时失去抵抗变形的能力,这一现象称为**屈服现象**。屈服现象发生时,试件表面会出现与轴线呈 45°

的条纹,称为**滑移线**。对于抛光较好的试件,滑移线是可以看到的。屈服现象及滑移线的出现,表明材料的内部结构已经发生改变,从这一阶段开始将产生塑性变形,即外力撤去后会有残余的变形。屈服阶段最低点对应的应力值 σ_s 称为**屈服极限**,σ_s 是屈服现象发生的临界应力值。工程中的机械零件通常不允许产生较大的塑性变形,当应力达到屈服极限时,便认为已经丧失正常的工作能力,所以屈服极限是衡量材料强度的重要指标之一。Q235 钢的屈服极限一般为 235 MPa 左右。

3. 强化阶段

经过屈服阶段之后,材料不是彻底失去而是又恢复了抵抗变形的能力,要使它继续产生变形,就必须增大应力。这种现象称为材料的**强化**。图 4-14 中 d 点对应的应力是整个拉伸过程的最大应力值,称为**强度极限**,以 σ_b 来表示。强度极限是材料不被破坏所允许的最大应力值,是衡量材料强度的又一重要指标。Q235 钢的强度极限约为 400 MPa。

如果将试件拉伸到强化阶段某点停止加载,并逐渐卸载至零,此时,应力和应变将沿着与 Oa 平行的直线卸载到 g 点,如图 4-15(a)所示。这说明卸载过程中弹性应变与应力仍保持直线关系,且弹性模量与加载时大致相同。

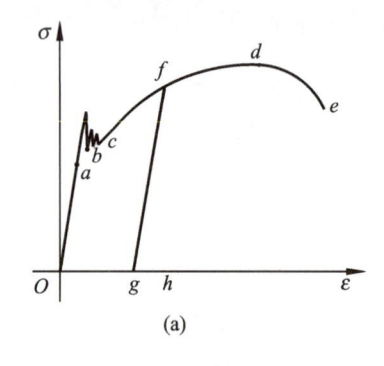

图 4-15

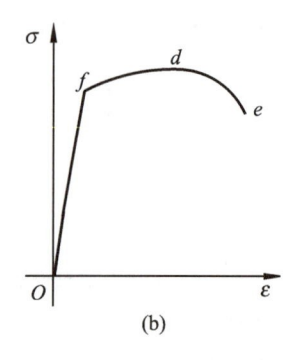

如果卸载后,短期内再加载,如图 4-15(b)所示,则应力和应变将沿着卸载时的直线上升至 f 点,以后又沿原来的曲线 fde 变化,直至被拉断。比较两次加载时的应力-应变曲线可知,强化阶段卸载后再加载,材料的比例极限 σ_p 和屈服极限 σ_s 都有所提高,而塑性有所下降,弹性阶段性能有较大改善,这一现象称为材料的**冷作硬化**。工程中常用这一方法来提高材料的承载能力,如冷拉钢筋、冷拔钢丝等。

4. 颈缩阶段

材料的前三个阶段所产生的变形,无论是弹性变形还是塑性变形,都是沿整个试件均匀产生的。进入第四阶段以后,变形主要集中在试件的某一局部,变形显著增大,截面积显著减小,出现瓶颈,称为**颈缩现象**。试件沿颈部迅速被拉断。试件被拉断后,弹性变形消失了,塑性变形残余下来。塑性变形的大小标志着材料塑性的大小。

工程中常用延伸率 δ 和断面收缩率 ψ 来表示材料的塑性。

设拉伸前,试件的标距为 l,截面积为 A;拉断后,标距为 l_1,断口截面积为 A_1,则试件的**延伸率**和**断面收缩率**分别为

$$\delta = \frac{l_1 - l}{l} \times 100\%$$

$$\Psi = \frac{A - A_1}{A} \times 100\%$$

$\delta \geqslant 5\%$ 的材料定义为塑性材料；$\delta < 5\%$ 的材料定义为脆性材料。

延伸率 δ 和断面收缩率 Ψ 是衡量材料塑性大小的两个重要指标。Q235 钢的塑性指标一般是 $\delta = (25\% \sim 27\%)$，$\Psi \approx 60\%$。

二、低碳钢压缩时的力学性能

用低碳钢做成短圆柱形压缩试件，一般做成高是直径的 1.5～3 倍。过长的试件会被压弯而失稳，后面会介绍。压缩试验同样可以在万能材料试验机上进行。为了便于比较材料在拉伸和压缩时的力学性能，在图 4-16 中同时以虚、实线画出应力-应变曲线，不难看出，拉伸和压缩的前两个阶段是一样的，包括相同的比例极限、屈服极限和弹性模量。但压缩时没有颈缩现象，并且试件变扁成片，始终不会破坏，因而不存在强度极限。

由于工程中多数构件设计时要求其在弹性阶段内工作，所以，可以认为以低碳钢为代表的塑性材料，其抗拉

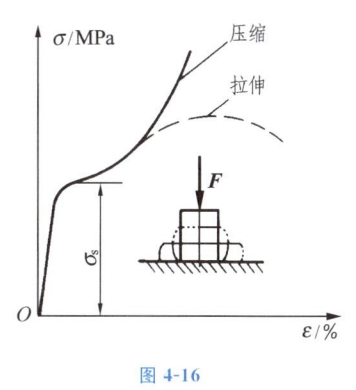

图 4-16

与抗压性能基本相同，因此工程中的受拉构件，尤其是受拉和受压交替变化的构件，多采用塑性材料，如内燃机中的连杆。

三、铸铁拉伸压缩时的力学性能

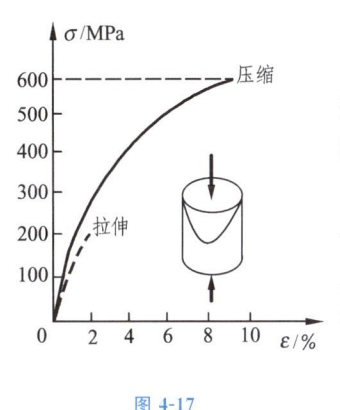

图 4-17

铸铁材料拉伸时应力-应变曲线是条弯曲的曲线，如图 4-17 虚线所示。没有屈服阶段，没有颈缩阶段，塑性变形极小，延伸率 δ 通常只有 $0.5\% \sim 0.6\%$，强度指标只有强度极限 σ_b。

从严格意义上讲，应力与应变的关系不符合胡克定律，但由于铸铁总是在较小的应力范围内工作，在应力较小时，应力-应变曲线与直线相近似，所以可以近似使用胡克定律，误差较小，弹性模量 E 近似等于常量。

铸铁压缩时的应力-应变曲线与其拉伸时相比形状极为相似。压缩时同样无明显的直线部分与屈服阶段，表明压缩时也是近似地符合胡克定律，且不存在屈服极限，其强度极限 σ_b 与延伸率 δ 都远比拉伸时高，强度极限是拉伸时的 3 倍，也比低碳钢高 1.5 倍以上。

此外，铸铁拉伸时断面与轴线垂直，而压缩时断面与轴线呈 45°。这表明拉伸是在最大拉应力下造成的破坏，而压缩是在最大剪应力下造成的破坏。

由以上可以看出，以铸铁为代表的脆性材料，其抗拉与抗压性能不同。抗压性能远高于抗拉性能，甚至高于塑性材料的抗拉性能，而其抗拉性能则很差。与塑性材料相比，脆性材料造价十分低廉。因此，工程中的受压构件多采用脆性材料制成，如自重较大的机器

底座常由铸铁制成。

工程中常见的几种材料的力学性能指标见表 4-2。

表 4-2　　　　　　　　几种常见材料的力学性能指标

材料名称或牌号	屈服极限 σ_s/MPa	强度极限 σ_b/MPa	延伸率 δ/%
Q235 钢	216～235	373～461	25～27
45 钢	265～353	530～588	13～16
16Mn	275～345	471～510	19～21
40Cr	343～785	588～981	8～15
QT60-2 球墨铸铁	410($\sigma_{0.2}$)	590	2
HT15～33 灰铸铁		（拉）98～275 （压）637	

4.7　拉伸与压缩的强度计算

一、极限应力

材料丧失正常工作能力时的应力值，称为材料的**极限应力**，用 σ_0 表示。

对于塑性材料，极限应力有两个，即材料的屈服极限 σ_s 和强度极限 σ_b，工程中多数情况下不允许构件产生塑性变形，因此常以 σ_s 作为塑性材料的极限应力。

对于脆性材料，因其没有明显的屈服阶段，故只以强度极限 σ_b 作为极限应力。

极限应力是理论上的应力设计极限值，因为在设计时，很多情况难以精确计算，所以实际中是不能按照极限应力值进行设计的，要考虑构件应具备必要的安全储备。工程设计往往参考许用应力。

二、许用应力

许用应力是构件正常工作，材料允许承担的最大应力值，用 $[\sigma]$ 表示。

显然，许用应力是低于极限应力的，许用应力是通过极限应力并考虑安全储备而得来的，即

$$许用应力[\sigma] = \frac{极限应力\ \sigma_0}{安全系数\ n}$$

对于塑性材料，通常取 $\sigma_0 = \sigma_s$，于是

$$[\sigma] = \frac{\sigma_s}{n_s}$$

对于脆性材料，$\sigma_0 = \sigma_b$，于是

$$[\sigma] = \frac{\sigma_b}{n_b}$$

式中，n_s 和 n_b 分别是对应于塑性材料与脆性材料的安全系数。

三、安全系数的确定

安全系数的确定是一个十分复杂的问题,关键是要解决安全性与经济性之间的矛盾,同时还要考虑以下几方面因素:

(1)载荷的分析计算是否准确。

(2)材料的材质是否均匀。

(3)模型简化是否合理。

(4)构件的工作条件是否考虑周全。

设计规范中对各种机构的安全系数的范围做了规定,设计者可以进行查阅。精确确定安全系数不是工程力学一门学科所能解决的,这里不再过多介绍。

四、强度条件

为了保证构件能够正常工作,具有足够的强度,就必须要求构件的实际工作应力的最大值不能超过材料的许用应力,即

$$\sigma_{max} = \frac{N}{A} \leqslant [\sigma] \qquad (4-8)$$

式(4-8)称为拉压杆的**强度条件**。如果最大工作应力不超过许用应力,那么整个构件所有点的工作应力都不超过$[\sigma]$,可以认为整个构件的强度是满足的。我们把产生最大工作应力σ_{max}的截面称作危险截面。强度条件中的N、A指的是危险截面的轴力大小和面积。反之,只要构件中存在一个点的工作应力超过了$[\sigma]$,通常一点强度不足会波及其他点,就认为整个构件强度不足。

五、强度问题

根据强度条件,按照求解方向的不同,实际强度问题可分为以下三个方面。

1. 强度校核

工程实际中,当需要检验某已知构件在已知载荷作用下能否正常工作时,构件的材料、截面积及所受载荷都是已知或可以计算出来的,要预先知道构件是否满足强度条件,则要判断强度条件不等式

$$\sigma_{max} = \frac{N}{A} \leqslant [\sigma]$$

是否成立。如果强度条件不等式成立,则强度满足;反之,强度不足。事实上,任何设计出来的构件在投入使用之前都必须经过严格的校核。

2. 设计截面尺寸

如果构件的受力情况是知道的,材料也已选定,那么可以在满足强度条件的前提下,将强度条件变化为

$$A \geqslant \frac{N}{[\sigma]}$$

根据上式先算出截面面积,再根据截面形状,设计出具体的截面尺寸。

3. 确定许可载荷

通常对于已经加工出来的构件,其材料及尺寸都是已经确定的,为最大限度地应用这

一构件,往往需要确定该构件所能承受的最大载荷,可将强度条件变化为
$$N \leqslant A[\sigma]$$
根据上式确定出构件的最大许可载荷,知道了结构中每个构件的许可载荷,再根据结构的受力关系,确定出整个结构的许可载荷。

在工程实际的强度问题中,由于许用应力中包含了一定的安全储备,所以最大工作应力稍稍大于许用应力,只要不超出 5%,设计规范是允许的。

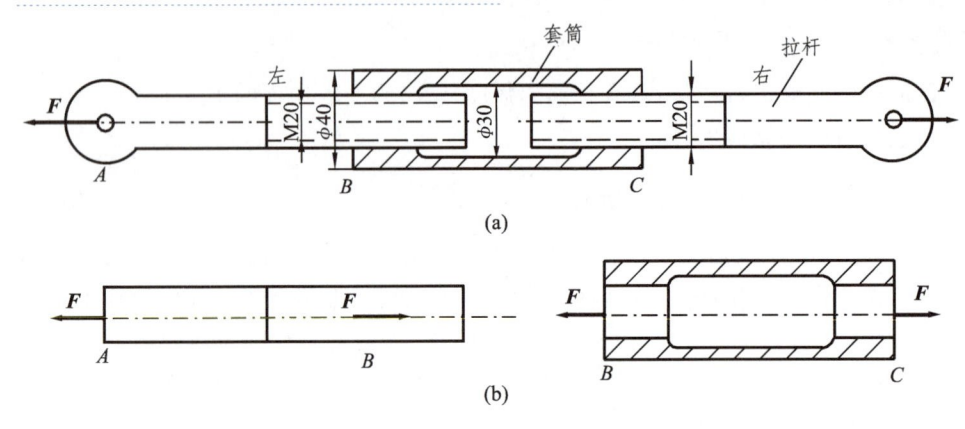

例 4-4 用于拉紧钢丝绳的张紧器如图 4-18(a)所示。已知所受拉力 $F=35$ kN,套筒和拉杆均为 Q235 钢,$[\sigma]=160$ MPa,拉杆 M20 螺纹小径 $d_1=17.29$ mm,其他尺寸如图所示,试校核拉杆与套筒的强度。

图 4-18

解:(1)外力分析。将张紧器拆分成拉杆和套筒,并分别画出它们的受力图,如图 4-18(b)所示。螺纹部分的受力用合力替代,沿轴线作用。

(2)内力分析。拉杆与套筒都是二力构件,轴力都等于外力 F,二力构件不需要画轴力图。

(3)应力分析。拉杆与套筒的轴力完全相同,应力的大小就取决于截面积的大小。拉杆螺纹部分截面积最小,因而应力可能最大;套筒中空部分截面积最小,因而应力也可能最大。那么,拉杆的应力大,还是套筒的应力大呢?要比较一下二者的截面积。

拉杆　　　　　　　$A_1 = \dfrac{\pi d_1^2}{4} = \dfrac{3.14}{4} \times 17.29^2 \approx 235 \text{ mm}^2$

套筒　　　　　　　$A_2 = \dfrac{3.14}{4} \times (40^2 - 30^2) \approx 550 \text{ mm}^2$

通过上述分析,真正的危险截面在拉杆的螺纹部分。强度问题只需校核这里就可以了。

(4)拉杆强度校核

$$\sigma_{\max} = \frac{N}{A} = \frac{35 \times 10^3}{235} = 149 \text{ MPa} < 160 \text{ MPa}$$

因此,该张紧器强度足够。

例 4-5 气动夹具如图 4-19(a)所示。已知气缸内径 $D=140$ mm,缸内气压 $p=0.6$ MPa,活塞杆材料为 20 钢,$[\sigma]=80$ MPa。试设计活塞杆的直径 d。

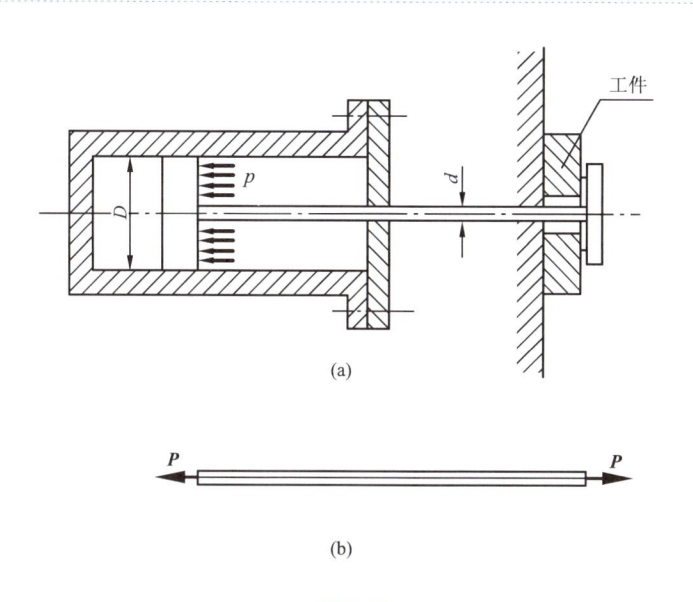

图 4-19

解:活塞杆左端承受活塞上的气体压力,右端承受工件的反作用力,故为轴向拉伸,受力如图 4-19(b)所示。拉力 P 可由气体压强乘以活塞的受压面积来求得。在尚未确定活塞杆的横截面面积之前,计算活塞的受压面积时,可暂将活塞杆横截面面积略去不计,这样是偏于安全的。故有

$$P = p \times \frac{\pi}{4}D^2 = 0.6 \times \frac{3.14}{4} \times 140^2 = 9\ 236\ \text{N} = 9.24\ \text{kN}$$

活塞杆的轴力为

$$N = P = 9.24\ \text{kN}$$

根据强度条件公式(4-8),活塞杆横截面面积应该满足以下要求

$$A = \frac{\pi d^2}{4} \geqslant \frac{N}{[\sigma]} = \frac{9.24 \times 10^3}{80 \times 10^6} = 1.16 \times 10^{-4}\ \text{m}^2$$

由此求出 $d \geqslant 0.012$ m。

最后将活塞杆的直径取为 $d = 0.012$ m $= 12$ mm。

根据最后确定的活塞杆直径,应重新计算拉力 P,再校核活塞杆的强度。这些留给读者去完成。

例 4-6 图 4-20(a)所示为可以绕铅垂轴 OO_1 旋转的吊车简图,其中斜拉杆 AC 由两根 50 mm×50 mm×5 mm 的等边角钢组成,水平横梁 AB 由两根 10 号槽钢组成。AC 杆和 AB 梁的材料都是 Q235 钢,许用应力 $[\sigma]=120$ MPa。当行走小车位于 A 点时(小车的两个轮子之间的距离很小,小车作用在横梁上的力可以看作是作用在 A 点的集中力),求允许的最大起吊重量 W(包括行走小车和电动机的自重)。杆和梁的自重忽略不计。

图 4-20

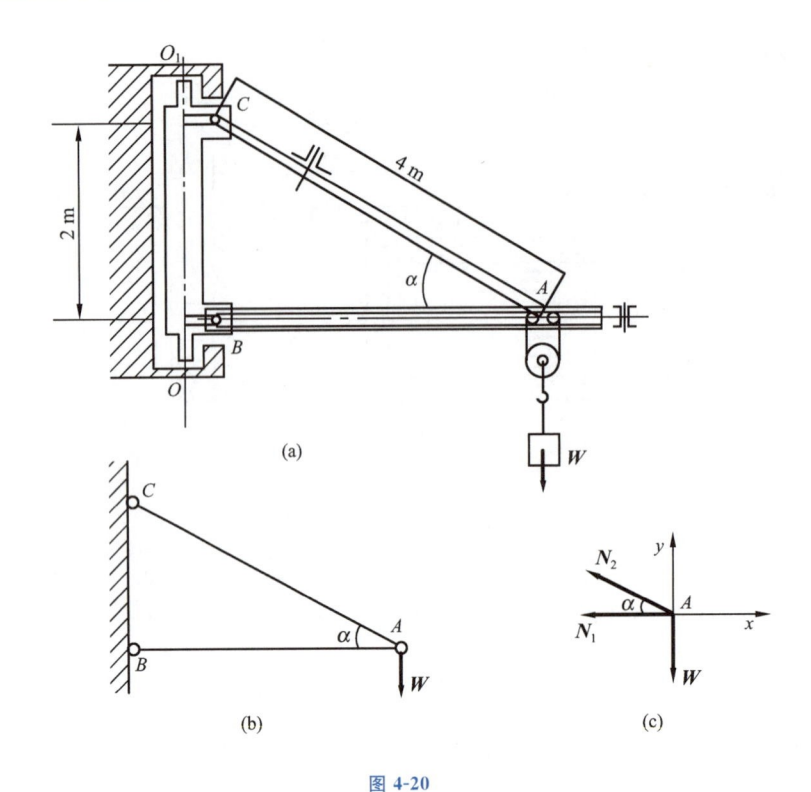

解:(1)受力分析。要求小车在 A 点时所能起吊的最大重量,这种情形下,AB 梁与 AC 杆的两端都可以简化为铰链连接。所以,吊车的计算模型可以简化为图 4-20(b)所示。此时,AB 梁和 AC 杆都是二力构件,两者分别承受压力和拉力。

(2)确定两杆的轴力。以节点 A 为研究对象,并设 AB 梁和 AC 杆的轴力均为正方向,大小分别为 N_1 和 N_2,于是节点 A 的受力如图 4-20(c)所示。由平衡条件得

$$\sum F_x = 0, \quad -N_1 - N_2\cos\alpha = 0$$

$$\sum F_y = 0, \quad -W + N_2\sin\alpha = 0$$

根据图 4-20(a)中的几何尺寸,有

$$\sin\alpha = \frac{1}{2}, \cos\alpha = \frac{\sqrt{3}}{2}$$

于是由平衡方程解得

$$N_1 = -1.73W(\text{压力}), N_2 = 2W(\text{拉力})$$

(3)确定最大起吊重量。对于 AB 梁,由型钢表查得单根 10 号槽钢的横截面面积为 12.74 cm²。注意到 AB 梁由两根 10 号槽钢组成,$A_1 = 2 \times 12.74 = 25.48$ cm²,有 $\sigma_{AB} = \dfrac{|N_1|}{A_1}$。

由 AB 梁强度设计准则,得到

$$\sigma_{AB} = \frac{|N_1|}{A_1} = \frac{1.73W}{A_1} \leqslant [\sigma]$$

由此解出保证 AB 梁强度安全所能承受的最大起吊重量

$$W_1 \leqslant \frac{[\sigma]A_1}{1.73} = \frac{120 \times 10^6 \times 25.48 \times 10^{-4}}{1.73} = 176.7 \times 10^3 \text{ N} = 176.7 \text{ kN}$$

对于 AC 杆,由型钢表查得单根 50 mm×50 mm×5 mm 等边角钢的横截面积为 4.803 cm²,注意到 AC 杆由两根角钢组成,$A_2 = 2 \times 4.803$ cm² $= 9.606$ cm²。

由 AC 杆强度设计准则,得到

$$\sigma_{AC} = \frac{N_2}{A_2} = \frac{2W}{A_2} \leqslant [\sigma]$$

由此解出保证 AC 杆强度安全所能承受的最大起吊重量

$$W_2 \leqslant \frac{[\sigma]A_2}{2} = \frac{120 \times 10^6 \times 9.606 \times 10^{-4}}{2} = 57.6 \times 10^3 \text{ N} = 57.6 \text{ kN}$$

为保证整个吊车结构的强度安全,吊车所能起吊的最大重量应取上述 W_1 和 W_2 中较小者。因此,吊车的最大起吊重量 $W = 57.6$ kN。

(4)本例讨论。根据以上分析,在最大起吊重量 $W = 57.6$ kN 的情形下,显然 AB 梁的强度尚有富余。因此,为了节省材料,同时也能减轻吊车结构的重量,可以重新设计 AB 梁的横截面尺寸。

根据强度设计准则,有

$$\sigma_{AB} = \frac{|N_1|}{A_1} = \frac{1.73W}{2 \times A_1'} \leqslant [\sigma]$$

式中,A_1' 为单根槽钢的横截面面积。于是,有

$$A_1' \geqslant \frac{1.73W}{2[\sigma]} = \frac{1.73 \times 57.6 \times 10^3}{2 \times 120 \times 10^6} = 4.2 \times 10^{-4} \text{ m}^2 = 4.2 \text{ cm}^2$$

由型钢表可以查得,5 号槽钢即可满足这一要求。

这种设计实际上是一种等强度设计,是在保证构件与结构安全的前提下,最经济合理的设计。

分析思路与过程

1. 强度条件公式可解决三类强度计算问题。

2. 强度校核的关键在于确定危险截面的位置。若为等直杆,则危险截面在轴力最大值处;若外力相等,则在杆件最细处;若截面和外力均为变化的,则需要综合分析危险截面的位置,需通过计算各截面上的应力后确定危险截面的位置。

3. 两根杆协调工作时,许用外力 [P] 的确定问题要综合考虑两杆的强度及其受力与外力 P 之间的关系。

4. 胡克定律公式 $\sigma = E\varepsilon$、$\Delta l = Nl/EA$ 的适用范围是在材料的比例极限内。

4.8 拉压杆的超静定问题

一、超静定问题的一般解法

在前面讨论的问题中,结构的约束反力和杆件的内力都能用静力学平衡方程求出,这类问题称为静定问题。工程中常常通过增加约束来提高结构的强度和刚度,这样就会使未知力个数超出可列出的独立平衡方程数,仅用平衡方程无法达到求解。这类问题称作超静定问题。

要解超静定问题,除列出全部独立平衡方程以外,还需要列出含有未知力的补充方程,以增加方程个数,达到求解的目的。根据构件间变形关系列出的补充方程称作变形协调方程。增加变形协调方程,是解决多数超静定问题的关键。下面举例加以说明。

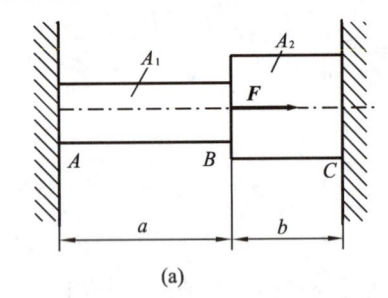

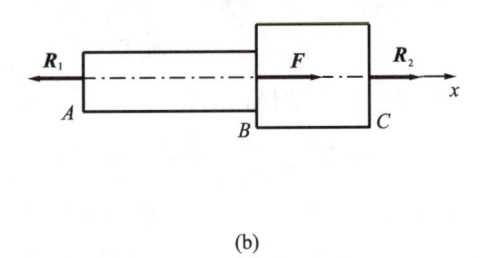

例 4-7 两端完全固定的阶梯杆如图 4-21(a)所示。已知材料的弹性模量为 E,AB 和 BC 段的截面积和长度分别为 A_1、A_2 和 a、b,载荷为 F。试求 AB 和 BC 段的应力。

图 4-21

解:(1)以阶梯杆 AC 为研究对象,受力如图 4-21(b)所示。列平衡方程

$$\sum F_x = 0, \quad -R_1 + F + R_2 = 0 \tag{1}$$

未知力两个,平衡方程一个,故为超静定问题。

(2)列变形协调方程。AC 杆两端完全固定,故其总变形

$$\Delta l = 0$$

即

$$\Delta l = \Delta l_{AB} + \Delta l_{BC}$$

由胡克定律可知

$$\frac{R_1 a}{EA_1} + \frac{R_2 b}{EA_2} = 0 \tag{2}$$

将方程(1)和(2)联立,解得

$$R_1 = \frac{bA_1}{bA_1 + aA_2}F$$

$$R_2 = -\frac{aA_2}{bA_1 + aA_2}F$$

R_2 为负值，说明它的方向与假设方向相反，即 BC 段受压。

因此，AB 和 BC 段的应力分别为

$$\sigma_1 = \frac{R_1}{A_1} = \frac{bF}{bA_1 + aA_2}$$

$$\sigma_2 = \frac{R_2}{A_2} = -\frac{aF}{bA_1 + aA_2}$$

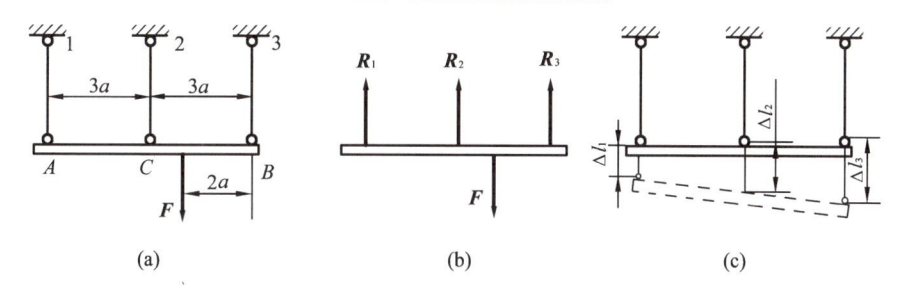

例 4-8 刚性直杆 AB 通过三根材料、长度、截面积完全相同的竖直二力杆铰接，且处于水平位置，如图 4-22(a)所示。设载荷 $F = 30$ kN，杆截面为圆形，直径 $d = 16$ mm，材料许用应力$[\sigma] = 60$ MPa，试校核三根杆的强度。

图 4-22

解：(1)以 AB 杆为研究对象，受力如图 4-22(b)所示。列平衡方程

$$\sum F_y = 0, R_1 + R_2 + R_3 - F = 0 \tag{1}$$

$$\sum M_C(\boldsymbol{F}) = 0, R_3 \cdot 3a - R_1 \cdot 3a - F \cdot a = 0$$

化简得

$$3R_3 - 3R_1 - F = 0 \tag{2}$$

(2)列变形协调方程。根据刚性杆的变形协调关系，有

$$\Delta l_1 + \Delta l_3 = 2\Delta l_2$$

应用胡克定律有

$$\frac{R_1 l}{EA} + \frac{R_3 l}{EA} = \frac{2R_2 l}{EA}$$

化简得

$$R_1 + R_3 = 2R_2 \tag{3}$$

将方程(1)、(2)、(3)联立，求得

$$R_1 = 5 \text{ kN}, R_2 = 10 \text{ kN}, R_3 = 15 \text{ kN}$$

(3)校核三根杆的强度。因为三根杆的材料、截面积完全相同，而杆 3 的受力最大，故杆 3 最危险。

$$\sigma_3 = \frac{N_3}{A} = \frac{15 \times 10^3}{3.14 \times 16^2 / 4} = 74.6 \text{ MPa} > 60 \text{ MPa}$$

故此超静定结构强度不足。

二、温度应力

热胀冷缩是金属材料的通性。在静定结构中,温度变化所产生的伸缩,不会引发杆的应力;但在超静定结构中,杆件的伸缩会受到限制,温度变化会在杆件内产生多余的应力,这种应力称为**温度应力**。温度应力在工程中是很常见的,结构安装和使用时温差都会产生温度应力。涉及温度应力的超静定问题,除需增加热膨胀方程以外,其他方程的建立与前述解法基本相同。

例 4-9 阶梯形钢杆在温度 $t=15\ ℃$ 时固定在刚性墙壁之间,如图 4-23(a)所示。当工作温度升高到 55 ℃ 时,已知杆材料的弹性模量 $E=200\ \text{GPa}$,热膨胀系数 $\alpha=125\times 10^{-7}\ ℃^{-1}$,两段的截面积分别为 $A_1=2\ \text{cm}^2$,$A_2=1\ \text{cm}^2$。求杆内的最大应力。

解:(1) 列静力学平衡方程。温度升高过程中,杆会膨胀,但由于两端墙壁刚性固定,墙壁会作用给杆压力 R_1 和 R_2,如图 4-23(b)所示,有

$$\sum F_x=0,\ R_1-R_2=0 \qquad (1)$$

得
$$R_1=R_2$$

(2) 列变形协调方程。可以将整个过程假想分解成两步,先是杆在升温中伸长 Δl_t,然后杆在墙壁压力作用下缩短 Δl_R。实际情况是两端刚性固定,杆既未伸长也未缩短,即

$$\Delta l=\Delta l_t-\Delta l_R=0 \qquad (2)$$

其中
$$\Delta l_t=\alpha l\Delta t=125\times 10^{-7}\times (200+100)\times (55-15)=0.15\ \text{mm}$$

$$\Delta l_R=\frac{R_1 l_1}{EA_1}+\frac{R_2 l_2}{EA_2}=R_1\times \left(\frac{200}{200\times 10^3\times 2\times 10^2}+\frac{100}{200\times 10^3\times 10^2}\right)=$$

$$R_1\times 10^{-5}\ \text{mm/N}$$

代入式(2)后,与式(1)联立,解得

$$R_1=R_2=15\ \text{kN}$$

(3) 计算最大应力。由于杆只受二力作用,杆处处内力相同,细段截面积小,所以应力最大,最大应力为

$$\sigma_{\max}=\frac{N_2}{A_2}=\frac{15\times 10^3}{1\times 10^2}=150\ \text{MPa}$$

由计算结果可以看出,当安装与使用温差较大时,会产生很大的温度应力。对于工程中超静定结构,通常以弯杆(管)代替直杆(管),可以较大程度地减小温度应力。

三、装配应力

工程中,构件在加工时,尺寸出现微小误差是难免的,但装配时则要按原尺寸强行安装。对于静定结构,尺寸的偏差是不会引起内力和应力的;但对于超静定结构,这种误差使杆件在承载之前就在杆件内部产生了应力,这种应力称作**装配应力**。

例 4-10 三根材料相同、截面积相等的杆设计时要求铰接在 A 点，如图 4-24(a)所示，但杆 2 加工时比设计尺寸 l 短了 δ。设弹性模量为 E，截面积为 A，试求强行装配在一起时三杆的装配应力。

解：(1) 列静力学平衡方程。由于变形与杆长相比十分微小，故仍取 A 点为研究对象，如图 4-24(b) 所示。

$$\sum F_x = 0, R_1 \sin\alpha - R_3 \sin\alpha = 0$$

得 $R_1 = R_3$

$$\sum F_y = 0, R_2 - R_1 \cos\alpha - R_3 \cos\alpha = 0$$

得 $R_2 = 2R_1 \cos\alpha$ (1)

图 4-24

(2) 列变形协调方程。设真正铰接点是 A'，$\Delta = AA'$

$$\Delta l_2 + \Delta = \delta \quad (2)$$

其中

$$\Delta = \frac{\Delta l_1}{\cos\alpha} \quad (3)$$

$$\Delta l_1 = \frac{R_1 l_1}{EA} = \frac{R_1 l/\cos\alpha}{EA} \quad (4)$$

$$\Delta l_2 = \frac{R_2 l_2}{EA} = \frac{R_2 l}{EA} \quad (5)$$

式(1)～(5)联立，得

$$R_1 = R_3 = \frac{EA\delta\cos^2\alpha}{(1+2\cos^3\alpha)l}, R_2 = \frac{2EA\delta\cos^3\alpha}{(1+2\cos^3\alpha)l}$$

(3) 计算装配应力

$$\sigma_1 = \sigma_3 = \frac{\cos^2\alpha}{1+2\cos^3\alpha} \cdot \frac{E\delta}{l}, \sigma_2 = \frac{2\cos^3\alpha}{1+2\cos^3\alpha} \cdot \frac{E\delta}{l}$$

如果材料的弹性模量 $E = 200$ GPa，$\alpha = 30°$，$\dfrac{\delta}{l} = 0.001$，则三杆装配应力

$$\sigma_1 = \sigma_3 = 65.2 \text{ MPa}, \sigma_2 = 113 \text{ MPa}$$

由此可见，即使是很小的加工误差，也会产生很大的装配应力。因此，对于超静定结构，其构件的加工精度要求很高。

案例分析与解答

这根直径 34 毫米的钢丝绳从 1978 年 7 月 2 日开始使用，一直到出事，只在 1982 年 6 月做了一次拉力试验。按《冶金矿山安全规程》规定，悬挂吊盘用的钢丝绳，每隔一年要试验一次。而这根钢丝绳在这以后就再没做过拉力试验，而且长期悬吊在潮湿的环境中，不上油，不维护保养。这次降盘时，在已吊装两层吊盘的情况下施工组织者又让工人吊装第三个 3.1 吨重的大铁盘及盘上四五吨重的混凝土渣，使三层吊盘一起吊在 4 根钢丝绳上，使得钢丝绳的负荷大大增加,事故自然难以避免。

事故的另一个原因,是矿山管理混乱,作业人员工作时没有系安全带。这次落盘改罐项目,编制施工组织设计和施工网络图表的不是施工队,而是安装队上级主管部门——井巷工程公司的一位负责人,然后再交本公司副总工程师审批,再交安装队执行。而这份施工组织设计和施工网络图表以至该井启封、开工报告单,都没有上报给矿山公司的各职能部门。施工组织设计中制订了几条安全措施,但井巷工程公司的有关职能部门没有很好执行,对系着十几条生命的钢丝绳没有进行技术检查,只是凭着昏暗的手电筒光束,用肉眼看看了事,对工人们的安全装备情况也没有过问;造成事故的这些原因,无论从哪方面分析,领导者的责任都是不可推卸的。

小 结

拉伸与压缩变形是四种基本变形中最常见、最基础的一种。作为第一种基本变形,我们希望通过这一章把材料力学中基本变形研究方法的精髓介绍给大家。

材料力学的内容体系形式上按四种基本变形来划分,四种基本变形构成了材料力学的横向线。而对每一种基本变形,受力研究采用的是由表及里、由外向内的方法,这种外力—内力—应力的研究方法构成了材料力学的纵向线。两条线纵横交错,把材料力学的内容科学地、有机地联系在一起。

1. 基本内容

(1)拉伸与压缩。

受力特点:所有外力或外力的合力沿杆轴线作用。

变形特点:杆沿轴线伸长或缩短。

(2)轴力:轴向拉伸与压缩任意截面的内力都沿轴线作用,称为轴力。

(3)应力:截面上一点的受力,是单位面积上的内力。应力通常分解为垂直于截面的正应力和沿截面的剪应力。拉伸与压缩杆件横截面上只有正应力,且正应力沿横截面均匀分布,横截面上任意点的应力为 $\sigma = \dfrac{N}{A}$。

(4)危险截面:构件内部最大正应力所在的截面。

(5)变形:分绝对变形和线应变两种。

绝对变形:杆件的伸长量或缩短量,即 $\Delta l = l' - l$。

线应变:单位长度上的伸长量或缩短量,即 $\varepsilon = \dfrac{\Delta l}{l}$。

(6)胡克定律:建立了受力与变形、应力与应变之间的定量联系。材料力学中变形的研究主要不是通过测量得到,而是根据胡克定律进行受力计算而得出的。

绝对变形 $\qquad\qquad\qquad\qquad \Delta l = \dfrac{Nl}{EA}$

线应变 $\qquad\qquad\qquad\qquad \varepsilon = \dfrac{\sigma}{E}$

(7) 材料的力学性能：材料通常分为塑性材料($\delta \geqslant 5\%$)和脆性材料($\delta < 5\%$)。塑性材料抗拉、抗压性能基本相同，而脆性材料抗压不抗拉。

强度指标——屈服极限 σ_s
　　　　　　强度极限 σ_b
刚度指标——弹性模量 E
　　　　　　泊松比 μ
塑性指标——延伸率 δ
　　　　　　断面收缩率 Ψ

2. 研究思路

受力分析 $\xrightarrow[\text{平衡方程}]{\text{受力图}}$ 外力 $\xrightarrow[\text{计算法则}]{\text{截面法}}$ 内力 $\xrightarrow[\sigma=N/A]{\text{均匀分布}}$ 应力 $\xrightarrow[\sigma_{\max} \leqslant [\sigma]]{\text{强度条件}}$ 强度问题

$$\Delta l = \frac{Nl}{EA} \updownarrow \qquad \sigma = E\varepsilon \updownarrow$$

变形分析 $\xrightarrow{\Delta l = l' - l}$ 变形 $\xrightarrow{\varepsilon = \Delta l/l}$ 线应变 $\xrightarrow{\text{刚度条件}}$ 刚度问题

3. 注意事项

原则上解决强度问题应分以下四个步骤进行。

(1) 外力分析：分析结构受力，取要解决强度问题的构件或与受力相关的构件为研究对象，画出受力图，通过静力学平衡方程求出要解决强度问题的构件所受外力。

(2) 内力分析：轴力要分段进行研究，分段只与外力有关，与截面形状、尺寸无关，相邻外力之间为一段。用截面法或轴力计算法则计算出每一段上的轴力，分段为两段以上的，要与结构简图一一对应地作出轴力图。

(3) 应力分析：应力也要分段研究，分段除了与外力有关，也与截面面积有关，可在轴力图基础上，再参考截面面积继续分段。在计算之前，要学会分析危险截面。将不可能成为危险截面的排除掉，排除不掉的列为可能的危险截面并对其进行强度计算。分析一定要准确而全面。

(4) 强度计算：根据强度条件和前面的受力分析进行强度校核和强度设计。

思 考 题

1. 如图 4-25 所示，请分析下列阶梯杆各段是否仅发生拉伸或压缩变形？如不是，请描述其变形特点。

2. 指出下列概念的区别和联系：
(1) 变形和应变；(2) 内力和应力；(3) 材料强度、刚度和构件强度、刚度；(4) 弹性变形和塑性变形；(5) 屈服极限和强度极限；(6) 极限应力和许用应力。

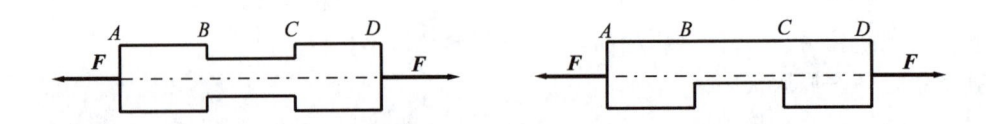

图 4-25

3. 简要说明许用应力是如何确定的。

4. 两根几何参数完全相同而材料不同的直杆,二者的最大应力、许用应力、变形是否相同?

5. 请说明如何根据应力-应变曲线比较材料的强度、刚度和塑性大小。

习　题

1. 直杆受力如图 4-26 所示,试分别求出指定截面上的轴力,并画出轴力图。

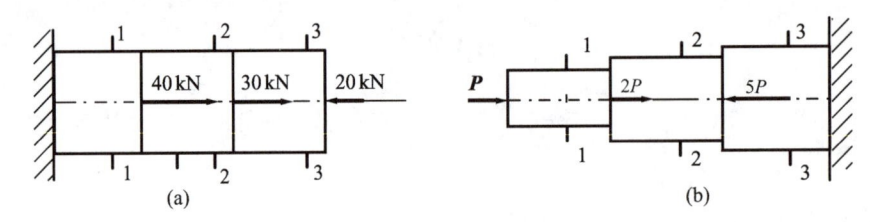

图 4-26

2. 试画出图 4-27 所示杆件的轴力图,并计算各指定截面上的正应力。

3. 钢制阶梯杆受力如图 4-28 所示。弹性模量 $E=200$ GPa,AB 段横截面面积 $A_1=200$ mm²,BD 段横截面面积 $A_2=150$ mm²,载荷 $F_1=20$ kN,$F_2=35$ kN。

(1) 分段计算轴力。

(2) 计算阶梯杆的总变形。

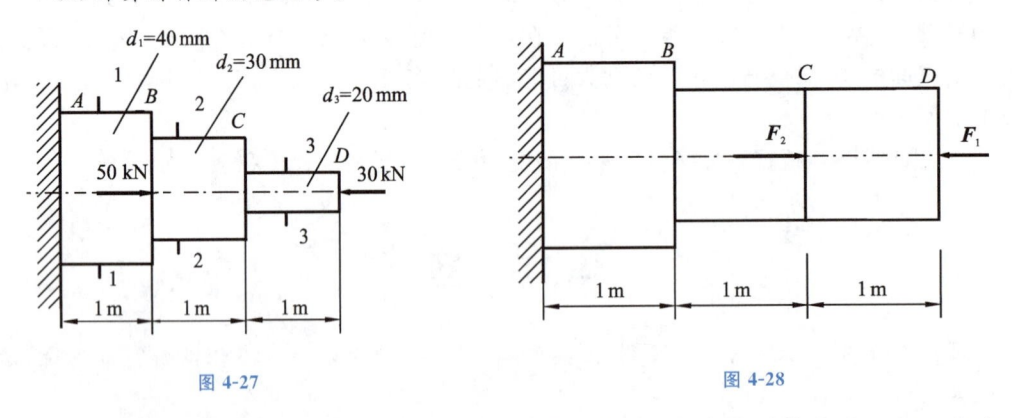

图 4-27

图 4-28

4. 如图 4-29 所示结构中,AB 杆为刚性且不计自重,受力前保持水平。杆 1 和杆 2 为材料相同的圆截面杆,弹性模量 $E=200$ GPa。杆 1 尺寸:$l_1=1.5$ m,$d_1=25$ mm;杆 2 尺寸:$l_2=1$ m,$d_2=20$ mm。试问:

(1) 载荷 F 加在 AB 杆何处,才能使 AB 杆仍保持为水平?

(2) 保持上一问的加载位置,若 $F=30$ kN,计算两杆横截面上的应力。

5. 如图 4-30 所示,零件受力 $F=25$ kN,试分析最大应力可能发生在哪个截面,最大应力值为多少?

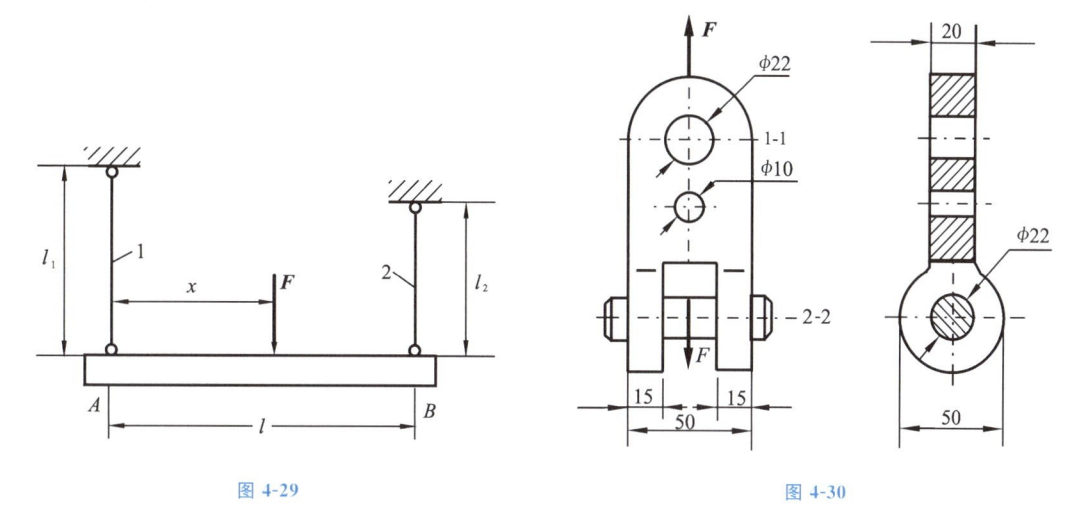

图 4-29

图 4-30

6. 钢板通过铆钉连接如图 4-31 所示。已知 $F=6$ kN,钢板尺寸 $t=1.5$ mm,$b_1=4$ mm,$b_2=5$ mm,$b_3=6$ mm。试画出钢板的轴力图,并计算板内最大拉应力。

7. 三铰架结构如图 4-32 所示。AB 为圆截面钢杆,AC 为正方形截面木杆。A 点载荷 $F=50$ kN,已知钢的许用应力 $[\sigma]_1=160$ MPa,木材的许用应力 $[\sigma]_2=10$ MPa。试设计钢杆直径 d 和木杆宽度 a。

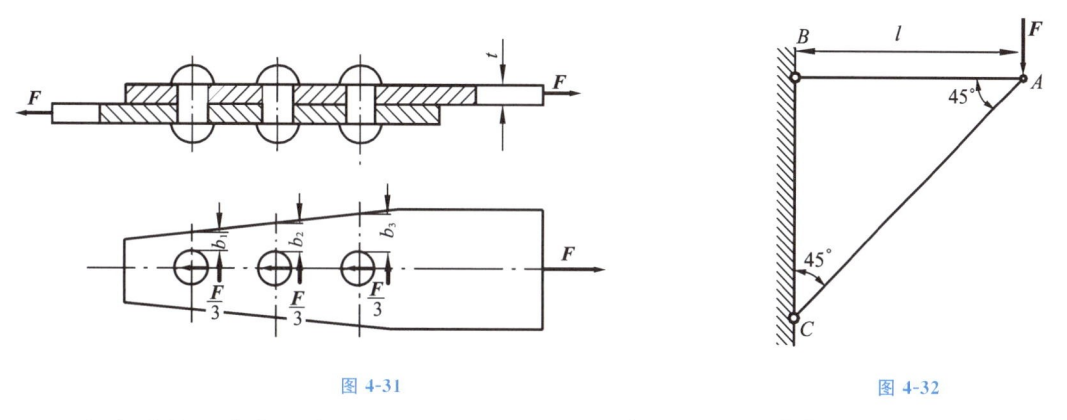

图 4-31

图 4-32

8. 起重链环受力如图 4-33 所示。已知链环材料的许用应力 $[\sigma]=60$ MPa,链环直径 $d=18$ mm,最大起重量为 $F=35$ kN。

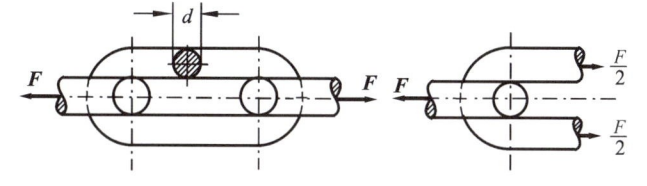

图 4-33

(1) 校核整个链条强度。

(2) 如强度不足,重新计算链条所能起吊的最大载荷。

9. 吊环起重机架如图 4-34 所示。已知 $F=1\,000$ kN,$\alpha=30°$,$[\sigma]=140$ MPa,两臂 OA 和 OB 横截面为矩形,并且 $h/b=3$,试确定两臂的尺寸 h 和 b。

10. 链片的受力如图 4-35 所示。链片尺寸为 $h=2.5$ cm,$d=1.1$ cm,$R=1.8$ cm,$t=0.5$ cm;许用应力 $[\sigma]=80$ MPa。试确定其能承受的最大载荷 F。

11. 如图 4-36 所示等截面钢杆 AB,横截面面积 $A=2\,000$ mm²,在截面 C 处加载荷 $F=100$ kN。试求 A、B 两端的约束反力及杆内截面 1-1、2-2 上的应力。

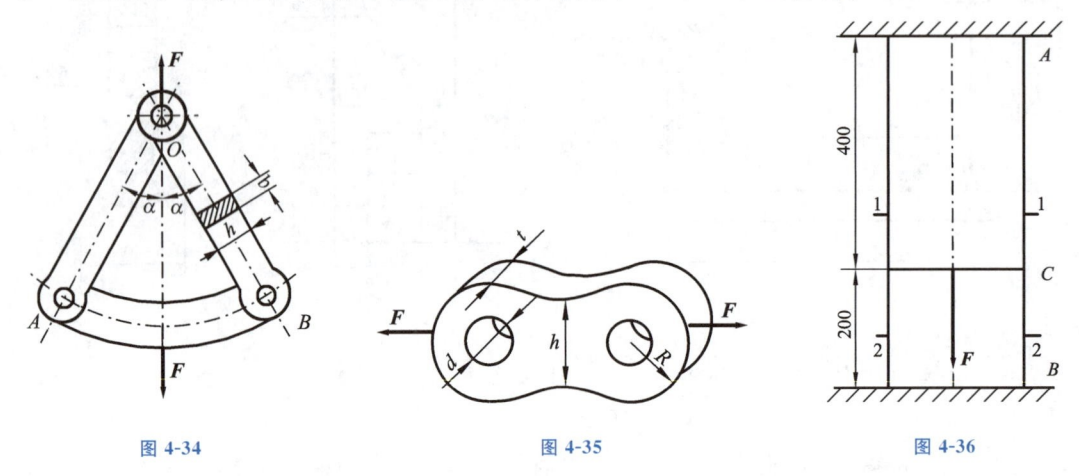

图 4-34

图 4-35

图 4-36

12. 水平刚性杆由 AD 杆和 BC 杆约束,如图 4-37 所示。AD 杆和 BC 杆材料、截面积、长度均相同,截面积 $A=1\,800$ mm²。当载荷 $F=200$ kN 时,试求 AD 杆和 BC 杆的正应力。

13. 如图 4-38 所示,旋臂吊车的拉杆 BC 由两根等边角钢组成,其 $[\sigma]=100$ MPa,电葫芦与载荷共重 $G=20$ kN。试确定等边角钢的型号。

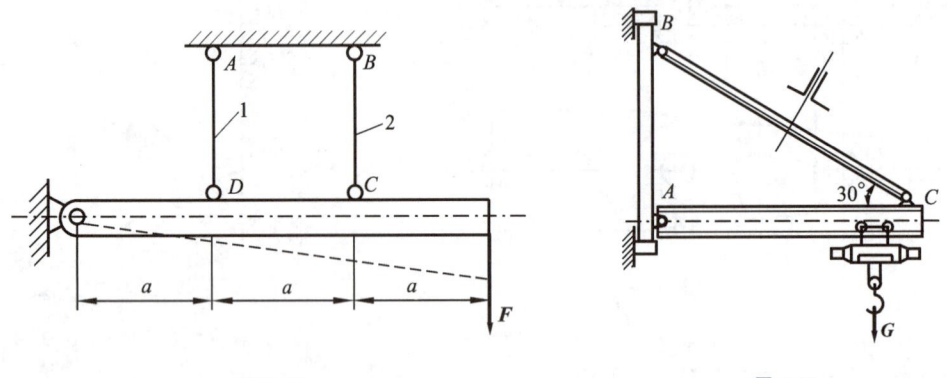

图 4-37

图 4-38

第 5 章　剪切和挤压

典型案例

如图 5-1 所示，泰坦尼克号曾被称作为"永不沉没的船"和"梦幻之船"，然而，这艘豪轮在它的处女之航中，就因撞上冰山而在大西洋沉没。百年来，关于泰坦尼克号沉没的原因，一直是人们争论不休的话题。从构件的承载能力角度思考，到底是什么原因让号称"不沉之船"的泰坦尼克号在救援到来的两个小时之前沉没了，让我们一起走进这章的学习。

图 5-1

学习目标

【知识目标】
1. 掌握工程实际中连接件受剪切与挤压的特点。
2. 掌握剪切与挤压的实用计算。

【能力目标】
1. 会根据连接件的受力情况分析可能的强度失效形式。
2. 会确定不同类型的连接件的剪切面和挤压面面积的计算。
3. 理解设计合理尺寸的意义。

【素质目标】
1. 通过泰坦尼克号案例的引入，让学生体会工程设计人员的责任与使命之重大。

2.通过剪切和挤压实用计算,使学生认识到解决最复杂的问题时,往往需要简单化,能够解决问题的方法就是最好的方法。

3.本章的学习思路、学习方法与第 4 章相同,这种方法为对照法,培养学生科学的学习方法。

剪切是材料力学中另外一种基本变形形式,挤压常伴随剪切而发生。本章将继续使用上一章关于强度和变形的基本研究方法,对常见的发生剪切和挤压的构件的强度问题做一个比较系统的介绍。在这一章的学习中,应注意正应力与剪应力在强度和变形方面的区别,从而对材料力学有一个较为全面的认识。

5.1 剪切和挤压的概念

一、剪 切

剪切是工程实际中一种常见的变形形式,其大多发生在工程中的连接构件上,如螺栓、销钉、铆钉、键等,都是剪切变形的工程实例。

下面我们以铆钉连接为例,来说明剪切变形的概念。

铆钉连接的简图如图 5-2 所示,当被连接的钢板沿水平方向承受外力时,外力通过钢板传递到铆钉上,使铆钉的左上侧面和右下侧面受力,这时,铆钉的上半部分和下半部分在外力的作用下分别向右和向左移动,上、下部分之间的截面产生相对错动,这就是剪切变形。当外力足够大时,会使铆钉沿中间截面被剪断。从铆钉受剪的实例分析可以看出**剪切变形的受力特点**:作用在构件上的外力垂直于轴线,两侧外力的合力大小相等、方向相反、作用线错开但相距很近。这样的受力所产生的**剪切变形的变形特点**:反向外力之间的截面有发生相对错动的趋势。工程中,把这种变形称为**剪切变形**。

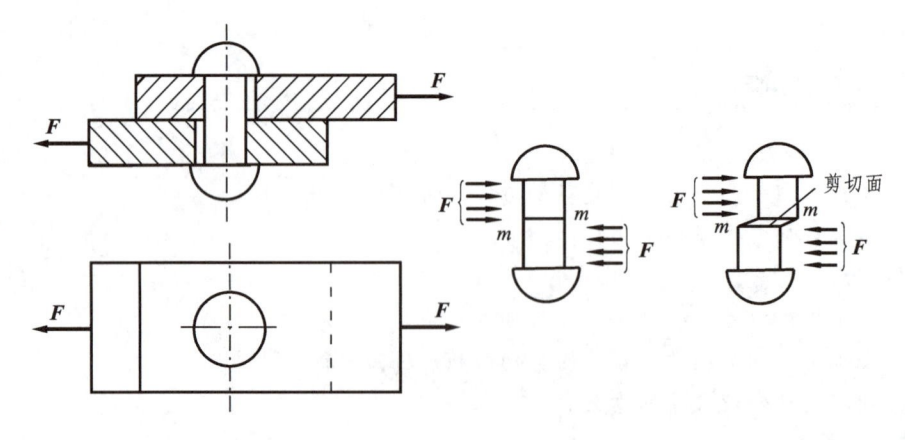

图 5-2

螺栓、轴销和铆钉的特点极其相似。此外,键也是工程中常见的发生剪切变形的连接构件,如图 5-3 所示。匀速转动条件下,平键所受的由轴传递的主动力与由轮产生的约束反力形成等值、反向、错开的平行力,中间连接面也同样发生剪切变形。

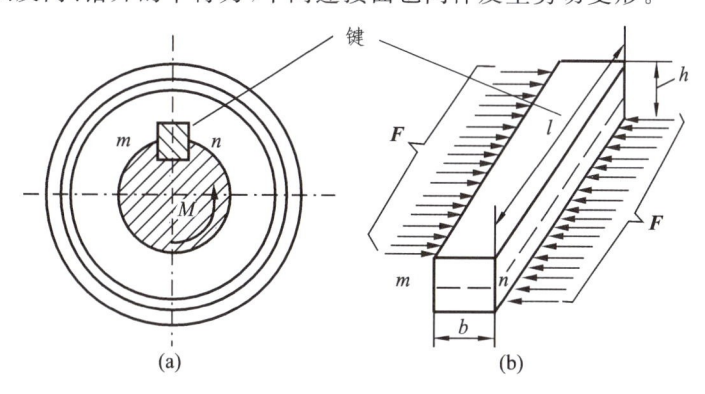

图 5-3

值得说明的是,剪切变形是很容易使连接件发生剪切破坏的,工程中也常常利用这一点,剪床正是利用剪切的破坏原理进行工作的,工程中常见的金属材料的抗剪性能与抗拉压性能相比通常很差。因此,了解连接件的剪切变形十分重要。

在发生剪切变形的连接构件中,发生相对错动的截面称作剪切面。剪切与轴向拉伸和压缩变形不同,轴向拉压变形发生在整个构件或一段构件的内部,而剪切变形只发生在剪切面上。因此,要分析连接件的剪切变形,就必须弄清剪切面的位置。按照受力与变形的机理,剪切面通常平行于产生剪切的外力方向,介于反向的外力之间。因此,要正确分析剪切面的位置,首先必须正确分析连接件的受力,找出产生剪切变形的反向外力,据此分析剪切面的位置。

二、挤 压

通过对工程中的连接构件的分析发现,构件在发生剪切变形时,常常伴随产生挤压变形。当被连接的两物体通过接触面传递压力时,压力过大,或是接触面积过小,会使接触表面产生压陷,产生明显的塑性变形,这就是**挤压变形**。

值得说明的是,挤压只发生在接触面的表层,不像拉压那样发生在构件的内部。从严格意义上讲,挤压不属于杆件的基本变形形式,只因与剪切同时发生而与之齐名。挤压过大,同样会使构件发生破坏。我们同样仿照基本变形的研究方法来研究挤压变形。

发生挤压的构件的接触面,称作**挤压面**。挤压只发生在挤压面上,挤压面通常垂直于外力方向。对于前面列举的平键,其挤压面是平面;而对于铆钉,其挤压面是曲面,是圆柱侧面,如图 5-4 所示。

图 5-4

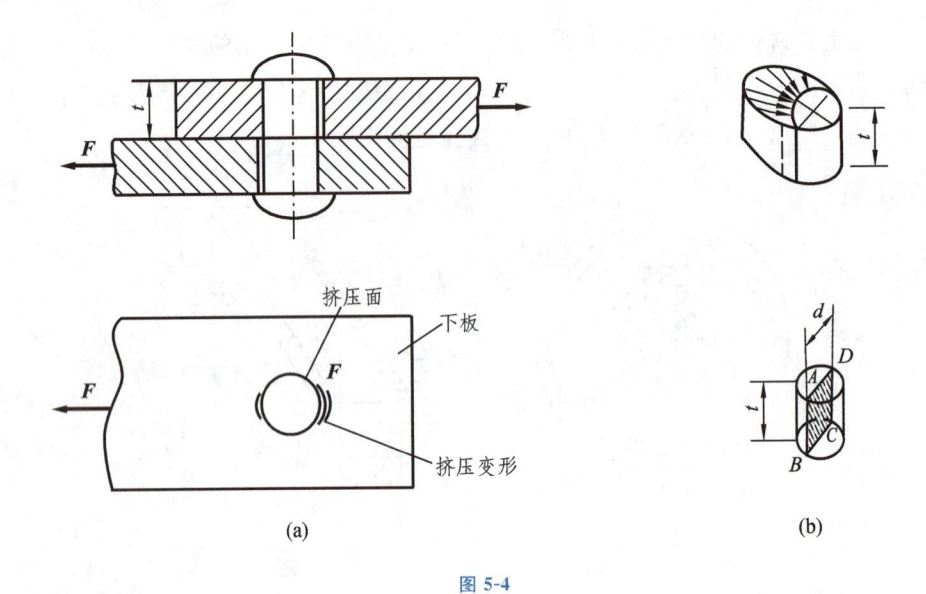

5.2 剪切和挤压的实用强度计算

一、剪切实用强度计算

连接件的受力通常不复杂,正确分析其受力后,根据条件,利用平衡方程,可以很快计算出外力。对于剪切的强度问题,我们仍采用第 4 章总结的基本变形的研究方法,即外力—内力—应力—强度的方法进行研究。

下面我们仍以铆钉为例,如图 5-5 所示,说明剪切强度的计算方法。

1. 剪切面上的内力——剪力 Q

首先,用截面法分析和计算剪切面上的内力。

微课 12

剪挤面和挤压面

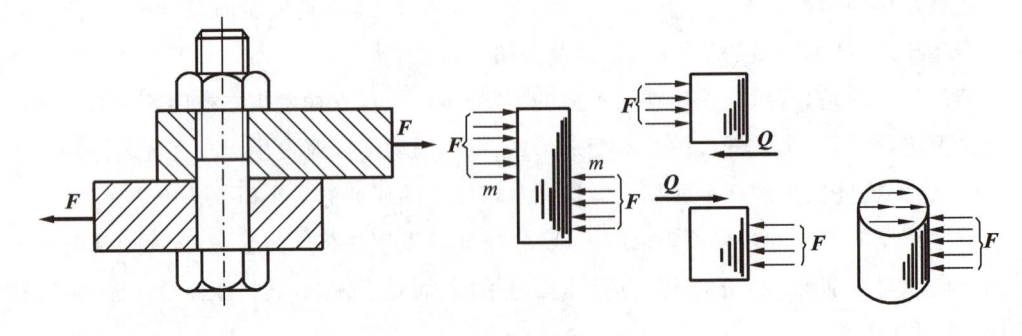

图 5-5

用平面将铆钉从 m-m 假想截面处截开,分为上、下两部分,任取上部分或下部分为研究对象。为了与整体一致保持平衡,剪切面 m-m 上必有与外力 F 大小相等、方向相反的内力存在,这个内力沿截面作用,叫作剪力。为了与拉压时垂直于截面的轴力 N 相对应,剪力用符号 Q 表示。由截面法,根据截取部分的平衡方程,可以求出剪力的大小,即

$$\sum F_x = 0, F - Q = 0$$

得出
$$Q = F$$

2. 剪切面上的应力——剪应力 τ

剪力 Q 是剪切面内各点应力构成的分布力系的合力。实践证明,剪切面上各点的应力也是沿截面作用的,称为剪应力,用符号 τ 表示。由剪力计算剪应力,需要分析剪切面上剪应力的分布规律。实际上,剪切面上的剪应力分布规律是相当复杂的,但总体来讲,各点应力值差异不大。工程上,为了简化计算,假设剪应力在剪切面上均匀分布,这样计算出的平均应力与实际值相差不大,这种经过试验验证的近似计算方法,叫作实用计算法。所以,剪应力的计算公式为

$$\tau = \frac{Q}{A} \tag{5-1}$$

式中,Q 为剪切面上的剪力大小;A 为剪切面的面积。

3. 剪切实用强度计算

为了保证连接件在工作时不发生剪切破坏,剪切面上的最大剪应力不得超过连接件材料的许用剪应力$[\tau]$,即应满足如下剪切强度条件

$$\tau_{\max} = \frac{Q}{A} \leqslant [\tau] \tag{5-2}$$

许用剪应力$[\tau]$与许用正应力$[\sigma]$相似,由通过试验得出的剪切强度极限 τ_b 除以安全系数得来。常见材料的许用剪应力$[\tau]$可以从有关设计规范中查到,一般情况下$[\tau]$与$[\sigma]$有如下近似关系:

塑性材料 $\qquad [\tau] = (0.6 \sim 0.8)[\sigma]$
脆性材料 $\qquad [\tau] = (0.8 \sim 1.0)[\sigma]$

相比于拉压实用强度条件,剪切实用强度条件同样可以解决三类强度问题:强度校核;设计截面尺寸;确定许可载荷。

二、挤压实用强度计算

1. 挤压应力 σ_{jy}

挤压面上各点的受力称作挤压应力,由于挤压力 F 垂直于挤压面,所以挤压应力用符号 σ_{jy} 表示。挤压应力在挤压面的分布也比较复杂,对于平键一类连接件,挤压面为平面,挤压应力在挤压面上的分布是均匀的;而对于铆钉、销钉、螺栓一类的连接件,挤压面为曲面,挤压应力在挤压面上的分布是不均匀的,如图 5-6 所示。很明显,最大应力在中部,平均应力小于最大应力,但如果我们把曲面的挤压面垂直于外力方向的正投影作为直径面,将挤压力 F 平均作用在直径面上,所得应力非常接近实际最大应力,我们把挤压面的正投影面称作实用挤压面,其面积用符号 A_{jy} 来表示。如图 5-6 所示,$A_{jy} = dh$。为简化计算,我们可以假定挤压力 F 在实用挤压面上是均匀分布的,于是挤压面上的最大应力的计算公式为

$$\sigma_{jy} = \frac{F}{A_{jy}} \tag{5-3}$$

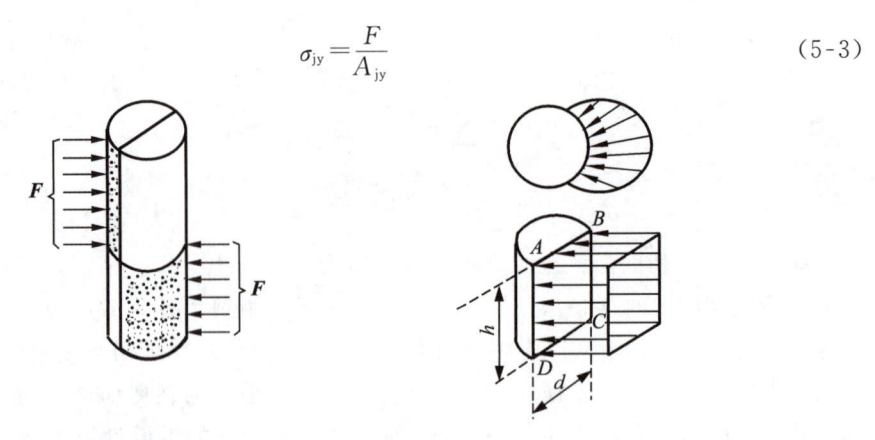

图 5-6

2. 挤压实用强度计算

为了防止挤压破坏,挤压面上挤压应力不得超过连接件材料的许用挤压应力$[\sigma_{jy}]$,即应满足挤压强度条件

$$\sigma_{jy} = \frac{F}{A_{jy}} \leqslant [\sigma_{jy}] \tag{5-4}$$

许用挤压应力等于由试验测定的挤压极限应力除以安全系数,也可以从有关规范中查取,一般情况下,$[\sigma_{jy}]$与$[\sigma]$有如下近似关系:

塑性材料 $\qquad [\sigma_{jy}] = (1.5 \sim 2.5)[\sigma]$

脆性材料 $\qquad [\sigma_{jy}] = (0.9 \sim 1.5)[\sigma]$

三、剪切和挤压应用实例

值得说明的是,工程中的连接构件和构件的接头部分,往往同时发生剪切和挤压变形,为保证其不被破坏,多数情况下需要同时考虑剪切强度和挤压强度,有时还应考虑接头处的拉压强度,以下就工程中常见的基本问题举例说明。

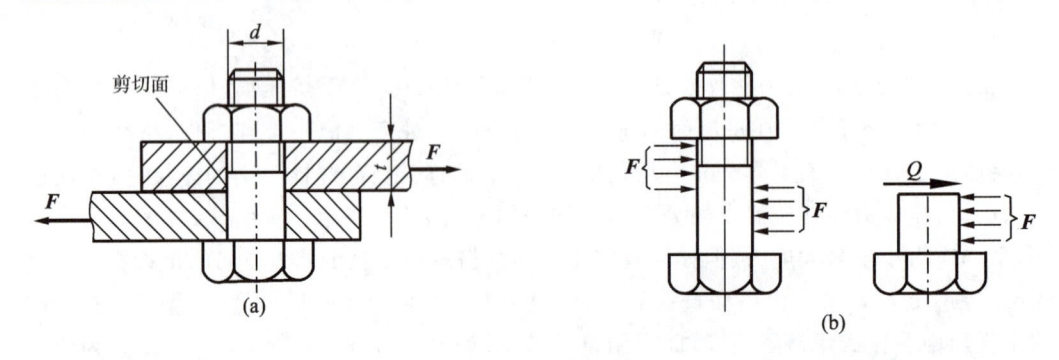

例 5-1 两块钢板用螺栓连接,如图 5-7(a)所示。每块钢板厚度 $t = 10$ mm,螺栓直径 $d = 16$ mm,螺栓材料的许用剪切应力$[\tau] = 60$ MPa,钢板与螺栓的许用挤压应力$[\sigma_{jy}] = 180$ MPa,已知连接过程中,每块钢板作用 $F = 10$ kN 的拉力。试校核螺栓的强度。

图 5-7

解:(1)取螺栓为研究对象,受力分析如图 5-7(b)所示。

(2)确定螺栓的剪切面为中间水平圆截面,挤压面为左上和右下部分半圆柱面。实用挤压面为直径面。

剪切面积 A_τ

$$A_\tau = \frac{1}{4}\pi d^2 = \frac{3.14 \times 16^2}{4} = 201 \text{ mm}^2$$

挤压面积 A_{jy}

$$A_{jy} = dt = 16 \times 10 = 160 \text{ mm}^2$$

(3)校核剪切和挤压强度。

剪切强度校核

$$\tau_{max} = \frac{Q}{A_\tau} = \frac{10 \times 10^3}{201} = 49.8 \text{ MPa} < 60 \text{ MPa}$$

挤压强度校核

$$\sigma_{jy} = \frac{F}{A_{jy}} = \frac{10 \times 10^3}{160} = 62.5 \text{ MPa} < 180 \text{ MPa}$$

故螺栓的强度满足要求。铆钉及销钉的单剪问题与其处理方法基本相同。

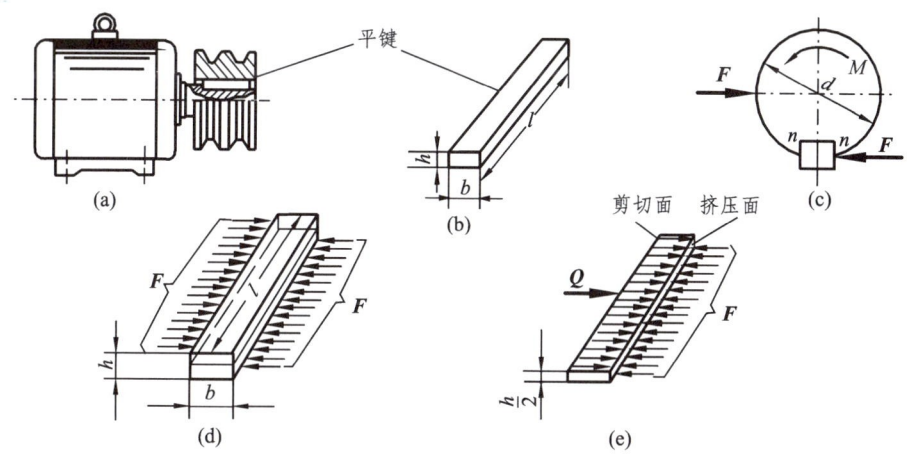

例 5-2 电动机主轴与皮带轮用平键连接,如图 5-8(a)、图 5-8(b)所示。已知轴的直径 $d = 70$ mm,键的尺寸 $b \times h \times l = 20$ mm $\times 12$ mm $\times 100$ mm,轴传递的最大力矩 $M = 1.5$ kN·m。平键的材料为 45 钢,$[\tau] = 60$ MPa,$[\sigma_{jy}] = 100$ MPa。试校核键的强度。

图 5-8

解:(1)为计算键的受力 F,取键与轴为研究对象,受力分析如图 5-8(c)所示。

$$\sum m = 0, M - F \cdot \frac{d}{2} = 0, F = \frac{2M}{d} = \frac{2 \times 1.5 \times 10^3}{70} = 42.9 \text{ kN}$$

(2)取键为研究对象,受力分析如图 5-8(d)、图 5-8(e)所示。确定剪切面为中间水平截面,$A = bl$;挤压面为左上和右下半侧面,$A_{jy} = \frac{1}{2}hl$。

(3)校核键的剪切强度。

$$Q = F = 42.9 \text{ kN}$$

122　工程力学

$$\tau_{max} = \frac{Q}{A} = \frac{42.9 \times 10^3}{20 \times 100} = 21.45 \text{ MPa} < 60 \text{ MPa}$$

(4)校核键的挤压强度。

$$\sigma_{jy} = \frac{F}{A_{jy}} = \frac{42.9 \times 10^3}{\frac{12 \times 100}{2}} = 71.5 \text{ MPa} < 100 \text{ MPa}$$

故平键的剪切和挤压强度都满足要求。

工程问题中，连接部分包括连接件和被连接件的接头部分，在进行强度分析时，应全面考虑各个部分的各种强度，以保证其绝对安全，除了要考虑剪切和挤压强度以外，被连接部分接头截面积被削减，往往拉伸强度不能忽略，需要综合考虑，以下是一个双剪的实例。

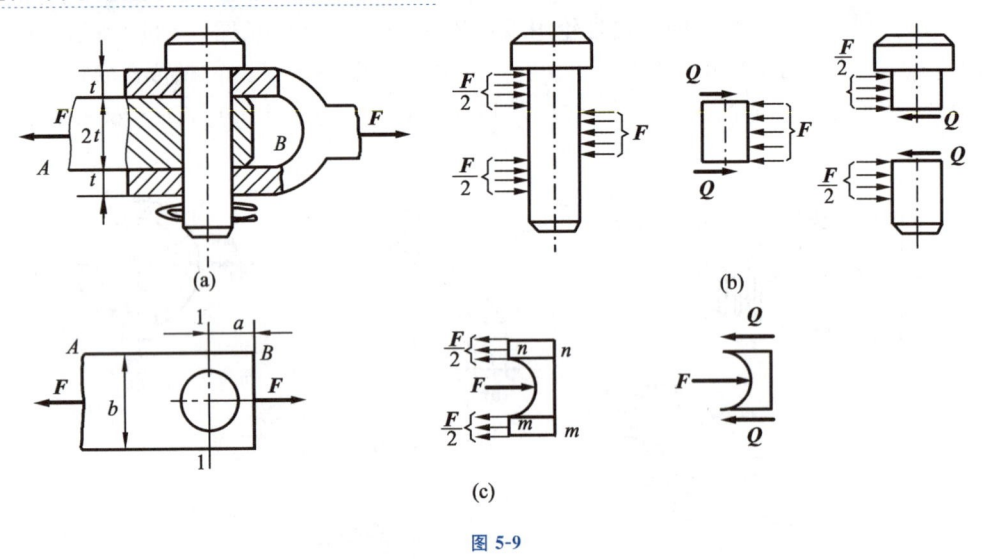

例 5-3 拖车的挂钩靠插销连接，如图 5-9(a)所示，挂钩厚度 $t = 8$ mm，宽度 $b = 30$ mm，直板销孔中心至边的距离 $a = 10$ mm，两部分挂钩材料与销相同，为 20 钢，$[\sigma] = 100$ MPa，$[\tau] = 60$ MPa，$[\sigma_{jy}] = 100$ MPa。拖车的拉力 $F = 15$ kN。试确定插销的直径，并校核整个挂钩连接部分的强度。

图 5-9

解：(1)分析插销变形，取插销为研究对象，画受力图，如图 5-9(b)所示。插销是连接件，要考虑剪切和挤压变形。

(2)有两处剪切面，为双剪问题，两处剪切面的情况相同；有三处挤压面，受力与面积成正比例关系，情况也基本相同。考虑强度时，可分别取一处进行分析。

(3)根据剪切强度条件设计插销直径，运用截面法求剪力 $Q = \frac{F}{2}$，由剪切强度条件

$$\tau_{max} = \frac{Q}{A} = \frac{\frac{F}{2}}{\frac{\pi d^2}{4}} \leqslant [\tau]$$

第5章 剪切和挤压

可得插销直径 d_1

$$d_1 \geqslant \sqrt{\frac{2F}{\pi[\tau]}} = \sqrt{\frac{2 \times 15 \times 10^3}{3.14 \times 60}} = 12.6 \text{ mm}$$

(4) 再根据挤压强度条件设计插销直径

$$\sigma_{jy} = \frac{F}{A_{jy}} = \frac{\frac{F}{2}}{dt} \leqslant [\sigma_{jy}]$$

可得插销直径 d_2

$$d_2 \geqslant \frac{F}{2t[\sigma_{jy}]} = \frac{15 \times 10^3}{2 \times 8 \times 100} = 9.4 \text{ mm}$$

综合(3)和(4),同时满足剪切和挤压强度,选取大的直径,取整后 $d=13$ mm。

(5) 要使整个连接部分满足强度,还需要校核挂钩 AB 部分的剪切和拉伸强度,受力分析如图 5-9(c)所示。孔心截面是拉伸最危险截面。

剪切强度

$$\tau_{max} = \frac{Q}{A} = \frac{\frac{F}{2}}{a \times 2t} = \frac{15 \times 10^3}{4 \times 10 \times 8} = 46.9 \text{ MPa} < [\tau] = 60 \text{ MPa}$$

拉伸强度

$$\sigma_{max} = \frac{N}{A} = \frac{F}{(b-d) \times 2t} = \frac{15 \times 10^3}{(30-13) \times 2 \times 8} = 55.1 \text{ MPa} < [\sigma] = 100 \text{ MPa}$$

因此,整个挂钩连接部分的强度满足要求。

请读者自行思考:AB 部分的挤压强度是否需要考虑?整个连接部分是否还存在隐患?

例 5-4 A3 钢板,厚度 $t=12$ mm,宽 $b=100$ mm,钢板上开四个铆钉孔用以固定钢板,每个铆钉孔孔径 $d=17$ mm,钢板所受载荷 $F=100$ kN,设每个铆钉孔承力 $F/4$,设 A3 钢屈服强度 $\sigma_s = 200$ MPa,安全系数 $n_s=2$,$[\tau]=0.6[\sigma]$,$[\sigma_{jy}]=3[\sigma]$,试校核铆接部分强度。

解: (1)校核钢板拉伸强度。

① 外力分析:将钢板沿纵向看作杆,中间两孔受力取合力作用在轴线上,画受力简图如图 5-10(a)所示。

② 内力分析:四个外力将杆分成 AB、BC、CD 三段。轴力分别为

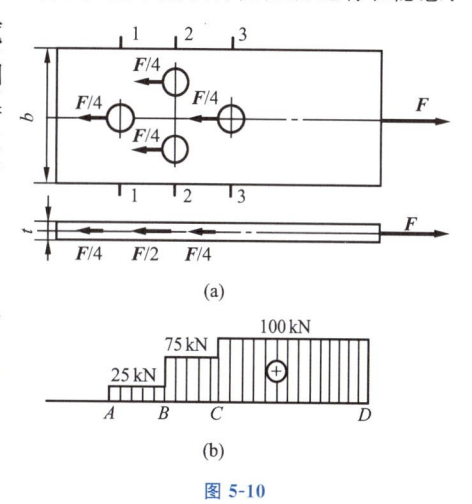

图 5-10

$$N_1 = \frac{F}{4} = 25 \text{ kN}, \quad N_2 = \frac{3F}{4} = 75 \text{ kN}, \quad N_3 = F = 100 \text{ kN}$$

钢板的轴力分为三段,根据要求,两段以上必须画轴力图,如图 5-10(b)所示。

③ 应力分析:钢板开孔处,截面积减小,会使应力增大,成为危险截面。3-3 截面轴力大,截面积也大;而 2-2 截面轴力小,截面积也小,都有可能是危险截面。

④强度校核。

2-2 截面

$$\sigma_2 = \frac{N}{A} = \frac{\frac{3}{4}F}{(b-2d)t} = \frac{3\times100\times10^3}{4\times(100-2\times17)\times12} = 95 \text{ MPa} < [\sigma] = \frac{\sigma_s}{n_s} = 100 \text{ MPa}$$

3-3 截面

$$\sigma_3 = \frac{N}{A} = \frac{F}{(b-d)t} = \frac{100\times10^3}{(100-17)\times12} = 100 \text{ MPa} = [\sigma]$$

故钢板的强度满足条件。

(2)校核铆钉剪切强度。

$$\tau = \frac{Q}{A_\tau} = \frac{\frac{1}{4}F}{\frac{1}{4}\pi d^2} = \frac{100\times10^3}{3.14\times17^2} = 110 \text{ MPa} > [\tau] = 60 \text{ MPa}$$

故铆钉剪切强度不够。

(3)校核挤压强度。

$$\sigma_{jy} = \frac{P_{jy}}{A_{jy}} = \frac{\frac{F}{4}}{dt} = \frac{25\times10^3}{17\times12} = 123 \text{ MPa} < [\sigma_{jy}] = 300 \text{ MPa}$$

故挤压强度足够。

综上,铆接部分强度不够。

例 5-5 如图 5-11 所示,冲床的最大冲力 $F=400$ kN,冲头材料的许用压应力 $[\sigma]=440$ MPa,钢板的剪切强度极限 $\tau_b=360$ MPa。试确定:(1)该冲床所能冲剪的最小孔径;(2)该冲床能冲剪的钢板最大厚度。

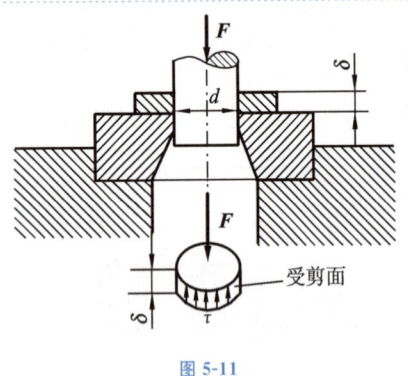

解:(1)确定冲床所能冲剪的最小孔径。冲床能冲剪的最小孔径就是冲头的最小直径。为了保证冲头正常工作,必须满足冲头的压缩强度条件,即

$$\sigma = \frac{F}{\frac{\pi d^2}{4}} \leq [\sigma]$$

$$d \geq \sqrt{\frac{4F}{\pi[\sigma]}} = \sqrt{\frac{4\times400\times10^3}{3.14\times440}} = 34 \text{ mm}$$

故该冲床能冲剪的最小孔径为 34 mm。

图 5-11

(2)确定冲床能冲剪的钢板最大厚度 δ。冲头冲剪钢板时,剪切面为圆柱面,如图 5-11 所示。剪切面面积 $A=\pi d\delta$,剪切面上剪力为 $Q=F$,当剪应力 $\tau \geq \tau_b$ 时,方可冲出圆孔。冲穿钢板的条件为

$$\tau = \frac{Q}{A} \geq \tau_b$$

冲穿钢板的冲力为

$$F = Q \geq A\tau_b = \pi d\delta\tau_b$$

能冲剪钢板的最大厚度为

第5章 剪切和挤压　125

$$\delta = \frac{F}{\pi d \tau_b} = \frac{400 \times 10^3}{3.14 \times 34 \times 360} = 10.4 \text{ mm}$$

故该冲床能冲剪的钢板最大厚度为 10.4 mm。

分析思路与过程

1. 根据连接件的受力分析确定可能的破坏形式,要进行剪切和挤压强度计算,难点在于确定剪切面和挤压面的面积。
2. 剪切面与外力平行,在两个反向外力作用线之间,是假想切断的平面。
3. 挤压面与外力垂直,是两个物体的传力接触面。
4. 当挤压面为平面时,挤压面积为接触面的真实面积;当挤压面为曲面时,挤压面积为接触面的正投影面的面积。

5.3　剪应变　剪切胡克定律

一、剪应变

剪切变形时,截面沿外力的方向产生相对错动,在剪切部分 A 点处取一边长为 dx 的微立方体 $abdc$,在剪力作用下将变成平行六面体 $ab'd'c$,如图 5-12(a)、图 5-12(b)所示。其中线段 bb'(或 dd')为面 bd 相对于 ac 面的滑移量,称为**绝对剪切变形**(与拉、压变形时的绝对变形 Δl 相当)。小变形时有 $\tan \gamma \approx \gamma$,故

$$\frac{bb'}{\mathrm{d}x} \approx \gamma$$

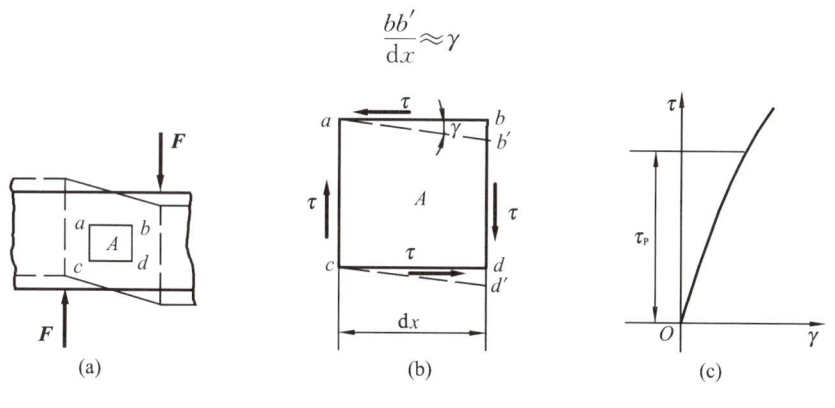

图 5-12

γ 称为**相对剪切变形**或**剪应变**。如图 5-12(b)所示,剪应变 γ 可看作直角的改变量,故又称为角应变,用弧度(rad)来度量。角应变 γ 与线应变 ε 是度量变形程度的两个基本量。

二、剪切胡克定律

实践证明:当剪应力不超过材料的剪切比例极限 τ_b 时,剪应力 τ 与剪应变 γ 成正比。即

$$\tau = G\gamma \tag{5-5}$$

式(5-5)称为**剪切胡克定律**,反映剪切变形时受力与变形之间的定量关系。式中,常数 G 称为**剪切弹性模量**,是表示材料抵抗剪切变形能力的量。它的量纲与应力相同。各种材料的 G 值可由试验测定,也可从有关手册中查得。

可以证明,对于各向同性的材料,剪切弹性模量 G、弹性模量 E、泊松比 μ 之间存在以下关系

$$G = \frac{E}{2(1+\mu)} \tag{5-6}$$

可见,G、E、μ 是材料本身的三个紧密相关的弹性常量,当已知其中任意两个,可由式(5-6)求出第三个。

案例分析与解答

泰坦尼克号沉没的原因:劣质铆钉酿成大祸。

2004 年,《"泰坦尼克"沉没真相》一书的作者福克和麦凯特在书中提出了关于泰坦尼克号沉没的说法:铆钉论。

他们称,哈兰德-沃尔夫造船厂因为要为白星轮船公司同时建造几艘巨轮而不堪重负。当时每艘在建的巨型轮船都需要 300 万个铆钉,它们就像胶水一样将船身各部分固定在一起。但由于资金紧缺,造船厂最终以低价购买了一批含杂质很多的 3 型铁铆钉,而不是优质的 4 型铁铆钉。劣质 3 型铁铆钉上因为含有大量矿渣会形成无数的小洞,它可以使铆钉变脆并且容易折断。哈兰德-沃尔夫造船厂认为泰坦尼克号承受压力最大的部分仅限于中心船体部分,所以除了龙骨部分,船首和船尾使用的是劣质的 3 型铁铆钉。所以在泰坦尼克号与冰山发生相撞时,位于船首的铁铆钉首先发生剪切断裂。身为冶金专家的福克和麦凯特还曾按照从泰坦尼克号残骸处打捞上来的 48 颗铁铆钉制作了一批同样成分的 3 型铁铆钉,并进行了一系列试验,结果发现:3 型铁铆钉只能承受 4 000 kg 的压力,而优质的 4 型铁铆钉却能承受 9 000 kg 的压力。他们的结论是:更好的铆钉很有可能使泰坦尼克号在海面上浮得更久,至少坚持到营救人员抵达。

小 结

剪切变形是杆件的基本变形形式之一,剪切胡克定律是本部分的基本理论,应清楚、理解。连接件及接头的强度计算具有很强的应用性,必须很好掌握。

1. 基本内容

(1)剪切变形的受力特点

外力作用线平行、反向、相隔距离很小。这样的外力将在剪切面上产生沿截面的剪力 Q,从而使剪切面上的点受剪应力的作用。

(2)剪切变形的变形特点

截面沿外力方向产生相对错动,使微立方体变成了平行六面体。其变形程度多用剪

应变,即直角的改变量来表示。

（3）实用计算

机构中的连接件主要发生剪切和挤压变形,应同时考虑剪切强度和挤压强度。实用计算时,假设应力均匀分布,其强度条件为

$$\tau_{max} = \frac{Q}{A} \leqslant [\tau]$$

$$\sigma_{jy} = \frac{F}{A_{jy}} \leqslant [\sigma_{jy}]$$

2. 研究思路

受力分析 $\xrightarrow[\text{平衡方程}]{\text{受力图}}$ 外力 $\xrightarrow{\text{截面法}}$ 内力 $\xrightarrow{\text{均匀分布}}$ 应力 $\longrightarrow$ 强度条件 $\longrightarrow$ 解决强度问题

3. 注意事项

对构件进行剪切、挤压强度计算时,关键在于正确地判断剪切面和挤压面的位置,并能够计算出它们的实用面积。

剪切面:平行于外力,介于反向外力之间,面积为实际面积。

挤压面:构件传力接触面。当接触面为平面时,挤压面积就是接触面的面积；当接触面为曲面时,挤压面积为接触曲面的正投影面的面积。

思 考 题

1. 挤压与压缩是否相同？请分析并指出图 5-13 中哪个物体需考虑压缩强度,哪个物体需考虑挤压强度。

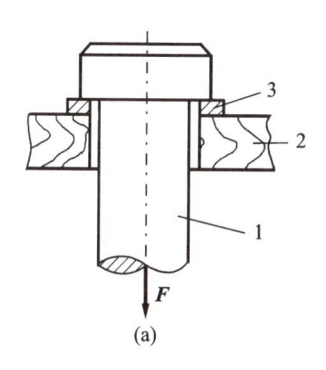

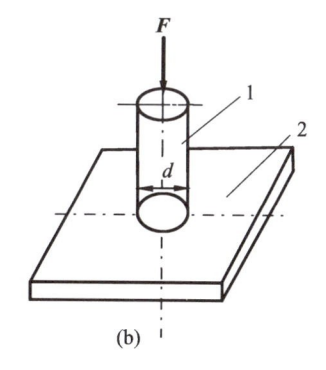

图 5-13

2. 螺栓在使用时,两侧常加有垫圈,请说明垫圈的作用。
3. 如果将剪切中两个横向力的距离加大,变形会有什么变化？
4. 以螺栓为例说明,如果剪切强度和挤压强度不足,应分别采取哪些相应措施？
5. 在一般情况下,请比较材料的抗拉压能力、抗剪能力及抗挤压能力的大小。

习 题

1. 在图 5-14 中标出剪切面和挤压面，并计算剪切面面积、实际挤压面面积和实用挤压面面积。

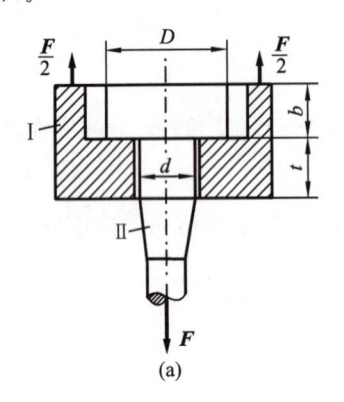

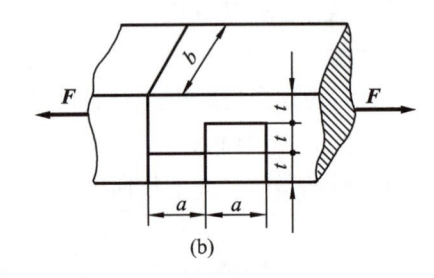

图 5-14

2. 木工中常用的楔连接如图 5-15 所示。如果楔子和拉杆为同种木材，试计算拉杆和楔子各部分可能的危险截面的面积。

3. 起重机吊钩用销钉连接如图 5-16 所示。已知最大起重力 $F=120$ kN，连接处钢板厚度 $t=20$ mm，销钉的许用剪应力 $[\tau]=60$ MPa，许用挤压应力 $[\sigma_{jy}]=180$ MPa。试设计销钉直径 d。

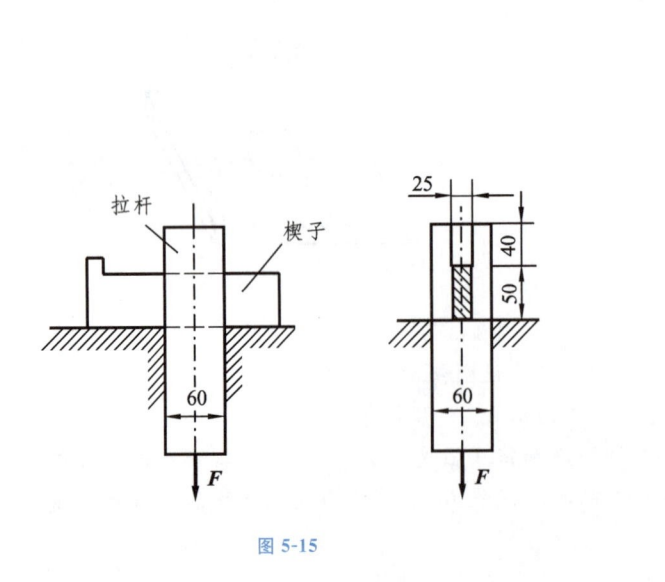

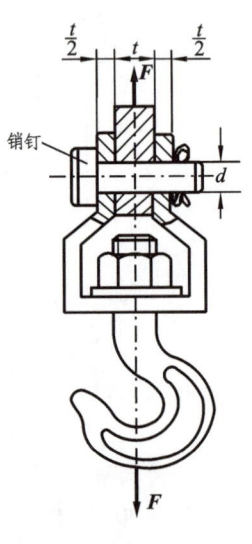

图 5-15

图 5-16

第5章 剪切和挤压

4. 榫连接是木工中常见的连接方式,如图 5-17 所示。已知载荷 $F=20$ kN,$b=12$ cm。木材的许用剪应力 $[\tau]=1.5$ MPa,许用挤压应力 $[\sigma_{jy}]=12$ MPa。试求尺寸 l 和 t。

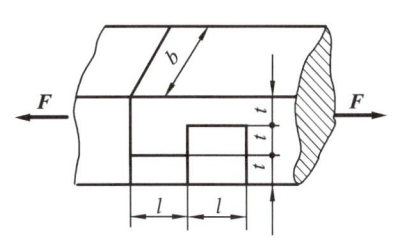

5. 如图 5-18 所示为皮带轮和轴用平键连接,已知该结构传递力矩 $m=3$ kN·m,键的尺寸 $b=24$ mm,$h=14$ mm,轴的直径 $d=85$ mm,键和带轮材料的许用剪应力 $[\tau]=40$ MPa,许用挤压应力 $[\sigma_{jy}]=90$ MPa。试计算键的长度 l。

图 5-17

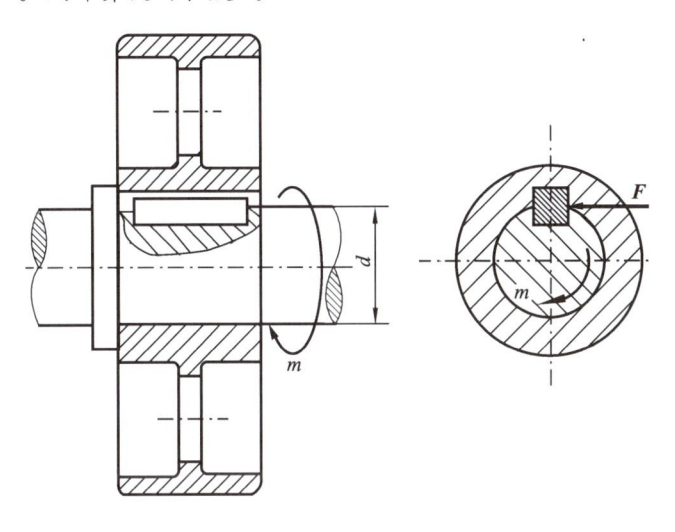

图 5-18

6. 如图 5-19 所示联轴器用四个螺栓相连。螺栓分布在直径为 $D=200$ mm 的圆周上,螺栓直径 $d=12$ mm,传递的最大力偶矩 $m=2.5$ kN·m,螺栓材料的许用剪应力 $[\tau]=80$ MPa。试校核螺栓强度。

7. 某拉杆受力如图 5-20 所示。已知载荷 $F=40$ kN,拉杆材料的 $[\tau]=60$ MPa,$[\sigma_{jy}]=160$ MPa,$[\sigma]=100$ MPa。试校核此拉杆的强度。

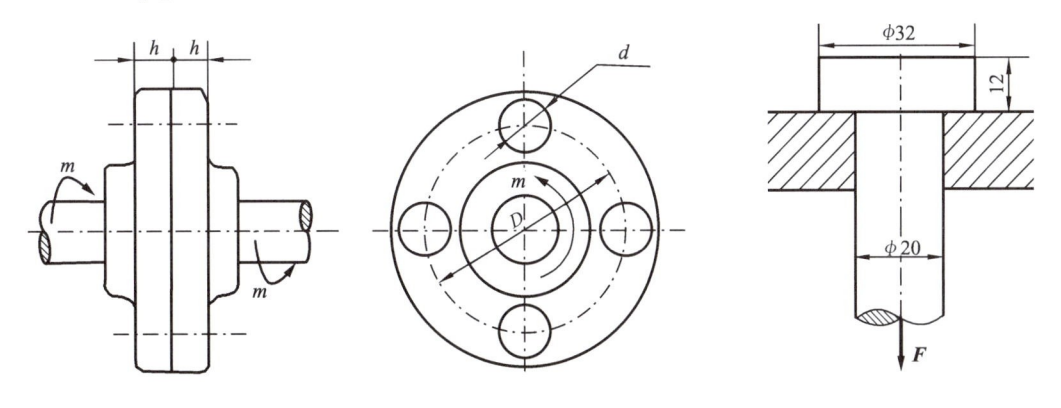

图 5-19

图 5-20

8. 如图 5-21 所示，接头受轴向载荷 F 作用。已知 $F=80$ kN，$b=80$ mm，$t=10$ mm，$d=16$ mm，$[\sigma]=160$ MPa，$[\tau]=120$ MPa，$[\sigma_{jy}]=340$ MPa。设四个铆钉受力相同，试校核接头的强度。

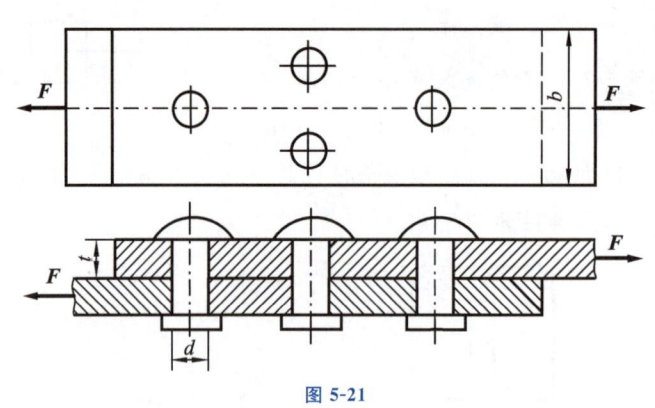

图 5-21

第6章 扭 转

典型案例

某日中午,一辆大货车正常行驶时,传动轴突然断裂脱落,急刹车过程中,尾部四轮整体脱落,车头撞上主路墙体后停住,事故未造成人员伤亡。

如图 6-1 所示的汽车发动机将功率通过主传动轴传递给后桥,驱动车轮行驶。如果我们知道主传动轴所承受的最大外力偶矩为 $M=1.5$ kN·m,轴的材料为 45 号无缝钢管制成,外直径 $D=90$ mm,壁厚 $\delta=2.5$ mm,$[\tau]=60$ MPa。请问此轴能否安全工作?如果我们将之设计为一个强度一样的实心轴,用料如何?让我们一起走进本章的学习。

(a)　　　　　　　　　(b)

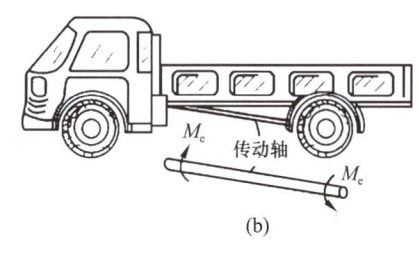

图 6-1

学习目标

【知识目标】

1. 掌握外力偶矩、扭矩的计算和扭矩图的绘制。
2. 掌握扭转圆轴横截面上切应力的分布特征及计算法则。

3. 掌握等直圆轴扭转的强度条件和刚度条件及应用。
4. 掌握空心轴和实心轴在强度和刚度设计方面的合理性。

【能力目标】

1. 从拉压、剪切、扭转三章的学习中总结归纳出从外力-内力-内力图-应力-强度条件及其应用的构件的承载能力分析的学习方法。
2. 能根据扭矩图和圆轴横截面应力分布特征判断危险截面及危险点的位置。
3. 能从应力分布特征和截面的几何性质等多方面分析空心轴在强度和刚度方面更合理的原因。

【素质目标】

1. 将工程实际货车的传动轴突然断裂事故案例引入教学,激发学生的学习热情和解决问题的好奇心。
2. 本章应用"三关系"法分析应力的分布特征,进一步培养学生的逻辑思维能力,使学生感悟世间万事万物普遍联系的规律和特点。
3. 在从既安全又经济的视角探讨如何提升传动轴的强度和刚度问题时,引导学生艰苦朴素、自强不息的民族精神。
4. 在大量烦琐的计算过程中,培养学生的耐心、细心和吃苦耐劳的精神及顽强的意志品质。

工程中对于较为精密的构件,如机器中的轴,除了需要保证其具有足够的强度,通常对刚度也有很高的要求。本章将着重介绍传动轴的强度以及刚度问题,从而使读者能够更加全面地分析工程中构件的承载能力。

6.1 扭转的概念及外力偶矩计算

一、扭转的概念

轴是工程机械中主要构件之一。轴作为传动构件,在传递动力时往往受到力偶矩的作用。如起重机的传动轴(图6-2),来自电动机的主动力偶矩与来自转轮的工作力偶矩形成一对反向力偶,传动轴匀速工作时,两反向力偶大小相等。力偶对物体具有转动效应,会使轴上力偶之间的横截面发生相对转动,使轴内部产生变形。搅拌机的机轴工作时同样受到来自马达和叶片的反向力偶作用,如图6-3所示,机轴截面产生相对转动。攻螺纹的丝锥(图6-4)、汽车的方向盘(图6-5)等都受到反向力偶作用,力偶间横截面发生一定的相对转动。这些都是扭转的实例。

第6章 扭 转 133

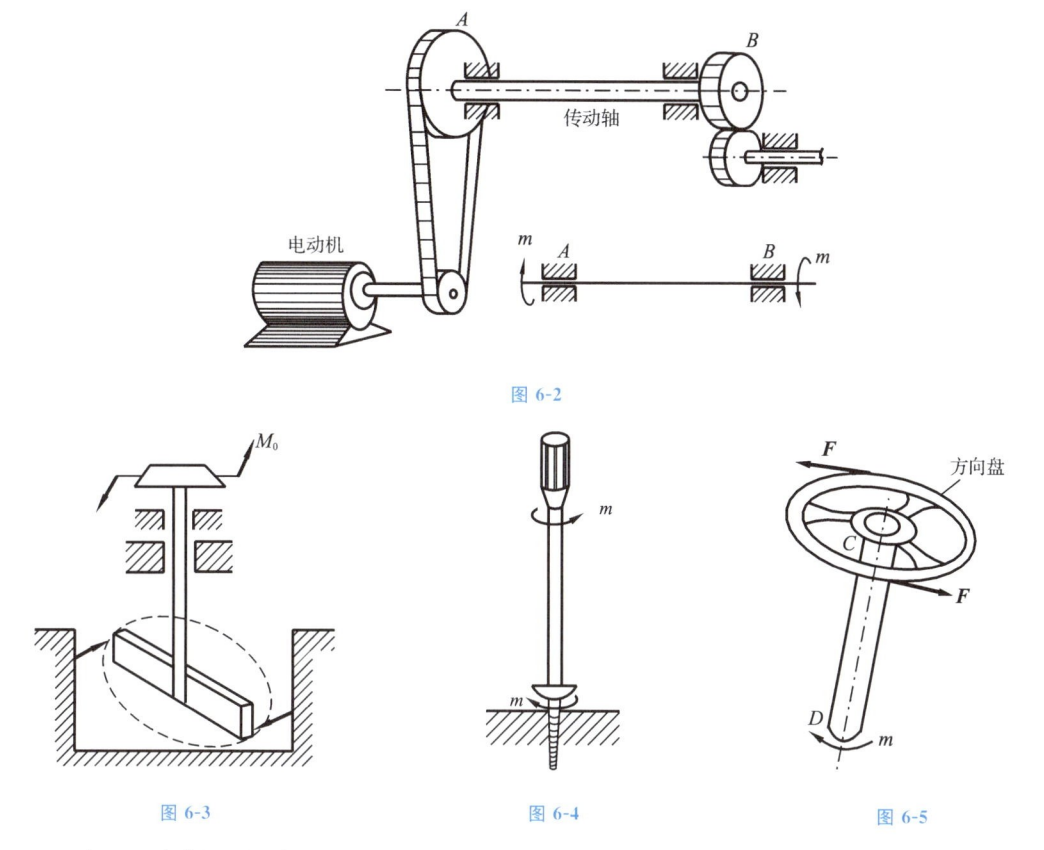

图 6-2

图 6-3　　　　　　图 6-4　　　　　　图 6-5

从以上实例不难看出,扭转变形的受力特点是:受到一对大小相等、方向相反、作用面垂直于轴线的力偶作用。变形特点是:反向力偶间各横截面绕轴线发生相对转动。

轴上任意两横截面间相对转过的角度,叫作扭转角,用符号 φ 表示。由于力偶产生转动效应,所以用角度来表示扭转变形,这点会在以后详细说明。

工程中大多数轴在传动中除有扭转变形以外,还常常伴有其他形式的变形。以齿轮和带轮传动为例,轮上的圆周力对轴心的转矩使轴发生扭转变形,而径向力会使轴发生弯曲变形。

本章将主要研究轴的扭转变形,而且主要以工程中最为常见的圆形截面轴为例,轴的弯曲变形将在弯曲和组合变形部分继续介绍。

二、外力偶矩的计算

作用在轴上的外力偶矩,一般可通过力的平移,并利用平衡条件来确定。但是,对于传动轴等传动构件,通常只知道它们的转速和所传递的功率,这样,在分析内力之前,首先需要根据转速和功率计算出外力偶矩。

由物理学可知,力偶在单位时间内所做的功,即功率 P,等于力偶矩 M 与角速度 ω 之积,即

$$P = M\omega$$

工程中,功率常用千瓦(kW)作单位,转速常用转/分(r/min)作单位,所以,上式可化为

$$P \times 10^3 = M \cdot \frac{2\pi n}{60}$$

得

$$M = 9\,549 \frac{P}{n} \tag{6-1}$$

式中，M 单位为 N·m；P 单位为 kW；n 单位为 r/min。

工程中，还有用马力作功率单位的，1 马力=735.5 W，于是

$$M = 7\,024 \frac{P}{n} \tag{6-2}$$

式中，M 单位为 N·m；P 单位为马力；n 单位为 r/min。

外力偶矩的转向由力向轴线的简化结果确定，对于传动轴，可根据下列原则确定：主动轮上的功率为输入功率，主动力偶矩与轴转向相同；从动轮上的功率为输出功率，从动力偶矩与轴转向相反。如无特殊说明，可理想化地认为机械效率等于 100%，即输入功率等于输出功率。

6.2 扭转时横截面上的内力——扭矩

一、扭 矩

确定了作用在轴上的外力偶矩之后，据此可分析和计算轴的内力。内力的计算仍采用截面法。取一段简化的传动轴模型，如图 6-6 所示。

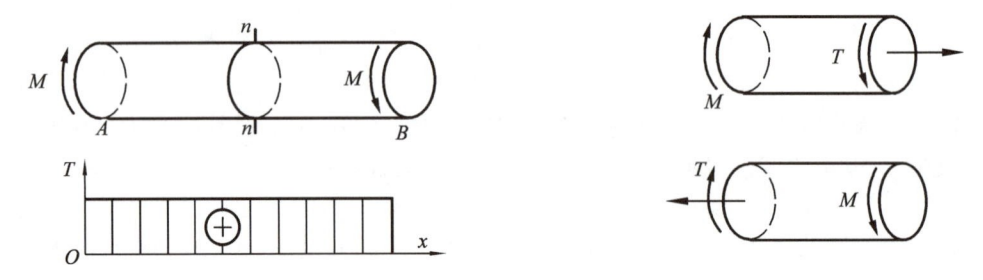

图 6-6

设两端作用的反向外力偶矩 M 为已知，要分析任意横截面 n-n 的内力，首先用假想截面沿 n-n 处截开，取其任一段（如左段）为研究对象，由力偶的平衡条件可知，外力是力偶矩，故分布在横截面 n-n 的内力必然构成一内力偶矩与之平衡。该内力偶矩作用于 n-n 截面内。此内力偶矩习惯上称为扭矩，为了与外力偶矩区别，用符号 T 表示。其大小可由力偶平衡方程求得

$$\sum m = 0, \quad T - M = 0$$

得

$$T = M$$

如取右段研究，会得出与上面同样大小的扭矩，但两者转向相反。为使扭矩转向能有统一的规定，并使截面法的计算过程得到简化，今后可用建立在截面法基础上的扭矩计算法则计算扭矩。

二、扭矩符号规定　扭矩计算法则

1. 扭矩符号规定

应用右手螺旋法则,使四指的弯向沿扭矩转向,则拇指的指向与截面外法线方向相同者为正;反之,为负。

外力偶矩的正负号规定与扭矩刚好相反。

2. 扭矩计算法则

扭矩等于截面一侧所有外力偶矩的代数和。

扭矩计算法则中,右手螺旋法则用来判定外力偶矩的正负,扭矩的正负可由扭矩计算法则计算得出。使用扭矩计算法则时,确定外法线方向是关键,当取左右不同侧的时候,外法线方向是不同的,这样才可保证左右两侧的计算结果及符号完全相同。

上例中 n-n 截面的扭矩可用扭矩计算法则直接算出:

$$T = M$$

三、扭　矩　图

当轴受多个外力偶作用时,各段上的扭矩是各不相同的。为了表示各横截面上的扭矩沿轴线的变化情况,可采用作图的方法,用横坐标代表横截面的位置,纵坐标代表各横截面上的扭矩大小,这样作出的图称作<u>扭矩图</u>。扭矩图形象而直观地显现了扭矩沿轴线的变化情况,可帮助我们确定最大扭矩的大小和位置,从而在今后的强度问题中确定出真正的危险截面。扭矩图的作图方法与轴力图基本相同。

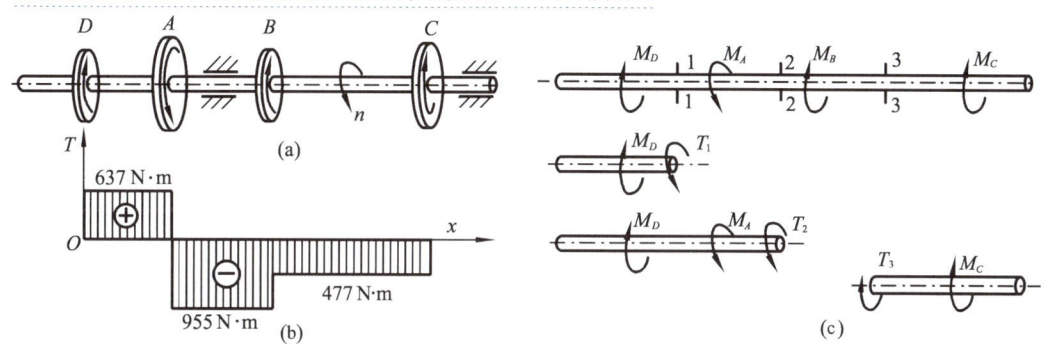

例 6-1 传动轴受力如图 6-7(a)所示。转速 $n = 300$ r/min,主动轮 A 输入功率 $P_A = 50$ kW,从动轮 B、C、D 的输出功率分别为 $P_B = P_C = 15$ kW,$P_D = 20$ kW。试作出轴的扭矩图,并确定轴的最大扭矩值,如图 6-7(c)所示。

图 6-7

解: (1) 外力偶矩计算。根据转速和功率计算出各轮上的外力偶矩,并作出轴的受力简图。

$$M_A = 9\,549 \frac{P_A}{n} = 9\,549 \times \frac{50}{300} = 1\,592 \text{ N} \cdot \text{m}$$

$$M_B = M_C = 9\,549 \frac{P_B}{n} = 9\,549 \times \frac{15}{300} = 477 \text{ N} \cdot \text{m}$$

$$M_D = 9\,549 \frac{P_D}{n} = 9\,549 \times \frac{20}{300} = 637 \text{ N} \cdot \text{m}$$

(2) 扭矩计算。首先分段,四个外力偶矩将轴分为 DA、AB、BC 三段。用扭矩计算法则分别计算出各段扭矩值,如图 6-7(c)所示。

　　DA 段:取左侧,截面的外法线向右,则
$$T_1 = M_D = 637 \text{ N·m}$$
　　AB 段:仍取左侧,截面外法线向右,则
$$T_2 = M_D - M_A = 637 - 1592 = -955 \text{ N·m}$$
　　BC 段:为计算方便可取右侧,截面外法线改为向左,则
$$T_3 = -M_C = -477 \text{ N·m}$$
扭矩负值表示转向,不表示大小。

　　(3)作出扭矩图。扭矩图要求在受力简图的下方作出,截面位置与受力简图一一对应。由于相邻外力偶矩之间所有截面扭矩值相同,故整个轴的扭矩图为三段平直线。将三段平直线用竖线连成封闭区域,区域内标明正负,用等距竖线填充,然后在平直线上方(下方)标明扭矩值。这样就作出了完整的扭矩图。图中允许隐去横轴和纵轴,但必须形成封闭区域且与受力简图一一对应。

　　扭矩图中每相邻两段间扭矩的代数差值正好等于两段相邻处外力偶矩的值,可利用这一点快速检验扭矩图是否正确。

　　画出的扭矩图,直观地显示出扭矩沿轴线的变化情况,如图 6-7(b)所示。可以看出,最大扭矩(绝对值)存在于 AB 段,以后可以证明,如果此轴为相同材料的等截面轴,那么危险截面就在 AB 段,最大扭矩为
$$T_{\max} = 955 \text{ N·m}$$

　　(4)讨论。如果设计中重新安置各轮的顺序,会使最大扭矩值发生变化。如单纯为了排列方便而将主动轮排在一侧,则最大扭矩 $|T|_{\max} = 1592 \text{ N·m}$,扭矩图请读者自己尝试来画。从提高强度的观点来看,这样排列显然没有题中的合理。在设计条件允许的情况下,将主动轮放在从动轮之间的合适位置上,是提高扭转强度的简单而有效的办法。

6.3　扭转时横截面上的应力

一、横截面上的剪应力计算公式

　　上一节研究了扭转时轴的横截面上的扭矩,通过拉压及剪切两种基本变形的研究我们知道,内力是截面上所有点的应力的合力。在已知合力的前提下去研究截面上每一点的应力,必须首先了解内力在截面上的分布情况。为此,我们按照工程力学建立应力公式的基本方法,首先通过对圆轴扭转实验现象的观察与分析,从几何关系、物理关系和静力学关系三方面建立应力与扭矩的定量关系。

微课 13

圆轴扭转剪应力

1. 平面假设

　　取一易变形的等截面橡皮棒,在其表面画一组平行于轴线的纵向线和代表横截面的横向圆周线,使表面形成一系列网格,如图 6-8(a)所示。然后,两端施加反向力偶矩,使其发生扭转变形,如图 6-8(b)所示。可以观察到:

(1)各圆周线绕轴线发生了相对转动,但形状、大小及相互间距离均未发生变化。
(2)所有纵向线均倾斜同一角度,原来的矩形格均变成平行四边形,但纵向线仍可近似看作直线。

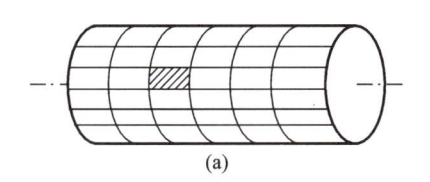

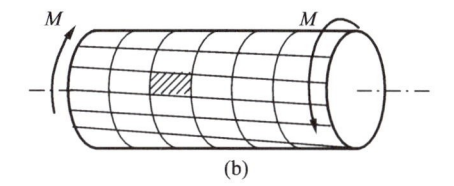

图 6-8

上述现象表明:圆轴横截面变形后仍保持为平面,其形状、大小和相互间距离不变,只是绕轴线相对转过一个角度。以上称为圆轴扭转的平面假设。

根据平面假设,圆轴扭转的变形为各横截面刚性地相对转过一个角度,截面间距离始终保持不变。这一假设与实际情况是极其接近的,同时又忽略一些次要因素,使研究更加方便。

任意两截面之间相对转过的角度,称为扭转角 φ。两指定截面 A、B 之间的扭转角,用 φ_{AB} 表示。

由平面假设可得出如下推论:
(1)横截面上无正应力。因为扭转变形时,横截面大小、形状、纵向间距均未发生变化,说明没有发生线应变。由胡克定律可知,没有线应变,也就没有正应力。
(2)横截面上有剪应力。因为扭转变形时,相邻横截面间发生相对转动。但对截面上的点而言,只要不是轴心点,那两截面上的相邻两点,实际发生的是相对错动。相对错动必会产生剪应变。由剪切胡克定律 $\tau=G\gamma$ 可知,有剪应变 γ,必有剪应力 τ。因错动沿周向,因此,剪应力 τ 也沿周向,并与半径垂直。

2. 变形几何关系

取变形后相距 dx 的两横截面,如图 6-9 所示,将其放大后如图 6-10 所示。设 1-1 截面相对 2-2 截面转过角度 $d\varphi$,1-1 截面上任意点 b 的扭转半径为 ρ,a 点的扭转半径为 R。

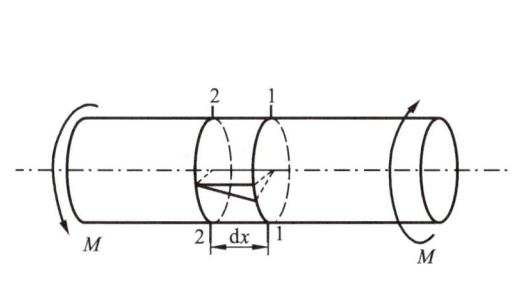

图 6-9

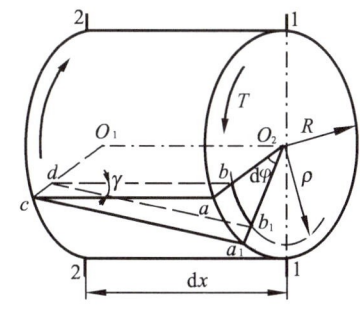

图 6-10

则 a 点、b 点的剪切绝对变形为

$$\overset{\frown}{aa_1}=Rd\varphi$$
$$\overset{\frown}{bb_1}=\rho d\varphi$$

上式表明,横截面上各点的绝对剪切变形与点的扭转半径成正比,圆心处变形为零,

外圆上各点变形最大,同一圆上的各点变形相等。

b 点的剪应变为

$$\gamma = \frac{\widehat{bb_1}}{\mathrm{d}x} = \rho \frac{\mathrm{d}\varphi}{\mathrm{d}x}$$

式中,$\mathrm{d}\varphi/\mathrm{d}x$ 为扭转角沿轴线 x 的变化率。对于同一横截面来说,$\mathrm{d}\varphi/\mathrm{d}x$ 为一常数。因此,上式横截面上任一点的剪应变 γ 也与扭转半径 ρ 成正比。

3. 物理关系

由剪切胡克定律

$$\tau = G\gamma$$

可得

$$\tau = G\rho \frac{\mathrm{d}\varphi}{\mathrm{d}x} \tag{6-3}$$

式(6-3)表明,同一横截面内部,剪应力 τ 也与扭转半径 ρ 成正比。实心圆轴与空心圆轴的剪应力分布规律如图 6-11 所示。

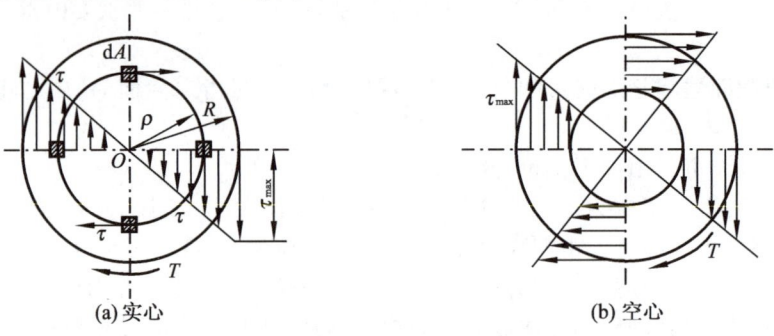

图 6-11

(a) 实心   (b) 空心

4. 静力学关系

设作用在微面积 $\mathrm{d}A$ 上的剪力为 $\tau\mathrm{d}A$,其对轴心的力矩为 $\rho \cdot \tau\mathrm{d}A$,由于扭矩是横截面上内力系的合力偶矩,所以,截面上所有上述微力矩的总和就等于同一截面上的扭矩,即

$$T = \int_A \rho \cdot \tau \mathrm{d}A = \int_A \rho \cdot G\rho \frac{\mathrm{d}\varphi}{\mathrm{d}x} \mathrm{d}A = G \frac{\mathrm{d}\varphi}{\mathrm{d}x} \int_A \rho^2 \mathrm{d}A$$

式中,积分 $\int_A \rho^2 \mathrm{d}A$ 仅与截面形状和尺寸有关,称为**截面对圆心的极惯性矩**,用符号 I_p 表示。即令

$$I_\mathrm{p} = \int_A \rho^2 \mathrm{d}A$$

则

$$T = GI_\mathrm{p} \frac{\mathrm{d}\varphi}{\mathrm{d}x}$$

所以

$$\frac{\mathrm{d}\varphi}{\mathrm{d}x} = \frac{T}{GI_\mathrm{p}} \tag{6-4}$$

代入式(6-3)得剪应力计算公式为

$$\tau = \frac{T\rho}{I_\mathrm{p}} \tag{6-5}$$

式中,τ 为横截面上任一点的剪应力;T 为横截面上的扭矩;ρ 为点的扭转半径;I_p 为横截面的极惯性矩。

圆轴横截面某点处剪应力大小与该截面扭矩成正比，与点到轴心的距离成正比，与横截面的极惯性矩成反比。剪应力的方向与半径垂直，与扭矩的转向一致，按右手螺旋法则判定其具体方向。

二、最大剪应力

上一节我们通过建立在实验观察现象基础上的平面假设，结合扭转的变形几何关系、物理关系和静力学关系推出了横截面上任一点的剪应力计算公式，从剪应力分布情况来看，剪应力在横截面上的分布是不均匀的，轴心点应力最小为零，最外圆上的点应力最大。工程力学的强度问题所关心的是最大应力，最大剪应力可用剪应力计算公式求出。

$$\tau_{\max} = \frac{T}{I_p}R = \frac{T}{I_p/R}$$

令

$$W_t = \frac{I_p}{R}$$

则

$$\tau_{\max} = \frac{T}{W_t} \qquad (6-6)$$

式中，T 为危险截面上的扭矩；W_t 为危险截面的抗扭截面模量。

三、极惯性矩 I_p 与抗扭截面模量 W_t

极惯性矩 I_p 是一个表示截面几何性质的几何量，定义式为 $\int_A \rho^2 dA$。I_p 只与截面的形状、尺寸有关，国际单位是 m^4。而抗扭截面模量 W_t 是另一个表示截面几何性质的几何量，其大小与 I_p 有关，$W_t = I_p/R$，国际单位是 m^3。

由于工程中圆轴常采用实心（圆形）与空心（圆环形）两种情况，以下就这两种情况讨论极惯性矩与抗扭截面模量的计算。

1. 圆形截面

对于圆形截面，可取一半径为 ρ，宽为 $d\rho$ 的圆环形微面积，如图 6-12 所示，有

$$dA = 2\pi\rho d\rho$$

于是

$$I_p = \int_A \rho^2 dA = \int_0^{d/2} 2\pi\rho^3 d\rho = \frac{\pi d^4}{32} \approx 0.1 d^4$$

$$W_t = \frac{I_p}{d/2} = \frac{\pi d^3}{16} \approx 0.2 d^3$$

2. 圆环形截面

与圆形截面方法相同，如图 6-13 所示，有

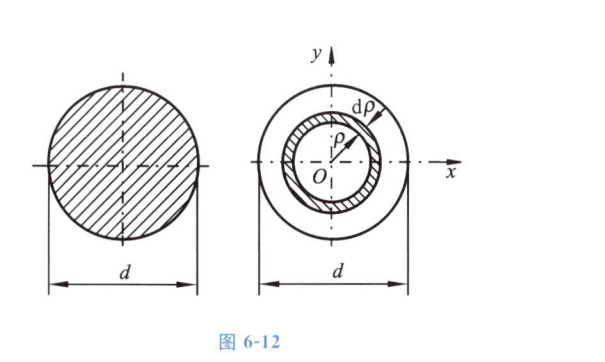

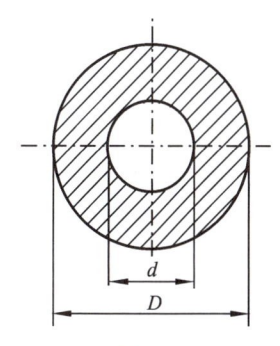

图 6-12

图 6-13

$$I_{\mathrm{p}} = \int_A \rho^2 \mathrm{d}A = \int_{d/2}^{D/2} 2\pi\rho^3 \mathrm{d}\rho =$$

$$\frac{\pi}{32}(D^4 - d^4) \approx 0.1(D^4 - d^4)$$

令 $\alpha = d/D$，上式可简写成

$$I_{\mathrm{p}} = \frac{\pi D^4}{32}(1-\alpha^4) \approx 0.1 D^4 (1-\alpha^4)$$

同样

$$W_{\mathrm{t}} = \frac{I_{\mathrm{p}}}{D/2} = \frac{\pi D^3}{16}(1-\alpha^4) \approx 0.2 D^3 (1-\alpha^4)$$

例 6-2 实心阶梯轴受力如图 6-14 所示。已知 $T = 4\ \mathrm{kN \cdot m}$，$d_1 = 60\ \mathrm{mm}$，$d_2 = 40\ \mathrm{mm}$，1-1 截面上 K 点 $\rho_K = 20\ \mathrm{mm}$。

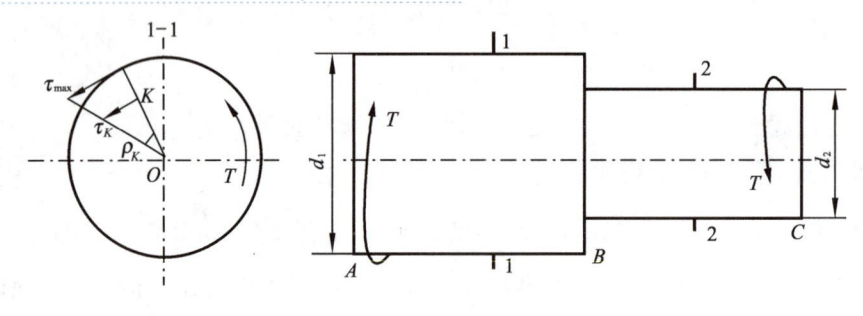

图 6-14

(1) 计算 1-1 截面上 K 点剪应力及截面最大剪应力。

(2) 计算 2-2 截面上最大剪应力。

解：(1) 用剪应力公式计算 1-1 截面上 K 点剪应力 τ_K

$$\tau_K = \frac{T\rho_K}{I_{\mathrm{p}1}} = \frac{4 \times 10^6 \times 20}{0.1 \times 60^4} = 61.7\ \mathrm{MPa}$$

用最大剪应力公式计算 1-1 截面上的最大剪应力

$$\tau_{1\max} = \frac{T}{W_{\mathrm{t}1}} = \frac{4 \times 10^6}{0.2 \times 60^3} = 92.6\ \mathrm{MPa}$$

(2) 用最大剪应力公式计算 2-2 截面上的最大剪应力

$$\tau_{2\max} = \frac{T}{W_{\mathrm{t}2}} = \frac{4 \times 10^6}{0.2 \times 40^3} = 312.5\ \mathrm{MPa}$$

例 6-3 AB 轴传递的功率为 $P = 7.5\ \mathrm{kW}$，转速 $n = 360\ \mathrm{r/min}$，如图 6-15 所示，轴 AC 段为实心圆截面，CB 段为空心圆截面。已知 $D = 3\ \mathrm{cm}$，$d = 2\ \mathrm{cm}$。试计算 AC 以及 CB 段的最大与最小剪应力。

解：(1) 计算扭矩。轴所受的外力偶矩为

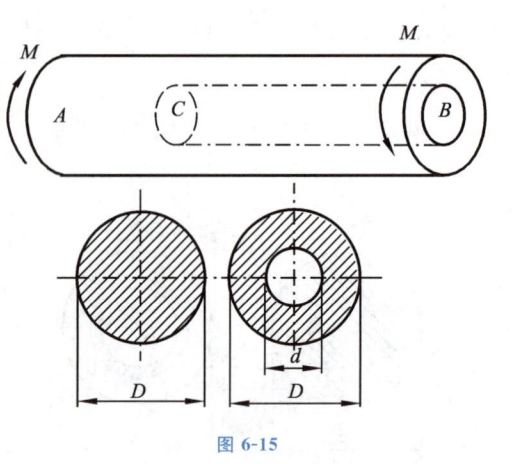

图 6-15

$$M = 9\,549\frac{P}{n} = 9\,549 \times \frac{7.5}{360} = 199 \text{ N·m}$$

由截面法得扭矩为

$$T = M = 199 \text{ N·m}$$

(2) 计算极惯性矩。AC 段和 CB 段轴横截面的极惯性矩分别为

$$I_{p1} = \frac{\pi D^4}{32} = \frac{3.14 \times 3^4}{32} = 7.95 \text{ cm}^4$$

$$I_{p2} = \frac{\pi}{32}(D^4 - d^4) = \frac{3.14}{32} \times (3^4 - 2^4) = 6.38 \text{ cm}^4$$

(3) 计算应力。AC 段轴横截面边缘处的剪应力为

$$\tau_{\max}^{AC} = \tau_{外}^{AC} = \frac{T}{I_{p1}} \cdot \frac{D}{2} = \frac{199}{7.95} \times \frac{3}{2} \times 10^6 = 37.5 \times 10^6 \text{ Pa} = 37.5 \text{ MPa}$$

$$\tau_{\min}^{AC} = 0$$

CB 段轴横截面内、外边缘处的剪应力分别为

$$\tau_{\min}^{CB} = \tau_{内}^{CB} = \frac{T}{I_{p2}} \cdot \frac{d}{2} = 31.2 \times 10^6 \text{ Pa} = 31.2 \text{ MPa}$$

$$\tau_{\max}^{CB} = \tau_{外}^{CB} = \frac{T}{I_{p2}} \cdot \frac{D}{2} = 46.8 \times 10^6 \text{ Pa} = 46.8 \text{ MPa}$$

6.4 圆轴扭转强度条件及应用

一、圆轴扭转强度条件

为了使圆轴在工作时不被破坏，轴内的最大扭转剪应力不得超过材料的许用剪应力，即

$$\tau_{\max} = \frac{T}{W_t} \leqslant [\tau] \tag{6-7}$$

式中，$[\tau]$ 为材料的许用剪应力。

材料许用剪应力与许用正应力的确定方法相似，都是通过试验测得材料的极限剪应力(剪切强度)，再用极限剪应力除以安全系数而得来，即

$$[\tau] = \frac{\tau_0}{n}$$

前已述及，材料的许用剪应力与许用正应力存在着一定的联系：

塑性材料　　　　　　　$[\tau] = (0.5 \sim 0.6)[\sigma]$
脆性材料　　　　　　　$[\tau] = (0.8 \sim 1.0)[\sigma]$

因此，在已知材料许用正应力的前提下，也可以通过许用正应力来间接确定许用剪应力。

又因为工程中传动轴一类的构件受到的往往不是标准的静载荷，所以实际使用的许用剪应力比理论值还要更低些。

二、扭转试验与扭转破坏现象

为了测定剪切时材料的力学性能,需将材料制成扭转试样在扭转试验机上进行试验。对于低碳钢,采用薄壁圆管或圆筒进行试验,使薄壁截面上的剪应力接近均匀分布,这样才能得到反映剪应力与剪应变关系的曲线。对于铸铁这样的脆性材料,由于基本上不发生塑性变形,所以采用实圆截面试样也能得到反映剪应力与剪应变关系的曲线。

扭转时,韧性材料(低碳钢)和脆弱性材料(铸铁)的试验应力-应变曲线分别如图 6-16(a)、图 6-16(b) 所示。

试验结果表明,低碳钢的剪应力与剪应变关系曲线,类似于拉伸正应力与正应变关系曲线,也存在线弹性、屈服和破坏三个主要阶段。屈服强度和剪切强度分别用 τ_s 和 τ_b 表示。

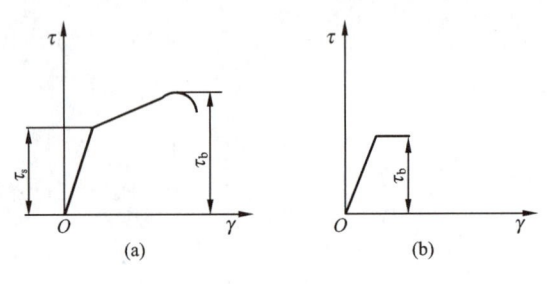

图 6-16

对于铸铁,整个扭转过程都没有明显的线弹性阶段和塑性阶段,最后发生脆性断裂。其剪切强度用 τ_b 表示。

韧性材料与脆性材料扭转破坏时,其试样断口有明显的区别。韧性材料如低碳钢试样,最后沿横截面剪断,断口比较光滑、平整,如图 6-17(a) 所示。脆性材料如铸铁试样,扭转破坏时沿 45° 螺旋面断开,断口呈细小颗粒状,如图 6-17(b) 所示。

图 6-17

三、应用实例

根据强度条件,同样可以解决三类不同的强度问题,即强度校核、设计截面尺寸、确定许可载荷。

等截面轴由于加工比较方便,在工程中应用较为普遍。根据强度条件,等截面轴扭矩最大的部分最危险。因此,对于等截面轴强度问题,画出详细、准确的扭矩图是解决问题的关键。

例 6-4 如图 6-18(a) 所示,直径 $d = 30$ mm 的等截面传动轴,转速为 $n = 250$ r/min,A 轮输入功率 $P_A = 7$ kW,B、C、D 轮输出功率分别为 $P_B = 3$ kW,$P_C = 2.5$ kW,$P_D = 1.5$ kW。轴材料的许用剪应力 $[\tau] = 40$ MPa,剪切弹性模量 $G = 80$ GPa。

(1)画出此等截面轴的扭矩图。
(2)校核轴的强度。
(3)若强度不足,在不增加直径的前提下,能否有措施使轴的强度得到满足?

第6章 扭 转 143

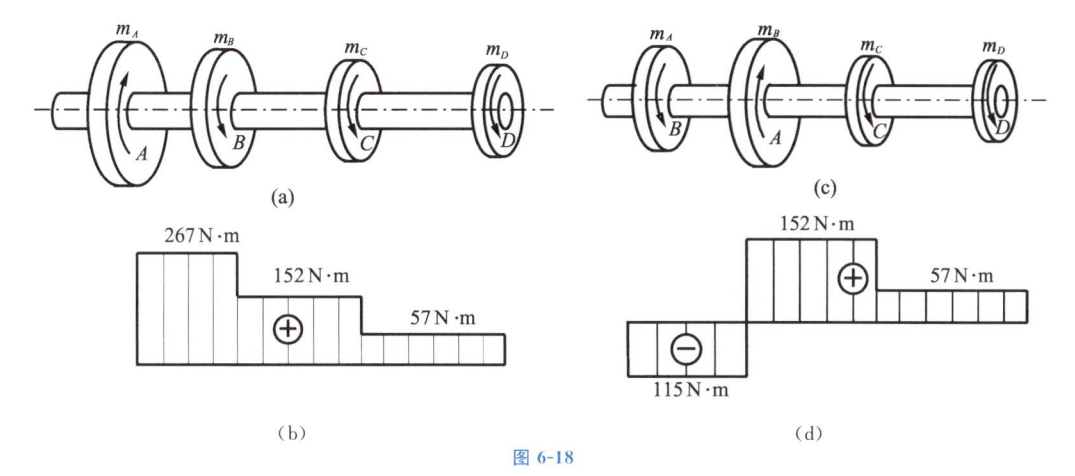

图 6-18

解：(1) 首先根据轴的转速及轮上的功率计算出各轮上的外力偶矩

$$M_A = 9\,549\frac{P_A}{n} = 9\,549 \times \frac{7}{250} = 267 \text{ N·m}$$

$$M_B = 9\,549\frac{P_B}{n} = 9\,549 \times \frac{3}{250} = 115 \text{ N·m}$$

$$M_C = 9\,549\frac{P_C}{n} = 9\,549 \times \frac{2.5}{250} = 95 \text{ N·m}$$

$$M_D = 9\,549\frac{P_D}{n} = 9\,549 \times \frac{1.5}{250} = 57 \text{ N·m}$$

四个外力偶矩将轴上扭矩分为三段，用扭矩计算法则计算各段扭矩

$$T_1 = 267 \text{ N·m}, T_2 = 152 \text{ N·m}, T_3 = 57 \text{ N·m}$$

根据三段扭矩值作出扭矩图，如图 6-18(b) 所示。

(2) 校核轴的强度。由扭矩图可知，最大扭矩在 AB 段，由于是等截面轴，故 AB 段最危险。

$$\tau_{max} = \frac{T_1}{W_t} = \frac{267 \times 10^3}{0.2 \times 30^3} = 49.4 \text{ MPa} > 40 \text{ MPa}$$

故此等截面轴强度不足。

(3) 当轴上有多个轮时，主动轮在一侧是不合理的。为此，将 A、B 轮位置互换，如图 6-18(c) 所示。扭矩图变为如图 6-18(d) 所示，最大扭矩在 AC 段，则有

$$\tau_{max} = \frac{T_{AC}}{W_t} = \frac{152 \times 10^3}{0.2 \times 30^3} = 28.1 \text{ MPa} < 40 \text{ MPa}$$

因此，A、B 轮位置互换后轴的强度满足要求。

工程中有时根据设计的需要采用非等截面轴，其中常用的是阶梯轴。阶梯轴的危险截面除了要考虑扭矩的大小，还要考虑截面的极惯性矩及抗扭截面模量，这样有时会出现多处可能的危险截面，强度问题一定要综合考虑。

例 6-5 阶梯形圆轴如图 6-19(a) 所示。AC 段直径 $d_1 = 4$ cm，CD 段直径 $d_2 = 7$ cm。主动轮 3 的输入功率为 $P_3 = 30$ kW，轮 1 的输出功率为 $P_1 = 13$ kW，轴工作时转速 $n = 200$ r/min，材料的许用剪应力 $[\tau] = 60$ MPa。试校核轴的强度。

解：(1) 计算各轴的外力偶矩为

144 工程力学

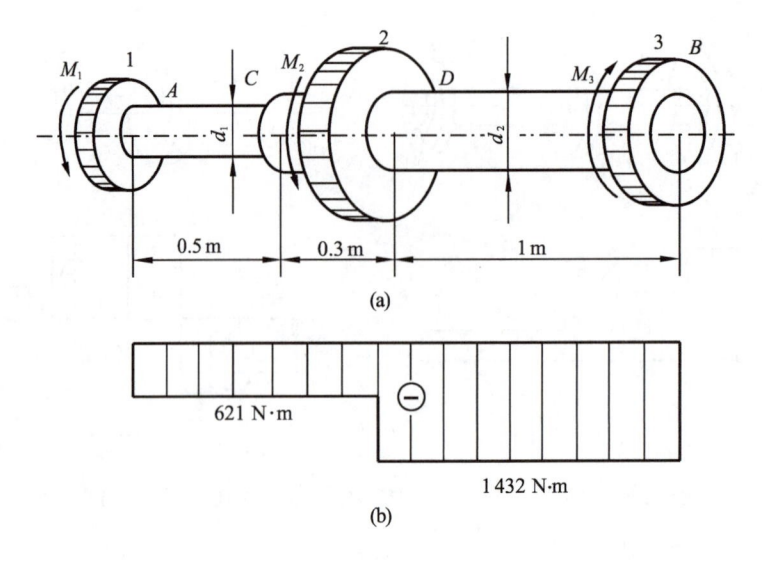

(图略)

$$M_1 = 9\,549\,\frac{P_1}{n} = 9\,549 \times \frac{13}{200} = 621\text{ N}\cdot\text{m}$$

$$M_3 = 9\,549\,\frac{P_3}{n} = 9\,549 \times \frac{30}{200} = 1\,432\text{ N}\cdot\text{m}$$

M_2 可以不求出。

(2) 计算扭矩,画扭矩图,如图 6-19(b) 所示。

(3) 分析危险截面。

AC 段与 CD 段相比,扭矩相同,CD 段较粗,I_p、W_t 较大,剪应力小,不危险;AC 段与 DB 段相比,AC 段细,扭矩也小,DB 段粗,扭矩也大,不通过计算,很难确定哪段更危险。不妨都看作危险截面进行校核。

(4) 强度校核。

AC 段 $\tau_{\max} = \dfrac{T_1}{\pi d_1^3/16} = \dfrac{16 \times 621 \times 10^3}{3.14 \times 40^3} = 49.4\text{ MPa} < [\tau] = 60\text{ MPa}$

DB 段 $\tau_{\max} = \dfrac{T_2}{\pi d_2^3/16} = \dfrac{16 \times 1\,432 \times 10^3}{3.14 \times 70^3} = 21.3\text{ MPa} < [\tau] = 60\text{ MPa}$

故该阶梯轴的强度足够。

工程中常采用实心圆轴,这是因为实心圆轴便于加工的缘故。而从截面设计的合理性来看,空心圆轴要优于实心圆轴。因为对实心轴而言,靠近轴心的剪应力是很小的,而较大的应力都作用在远离轴心的地方。而空心轴则正好把中间材料节省出来加强在外围,从而起到"好钢用在刀刃上"的作用,因而更为合理。我们通过下面例题对两截面加以比较。

例 6-6 实心轴和空心轴通过牙嵌离合器连接在一起,如图 6-20 所示。两轴材料相同,已知轴的转速 $n = 100$ r/min,传递的功率 $P = 7.35$ kW,材料的许用剪应力 $[\tau] = 20$ MPa。

(1) 设计实心轴直径 d_1。

(2) 设计内外径比为 0.5 的空心轴的外径 D。

(3) 比较相同长度的空心轴与实心轴的重量。

图 6-20

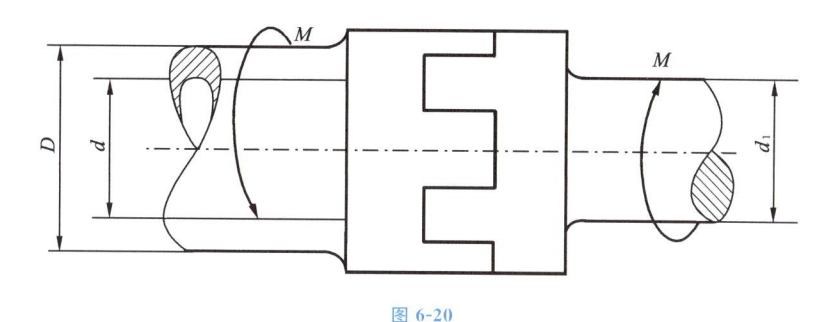

解:(1)首先设计实心轴直径。

外力偶计算如下

$$M = 9\,549 \frac{P}{n} = 9\,549 \times \frac{7.35}{100} = 702 \text{ N·m}$$

由于轴只受两个反向力偶作用,所以

$$T = M = 702 \text{ N·m}$$

根据强度条件设计直径

$$\tau_{\max} = \frac{T}{W_t} = \frac{T}{\pi d_1^3/16} \leqslant [\tau]$$

得

$$d_1 \geqslant \sqrt[3]{\frac{16T}{\pi[\tau]}} = \sqrt[3]{\frac{16 \times 702 \times 10^3}{3.14 \times 20}} = 56.3 \text{ mm}$$

取 $d_1 = 57$ mm。

(2)再次根据强度条件设计空心轴外径 D。

$$\tau_{\max} = \frac{T}{W_t} = \frac{T}{\frac{\pi D^3}{16}(1-\alpha^4)} \leqslant [\tau]$$

$$D \geqslant \sqrt[3]{\frac{16T}{\pi[\tau](1-\alpha^4)}} = \sqrt[3]{\frac{16 \times 702 \times 10^3}{3.14 \times 20 \times (1-0.5^4)}} = 57.6 \text{ mm}$$

取 $D = 58$ mm,$d = 29$ mm。

(3)比较空心圆轴与实心圆轴的重量。因两轴材料相同,长度相同,强度条件同时取等号时强度也相同,故它们重量之比为

$$\frac{G_{\text{空}}}{G_{\text{实}}} = \frac{A_2}{A_1} = \frac{\frac{\pi}{4}(D^2-d^2)}{\frac{\pi}{4}d_1^2} = \frac{57.6^2 - 28.8^2}{56.3^2} = 78.5\%$$

由此可以看出,材料、长度、载荷、强度都相同的情况下,空心轴用的材料仅为实心轴的 78.5%,因此空心轴要比实心轴节省材料;另一方面,相同材料、相同重量的情况下,空心轴的强度要比实心轴高。

工程中较为精密的机械,如飞机、轮船、汽车等,常采用空心轴来提高运输能力,不仅可以提高强度,还可以节省材料,减轻重量。

但空心轴的加工难度及造价要远高于实心轴,对于某些长轴,如车床中的光轴,纺织、化工机械中的长传动轴等,都不适宜做成空心的。

下面再来看一个包含传动轴的简单机构的综合力学问题。

例 6-7 如图 6-21(a) 所示，手摇绞车由两人同时操作，若每人加在手柄上的作用力 $F = 200$ N，已知轴的许用剪应力 $[\tau] = 40$ MPa。试根据扭转剪应力强度条件设计 AB 轴的直径，并确定最大起重量 W。尺寸单位：mm。

解：（1）计算 AB 轴的外力偶矩及扭矩，画扭矩图如图 6-21(b) 所示。

$$M_1 = M_2 = F \times 0.4 = 80 \text{ N} \cdot \text{m}$$

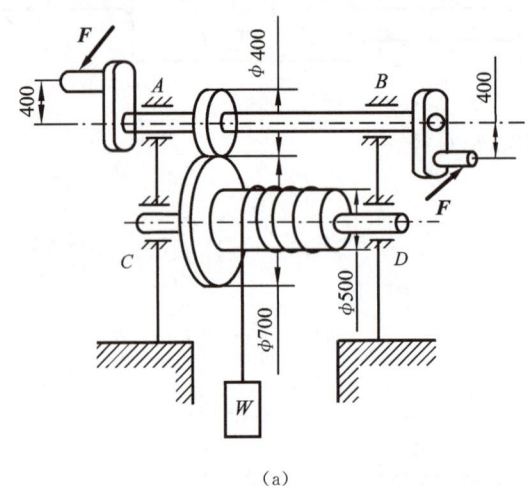

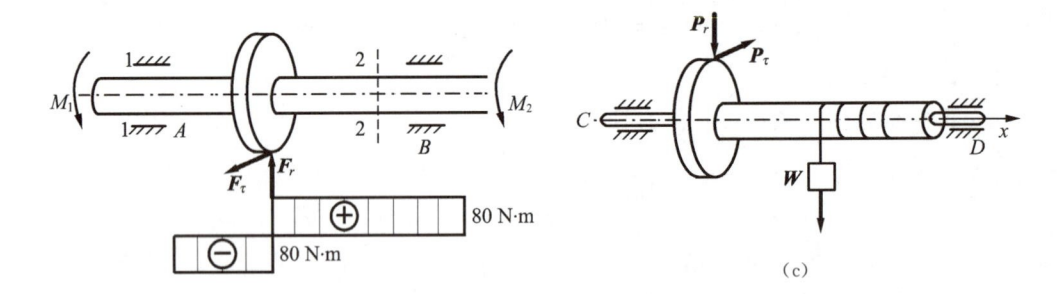

图 6-21

$$T_1 = -M_1 = -80 \text{ N} \cdot \text{m}, \quad T_2 = M_2 = 80 \text{ N} \cdot \text{m}$$

所以有
$$|T|_{\max} = 80 \text{ N} \cdot \text{m}$$

（2）由扭转剪应力强度条件设计 AB 轴的直径

$$\tau_{\max} = \frac{T}{W_t} = \frac{T}{\dfrac{\pi d^3}{16}} = [\tau]$$

$$d \geqslant \sqrt[3]{\frac{16T}{\pi[\tau]}} = \sqrt[3]{\frac{16 \times 80 \times 10^3}{3.14 \times 40}} = 21.7 \text{ mm}$$

取 $d = 22$ mm。

设传动时齿轮啮合切向力为 F_τ，则

$$M_3 = F_\tau \times 0.2 = M_1 + M_2 = 160 \text{ N} \cdot \text{m}$$

得
$$F_\tau = 800 \text{ N}$$

（3）确定最大起重量。对 CD 轴受力分析，如图 6-21(c) 所示。由平衡条件

$$\sum M_x = 0, \quad W \times 0.25 - P_\tau \cdot 0.35 = 0, \quad P_\tau = F_\tau = 800 \text{ N}$$

得
$$W = 1\,120 \text{ N} = 1.12 \text{ kN}$$
故最大起重量为 1.12 kN。

6.5 圆轴扭转变形及刚度条件

对于轴这类构件,通常不仅要求其具有足够的强度,而且对其变形也有严格的限制,不允许产生过大的扭转变形。例如,机床主轴若产生过大变形,工作时不仅会产生振动,加大摩擦,降低机床使用寿命,还会严重影响工件的加工精度。因此,变形及刚度问题也是圆轴设计所关心的重要方面。

一、扭转变形

1. 扭转角

扭转角是轴横截面间相对转过的角度,用 φ 表示(图 6-22),单位为弧度(rad),工程中也用度(°)作扭转角的单位。

图 6-22

由公式(6-4)可知,相距 dx 的两横截面间的扭转角为

$$d\varphi = \frac{T}{GI_p}dx$$

则相距为 l 的两横截面间的扭转角为

$$\varphi = \int d\varphi = \int_0^l \frac{T}{GI_p}dx$$

微课 14
扭转角的计算

对于同一材料的等截面圆轴,如果在长度 l 内扭矩为常量,即 T、G、I_p 均为常量,则上式可积分为

$$\varphi = \frac{Tl}{GI_p} \tag{6-8}$$

式(6-8)也被称为扭转胡克定律。注意,扭转胡克定律从形式上与拉压胡克定律 $\Delta l = \frac{Nl}{EA}$ 是一样的,只不过扭转胡克定律是以力偶为内力,以角度为变形,加之材料的弹性模量及截面几何性质以不同的量表示而已。扭转胡克定律在使用时也要分段,保证每段的 T、G、I_p 为常量才能使用。

2. 单位扭转角

单位扭转角是单位长度上的扭转角,用符号 θ 表示,单位是 rad/m。单位扭转角通常用来表示扭转变形的程度。扭转胡克定律也可用另一种形式表示

$$\theta = \frac{\varphi}{l} = \frac{T}{GI_p}$$

式中,θ 单位为 rad/m。由于工程中常用 °/m 作单位扭转角的单位,所以,上式经常写为

$$\theta = \frac{\varphi}{l} = \frac{T}{GI_p} \times \frac{180}{\pi} \tag{6-9}$$

式中,θ 单位为 °/m。

二、刚度条件

工程设计中,通常限定轴的最大单位扭转角 θ_{max} 不得超过规定的许用单位扭转角 $[\theta](°/m)$,即

$$\theta_{max} = \frac{T}{GI_p} \times \frac{180}{\pi} \leqslant [\theta] \qquad (6-10)$$

式(6-10)称为圆轴扭转的刚度条件。许用单位扭转角$[\theta]$是根据设计要求定的,可从有关手册中查出,也可参考下列数据:

精密机械的轴 $[\theta] = (0.15° \sim 0.5°)/m$
一般传动轴 $[\theta] = (0.5° \sim 1.0°)/m$
精度要求较低的轴 $[\theta] = (1.0° \sim 4.0°)/m$

从以上可以看出,对于工程中较为精密的机械的轴,通常需要同时考虑强度条件和刚度条件。

例 6-8 已知传动轴受力如图 6-23(a)所示。若材料采用 45 钢,$G = 80$ GPa,取 $[\tau] = 60$ MPa,$[\theta] = 1.0°/m$。试根据强度、刚度条件设计轴的直径。

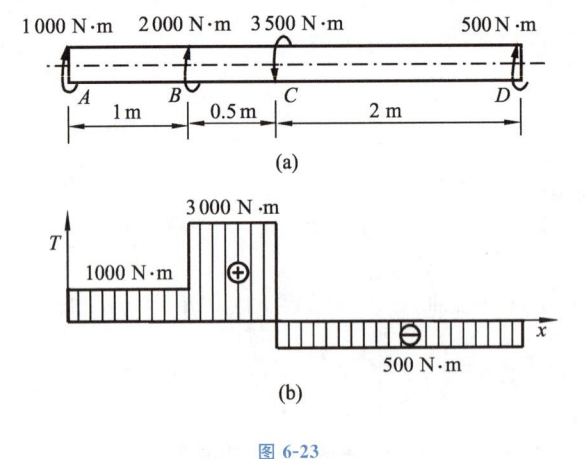

图 6-23

解:(1)内力计算

$$T_{AB} = 1\,000 \text{ N} \cdot \text{m}$$
$$T_{BC} = 3\,000 \text{ N} \cdot \text{m}$$
$$T_{CD} = -500 \text{ N} \cdot \text{m}$$

扭矩图如图 6-23(b)所示。

(2)危险截面分析。由于是等截面轴,扭矩(绝对值)最大的 BC 段同时是强度和刚度的危险段。

(3)由强度条件

$$\tau_{max} = \frac{T_{max}}{W_t} = \frac{T_{max}}{\frac{\pi d^3}{16}} \leqslant [\tau]$$

设计直径

$$d_1 \geqslant \sqrt[3]{\frac{16T_{\max}}{\pi[\tau]}} = \sqrt[3]{\frac{16 \times 3\,000 \times 10^3}{3.14 \times 60}} = 63.4 \text{ mm}$$

(4) 由刚度条件再设计直径。需要注意的是$[\theta]$的单位是(°/m),所以长度单位用 m,扭矩用 N·m,G 用 Pa,这样计算单位才是统一的。

$$\theta_{\max} = \frac{T_{\max}}{GI_p} \times \frac{180}{\pi} = \frac{T_{\max} \times 180}{G \times \frac{\pi d^4}{32} \times \pi} \leqslant [\theta]$$

$$d_2 \geqslant \sqrt[4]{\frac{32T_{\max} \times 180}{G\pi^2[\theta]}} = \sqrt[4]{\frac{32 \times 3\,000 \times 180}{80 \times 10^9 \times 3.14^2 \times 1.0}} = 0.068\,4 \text{ m} = 68.4 \text{ mm}$$

要同时满足强度和刚度条件,$d \geqslant d_{\max}$,取 $d = 69$ mm 或 70 mm。

工程中对较为精密的轴或较长的轴,除了对刚度进行校核以外,往往十分关注特定截面间的扭转角 φ 的大小。

例 6-9 某传动轴受力如图 6-24 所示。已知 $M_A = 0.5$ kN·m,$M_C = 1.5$ kN·m,轴截面的极惯性矩 $I_p = 2 \times 10^5$ mm⁴,两段长度为 $l_1 = l_2 = 2$ m,轴的剪切弹性模量 $G = 80$ GPa。试计算 C 截面相对 A 截面的扭转角 φ_{AC}。

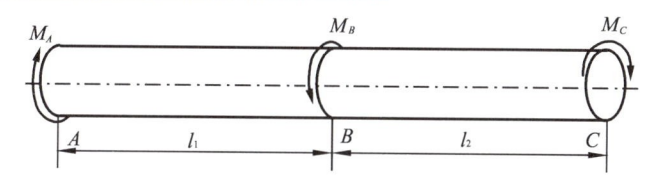

图 6-24

解:(1) 计算各段扭矩

$$T_{AB} = 0.5 \text{ kN·m}, \quad T_{BC} = -1.5 \text{ kN·m}$$

(2) 计算扭转角。扭转角是代数值,B 截面相对 A 截面逆时针转动,扭转角为正;C 截面相对 B 截面顺时针转动,扭转角为负。两部分求代数和时,实际上是数值相减。

$$\varphi_{AB} = \frac{T_{AB}l_1}{GI_p} \times \frac{180}{\pi} = \frac{0.5 \times 10^6 \times 2 \times 10^3 \times 180}{80 \times 10^3 \times 2 \times 10^5 \times 3.14} = 3.6°$$

$$\varphi_{BC} = \frac{T_{BC}l_2}{GI_p} \times \frac{180}{\pi} = \frac{-1.5 \times 10^6 \times 2 \times 10^3 \times 180}{80 \times 10^3 \times 2 \times 10^5 \times 3.14} = -10.8°$$

$$\varphi_{AC} = \varphi_{AB} + \varphi_{BC} = 3.6 - 10.8 = -7.2°$$

分析思路与过程

1. 正确计算外力偶矩,绘制扭矩图,确定最大扭矩所在截面位置。
2. 计算危险点的应力和单位长度扭转角。
3. 选择强度条件和刚度条件进行计算。
4. 在刚度计算时 G 的单位为 GPa,力的单位为 N,长度单位用 m。

*6.6 非圆截面杆的扭转问题

工程上受扭转的杆件除常见的圆轴外,还有其他形状的截面,如农业机械常采用矩形截面杆作为传动轴。下面对矩形截面杆扭转做一简要介绍。

矩形截面杆件受扭转力偶作用发生变形,变形后其横截面将不再保持平面,而是发生"翘曲",如图 6-25 所示。

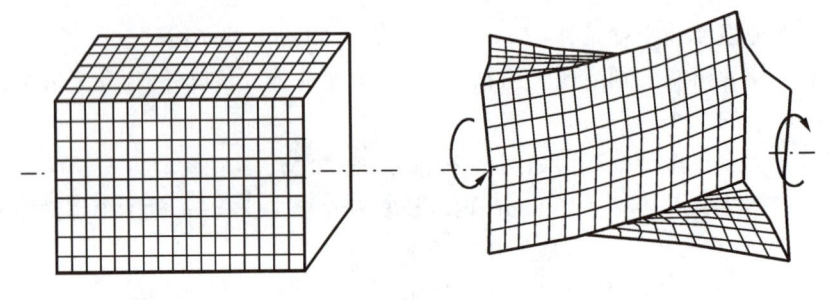

图 6-25

扭转时,若各横截面翘曲是自由的,不受约束,此时相邻横截面的翘曲处处相同,杆件轴向纤维的长度无变化,因而横截面上只有剪应力没有正应力,这种扭转称为自由扭转。此时横截面上剪应力分布规律如图 6-26 所示。

(1)边缘各点的剪应力 τ 与周边相切。

(2)τ_{max} 发生在矩形长边中点处,大小为

$$\tau_{max} = \frac{T}{W_k} \tag{6-11}$$

$$W_k = \alpha h b^2$$

次大剪应力发生在短边中点,大小为

$$\tau_1 = \gamma \tau_{max}$$

四个角点处剪应力 $\tau = 0$。

(3)杆件两端相对扭转角为

$$\varphi = \frac{Tl}{GI_k} \tag{6-12}$$

$$I_k = \beta h b^2$$

上面式中,系数 α、β、γ 与 $\frac{h}{b}$ 有关,可查表。

必须指出,对非圆截面杆件扭转,平面假设不再成立。上面计算公式是将弹性力学的分析结果写成圆轴公式形式。

当 $\frac{h}{b} > 10$ 时,截面成为狭长矩形,此时取 $\alpha = \beta \approx \frac{1}{3}$,若以 δ 表示狭长矩形的短边长度,剪应力分布如图 6-27 所示,则式(6-11)、式(6-12) 化为

$$\begin{cases}\tau_{\max} = \dfrac{T}{W_k}\\ \varphi = \dfrac{Tl}{GI_k}\end{cases} \qquad (6\text{-}13)$$

式中，$W_k = \dfrac{1}{3}h\delta^2$，$I_k = \dfrac{1}{3}h\delta^3$，此时长边上应力趋于均匀。

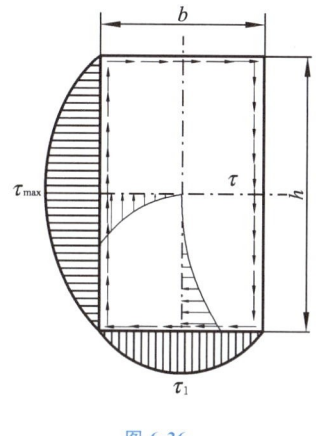

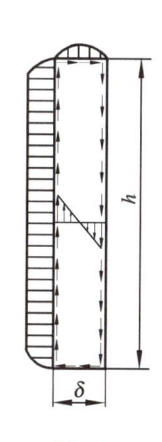

图 6-26

图 6-27

在工程实际结构中，受扭转力偶作用的构件的某些横截面的翘曲要受到约束（如支承处、加载面处等），此扭转为约束扭转，其特点是轴向纤维的长度发生改变，导致横截面上除扭转剪应力外还出现正应力。对于杆件约束扭转，若是实心截面杆件，如矩形、椭圆形等，正应力一般很小，可以略去，仍按自由扭转处理；若是薄壁截面，如型钢，将引起较大的正应力，必须加以注意。

案例分析与解答

分析轴是否安全工作，需要校核轴的强度。

根据已知条件，轴的内径和外径之比为

$$\alpha = \frac{d}{D} = \frac{90 - 2.5 \times 2}{90} = 0.944$$

因为轴的两端承受外加力偶，所以轴各横截面的危险程度相同，轴的所有横截面上的最大剪应力均为

$$\tau_{\max} = \frac{T}{W_t} = \frac{16T}{\pi D^3(1-\alpha^4)} = \frac{16 \times 1.5 \times 10^3}{3.14 \times (90 \times 10^{-3})^3 \times (1-0.944^4)}$$
$$= 50.9 \times 10^6 \text{ Pa} = 50.9 \text{ MPa} < [\tau]$$

由此可以得出结论：主动轴的强度是安全的。

（2）要确定实心轴在强度与空心轴相等的条件下的用料问题，要根据强度条件设计实心轴的直径，强度相等即是实心轴与空心轴均有同样数值的最大剪应力，即实心轴横截面上的最大剪应力也必须等于 50.9 MPa。

$$\tau_{max} = \frac{M_x}{W_y} = \frac{16M_x}{\pi d_1^3} = \frac{16 \times 1.5 \times 10^3}{3.14 d_1^3} = 50.9 \text{ MPa} = 50.9 \times 10^6 \text{ Pa}$$

$$d_1 = \sqrt[3]{\frac{16 \times 1.5 \times 10^3}{3.14 \times 50.9 \times 10^6}} = 53.1 \times 10^{-3} \text{ m} = 53.1 \text{ mm}$$

要看用料如何,就是要比较一下两根轴的重量比,由于二者的长度相等、材料相同,所以重量比即为两根轴的横截面的面积比,即

$$\eta = \frac{W_1}{W_2} = \frac{A_1}{A_2} = \frac{\frac{\pi(D^2-d^2)}{4}}{\frac{\pi d_1^2}{4}} = \frac{D^2-d^2}{d_1^2} = \frac{90^2-85^2}{53.1^2} = 0.31$$

可见,空心轴要节省材料。在用料一致的情况下,空心轴的强度要大,为此提升轴强度的措施之一为将实心轴转化为空心轴。

小 结

1. 基本内容

(1) 扭转的概念

受力特点:受到一对等值、反向、作用面垂直于轴线的力偶作用。

变形特点:截面间相对转动。

(2) 外力偶矩计算

已知轴所传递的功率 P 及转速 n,则

$$M = 9\,549\frac{P}{n}$$

式中,M 的单位为 N·m;P 的单位为 kW;n 的单位为 r/min。

$$M = 7\,024\frac{P}{n}$$

式中,P 的单位为马力;M 与 n 的单位同上。

(3) 扭矩计算

可用截面法计算,也可用扭矩计算法则计算。

① 扭矩等于截面一侧所有外力偶矩的代数和。

② 外力偶矩正负可用右手螺旋法则来判定:使右手四指沿外力偶矩方向弯曲,则拇指指向与截面法线反向者为正,同向者为负。

(4) 圆轴扭转时应力及最大应力

$$\tau = \frac{T\rho}{I_p}, \tau_{max} = \frac{T}{W_t}$$

实心圆截面

$$I_p = \frac{\pi d^4}{32} \approx 0.1d^4, W_t = \frac{\pi d^3}{16} \approx 0.2d^3$$

空心圆截面

$$I_p = \frac{\pi D^4}{32}(1-\alpha^4) \approx 0.1D^4(1-\alpha^4), W_t = \frac{\pi D^3}{16}(1-\alpha^4) \approx 0.2D^3(1-\alpha^4)$$

(5) 圆轴扭转强度条件

$$\tau_{\max} = \frac{T}{W_t} \leqslant [\tau]$$

(6) 刚度条件

$$\theta_{\max} = \frac{T}{GI_p} \times \frac{180}{\pi} \leqslant [\theta]$$

(7) 扭转角

$$\varphi = \frac{Tl}{GI_p}$$

2. 研究思路

(1) 作扭矩图时,先计算出外力偶矩,然后用截面法计算扭矩,并注意扭矩正负的确定。

(2) 根据强度条件,可解决三类不同的强度问题,即强度校核、设计截面尺寸和确定许可载荷。

(3) 对于工程中较精密的轴,通常同时考虑强度要求和刚度要求。

3. 学习中注意问题

(1) 强度问题应画出详细、准确的扭矩图。对于等截面轴,其最大扭矩处是危险截面;而对于非等截面轴,可以出现多处危险截面,因此要分段计算。

(2) 应用公式 $\varphi = \dfrac{Tl}{GI_p}$ 计算扭转角时,应注意对于同一材料等截面圆轴来说,在 l 范围内扭矩 T 为常量,才能应用此公式,否则须分段计算扭转角。

思 考 题

1. 请判断图 6-28 中的应力分布是否正确?

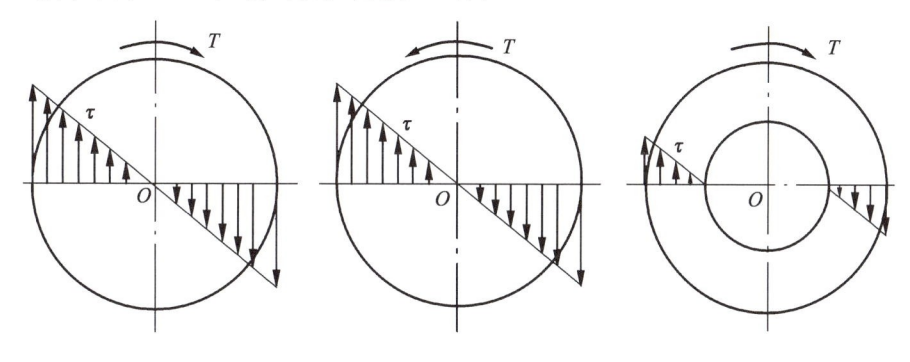

图 6-28

2. 请从提高强度的角度说明传动轴上各轮如何分布更为合理。

3. 两根几何参数和所受扭矩完全相同而材料不同的圆轴,两者最大剪应力是否相同?扭转角是否相同?

4. 空心圆轴的极惯性矩 $I_p = \dfrac{\pi D^4}{32} - \dfrac{\pi d^4}{32}$,能否推知其抗扭截面模量 $W_t = \dfrac{\pi D^3}{16} - \dfrac{\pi d^3}{16}$?为什么?

5. 从力学角度分析,为什么说空心圆轴比实心圆轴更为合理?

习 题

1. 如图 6-29 所示,求轴横截面 1-1、2-2、3-3 上的扭矩,并画出扭矩图。

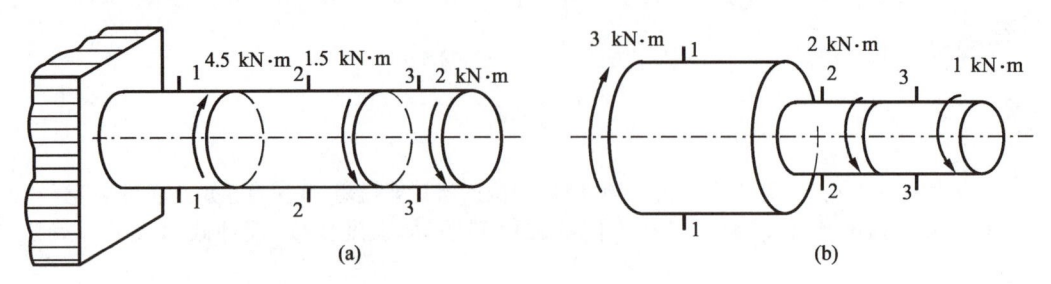

图 6-29

2. 如图 6-30 所示,轴上装有五个轮子,主动轮 2 的输入功率为 60 kW,从动轮 1、3、4、5 的输出功率依次为 18 kW、12 kW、22 kW、8 kW,轴的转速 $n = 200 \text{ r/min}$。试作轴的扭矩图,并分析轮子这样布置是否最合理。

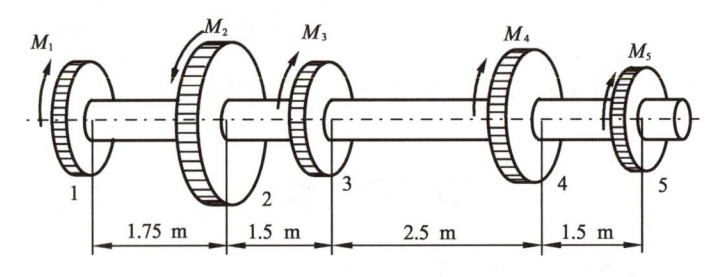

图 6-30

3. 如图 6-31 所示,AB 轴传递的功率 $P = 7.5 \text{ kW}$,转速 $n = 360 \text{ r/min}$。轴 AC 段为实心圆截面,CB 段为空心圆截面。已知 $D = 3 \text{ cm}, d = 2 \text{ cm}$。试计算 AC 和 CB 段的最大与最小剪应力。

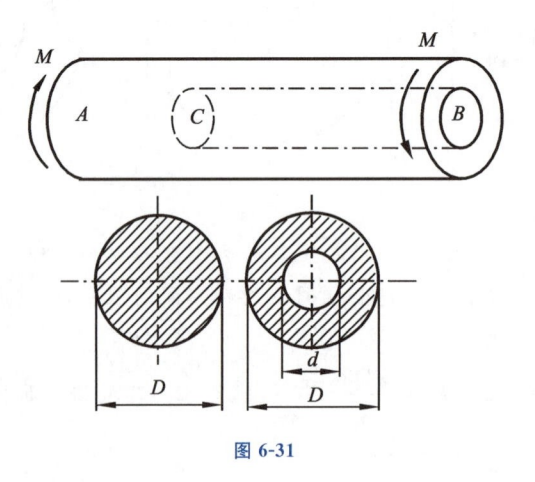

图 6-31

第6章 扭 转　155

4. 如图 6-32 所示，已知圆轴的直径 $d = 50$ mm，两端受力偶矩 $M_0 = 1$ kN·m 作用，试求任意横截面上半径 $\rho_A = 12.5$ mm 处的剪应力 τ_ρ 及边缘处的最大扭转剪应力 $\tau_{\max}$。

5. 如图 6-33 所示，转轴的功率由 B 轮输入，A、C 轮输出。已知 $P_A = 60$ kW，$P_C = 20$ kW，轴的许用剪应力 $[\tau] = 37$ MPa，转速 $n = 630$ r/min。试设计转轴的直径。

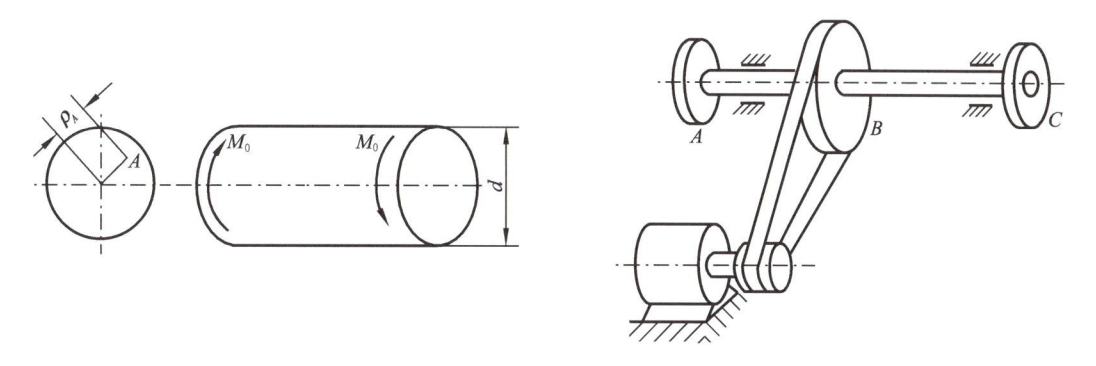

图 6-32　　　　　　图 6-33

6. 阶梯轴 AB 受力如图 6-34 所示，两段直径分别为 50 mm 和 40 mm。现在 AD 段钻一直径 40 mm 的孔，若 $[\tau] = 100$ MPa，试校核该轴的扭转强度。

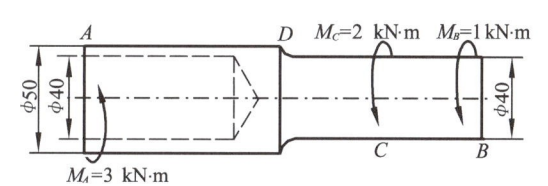

图 6-34

7. 汽车传动轴由 45 号无缝钢管（图 6-35）制成，外径 $D = 90$ mm，内径 $d = 85$ mm，许用剪应力 $[\tau] = 60$ MPa，传递的最大力偶矩 $m = 1.5$ kN·m，要求：(1) 校核其强度；(2) 若改用材料相同、扭转强度相等的实心轴，试确定其直径；(3) 求空心轴与实心轴的重量比。

8. 如图 6-36 所示轴，直径 $d = 100$ mm，$l = 500$ mm，$M_1 = 7\ 000$ N·m，$M_2 = 5\ 000$ N·m，$G = 8 \times 10^4$ MPa。

（1）作轴的扭矩图。

（2）求截面 C 相对于截面 A 的扭转角 φ_{AC}。

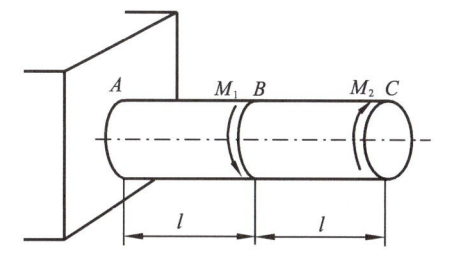

图 6-35　　　　　　图 6-36

9. 直径 $d = 75$ mm 的传动轴受力如图 6-37 所示。力偶矩 $M_1 = 1\,000$ N·m, $M_2 = 600$ N·m, $M_3 = M_4 = 200$ N·m, $G = 80$ GPa。

(1) 作轴的扭矩图。

(2) 求轴上最大剪应力。

(3) 求截面 A 相对于截面 C 的扭转角 φ_{CA}。

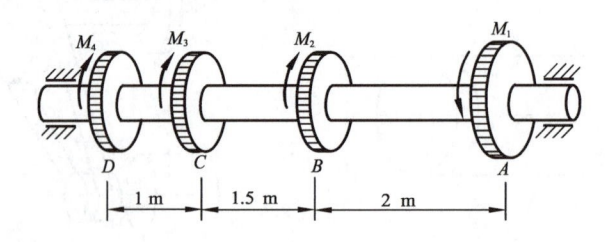

图 6-37

10. 如图 6-38 所示为阶梯形传动轴,已知 $n = 500$ r/min, $P_1 = 500$ 马力, $P_2 = 200$ 马力, $P_3 = 300$ 马力, $[\tau] = 70$ MPa, $[\varphi] = 1°/$m, $G = 80$ GPa。试确定 AB 和 BC 段的直径。

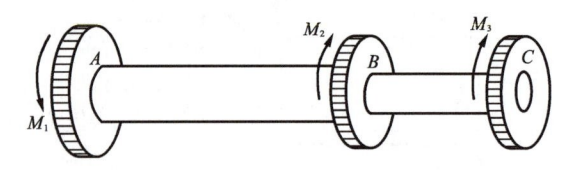

图 6-38

11. 如图 6-39 所示套筒联轴器,传递的最大力矩 $m = 250$ N·m。已知轴与套筒材料的许用剪应力 $[\tau] = 60$ MPa, 试校核轴与套筒的强度。

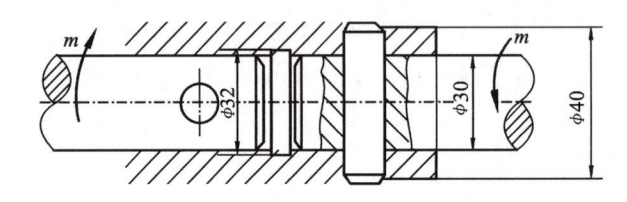

图 6-39

12. 变截面轴受力如图 6-40 所示,图中尺寸单位为 mm。已知 $M_{e1} = 1\,765$ N·m, $M_{e2} = 1\,171$ N·m, 材料的剪切弹性模量 $G = 80.4$ GPa。试求:

(1) 轴内最大剪应力,并指出其作用位置。

(2) 轴内最大相对扭转角 $\varphi_{\max}$。

13. 如图 6-41 所示,驾驶盘的直径 $D_1 = 520$ mm, 加在盘上的力 $F = 300$ N, 盘下面竖轴所用材料的许用剪应力 $[\tau] = 60$ MPa。

(1) 当竖轴为实心时,试设计轴的直径。

（2）如果采用空心轴,且内外径之比 $\alpha = 0.8$,试设计轴的外径 D_2。

（3）比较实心轴和空心轴的重量。

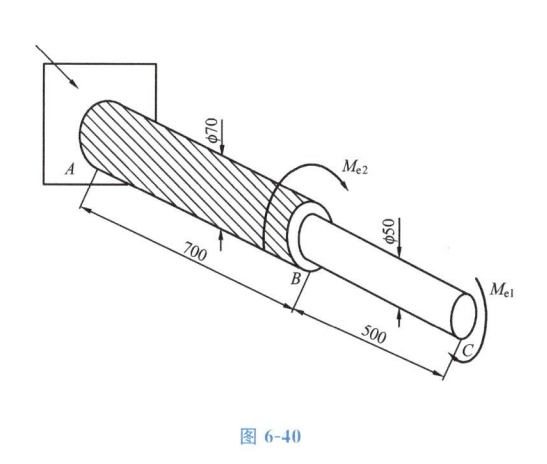

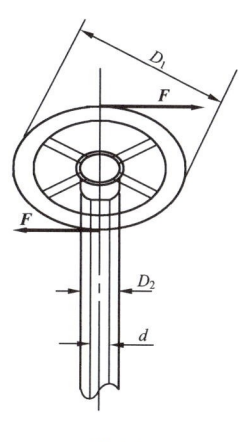

图 6-40

图 6-41

第 7 章

弯　曲

典型案例

工程实际中,为了吊起大型设备,往往组建一个临时附加悬挂系统。比如,要起吊一个重 300 kN 的大型设备,采用的是一台最大起吊重量为 150 kN 和一台最大起吊重量为 200 kN 的吊车,以及一根工字形轧制型钢作为辅助梁,共同组成临时的附加悬挂系统,如图 7-1 所示。如果已知辅助梁的长度 $l=$ 4 m,型钢材料的许用应力 $[\sigma]=160$ MPa,你知道大型设备的重力 P 加在辅助梁的什么位置上,才能保证两台吊车都不超载吗?你选择何种型号的工字钢呢?

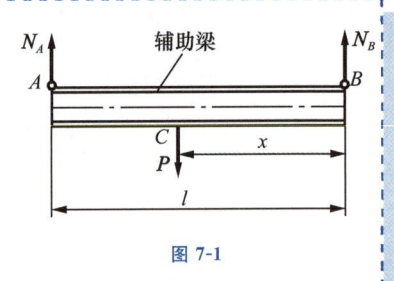

让我们快乐地走进这章的学习。

图 7-1

学习目标

【知识目标】

1. 掌握弯曲梁横截面上的剪力和弯矩计算、剪力图和弯矩图的绘制。
2. 掌握中性轴的概念及位置确定,掌握矩形截面、圆(环)形截面对中性轴惯性矩的计算。
3. 掌握纯弯曲梁横截面上正应力公式的推导方法及正应力分布特点。
4. 掌握弯曲梁正应力强度计算条件及应用。
5. 掌握铸铁梁的强度计算及应用。
6. 掌握挠度和转角的概念及梁的刚度设计。
7. 掌握提高弯曲梁的强度和刚度的措施。

【能力目标】

1. 对照扭转圆轴横截面上切应力的分析思路及方法,学习研究弯曲梁横截面上正应力的分布特点及计算各点的应力。

2.能根据弯矩图和弯曲梁横截面上正应力分布特征判断危险截面及危险点的位置。

3.能从理论层面分析提高弯曲梁承载能力的措施,理解等强度梁是一种理想化的变截面梁,加工制造上的困难使得实际上只能设计成近似等强度梁。

【素质目标】

1.通过吊车辅助梁起吊大型设备的实际设计案例引入,引发学生带着问题思考和学习,培养学生"提出问题—解读问题—分析问题—解决问题"的逻辑思维能力。

2.从最简单的纯弯曲横截面上的应力分析到正应力公式普遍适用于其他的平面弯曲,使学生再次体会从简单到复杂,从特殊到一般的学习规律,体会在研究问题时抓主要矛盾和矛盾的主要方面的重要性。

3.从铸铁梁的强度设计,既要分析危险截面的位置,更要根据材料拉压性质不同的特性分析危险点的位置,培养学生全面、系统分析问题的能力,提升学生的大局意识和责任意识。

4.在大量烦琐的计算过程中,培养学生的耐心、细心和吃苦耐劳的精神及顽强的意志品质。

梁的弯曲变形,特别是平面弯曲,是工程中遇到的最多的一种基本变形,其弯曲强度和刚度的研究在工程力学中占有重要位置。梁的内力分析及绘制内力图是计算梁的强度和刚度的首要条件,应熟练掌握。本章的理论比较集中且完整地体现了工程力学研究问题的基本方法,学习中应注意理解概念,熟悉方法,掌握理论以解决实际问题。

7.1 平面弯曲和静定梁

一、梁的平面弯曲

弯曲是杆件的基本变形之一。工程上常遇到这样一类直杆,如公路桥梁、火车轮轴、摇臂钻床的横梁等,如图7-2所示。它们具有这样的特点:**所受的外力垂直于杆的轴线,变形前为直线的轴线变形后成为曲线,这种变形形式称为弯曲变形**。以弯曲变形为主的杆件习惯上称为梁。

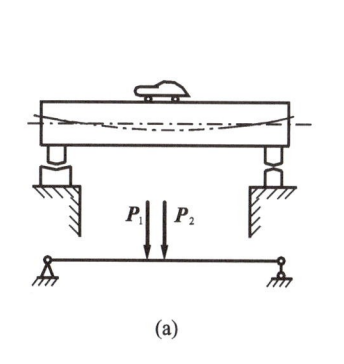

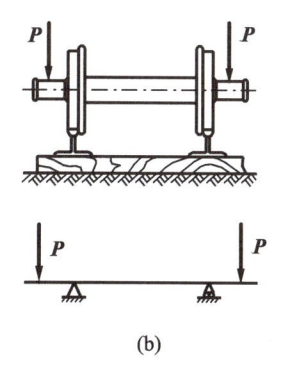

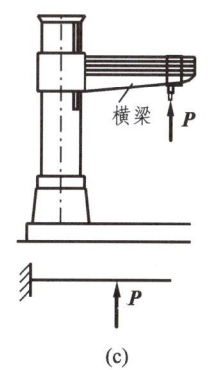

图 7-2

工程中常见的梁的横截面一般都有纵向对称轴,由梁的轴线与横截面的纵向对称轴组成的平面称为纵向对称面,并且当梁上所有外力均作用在纵向对称面内时,梁变形后的轴线将在此纵向对称面内弯成一条平面曲线,如图 7-3 所示。这种梁的轴线弯曲后所在平面与外力所在平面相重合的弯曲变形称为**平面弯曲**。这是弯曲问题中最基本的情况。

图 7-3

二、静定梁及其分类

如果梁只有一个固定端,或者在梁的两个截面处分别有一个固定铰支座和一个可动铰支座,就可保证梁不产生刚体位移。此时梁的三个约束反力均可由平面力系的三个平衡方程求得,这种梁称为静定梁。静定梁有以下三种基本形式。

(1)简支梁:一端为固定铰支座,一端为可动铰支座的梁称为简支梁,如图 7-4(a)所示。

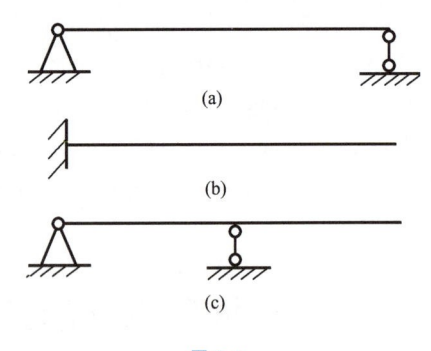

图 7-4

(2)悬臂梁:一端固定,一端自由的梁称为悬臂梁,如图 7-4(b)所示。

(3)外伸梁:梁的一端或两端伸出支座之外,这样的梁称为外伸梁,如图7-4(c)所示。

7.2 梁的内力——剪力和弯矩

一、用截面法计算梁的内力

作用有均布载荷的悬臂梁如图 7-5 所示,下面介绍如何用截面法计算任一截面 m-m 上的内力。

1.剪力和弯矩

(1)切:用一假想平面,将梁沿横截面 m-m 切开,并分为两段。

(2)取:取左段梁为研究对象。

(3)代:由于左段梁上有外力的作用,左段梁沿 m-m 截面有向上错动和绕截面形心顺时针转动的趋势。因此,要使截面左段梁保持平衡,在 m-m 截面上必有向下的内力 Q 和

第7章 弯 曲

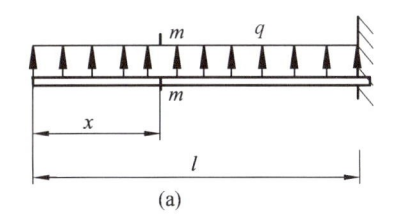

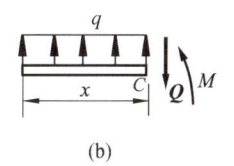

图 7-5

作用于梁纵向对称面内的、逆时针转向且力矩为 M 的内力偶。

(4)平:根据左段的平衡条件列方程,有

$$\sum F_y = 0, qx - Q = 0$$

得

$$Q = qx$$

$$\sum M_C = 0, M - q\frac{x^2}{2} = 0$$

得

$$M = \frac{q}{2}x^2$$

同样,以右段梁为研究对象,亦可求得 m-m 截面上的内力 Q' 和内力偶 M',分别与 Q 和 M 数值相同,方向相反。

由于内力 Q 作用在横截面内,说明其对梁有剪切作用,故称 Q 为该截面上的剪力。由于横截面上有内力偶 M 的存在,说明对梁有弯曲作用,故称 M 为该截面上的弯矩。

2. 剪力和弯矩的符号规定

在材料力学中,一般需根据内力所引起梁的变形情况来规定剪力和弯矩的正负号。其目的是不论选取梁的左段还是右段为研究对象,在计算同一截面的剪力和弯矩时所得符号一致。

剪力符号规定:使该截面的临近微段有顺时针转动趋势时,剪力取正号;反之取负号,如图7-6(a)所示。也可表述为:剪力 Q 逆时针转 90°与截面法线方向一致时,剪力为正;反之为负,如图 7-6(b)所示。

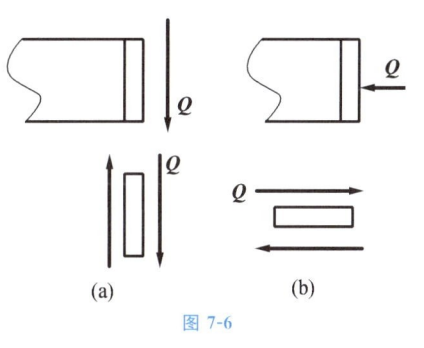

图 7-6

弯矩符号规定:使梁弯曲成下凸变形时,弯矩为正,反之为负,如图 7-7 所示。

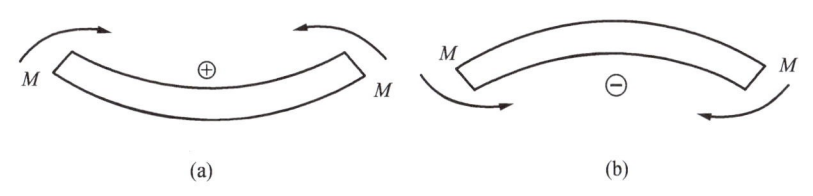

图 7-7

3. 利用截面法求指定截面上的内力

例 7-1 如图 7-8 所示的简支梁,其上作用集中力 $F=8$ kN,均布载荷 $q=12$ kN/m,图中尺寸单位为 m,试求梁截面 1-1 和 2-2 上的弯矩和剪力。

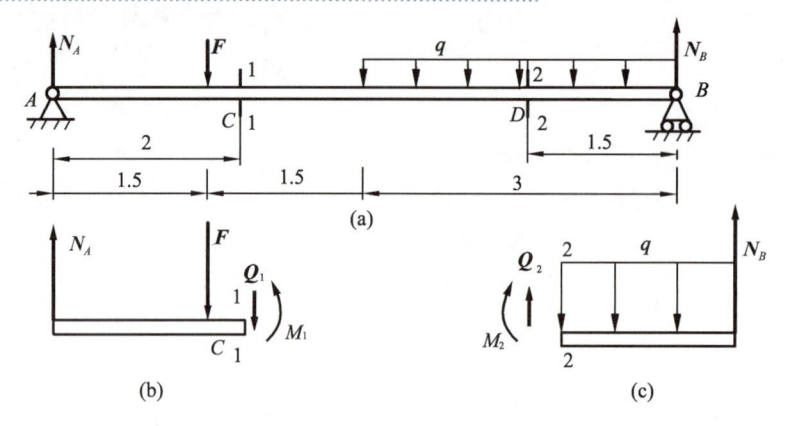

图 7-8

解:(1)求约束反力。取全梁为研究对象,由静力学平衡方程式

$$\sum M_B=0, -N_A\times 6+F\times 4.5+q\times 3\times 1.5=0$$

得

$$N_A=\frac{8\times 4.5+12\times 3\times 1.5}{6}=15 \text{ kN}$$

由

$$\sum F_y=0, N_A+N_B-F-q\times 3=0$$

得

$$N_B=8+12\times 3-15=29 \text{ kN}$$

其指向如图 7-8 所示,均为向上。

(2)求截面 1-1 上的内力。假想沿 1-1 截面将梁切开,取左段梁为研究对象,将所切截面上的内力用一个正剪力 Q_1 和一个正弯矩 M_1 代替,如图 7-8(b)所示。由静力学平衡条件

$$\sum F_y=0, N_A-F-Q_1=0$$

得

$$Q_1=N_A-F=15-8=7 \text{ kN}$$

由

$$\sum M_C=0, -N_A\times 2+F\times 0.5+M_1=0$$

得

$$M_1=N_A\times 2-F\times 0.5=15\times 2-8\times 0.5=26 \text{ kN}\cdot\text{m}$$

剪力 Q_1 及弯矩 M_1 都是正值。

(3)求截面 2-2 上的内力。假想沿 2-2 截面将梁切开,取右段梁为研究对象,将所切截面上的内力用一个正剪力 Q_2 和一个正弯矩 M_2 代替,如图 7-8(c)所示。由静力学平衡条件 $\sum F_y=0, \sum M_D=0$,列平衡方程解得

$$Q_2=q\times 1.5-N_B=12\times 1.5-29=-11 \text{ kN}$$

$$M_2=N_B\times 1.5-q\times 1.5\times 0.75=29\times 1.5-12\times 1.5\times 0.75=30 \text{ kN}\cdot\text{m}$$

剪力 Q_2 为负值,弯矩 M_2 为正值。

二、梁的内力计算规则

1. 梁的内力计算

为了简化计算,可以不必用平面假设将梁截开,而是由梁截面一侧的外力直接计算得

到该截面的内力。其规则是：利用静力学力的平移定理和同平面内力偶等效定理,将截面一侧所有外力(包括力偶)移动到所求截面位置,直接进行求和计算,即

$$剪力(Q)＝截面一侧梁上所有外力的代数和$$

$$弯矩(M)＝截面一侧梁上所有外力对该截面形心的力矩代数和$$

符号规定如下：

对于剪力,若取左段梁为分离体,则此段梁上所有向上的外力会使该截面上产生正剪力,而所有向下的外力会使该截面上产生负剪力。对于右段梁则符号相反。

对于弯矩,无论取左段梁还是取右段梁为分离体,梁上所有向上的外力会使该截面上产生正弯矩,而所有向下的外力会使该截面上产生负弯矩。左段梁上所有顺时针转向的外力偶会使该截面上产生正弯矩,而所有逆时针转向的外力偶会使该截面上产生负弯矩。对于右段梁,则符号相反。

2. 利用内力计算法则求指定截面上的内力

例 7-2 如图 7-9 所示,悬臂梁上作用有均布载荷 q 及力偶 $M=qa^2$,求 A 点右侧截面、C 点左侧和右侧截面、B 点左侧截面的弯矩。

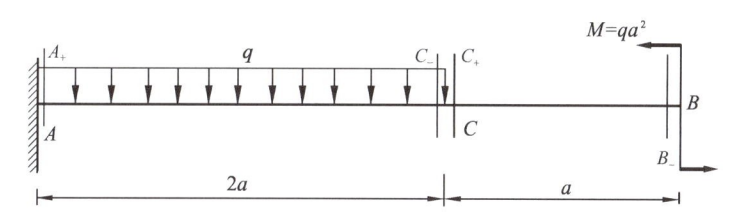

图 7-9

解： 对于悬臂梁不必求支座约束反力,可由自由端开始分析。设截面右侧为正。

截面 B_- 上的内力,取截面右段梁为分离体,得 $M_{B_-}=qa^2$；

截面 C_+ 上的内力,取截面右段梁为分离体,得 $M_{C_+}=qa^2$；

截面 C_- 上的内力,取截面右段梁为分离体,得 $M_{C_-}=qa^2$；

截面 A_+ 上的内力,取截面右段梁为分离体,得 $M_{A_+}=qa^2-q \cdot 2a \cdot a=-qa^2$。

7.3 剪力图和弯矩图

一般情况下,梁各截面上的内力是不相同的,即梁横截面上的剪力和弯矩是随截面的位置而变化的,如果沿梁轴线方向选取 x 表示横截面的位置,则梁各个横截面上的剪力和弯矩可表示为坐标 x 的函数,即

$$Q=Q(x),M=M(x)$$

这两个函数表达式分别称为剪力方程和弯矩方程。

为了能形象地表明剪力和弯矩沿梁轴线方向的变化情况,以 x 为横坐标,分别以 Q 和 M 为纵坐标,绘出 $Q=Q(x)$ 和 $M=M(x)$ 的曲线,这两种曲线分别称为梁的剪力图和弯矩图。一般的,当 Q 和 M 为正时,画在 x 轴的上方。

利用剪力图和弯矩图能方便地确定梁的最大剪力和最大弯矩,找出梁上危险截面所在的位置。

以下讨论剪力图和弯矩图的具体做法。

如图 7-10(a)所示,一悬臂梁 A 端固定,B 端受集中力 F 作用,画出此悬臂梁的剪力图和弯矩图。

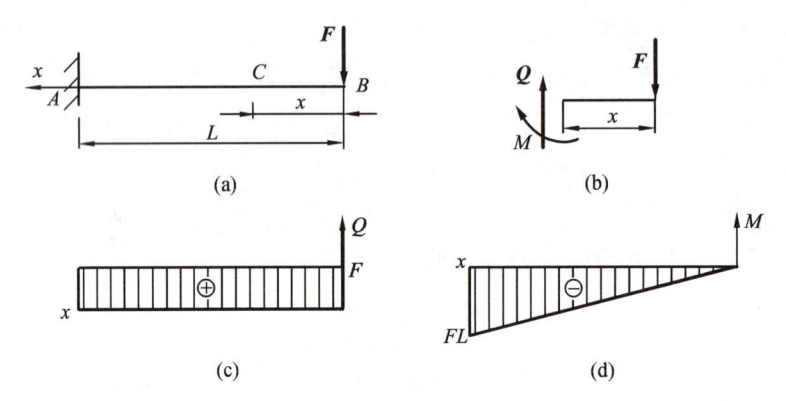

图 7-10

(1)列剪力方程和弯矩方程。首先确定坐标轴为 Bx,并取 B 点为原点,然后在梁上取横坐标为 x 的任意截面,用一假想平面将梁切开。以梁的右段为研究对象,如图 7-10(b)所示,并在所切的截面上假设一个正的剪力 Q 和一个正的弯矩 M,画出分离段的受力图。根据平衡条件

$$\sum F_y = 0, Q - F = 0$$

得

$$Q(x) = F \quad (0 < x < L) \tag{1}$$

由

$$\sum M_C = 0, -M - Fx = 0$$

得

$$M(x) = -Fx \quad (0 \leqslant x \leqslant L) \tag{2}$$

式(1)和式(2)分别为剪力方程和弯矩方程。

(2)画剪力图和弯矩图。由剪力方程(1)看出,各横截面上的剪力均等于 F。故剪力图是一条平行于 x 轴的直线;Q 为正,应画在 x 轴的上方,如图 7-10(c)所示。

从梁的弯矩方程(2)可见,梁在各横截面的弯矩为 x 的一次函数,弯矩图应为一条斜线。

只要确定直线上的两个点,便可画出此直线。

$$x = 0, M_B = 0; x = L, M_A = -FL$$

根据这两个数据作出弯矩图,如图 7-10(d)所示。

从弯矩图可以看出,在悬臂梁的固定端弯矩值最大,$|M_A| = |M|_{\max} = FL$。

例 7-3 如图 7-11(a)所示,一简支梁 AB 受均布载荷 q 作用,试列出该梁的剪力方程和弯矩方程,并绘出剪力图和弯矩图。

解:(1)首先求约束反力。利用载荷与支座约束反力的对称性,可直接得到约束反

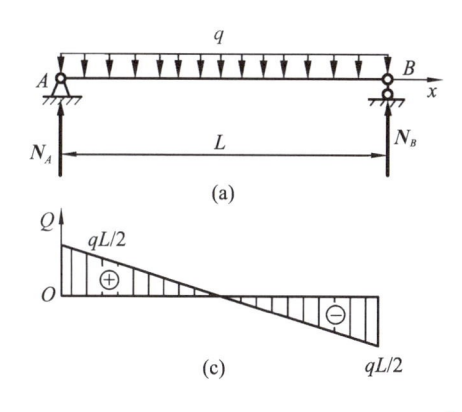

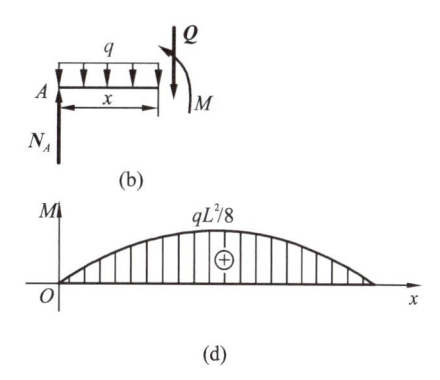

图 7-11

力为

$$N_A = N_B = \frac{qL}{2}$$

方向向上。

(2)按图 7-11(b)所示,列剪力方程和弯矩方程。由内力计算法则可得剪力方程

$$Q(x) = N_A - qx = \frac{qL}{2} - qx \qquad (0 < x < L) \tag{1}$$

弯矩方程

$$M(x) = N_A x - qx\frac{x}{2} = \frac{qL}{2}x - \frac{q}{2}x^2 \qquad (0 \leqslant x \leqslant L) \tag{2}$$

(3)作剪力图和弯矩图。由剪力方程(1)可知,梁的剪力是 x 的一次函数,剪力图应为一条斜线。剪力图如图 7-11(c)所示。

$$x = 0, Q(x) = \frac{qL}{2}; x = L, Q(x) = -\frac{qL}{2}$$

由弯矩方程(2)可知,该梁的弯矩是 x 的二次函数,故弯矩图应为一条二次抛物线。先确定抛物线上三个特征点的弯矩

$$x = 0, M(x) = 0; x = L, M(x) = 0; x = \frac{L}{2}, M(x) = \frac{1}{8}qL^2$$

因为梁的载荷与支座约束反力均具有对称性,所以弯矩图必然为对称的,对称点即该抛物线的顶点,在 $x = L/2$ 处。

弯矩图如图 7-11(d)所示。由剪力图和弯矩图可见,在梁的两端支座处剪力值为最大,$|Q|_{max} = qL/2$;在梁跨度中点处,横截面上有最大弯矩值 $M_{max} = qL^2/8$,而 $Q = 0$。

由此题可知,受均布载荷的梁的剪力图和弯矩图均是连续的曲线。剪力图为斜线,弯矩图为抛物线。

在以上的例题中,由于梁上没有外力突变,所以只要把梁整体当作一段,就可以通过平衡方程得到剪力方程和弯矩方程。但当作用在梁上的外力发生突变时,应在突变处分段。

例 7-4 一简支梁 AB 在 C 点处受集中载荷 F 的作用,如图 7-12(a)所示,试列

出梁的剪力方程和弯矩方程,并作此梁的剪力图和弯矩图。

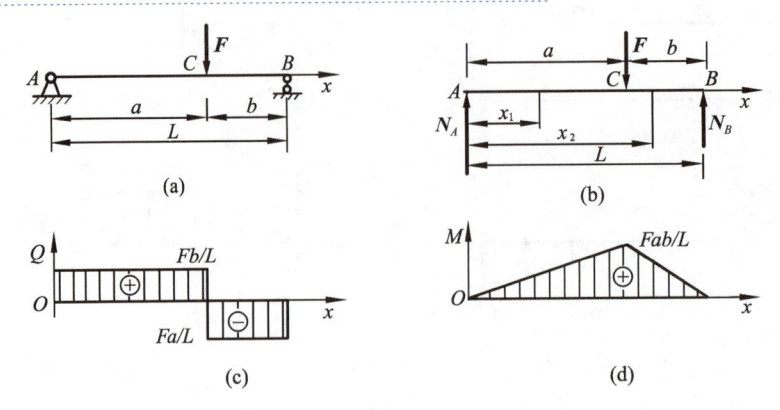

图 7-12

解:(1)求约束反力。由平衡方程式 $\sum M_B=0$ 和 $\sum F_y=0$ 分别算得支座约束反力

$$N_A=\frac{Fb}{L}, N_B=\frac{Fa}{L}$$

(2)列剪力方程及弯矩方程。

一找:以梁的左端 A 为原点,选取如图 7-12(b)所示的坐标系。由于在 C 截面处有集中力 F 作用,故 C 点应为分段点。AC 和 CB 两段梁上各截面的剪力和弯矩不同,必须分段列出。

二查:在 AC 段内,取与原点距离为 x_1 的任意截面,该截面左段一侧的外力为 N_A,外力对截面形心之矩为 $N_A x_1$。

三判定:由于 N_A 向上和 $N_A x_1$ 顺时针转向,根据平衡条件求得该截面的剪力和弯矩分别为

$$Q(x_1)=N_A=\frac{Fb}{L} \quad (0<x_1<a) \tag{1}$$

$$M(x_1)=N_A x_1=\frac{Fb}{L}x_1 \quad (0 \leqslant x_1 \leqslant a) \tag{2}$$

式(1)和式(2)表示 AC 段内,任一截面上的剪力和弯矩即 AC 段的剪力方程和弯矩方程。

对于 CB 段内的剪力和弯矩,取截面右段为研究对象,坐标原点不变,根据平衡条件得 CB 段的剪力和弯矩方程

$$Q(x_2)=-N_B=-\frac{Fa}{L} \quad (a<x_2<L)$$

$$M(x_2)=N_B(L-x_2)=\frac{Fa}{L}(L-x_2) \quad (a \leqslant x_2 \leqslant L)$$

(3)绘剪力图及弯矩图。由 $Q(x_1)$ 和 $Q(x_2)$ 可以作出剪力图,如图 7-15(c)所示。$Q(x_1)$、$Q(x_2)$ 表示在 AC 段和 CB 段梁上各截面的剪力均为常数,分别等于 Fb/L 和 $-Fa/L$,因此,两段剪力图是与 x 轴平行的直线,正值画在 x 轴的上方,负值画在下方。从剪力图看出,当 $a>b$ 时,全梁的最大剪力出现在 CB 段,$|Q|_{\max}=Fa/L$。

由 $M(x_1)$ 和 $M(x_2)$ 可知,AC 段和 CB 段梁的弯矩皆为 x 的一次函数,表明弯矩均为一条斜线,因而,每条斜线只要确定两点,便可完全确定。例如

$$x_1=0, M_1=0; x_1=a, M_1=\frac{Fab}{L}$$

$$x_2=a, M_2=\frac{Fab}{L}; x_2=L, M_2=0$$

分别连接与 M_1、M_2 相应的两点,便得到 AC 及 CB 段的弯矩图,如图 7-12(d)所示。从弯矩图中可看出,最大弯矩产生在集中力 **F** 作用的截面 C 处,$M_{\max}=Fab/L$。当 $a=b=L/2$,即集中载荷作用在梁跨度中点时,有最大弯矩值 $M_{\max}=FL/4$。

由上述分析可知,在集中力作用处,剪力图有突变,突变处的差值即为该集中力的值,突变方向与集中力方向相同;弯矩图有折角,即弯矩图的图线走向开始改变。

例 7-5 简支梁如图 7-13(a)所示,在 C 点处受一集中力偶 M_0 作用。试作此梁的剪力图和弯矩图。

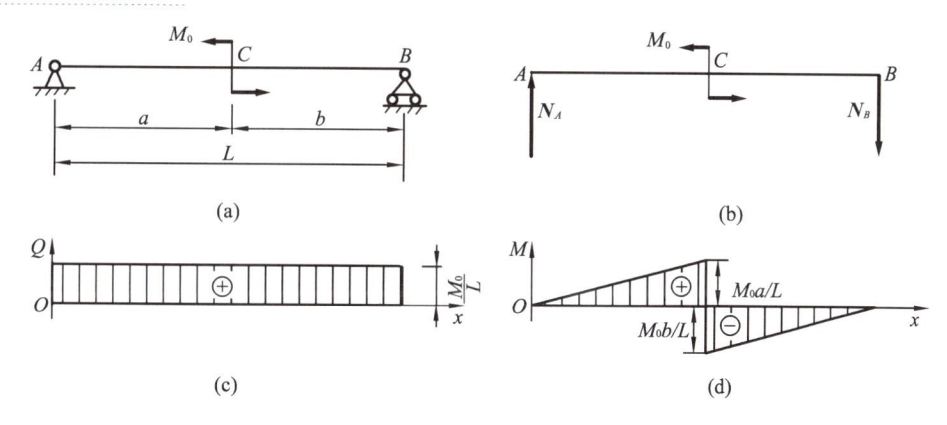

图 7-13

解:(1)计算支座约束反力。梁 AB 受力如图 7-13(b)所示,N_A、N_B 组成力偶与 M_0 平衡。

列平衡方程 $\sum M=0, -N_A L+M_0=0$

解得 $$N_A=N_B=\frac{M_0}{L}$$

(2)列剪力方程与弯矩方程。选梁左端 A 为坐标原点,由于 C 截面有集中力偶 M_0 作用,所以 C 点为分段点,分别在 AC 与 CB 段内取截面。根据平衡条件,由截面一侧的外力可列出剪力方程与弯矩方程。

AC 段的剪力方程与弯矩方程分别为

$$Q(x_1)=\frac{M_0}{L} \qquad (0<x_1\leqslant a)$$

$$M(x_1)=\frac{M_0}{L}x_1 \qquad (0\leqslant x_1<a)$$

CB 段的剪力方程和弯矩方程分别为

$$Q(x_2) = \frac{M_0}{L} \qquad (a \leqslant x_2 < L)$$

$$M(x_2) = \frac{M_0}{L}x_2 - M_0 \qquad (a < x_2 \leqslant L)$$

(3)画剪力图及弯矩图。从剪力方程可知,全梁各截面上的剪力相等,均为同一常数 M_0/L,故剪力为平行于 x 轴的直线,如图 7-13(c)所示,最大剪力 $Q_{max} = M_0/L$。

由弯矩方程可知梁各截面上的弯矩为 x 的一次函数。计算各控制点处的弯矩值:

AC 段 $\qquad x_1 = 0, M_1 = 0; x_1 = a, M_1 = \dfrac{M_0 a}{L}$

CB 段 $\qquad x_2 = a, M_2 = -\dfrac{M_0 b}{L}; x_2 = L, M_2 = 0$

弯矩图如图 7-13(d)所示,在 $a > b$ 情况下,集中力偶作用处的左侧横截面上的弯矩值为最大,$|M|_{max} = M_0 a/L$。

由此可得结论,在集中力偶作用处,弯矩图发生突变,其突变值等于该集中力偶矩之值,而剪力图图形不变。

从以上绘制剪力图及弯矩图的过程中,可归纳出绘制剪力图和弯矩图的步骤:

(1)建立直角坐标系。沿平行于梁轴线方向,以各横截面的所在位置为横坐标 x,以对应各横截面上的剪力值或弯矩值为纵坐标,建立直角坐标系。

(2)寻找分段点,即寻找剪力图和弯矩图的不连续点。一般以载荷变化点为分段点,确定剪力方程和弯矩方程的适用区间,即划定剪力图和弯矩图各自的分段连续区间。

(3)计算控制点的内力值。分段点左、右两侧面的剪力和弯矩值一般是不相同的,需要分别计算出来。假想在分段点把梁切开,将梁分段,分段点也称为控制点。计算控制点的内力值,实际上就是求各段连续内力曲线开区间的端点值。

(4)确定每段内力图的形状。由每段剪力方程和弯矩方程 x 的幂次,可判断出该段剪力图和弯矩图的图形形状。

(5)连线作图。在所划定的各段连续区间内,依据内力图的形状,连接各相应的控制点,即可分别作出整个梁的剪力图和弯矩图。

(6)注明数据和符号。在所绘制的剪力图和弯矩图中,注明各控制点处的内力值和各段剪力与弯矩的正负号。

(7)确定 $|Q|_{max}$ 和 $|M|_{max}$。分别确定剪力图和弯矩图中绝对值最大的剪力值和弯矩值及相应截面的位置。

7.4 载荷集度、剪力和弯矩的关系

在例 7-3 中,梁的剪力方程和弯矩方程分别为

$$Q(x) = \frac{qL}{2} - qx, M(x) = \frac{qL}{2}x - \frac{q}{2}x^2$$

可见,剪力、弯矩与分布载荷之间存在着微分关系。现在就来推导这三者之间的普遍的微分关系。

如图 7-14(a)所示,梁上作用有任意的分布载荷,其集度为 $q = q(x)$,它是 x 的连续函数,并规定指向向上为正。在距 O 端距离为 x 处,截出一小段长为 dx 的梁来研究,如图 7-14(b) 所示。设此微段梁左边截面上的剪力和弯矩分别为 Q 和 M,右边截面上的剪力和弯矩分别为 $Q + dQ$ 和 $M + dM$,作用在此段梁的载荷为均匀分布载荷。设以上各力皆为正向,根据平衡条件 $\sum F_y = 0$,则有

$$Q + qdx - (Q + dQ) = 0$$

得

$$\frac{dQ}{dx} = q \tag{7-1}$$

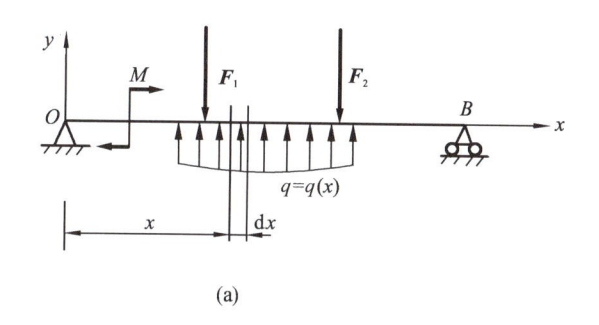

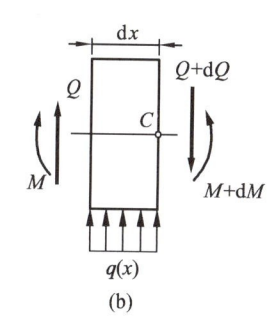

图 7-14

由 $\sum M_C = 0$,得

$$-M - Qdx - qdx\frac{dx}{2} + (M + dM) = 0$$

略去高阶微量 $qdx\frac{dx}{2}$ 后有

$$\frac{dM}{dx} = Q \tag{7-2}$$

将式(7-2)代入式(7-1),可得

$$\frac{d^2 M}{dx^2} = q \tag{7-3}$$

式(7-1)~式(7-3)就是剪力、弯矩与分布载荷之间的普遍微分关系式。

由微积分相关知识可知,$\frac{dQ}{dx}$ 与 $\frac{dM}{dx}$ 分别表示了 Q 图和 M 图的切线斜率,即对于梁的某一截面 x 处有

剪力图上某点的切线斜率＝所对应的点的载荷集度 **q**
弯矩图上某点的切线斜率＝所对应的点的剪力 **Q**

根据上述关系可知,x 的幂次按 **q**、**Q**、**M** 逐次升高,弯矩最大值可出现在集中力或集

中力偶所在点的某一侧面上，或剪力图上 Q 值变号（$Q=0$）处。

利用上述规律可以较为快捷地绘出或校核 Q、M 图，其要点归纳为"一定二连"：

(1)一定，即确定控制面的 Q 或 M 值。

(2)二连，即连线作图。根据 q、Q、M 之间的关系对图形的影响，确定各控制点之间曲线形状，按曲线形状连接各相应的控制点。

例 7-6 如图 7-15(a)所示，利用微分关系作外伸梁的内力图。

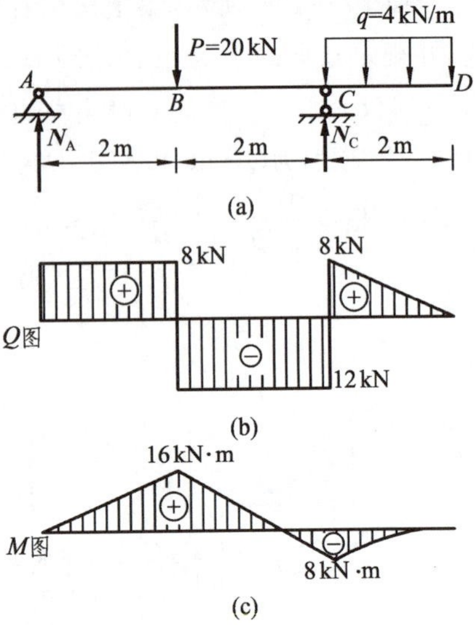

解：(1)求支座约束反力。由

$$\sum M_C = 0 \text{ 和 } \sum M_A = 0$$

得

$$N_A = 8 \text{ kN}(\uparrow), N_C = 20 \text{ kN}(\uparrow)$$

校核

$$\sum F_y = N_A + N_C - P - 2q = 8 + 20 - 20 - 8 = 0 \text{（无误）}$$

(2)分三段作 Q 图。

AB 段：$q=0$，则 Q 图为水平线。由 A 截面右侧的剪力值 $Q_{A右} = N_A = 8 \text{ kN}$ 即可画出。

BC 段：$q=0$，则 Q 图为水平线。由 $Q_{B右} = N_A - P = 8 - 20 = -12 \text{ kN}$ 即可画出。在 B 截面处，有向下的集中力 $P = 20 \text{ kN}$ 作用，Q 图由 8 kN 突变到 -12 kN，突变值为

$$|-12-8| = 20 \text{ kN} = P$$

CD 段：$q=$ 常数，则 Q 图为斜线，斜率 $\dfrac{dQ}{dx}=q$。由 $Q_{C右} = q \times 2 = 4 \times 2 = 8 \text{ kN}$ 和 $Q_D = 0$ 两点即可画出。在 C 截面处，有向上的集中力 $N_C = 20 \text{ kN}$，Q 图由 -12 kN 向上突变到 8 kN，突变值等于 N_C。

该梁的 Q 图如图 7-15(b)所示。

(3)作 M 图，仍需分三段作图。

AB 段：$q=0$，则 M 图为斜直线。由 $M_A = 0$，$M_B = N_A \times 2 = 8 \times 2 = 16 \text{ kN} \cdot \text{m}$ 画出。

BC 段：$q=0$，则 M 图为斜直线。由 $M_B = 16 \text{ kN} \cdot \text{m}$ 和 $M_C = 8 \times 4 - 20 \times 2 = -8 \text{ kN} \cdot \text{m}$ 画出。

CD 段：$q=$ 常数 <0，则 M 图为上凸的抛物线。由 $M_C = -8 \text{ kN} \cdot \text{m}$，$M_D = 0$ 以及因 $Q_D = 0$，M 图在 D 点的斜率等于零（有水平切线）三个条件即可大致画出 M 图的形状。

该梁的 M 图如图 7-15(c)所示。

下面将几种简单载荷作用下的典型 Q 图、M 图同列于表 7-1 中，以加深读者对上述规律的理解。

图 7-15

表 7-1　　　　　　　　　　　几种简单载荷作用下的典型 Q、M 图

构件	图形说明	各段方程	相应线形
受集中力作用的悬臂梁	梁及载荷图	$q(x)=0$	零线
	Q 图	$Q(x)=-P$　$(0<x<L)$	水平线
	M 图	$M(x)=-Px$　$(0\leqslant x<L)$	斜直线
受均匀载荷作用的悬臂梁	梁及载荷图	$q(x)=-q$(常量)	水平线
	Q 图	$Q(x)=-qx$　$(0\leqslant x<L)$	斜直线
	M 图	$M(x)=-\dfrac{1}{2}qx^2$　$(0\leqslant x<L)$	二次抛物线
受集中力偶作用的悬臂梁	梁及载荷图	$q(x)=0$	零线
	Q 图	$Q(x)=0$	零线(水平线)
	M 图	$M(x)=M_0$　$(0<x<L)$	水平线
受均匀载荷作用的简支梁	梁及载荷图	$q(x)=-q$(常量)	水平线
	Q 图	$Q(x)=N_A-qx$　$(0<x<L)$	斜直线
	M 图	$M(x)=N_Ax-\dfrac{1}{2}qx^2$　$(0\leqslant x\leqslant L)$	二次抛物线

续表

构件	图形说明	各段方程	相应线形
受集中力作用的简支梁	梁及载荷图	$q(x)=0$	零线
	Q 图	$Q(x_1)=N_A \ (0<x_1<a)$ $Q(x_2)=N_A-P \ (a<x_2<L)$	水平线
	M 图	$M(x_1)=N_A x_1 \ (0 \leqslant x_1 \leqslant a)$ $M(x_2)=N_A x_2-P(x_2-a) \ (a \leqslant x_2 \leqslant L)$	斜直线
受集中力偶作用的简支梁	梁及载荷图	$q(x)=0$	零线
	Q 图	$Q(x_1)=-N_A \quad (0<x_1 \leqslant a)$ $Q(x_2)=-N_A \quad (a \leqslant x_2<L)$	水平线
	M 图	$M(x_1)=-N_A x_1 \ (0 \leqslant x_1 \leqslant a)$ $M(x_2)=-N_A x_2+M_0 \ (a<x_2 \leqslant L)$	斜直线

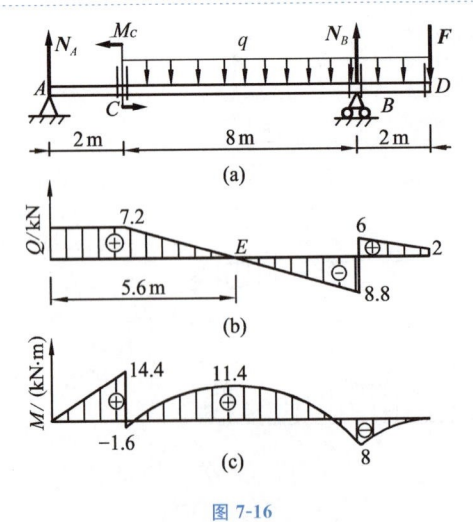

例 7-7 一外伸梁及其载荷如图 7-16(a)所示，$M_C = 16$ kN·m，均布载荷 $q=2$ kN/m，$F=2$ kN，图中尺寸单位为 m。试作出此梁的剪力图和弯矩图。

图 7-16

解：(1)求 A、B 上的约束反力。取整个梁为研究对象，由平衡条件

第7章 弯 曲

$$\sum M_A = 0, N_B \times 10 - q \times 10 \times 7 - F \times 12 + M_C = 0$$

得

$$N_B = \frac{2 \times 10 \times 7 + 2 \times 12 - 16}{10} = 14.8 \text{ kN}$$

由

$$\sum M_B = 0, -N_A \times 10 + q \times 10 \times 3 - F \times 2 + M_C = 0$$

得

$$N_A = \frac{2 \times 10 \times 3 - 2 \times 2 + 16}{10} = 7.2 \text{ kN}$$

(2) 计算各控制面的剪力和弯矩值。根据梁上作用的载荷情况,该梁分为三段:AC、CB 和 BD 段。控制面为各段的起止点,见表 7-2。

表 7-2 控制面的剪力和弯矩值

梁分段情况		AC		CB		BD	
载荷变化规律		0		$q(x)=q(q<0)$		$q(x)=q(q<0)$	
控制面		A_+	C_-	C_+	B_-	B_+	D_-
内力值	Q 值	7.2	7.2	7.2	−8.8	6	2
	M 值	0	14.4	−1.6	−8	−8	0
内力图	Q 图	水平线		向右下斜的直线		向右下斜的直线	
	M 图	向右上斜的直线		上凸抛物线		上凸抛物线	

(3) 绘制剪力图和弯矩图。梁 AC 段没有载荷作用,所以剪力图为一平行直线;CD 段有向下均布载荷,Q 图为右下斜线,且 CB、BD 段斜率相同;B 点有集中力 N_B 作用,Q 图发生突变。

根据剪力图可以确定弯矩图形状,AC 段 Q 值为正,所以 M 图为向右上倾斜的直线;在 C 点有一力偶,故在 C 点弯矩发生突变;CB、BD 段的 Q 值为负,M 图为上凸曲线;在 CE 段 Q 值为正,M 图上升;EB 段 Q 值为负,M 图下降;E 点 $Q=0$,M 图有极值;BD 段 Q 为正,M 图上升;B 点有集中力,M 图有折角。

剪力图与弯矩图如图 7-16(b)、图 7-16(c) 所示,$|Q|_{max} = 8.8$ kN,$|M|_{max} = 14.4$ kN·m。

分析思路与过程

1. 弯矩图可以确定危险截面的位置。
2. 弯矩的极值在梁的端截面、集中力、集中力偶及均布载荷所在的截面。
3. 可用面积法确定 Q、M

$$Q_{右} = Q_{左} + 面积 \quad (对应的载荷图形面积)$$
$$M_{右} = M_{左} + 面积 \quad (对应的剪力图形面积)$$

4. 在画图时,集中力处剪力图突变,若外力方向向上,则向上突变;反之,则向下突变。突变值为外力大小。集中力偶作用处弯矩图突变,若外力偶为顺时针,则向上突变;反之,则向下突变。突变值为外力偶矩大小。
5. 所有的内力图都是封闭的。

7.5 平面弯曲梁横截面上的正应力

一、纯弯曲、剪切弯曲的概念

为解决梁的强度问题,在求得梁的内力后,必须进一步研究横截面上的应力分布规律。

通常,梁受外力弯曲时,其横截面上同时有剪力和弯矩两种内力,于是在梁的横截面上将同时存在剪应力和正应力,如图 7-17(a)所示。横截面上的切向内力元素 $\tau \mathrm{d}A$ 构成剪力;法向内力元素 $\sigma \mathrm{d}A$ 构成弯矩,如图 7-17(b)所示。

如图 7-18(a)所示,在一简支梁纵向对称面内,关于跨度中点对称的两集中力 P 作用在梁的两端的 C、D 两点。如图 7-18(b)、图 7-18(c)所示,梁靠近支座的 AC、DB 段内,各横截面内既有弯矩又有剪力,这种弯曲称为 **剪切弯曲** 或 **横力弯曲**。在中段 CD 内,各横截面上剪力等于零,弯矩为一常数,这种弯曲称为 **纯弯曲**。为了更集中地分析正应力与弯矩之间的关系,先考虑纯弯曲梁横截面上的正应力。

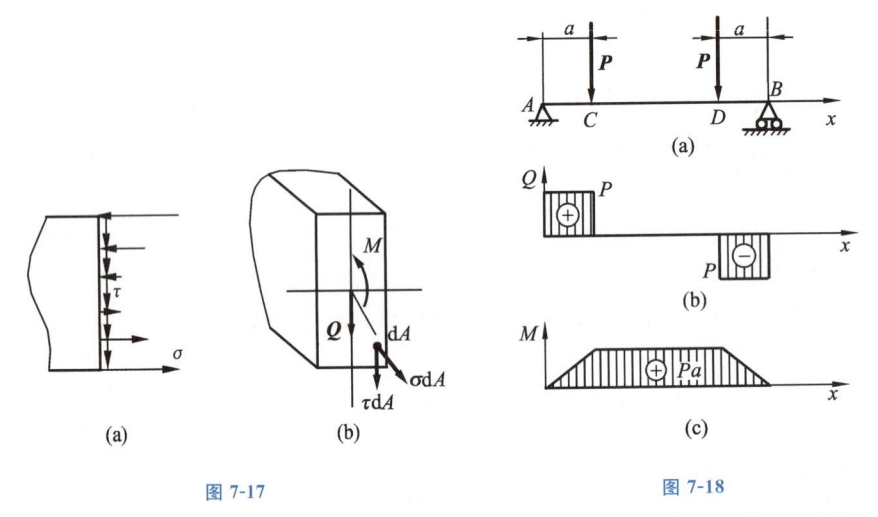

图 7-17

图 7-18

研究方法与轴向拉伸(压缩)及圆轴扭转的应力分析方法相似,即通过试验观察梁的变形得出简化假设,然后从变形几何关系、物理关系和静力学关系三方面综合分析,最后建立纯弯曲的正应力公式。

二、梁的纯弯曲实验及简化假设

在矩形截面梁的表面画上垂直于轴线的横向线 mm、nn 和平行于轴线的纵向线 aa、bb,如图 7-19(a)所示,然后使梁发生纯弯曲变形,如图 7-19(b)所示。从梁的表面变形情况可观察到下列现象:

(1)横向线仍为直线,但转过了一个小角度。

(2)纵向线变为曲线,但仍与横向线保持垂直。

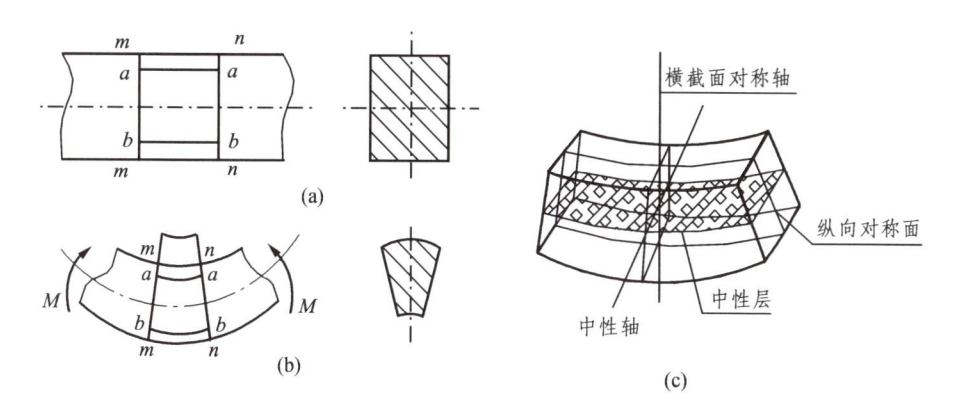

图 7-19

(3) 位于凹边的纵向线缩短,凸边的纵向线伸长。

(4) 观察横截面情况,在梁宽方向,梁的上部伸长,下部缩短,分别和梁的纵向缩短(上部)或伸长(下部)存在简单的比例关系。

根据上述表面变形现象,对梁的变形和受力做如下假设:

(1) 弯曲的平面假设:梁的各个横截面在变形后仍保持为平面,并且仍然垂直于变形后的梁的轴线,只是绕横截面上的某轴转过了一个角度。

(2) 单向受力假设:纵向纤维之间互不牵扯,每根纤维都只产生轴向拉伸或压缩。

实践证明,以上述假设为基础导出的应力和变形公式,符合实际情况。同时,在纯弯曲情况下,由弹性理论也得到了相同的结论。

由上述假设可以建立起梁的变形模式,如图 7-19(c)所示。设想梁由许多层纵向纤维组成,变形后,梁的上层纤维缩短,下层纤维伸长。由于变形的连续性,其中必有一层纤维既不伸长,也不缩短,这层纤维称为中性层。中性层与横截面的交线称为中性轴,中性轴与横截面的对称轴垂直。梁纯弯曲时,横截面就是绕中性轴转动,并且每根纵向纤维都处于轴向拉伸或压缩的简单受力状态。

三、纯弯曲时的正应力公式

1. 变形几何关系

用 1-1、2-2 两横截面截取长为 dx 的一段梁,如图 7-20(a)所示,令 y 轴为横截面的对称轴,z 轴为中性轴(其位置待定)。弯曲变形后,与中性层距离为 y 的纤维 bb 变为弧线 $\widehat{b'b'}$(图 7-20(b)),且 $\widehat{b'b'}=(\rho+y)d\theta$,而原长 $bb=dx=O_1O_2=\widehat{O_1'O_2'}\rho d\theta$。这里 ρ 为中性层的曲率半径,$d\theta$ 是两横截面 $1'\text{-}1'$、$2'\text{-}2'$ 的相对转角。由此得纤维 bb 的线应变为

$$\varepsilon=\frac{(\rho+y)d\theta-\rho d\theta}{\rho d\theta}=\frac{y}{\rho} \tag{7-4}$$

式(7-4)表明,纵向纤维的线应变 ε 与它到中性层的距离 y 成正比。

2. 物理关系

由 7.5.2 节中假设(2),纵向纤维只受单向拉伸或压缩,因此在正应力不超过材料比例极限时,由胡克定律可得

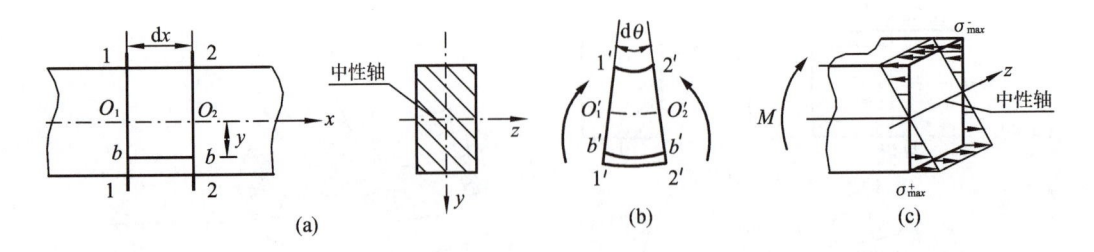

图 7-20

$$\sigma = E\varepsilon = E\frac{y}{\rho} \tag{7-5}$$

式(7-5)表明,横截面上任意点的正应力 σ 与该点到中性轴的距离成正比,即正应力沿截面高度方向呈线性分布,且在距中性轴等距离的各点处正应力大小相等,中性轴上正应力等于零。这一变化规律如图 7-20(c)所示。

3. 静力学关系

由于中性轴的位置以及中性层的曲率半径 ρ 均未确定,因此式(7-5)还不能用于计算应力。为此考虑正应力应满足的静力学关系。

在横截面上任取一点,其坐标为 (y,z),过此点的微面积 dA 上有微内力 σdA,如图7-21所示。在整个截面上这些微内力构成空间平行力系,而纯弯曲时梁横截面上的内力只产生位于纵向对称面内的弯矩 M,于是根据静力学条件有

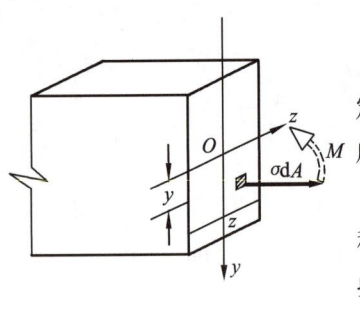

图 7-21

$$N = \int_A \sigma dA = 0 \tag{7-6}$$

$$M_z = \int_A y\sigma dA = M \tag{7-7}$$

式中,A 为横截面面积。

将式(7-5)代入式(7-6)得

$$\frac{E}{\rho}\int_A y dA = 0$$

$\int_A y dA = S_z$ 称为截面静矩,由于 E/ρ 不能为零,则静矩 $S_z = 0$,这说明中性轴 z 必过截面形心,因此中性轴位置可确定,且具有唯一性。

将式(7-5)代入式(7-7)可得

$$\frac{E}{\rho}\int_A y^2 dA = M$$

$\int_A y^2 dA = I_z$ 称为截面对中性轴 z 的惯性矩,于是

$$\frac{1}{\rho} = \frac{M}{EI_z} \tag{7-8}$$

此即为 **梁的曲率公式**。可见弯矩越大,梁的曲率也越大,即弯曲越厉害;相同弯矩下,EI_z 越大,曲率越小,即说明梁比较刚硬,不易弯曲。常将 EI_z 称为梁的抗弯刚度,它表示梁抵抗弯曲变形的能力。式(7-8)是研究弯曲变形的基本公式。

将式(7-8)代回到式(7-5),则得到纯弯曲时横截面上的正应力计算公式

$$\sigma = \frac{M}{I_z} y \qquad (7\text{-}9)$$

式中,M 是横截面的弯矩;y 是横截面上的一点到中性轴的距离。在实际计算时,M 和 y 均可用绝对值代入,至于所求点的应力是拉应力还是压应力,可直接根据梁的变形情况,即判断纤维的伸缩情况来确定。

4. 惯性矩的计算

实心圆截面
$$I_z = \frac{\pi d^4}{64} \qquad (7\text{-}10)$$

空心圆截面
$$I_z = \frac{\pi D^4}{64}(1-\alpha^4),\ \alpha = \frac{d}{D}$$

矩形截面
$$I_z = \frac{bh^3}{12} \quad (\text{中性轴 } z \text{ 与矩形 } h \text{ 边垂直}) \qquad (7\text{-}11)$$

对于相对于中性轴不对称的截面,其惯性矩可由平行移轴公式进行计算。

5. 平行移轴公式

若已知图形对其形心轴 y_C 的惯性矩为 I_{y_C},且轴 y 与其形心轴 y_C 平行,两轴间的垂直距离为 a,图形面积为 A,则平行移轴公式如下

$$I_y = I_{y_C} + a^2 A$$

6. 最大正应力、抗弯截面模量

由式(7-9)可知,横截面上的最大正应力产生在距离中性轴最远处,即

$$\sigma_{\max} = \frac{M}{I_z} y_{\max} \qquad (7\text{-}12)$$

合并截面的两个几何量 I_z 和 $y_{\max}$,即令

$$W_z = \frac{I_z}{y_{\max}}$$

则有
$$\sigma_{\max} = \frac{M}{W_z} \qquad (7\text{-}13)$$

式中,W_z 称为抗弯截面模量,是衡量梁的抗弯强度的一个几何量,其量纲为(长度)^3。

对于矩形截面(图 7-22(a))有

$$W_z = \frac{I_z}{y_{\max}} = \frac{\dfrac{bh^3}{12}}{\dfrac{h}{2}} = \frac{bh^2}{6}$$

对于实心圆截面(图 7-22(b))有

$$W_z = \frac{I_z}{y_{max}} = \frac{\frac{\pi d^4}{64}}{\frac{d}{2}} = \frac{\pi d^3}{32}$$

对于空心圆截面(图 7-22(c))有

$$W_z = \frac{I_z}{y_{max}} = \frac{\frac{\pi}{64}D^4(1-\alpha^4)}{\frac{D}{2}} = \frac{\pi D^3}{32}(1-\alpha^4), \alpha = \frac{d}{D}$$

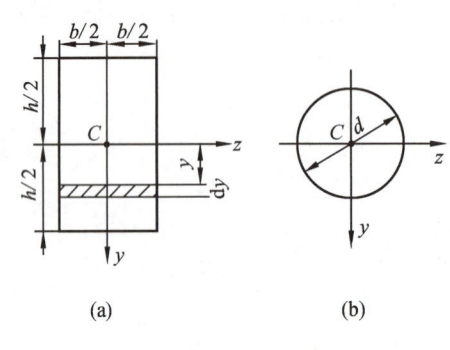

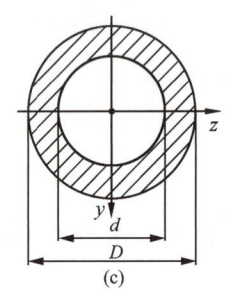

图 7-22

各种轧制型钢的抗弯截面模量可查型钢表。

四、剪切弯曲时横截面上的正应力公式

工程中常见的弯曲问题大多是横截面上既有剪力又有弯矩的剪切弯曲。由于剪力的存在,横截面将不再保持为平面(发生翘曲)。但是根据实验和弹性理论分析,对于一般较细长的梁(跨度与高度之比 $l/h > 5$),剪力对正应力分布的影响很小,因此可将纯弯曲时的正应力公式(7-9)直接推广应用到剪切弯曲。但是在剪切弯曲时,弯矩不是常量,此时为求等直梁内的最大正应力应用全梁的最大弯矩 M_{max} 代替式(7-12)中的 M,即有

$$\sigma_{max} = \frac{M_{max}}{I_z}y_{max} = \frac{M_{max}}{W_z} \tag{7-14}$$

例 7-8 如图 7-23(a)所示,有一简支梁,梁的横截面为 $b \times h = 120 \text{ mm} \times 180 \text{ mm}$ 的矩形,跨长 $L = 3 \text{ m}$,均布载荷 $q = 35 \text{ kN/m}$。

(1)如果将截面竖放,如图 7-23(b)所示,求危险截面上 a、e 两点的正应力。

(2)如果将截面横放,如图 7-23(c)所示,求危险截面上的最大应力。

解:(1)作弯矩图,如图 7-23(d)所示,跨中截面弯矩最大,为危险截面。最大弯矩为

$$M_{max} = \frac{1}{8}qL^2 = \frac{1}{8} \times 35 \times 3^2 = 39.4 \text{ kN} \cdot \text{m}$$

(2)竖放时,z 轴为中性轴,a 点距 z 轴为

$$y_a = y_{max} = 90 \text{ mm}$$

$$I_z = \frac{bh^3}{12} = \frac{1}{12} \times 120 \times 10^{-3} \times (180 \times 10^{-3})^3 = 58.3 \times 10^{-6} \text{ m}^4$$

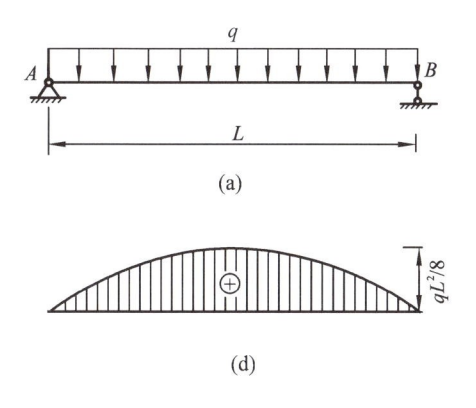

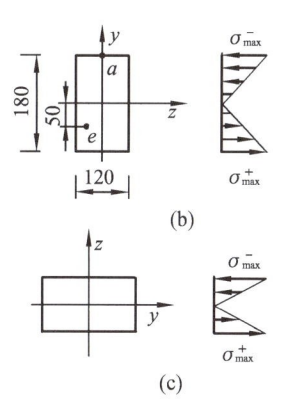

图 7-23

所以，a 点为压应力

$$\sigma_a = \frac{M_{\max}}{I_z} y_a = \frac{39.4 \times 10^3 \times 90 \times 10^{-3}}{58.3 \times 10^{-6}} = 60.8 \times 10^6 \text{ N/m}^2 = 60.8 \text{ MPa}$$

e 点距中性轴为 $y_e = 50$ mm，根据上面的分析，该点为拉应力

$$\sigma_e = \frac{M_{\max}}{I_z} y_e = \frac{39.4 \times 10^3 \times 50 \times 10^{-3}}{58.3 \times 10^{-6}} = 33.8 \times 10^6 \text{ N/m}^2 = 33.8 \text{ MPa}$$

由于该截面弯矩为正值，即梁在该截面的变形为凸边向下，故中性轴下面纤维受拉，上面纤维受压。a 点在中性轴上面，而且 $y_a = y_{\max}$，故 σ_a 为最大压应力。

(3) 横放时，y 轴为中性轴

$$I_y = \frac{hb^3}{12} = \frac{1}{12} \times 180 \times 10^{-3} \times (120 \times 10^{-3})^3 = 25.9 \times 10^{-6} \text{ m}^4$$

最大正应力发生在 $z = \pm \frac{b}{2} = 60$ mm 处各点

$$\sigma_{\max} = \frac{M_{\max}}{W_y} = \frac{M_{\max}}{I_y} z_{\max} = \frac{39.4 \times 10^3 \times 60 \times 10^{-3}}{25.9 \times 10^{-6}} = 91.3 \times 10^6 \text{ N/m}^2 = 91.3 \text{ MPa}$$

由此例可见，同一根梁，虽承受的载荷不变，但因其放置的方式不同，其截面内的最大正应力也不相同。

7.6 弯曲正应力强度条件

一、梁的正应力强度

由于横截面上距中性轴最远处切应力 $\tau = 0$，正应力 σ 的绝对值最大，材料处于简单拉伸或压缩的状态，如果限制梁的最大工作正应力 $\sigma_{\max}$ 不超过材料的许用弯曲正应力 $[\sigma]$，就可以保证梁的安全。因此，由式(7-13)得梁弯曲正应力强度条件为

$$\sigma_{\max}=\frac{M_{\max}}{W_z}\leqslant[\sigma] \qquad (7\text{-}15)$$

要注意,式(7-15)给出的强度条件只适用于抗拉和抗压许用应力相等的材料,通常这样梁的截面做成与中性轴对称的形状,如矩形、圆形等。对于抗拉、抗压许用应力不相等的材料,为了使材料能充分发挥作用,通常将梁的横截面做成与中性轴非对称形状,如T形、槽形等,这一类梁应分别列出抗拉强度条件和抗压强度条件

$$\sigma_{t,\max}=\frac{|M|_{\max}y_1}{I_z}\leqslant[\sigma_t] \qquad (7\text{-}16)$$

$$\sigma_{c,\max}=\frac{|M|_{\max}y_2}{I_z}\leqslant[\sigma_c] \qquad (7\text{-}17)$$

式中,y_1 为梁的受拉边缘到中性轴的最大距离;y_2 为梁的受压边缘到中性轴的最大距离。$[\sigma_t]$、$[\sigma_c]$ 分别为材料的许用拉应力和许用压应力。

对于变截面梁,由于 W_z 不是常量,应综合考虑 M 和 W_z 两个因素来确定梁的最大正应力 $\sigma_{\max}$,即

$$\sigma_{\max}=\left(\frac{M}{W_z}\right)_{\max}\leqslant[\sigma] \qquad (7\text{-}18)$$

应用强度条件,可校核梁的强度、设计截面尺寸以及确定梁的许可载荷。在具体计算中,材料的许用弯曲正应力 $[\sigma]$ 可以近似用单向拉伸(压缩)的许用应力代替。

二、梁的正应力强度计算

例 7-9 矩形截面的悬臂梁,如图 7-24(a)所示,$L=1$ m,在自由端有一载荷 $P=20$ kN,$[\sigma]=140$ MPa。

(1)若 $a=70$ mm,试校核梁的强度是否安全。

(2)设计截面尺寸 a 的最小值。

(3)如采用工字钢,试选择工字钢型号。

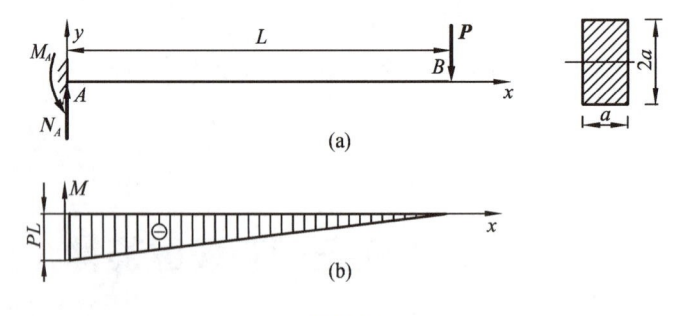

图 7-24

解:(1)为求最大弯矩,作弯矩图,如图 7-24(b)所示,由该图可见

$$|M|_{\max}=PL=20 \text{ kN}\cdot\text{m}$$

校核强度

$$\sigma_{\max}=\frac{M_{\max}}{W_z}=\frac{PL}{\frac{a(2a)^2}{6}}=\frac{20\times1000\times1\times6}{70\times10^{-3}\times(140\times10^{-3})^2}=87.5\times10^6 \text{ N/m}^2=87.5 \text{ MPa}<[\sigma]$$

故梁的强度安全。

(2) 选择截面尺寸

$$W_z\geqslant\frac{M_{\max}}{[\sigma]}=\frac{20\times1000\times1}{140\times10^6}=143\times10^{-6} \text{ m}^3=143 \text{ cm}^3$$

由 $W_z=\frac{a(2a)^2}{6}$,得

$$a=\sqrt[3]{\frac{6W_z}{4}}=\sqrt[3]{\frac{6\times143\times10^{-6}}{4}}=0.06 \text{ m}=60 \text{ mm}$$

(3) 根据以上 W_z 的计算结果,查表得知,选 18 号工字钢,比较合适,其 $W_z=185 \text{ cm}^3$。

例 7-10 一矩形截面的简支梁,如图 7-25(a)所示,已知梁的跨度 $L=5$ m,截面高 $h=180$ mm,宽 $b=90$ mm,均布载荷 $q=3.6$ kN/m,许用应力 $[\sigma]=10$ MPa,试校核此梁的强度,并确定许可载荷。

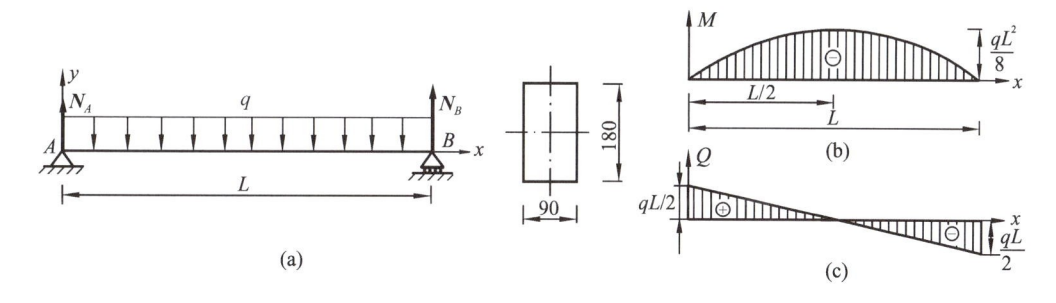

图 7-25

解: (1) 强度校核。绘出梁的弯矩图,如图 7-25(b)所示,由该图可知,梁的最大弯矩产生在跨中截面处,其值为

$$M_{\max}=\frac{qL^2}{8}=\frac{3.6\times5^2}{8}=11.25 \text{ kN}\cdot\text{m}$$

$$W_z=\frac{bh^2}{6}=\frac{90\times180^2}{6}=0.486\times10^6 \text{ mm}^3=0.486\times10^{-3} \text{ m}^3$$

梁内最大正应力

$$\sigma_{\max}=\frac{M_{\max}}{W_z}=\frac{11.25\times10^3}{0.486\times10^{-3}}=23.15\times10^6 \text{ N/m}^2=23.15 \text{ MPa}>[\sigma]$$

故梁的强度不够。

(2) 确定许可载荷。由上面的计算可知,梁承受 $q=3.6$ kN/m 的载荷是不安全的。那么,该梁可以承受的最大载荷为多大呢?根据强度条件式(7-15),有

$$M_{\max}\leqslant[\sigma]W_z \tag{1}$$

已知

$$[\sigma]W_z = 10\times10^6 \times 0.486\times10^{-3} = 4\,860 \text{ N·m} \tag{2}$$

又

$$M_{\max} = \frac{qL^2}{8} = \frac{1}{8}q\times 5^2 = \frac{25}{8}q \tag{3}$$

将式(2)、式(3)代入式(1),整理后得

$$q \leqslant \frac{8}{25}\times 4\,860 = 1.56\times 10^3 \text{ N/m} = 1.56 \text{ kN/m}$$

因此,本梁允许承受的最大均布载荷 $q = 1.56$ kN/m。

例 7-11 梁的材料为铸铁,截面为 T 形,如图 7-26(a)所示。已知 $[\sigma_t] = 40$ MPa,$[\sigma_c] = 100$ MPa,截面对中性轴的惯性矩 $I_z = 10^3$ cm^4,$y_1 = 300$ mm,$y_2 = 100$ mm。试校核其正应力强度。

解:(1)画梁的弯矩图,如图 7-26(b)所示,有

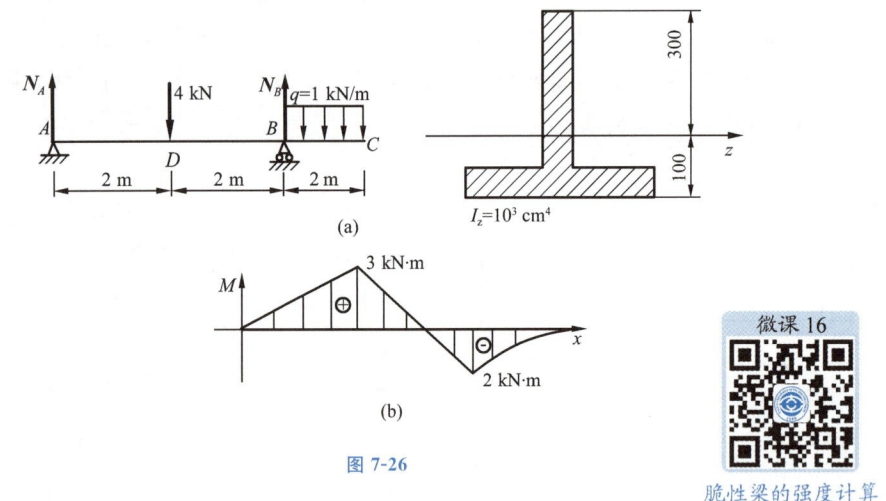

图 7-26

$$\sum F_y = 0, N_A + N_B = 6$$

$$\sum m_A(F) = 0, 4\times 2 + 2\times 1\times 5 = 4N_B$$

$$N_B = 4.5 \text{ kN}, N_A = 1.5 \text{ kN}$$

(2)校核强度,最大弯矩在 D 截面,应力分布如图 7-27(a)所示,所以 D 截面为危险截面。

D 截面最大压应力与拉应力分别为

$$\sigma_{c,\max} = \frac{M_D y_1}{I_z} = \frac{3\times 10^6 \times 300}{10^3 \times 10^4} = 90 \text{ MPa} < [\sigma_c] = 100 \text{ MPa}$$

$$\sigma_{t,\max} = \frac{M_D y_2}{I_z} = \frac{3\times 10^6 \times 100}{10^3 \times 10^4} = 30 \text{ MPa} < [\sigma_t] = 40 \text{ MPa}$$

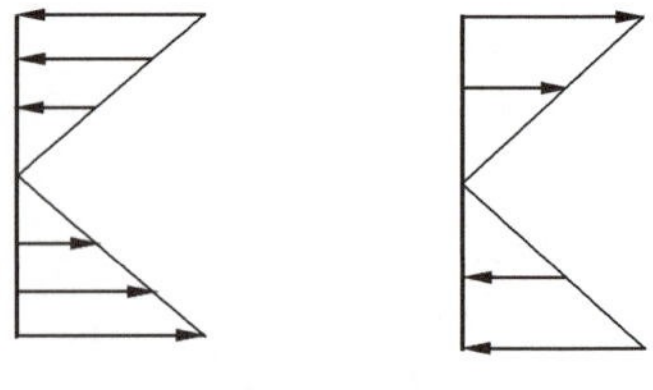

D 截面应力分布图 (a)　　B 截面应力分布图 (b)

图 7-27

因为此梁材料为铸铁,拉、压性质不同,梁的截面关于中性轴非对称,因此在与正的最大弯矩符号相反、绝对值最大的负的弯矩所在截面,也要进行强度校核。

B 截面应力分布如图 7-27(b)所示。

$$\sigma_{t,\max} = \frac{M_B y_1}{I_z} = \frac{2\times10^6\times300}{10^3\times10^4} = 60 \text{ MPa} > [\sigma_t] = 40 \text{ MPa}$$

故梁的强度不够。请读者分析，B 截面上的最大拉应力点是否需要校核？

讨论，由抗拉和抗压性能不同的材料制成的梁（$[\sigma_c] > [\sigma_t]$），一般做成上下不对称的截面，如 T 形截面。对于这类梁的强度校核，一般是先找出正、负最大弯矩所在截面，再分别进行拉、压强度校核。

例 7-12 外伸梁 AB 用 32a 号工字钢制成，如图 7-28(a)所示，查表知，其许用应力 $[\sigma] = 160$ MPa，作用在梁上的载荷 $q = 5$ kN/m，试求作用在梁上的集中力载荷 F 许可值。

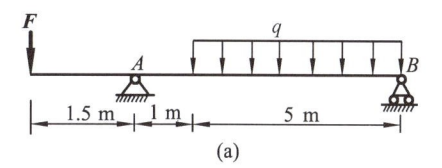

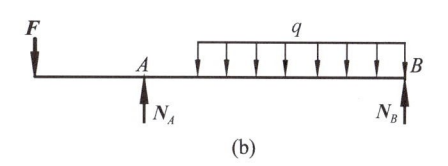

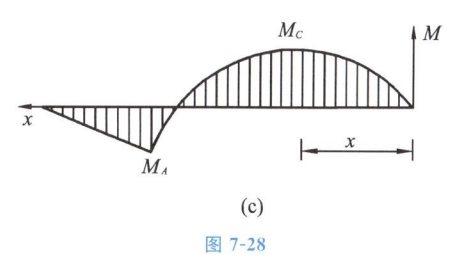

解：(1) 求约束反力。考虑整个梁处于平衡状态，由平衡条件

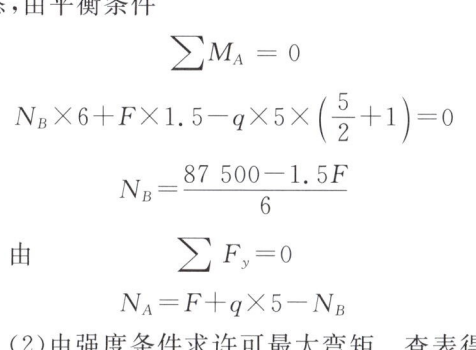

$$\sum M_A = 0$$

$$N_B \times 6 + F \times 1.5 - q \times 5 \times \left(\frac{5}{2}+1\right) = 0$$

得

$$N_B = \frac{87\,500 - 1.5F}{6}$$

由

$$\sum F_y = 0$$

得

$$N_A = F + q \times 5 - N_B$$

(2) 由强度条件求许可最大弯矩。查表得到 32a 号工字钢的抗弯截面模量

$$W_z = 692.202 \text{ cm}^3$$

由梁的正应力条件

$$\sigma_{\max} = \frac{M_{\max}}{W_z} \leqslant [\sigma]$$

解得最大许可弯矩

$$M_{\max} \leqslant [\sigma] W_z = 160 \times 10^6 \times 692.202 \times 10^{-6} = 110\,752 \text{ N·m} = 110.752 \text{ kN·m}$$

(3) 由弯矩图求危险截面上的最大弯矩。由弯矩图 7-28(c)可知，危险截面可能在梁的 A 点处以及 AB 梁的中间点 C 处，其相应截面上的弯矩值为

A 点处 $\qquad\qquad |M_A| = 1.5F$

C 点处 $\qquad\qquad M_C = N_B x - \frac{1}{2}qx^2$ \qquad\qquad (1)

式中，x 为 AB 段弯矩极值所在的截面位置，由式(1)解得

$$\frac{dM_C}{dx} = N_B - qx = 0$$

$$x = \frac{N_B}{q} \qquad\qquad (2)$$

将式(2)代入式(1)，则得到 AB 段弯矩的极值

图 7-28

$$M_C = N_B \times \frac{N_B}{q} - \frac{q}{2}\left(\frac{N_B}{q}\right)^2 = \frac{1}{2}\frac{N_B^2}{q}$$

(4) 求许可载荷值。危险截面上的弯矩值应不超过许用的最大弯矩值。根据这一关系可以求出许可载荷 F。

由 A 截面上的弯矩值 $M_A \leqslant M_{max}$，即 $1.5F \leqslant 110.752$，得到 $F \leqslant 73.83$ kN。

由 C 截面上的弯矩值 $M_C \leqslant M_{max}$，即 $\frac{1}{2}\frac{N_B^2}{q} \leqslant M_{max}$，有

$$\frac{1}{2 \times 5\,000} \times \left(\frac{87\,500 - 1.5F}{6}\right)^2 = 110.752 \times 10^3$$

得到
$$F \leqslant 191.45 \text{ kN}$$

比较两个结果，取其中较小的值，则该梁的许可载荷 F 值是 73.83 kN。

分析思路与过程

1. 正确绘制弯矩图，确定危险截面的位置。

2. 对于塑性材料对称结构梁，抗拉、压能力相等，危险点一定在弯矩最大的截面，直接应用强度条件公式 $\sigma_{max} = M/W_z \leqslant [\sigma]$ 即可。

3. 对于脆性材料非对称结构梁，抗拉能力小于抗压能力，危险点可能在最大正、负弯矩所在的截面，要分别对两截面的最大拉、压应力进行校核。

7.7 弯曲切应力简介

梁在横力弯曲时，横截面上同时存在弯曲正应力 σ 和弯曲切应力 τ。如前所述，对于实心细长梁，切应力可忽略不计，但对于跨度短、截面窄且高的梁及薄壁截面梁，切应力就不能忽略了。下面介绍几种常见的弯曲切应力的计算公式。

1. 矩形截面梁

如图 7-29 所示，一矩形截面梁，高为 h，宽为 b。根据切应力互等定理可知，由于截面两侧边上各点的切应力沿 z 方向分量为零，即 $\tau_z = 0$，因此，切应力的方向一定与侧边相切，且平行于 Q。由对称关系可知，横截面中点处切应力的方向，也必然与 Q 方向相同。可见，整个截面上的切应力均与 Q 平行。由以上分析，可对切应力的分布规律做出假设。

(1) 截面上每一点处切应力的方向都与剪力 Q 平行。

(2) 距中性轴等距离处的切应力相等，切应力沿宽度方向均匀分布。

根据以上假设，经理论分析得切应力公式为

$$\tau = \frac{QS_z}{I_z b} \tag{7-19}$$

式中，τ 为距中性轴为 y 处的切应力；I_z 为全横截面对中性轴 z 的惯性矩；b 为横截面在所求切应力处的宽度；S_z 为距中性轴为 y 的横线以下（或以上），阴影部分对中性轴的静矩，如图 7-30(a)所示。

$$S_z = A_A y_{AC} = b\left(\frac{h}{2} - y\right)\left(\frac{h}{4} + \frac{y}{2}\right) = \frac{b}{2}\left(\frac{h^2}{4} - y^2\right)$$

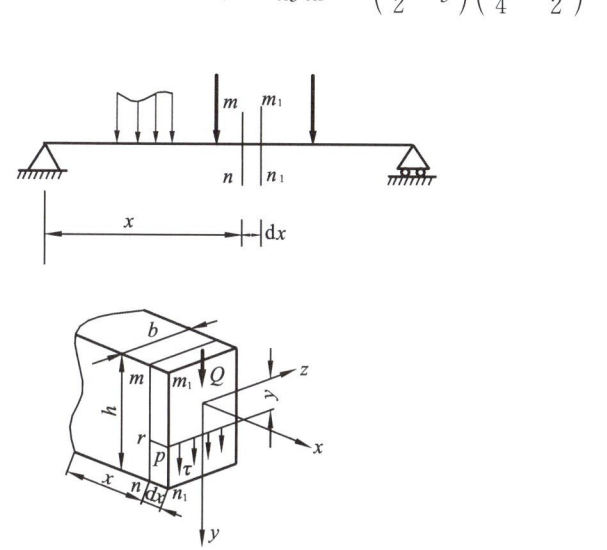

图 7-29

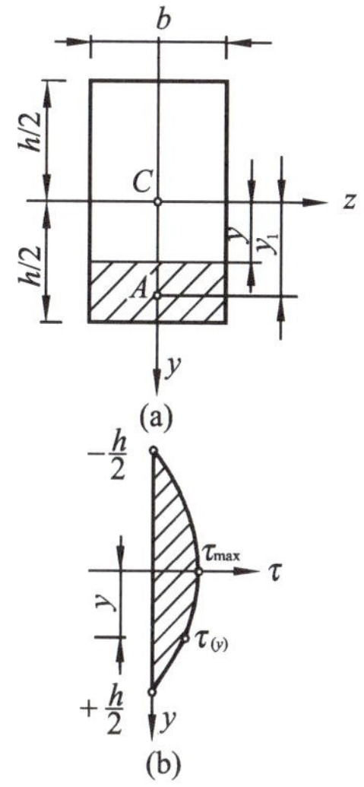

图 7-30

代入式(7-19)，得距中性轴 y 处的切应力

$$\tau = \frac{Q}{2I_z}\left(\frac{h^2}{4} - y^2\right) \tag{7-20}$$

由式(7-20)可知，矩形截面梁横截面上的切应力沿截面高度按二次抛物线规律变化，如图 7-30(b) 所示。当 $y = \pm\frac{h}{2}$ 时，即在横截面上、下边缘处，$\tau = 0$；当 $y = 0$ 时，即在中性轴上，切应力最大，为

$$\tau_{max} = \frac{Qh^2}{8I_z} = \frac{3Q}{2bh} = \frac{3Q}{2A} \tag{7-21}$$

式中，$A = bh$ 为矩形截面的面积，由式(7-21)可见，梁的最大切应力为截面上的平均切应力的 1.5 倍。

2. 工字形截面梁

工字形截面梁如图 7-31 所示，其腹板和翼缘均由窄长的矩形组成。

翼缘面积上的切应力基本沿水平方向，且数值很小，可略去不计。

中间腹板部分是窄长矩形，所以矩形截面切应力公式推导中的两个假设对这部分是适用的。

腹板上的切应力为

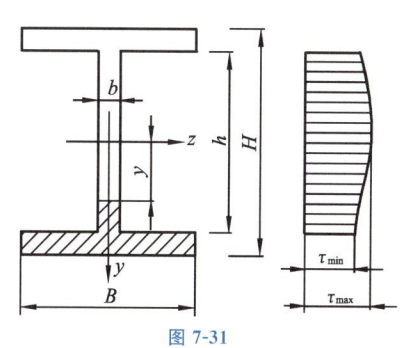

图 7-31

$$\tau = \frac{QS_z}{I_z b}$$

中性轴处的最大切应力为

$$\tau_{\max} = \frac{QS_{z\max}}{I_z b} \tag{7-22}$$

7.8 梁的变形

一、梁的变形的概念

平面弯曲时,梁的轴线在外力作用下变成一条连续、光滑的平面曲线,该曲线称为梁的挠曲线。在工程中,只允许梁发生弹性变形,所以,挠曲线又称为弹性曲线。

为了表示梁的变形情况,建立坐标系 xOy,如图 7-32 所示。以梁左端为原点,x 轴沿梁的轴线方向,向右为正。在梁的纵向对称平面内取与 x 轴相垂直的轴为 y 轴,向上为正。

梁的基本变形用挠度和转角两个基本量来表示。

1. 挠度

梁轴线上的点 C(横截面的形心)在垂直于梁轴线方向上的线位移 CC' 称为该截面的挠度,用 y 表示,由于变形是微小的,所以,C 点的水平位移可以忽略不计。

一般情况下,不同截面的挠度是不相同的,因此可以把截面的挠度 y 表示为截面形心位置 x 的函数

$$y = f(x)$$

上式称为梁的挠曲线方程。挠度与 y 轴正方向一致时为正,反之为负。

2. 转角

梁横截面绕其中性轴相对于变形前的位置转动的角位移称为该截面的转角,用 θ 表示。由图 7-32 可见,过挠曲线上任一点作切线,它与 x 轴的夹角就等于 C 点所在截面的转角 θ。转角的正负号规定为:逆时针转动为正;顺时针转动为负。

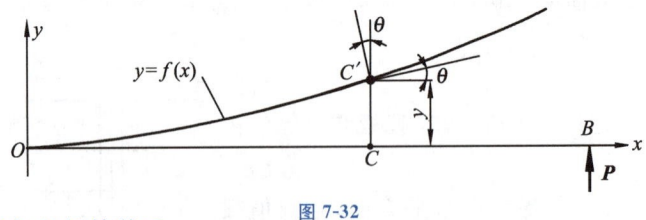

图 7-32

3. 挠度与转角之间的关系

由微分学可知,过挠曲线任一点的切线与 x 轴的夹角的正切就是挠曲线在该点的斜率,即 $\tan\theta = \dfrac{dy}{dx}$,由于变形非常微小,$\theta$ 角也很小,有

$$\theta \approx \tan\theta = \frac{dy}{dx} = f'(x) \tag{7-23}$$

第7章 弯 曲

式(7-23)表明,任意横截面的转角 θ 等于挠曲线在该截面形心处的斜率。显然,只要知道了挠曲线方程,就可以确定梁上任一横截面的挠度和转角。

4. 挠曲线的微分方程

在 7.5.3 节中,曾导出纯弯曲时弯矩与中性层曲率间的关系式

$$\frac{1}{\rho} = \frac{M}{EI}$$

式中,M 为横截面的弯矩;ρ 为挠曲线的曲率半径;EI 为梁的抗弯刚度。

在横力弯曲的情况下,通常梁的跨度远大于截面的高度,剪力对梁的变形影响很小,可以略去不计,因而关系式仍可适用;只是梁的各截面的弯矩和曲率都随截面的位置而改变,即它们都是 x 的函数,故可写为

$$\frac{1}{\rho(x)} = \frac{M(x)}{EI}$$

挠曲线上任一点的曲率 $1/\rho(x)$ 与该点处横截面的弯矩 $M(x)$ 成正比,而与该截面的抗弯刚度 EI 成反比。

设沿 x 方向相距为 $\mathrm{d}x$ 的两横截面间的相对转角为 $\mathrm{d}\theta$,并设这两横截面间的挠曲线弧长为 $\mathrm{d}s$,$\mathrm{d}s$ 两端法线的交点为曲率中心,曲率半径 ρ 也随之确定了。如图 7-33 所示,在顶角为 $\mathrm{d}\theta$ 的曲边三角形中,显然有

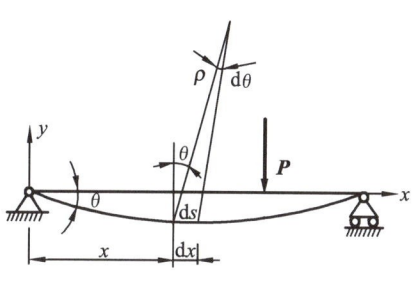

图 7-33

$$\mathrm{d}s = \rho \mathrm{d}\theta, \quad \frac{1}{\rho} = \frac{\mathrm{d}\theta}{\mathrm{d}s}$$

由于是小变形,θ 很微小,$\cos\theta \approx 1$,因此有

$$\mathrm{d}s = \frac{\mathrm{d}x}{\cos\theta} \approx \mathrm{d}x$$

得

$$\frac{1}{\rho} = \frac{\mathrm{d}\theta}{\mathrm{d}s} \approx \frac{\mathrm{d}\theta}{\mathrm{d}x} = \frac{\mathrm{d}^2 y}{\mathrm{d}x^2}$$

把上式代入 $\dfrac{1}{\rho(x)} = \dfrac{M(x)}{EI}$,得到近似的挠曲线微分方程式

$$\frac{\mathrm{d}^2 y}{\mathrm{d}x^2} = \frac{M(x)}{EI} \tag{7-24}$$

式中,$M(x)$ 为梁的弯矩。

式(7-24)是研究弯曲变形的基本方程。欲求解梁的弯曲变形问题,只需对式(7-24)进行积分运算即可。

二、用叠加法求梁的变形

当梁的弯曲变形很小,材料服从胡克定律时,梁的挠度和转角与作用在梁上的载荷呈线性关系。当梁上有几个载荷同时作用时,可分别计算每一个载荷单独作用时所引起的梁的变形,然后求出诸变形的代数和,即得到在这些载荷共同作用下梁所产生的变形。这种方法称为叠加法。

现将各种简单载荷作用下梁的挠曲线方程、转角和挠度相关计算公式列于表 7-3 中，以便查询。

表 7-3 在简单载荷作用下梁的变形

序号	梁的简图	挠曲线方程	梁端面转角（绝对值）	最大挠度（绝对值）
1		$y = -\dfrac{M_e x^2}{2EI}$	$\theta_B = \dfrac{M_e l}{EI}(\frown)$	$y_B = \dfrac{M_e l^2}{2EI}(\downarrow)$
2		$y = -\dfrac{M_e x^2}{2EI}$ $0 \leqslant x \leqslant a$ $y = -\dfrac{M_e a}{EI}\left[(x-a) + \dfrac{a}{2}\right]$ $a \leqslant x \leqslant l$	$\theta_B = \dfrac{M_e a}{EI}(\frown)$	$y_B = \dfrac{M_e a}{EI}\left(l - \dfrac{a}{2}\right)(\downarrow)$
3		$y = -\dfrac{Fx^2}{6EI}(3l - x)$	$\theta_B = \dfrac{Fl^2}{2EI}(\frown)$	$y_B = \dfrac{Fl^3}{3EI}(\downarrow)$
4		$y = -\dfrac{Fx^2}{6EI}(3a - x)$ $0 \leqslant x \leqslant a$ $y = -\dfrac{Fa^2}{6EI}(3x - a)$ $a \leqslant x \leqslant l$	$\theta_B = \dfrac{Fa^2}{2EI}(\frown)$	$y_B = \dfrac{Fa^2}{6EI}(3l - a)(\downarrow)$
5		$y = -\dfrac{qx^2}{24EI}(x^2 - 4lx + 6l^2)$	$\theta_B = \dfrac{ql^3}{6EI}(\frown)$	$y_B = \dfrac{ql^4}{8EI}(\downarrow)$
6		$y = -\dfrac{M_e x}{6lEI}(l^2 - x^2)$	$\theta_A = \dfrac{M_e l}{6EI}(\frown)$ $\theta_B = \dfrac{M_e l}{3EI}(\frown)$	$y_{\max} = \dfrac{M_e l^2}{9\sqrt{3}EI}(\downarrow)$ $x = \dfrac{l}{\sqrt{3}}$ $y_{\frac{l}{2}} = \dfrac{M_e l^2}{16EI}(\downarrow)$

续表

序号	梁的简图	挠曲线方程	梁端面转角（绝对值）	最大挠度（绝对值）
7	(图：简支梁，A端铰支，B端滚动支座，在C处作用力偶 M_e，距A为a，距B为b，全长l)	$y = \dfrac{M_e x}{6lEI}(l^2 - 3b^2 - x^2)$ $0 \leqslant x \leqslant a$ $y = \dfrac{M_e}{6lEI}[-x^3 + 3l(x-a)^2 + (l^2 - 3b^2)x]$ $a \leqslant x \leqslant l$	$\theta_A = \dfrac{M_e}{6lEI}(l^2 - 3b^2)\,(\curvearrowright)$ $\theta_B = \dfrac{M_e}{6lEI}(l^2 - 3a^2)\,(\curvearrowright)$ $\theta_C = \dfrac{M_e}{6lEI}(3a^2 + 3b^2 - l^2)\,(\curvearrowright)$	$y_{max} = \dfrac{(l^2 - 3b^2)^{\frac{3}{2}}}{9\sqrt{3}\,lEI}$ $x = \left(\dfrac{l^2 - 3b^2}{3}\right)^{\frac{1}{2}}$ $y_{max} = \dfrac{-(l^2 - 3a^2)^{\frac{3}{2}}}{9\sqrt{3}\,lEI}$ $x = \left(\dfrac{l^2 - 3a^2}{3}\right)^{\frac{1}{2}}$
8	(图：简支梁，跨中C处作用集中力F，左右各$l/2$)	$y = -\dfrac{Fx}{48EI}(3l^2 - 4x^2)$ $0 \leqslant x \leqslant \dfrac{l}{2}$	$\theta_A = \dfrac{Fl^2}{16EI}(\curvearrowright)$ $\theta_B = \dfrac{Fl^2}{16EI}(\curvearrowright)$	$y_{\frac{l}{2}} = \dfrac{Fl^3}{48EI}(\downarrow)$
9	(图：简支梁，C处作用集中力F，距A为a，距B为b)	$y = -\dfrac{Fbx}{6lEI}(l^2 - x^2 - b^2)$ $0 \leqslant x \leqslant a$ $y = -\dfrac{Fb}{6lEI}\left[\dfrac{l}{b}(x-a)^3 + (l^2 - b^2)x - x^3\right]$ $a \leqslant x \leqslant l$	$\theta_A = \dfrac{Fab(l+b)}{6lEI}(\curvearrowright)$ $\theta_B = \dfrac{Fab(l+a)}{6lEI}(\curvearrowright)$	$y_{max} = \dfrac{Fb(l^2 - b^2)^{\frac{3}{2}}}{9\sqrt{3}\,lEI}(\downarrow)$ $x = \sqrt{\dfrac{l^2 - b^2}{3}}\quad (a \geqslant b)$ $y_{\frac{l}{2}} = \dfrac{Fb(3l^2 - 4b^2)}{48EI}(\downarrow)$
10	(图：简支梁，全长均布载荷q)	$y = -\dfrac{qx}{24EI}(l^3 - 2lx^2 + x^3)$	$\theta_A = \dfrac{ql^3}{24EI}(\curvearrowright)$ $\theta_B = \dfrac{ql^3}{24EI}(\curvearrowright)$	$y_{\frac{l}{2}} = \dfrac{5ql^4}{384EI}(\downarrow)$
11	(图：简支梁AB加外伸段BC，外伸端C处作用集中力F，AB长l，BC长a)	$y = \dfrac{Fax}{6lEI}(l^2 - x^2)$ $0 \leqslant x \leqslant l$ $y = -\dfrac{F(x-l)}{6EI}[a(3x - l) - (x-l)^2]$ $l \leqslant x \leqslant (l+a)$	$\theta_A = \dfrac{Fal}{6EI}(\curvearrowright)$ $\theta_B = \dfrac{Fal}{3EI}(\curvearrowright)$ $\theta_C = \dfrac{Fa}{6EI}(2l + 3a)(\curvearrowright)$	$y_C = \dfrac{Fa^2}{3EI}(l+a)(\downarrow)$ $y_{max} = \dfrac{Fal^2}{9\sqrt{3}\,EI}(\uparrow)$ $x = \dfrac{l}{\sqrt{3}}$
12	(图：简支梁AB加外伸段BC，外伸端C处作用力偶M_e，AB长l，BC长a)	$y = -\dfrac{M_e x}{6lEI}(x^2 - l^2)$ $0 \leqslant x \leqslant l$ $y = -\dfrac{M_e}{6EI}(3x^2 - 4xl + l^2)$ $l \leqslant x \leqslant (l+a)$	$\theta_A = \dfrac{M_e l}{6EI}(\curvearrowright)$ $\theta_B = \dfrac{M_e l}{3EI}(\curvearrowright)$ $\theta_C = \dfrac{M_e}{3EI}(l + 3a)(\curvearrowright)$	$y_C = \dfrac{M_e a}{6EI}(2l + 3a)(\downarrow)$ $y_{max} = \dfrac{M_e l^2}{9\sqrt{3}\,EI}(\uparrow)$ $x = \dfrac{l}{\sqrt{3}}$

续表

序号	梁的简图	挠曲线方程	梁端面转角（绝对值）	最大挠度（绝对值）
13		$y=\dfrac{qa^2}{12EI}(lx-\dfrac{x^3}{l})$ $0\leqslant x\leqslant l$ $y=-\dfrac{qa^2}{12EI}\left[\dfrac{x^3}{l}-\dfrac{(2l+a)(x-l)^3}{al}+\dfrac{(x-l)^4}{2a^2}-lx\right]$ $l\leqslant x\leqslant(l+a)$	$\theta_A=\dfrac{qa^2l}{12EI}(\curvearrowright)$ $\theta_B=\dfrac{qa^2l}{6EI}(\curvearrowright)$ $\theta_C=\dfrac{qa^2}{6EI}(l+a)(\curvearrowright)$	$y_C=\dfrac{qa^3}{24EI}(3a+4l)(\downarrow)$ $y_{\max}=\dfrac{qa^2l^2}{18\sqrt{3}EI}(\uparrow)$ $x=\dfrac{l}{\sqrt{3}}$

例 7-14 等直悬臂梁 AB，已知梁的抗弯刚度为 EI，受力如图 7-34 所示。试用叠加法求自由端的转角和挠度。

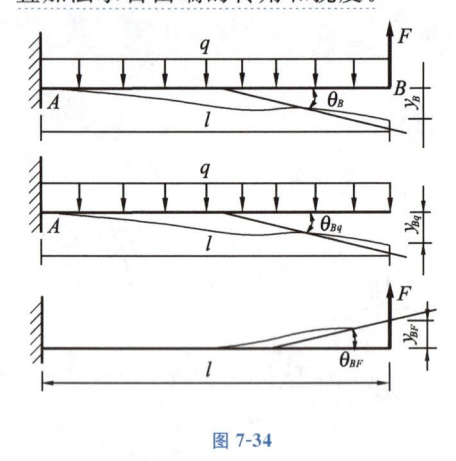

解： 悬臂梁上作用有两种载荷：均布载荷 q 及集中载荷 F。

(1) 集中载荷 F 单独作用时，B 端的转角和挠度可直接由表 7-3 查出，得到自由端的转角和挠度分别为

$$\theta_{BF}=\frac{Fl^2}{2EI},\quad y_{BF}=\frac{Fl^3}{3EI}$$

(2) 均布载荷 q 单独作用时，B 端的转角和挠度可直接由表 7-3 查出，得到自由端的转角和挠度分别为

$$\theta_{Bq}=\frac{-ql^3}{6EI},\quad y_{Bq}=\frac{-ql^4}{8EI}$$

图 7-34

(3) 由叠加法求得均布载荷 q 及集中载荷 F 同时作用下，自由端的转角和挠度分别为

$$\theta_B=\theta_{BF}+\theta_{Bq}=\frac{Fl^2}{2EI}-\frac{ql^3}{6EI}$$

$$y_B=y_{BF}+y_{Bq}=\frac{Fl^3}{3EI}-\frac{ql^4}{8EI}$$

例 7-15 外伸梁 AC，已知梁的抗弯刚度 EI 为常数，如图 7-35(a) 所示。试计算截面 C 的挠度。

解： 由于由表 7-3 能查出外伸臂部分受均布载荷时的变形，因此需将此梁分为两段来研究，以便利用表 7-3 进行计算。

(1) 假想用横截面将梁截为两段，把左段 AB 视为简支梁，右段 BC 视为固定于截面 B 上的悬臂梁。当悬臂梁 BC 变形时，截面 C 垂直下移，如图 7-35(b) 所示；当简支梁 AB 变形时，截面 B 转动，从而使截面 C 也垂直下移，如图 7-35(c) 所示。

第7章 弯 曲

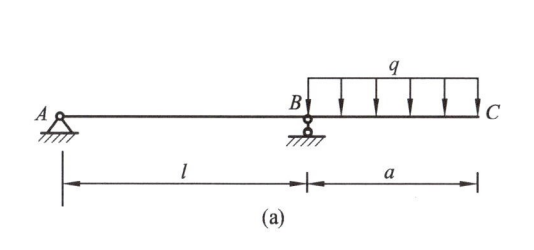

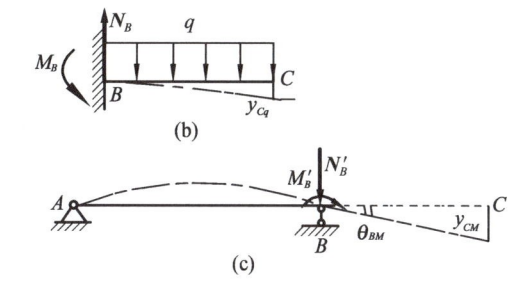

图 7-35

(2)悬臂梁 BC 段仅有均布载荷 q 作用，由表 7-3 查得自由端 C 截面的挠度

$$y_{C_q} = \frac{-qa^4}{8EI}$$

悬臂梁 B 端的支座约束反力

$$M_B = \frac{1}{2}qa^2, \quad N_B = qa$$

(3)简支梁 AB 段的 B 截面上，由于原梁被切成两段，故在所切的截面上有弯矩 M_B' 和 $\mathbf{N}_B'$，其数值与 BC 段所截的截面处的弯矩和约束反力大小相等，方向相反，分别为

$$M_B' = -\frac{1}{2}qa^2, \quad N_B' = -qa$$

集中力 $\mathbf{N}_B'$ 直接作用在支座 B 上，故对梁的变形无影响。集中力偶 M_B' 作用在支座 B 上，使 B 截面有转角，由表 7-3 查出

$$\theta_{BM} = \frac{-\dfrac{qa^2}{2} \times l}{3EI} = \frac{-qa^2 l}{6EI}$$

(4)AB 段与 BC 段是固连在一起的，因而根据连续性条件，简支梁 AB 段的 B 截面转动也将带动悬臂梁 BC 段转动同一角度，引起 BC 段自由端 C 截面的挠度

$$y_{CM} = \theta_{BM} a = \frac{-qa^3 l}{6EI}$$

因此，均布载荷单独作用在外伸梁上时，在外伸端 C 处所引起的挠度等于两段梁所产生挠度的总和，为

$$y_C = y_{C_q} + y_{CM} = \frac{-qa^4}{8EI} - \frac{qa^3 l}{6EI} = \frac{-qa^3}{24EI}(3a + 4l)$$

7.9 提高梁承载能力的措施

梁的承载能力表现在强度和刚度两个方面。在梁的设计中，往往先按强度选择截面，然后再进行刚度校核。这里有一个重要问题，就是为了节省材料或减轻梁的自重，如何以较少的材料消耗，使梁获得更大的承载能力。下面根据弯曲强度提出几个提高梁承载能力的措施。

弯曲正应力是控制梁弯曲强度的主要因素,所以弯曲正应力条件

$$\sigma_{\max} = \frac{M_{\max}}{W_z} \leqslant [\sigma]$$

往往是设计梁的主要依据。从这个条件可知,提高梁的弯曲强度主要从两个方面来考虑:一方面是合理安排梁的受力情况,以降低 $M_{\max}$ 值;另一方面则是采用合理的截面形状,提高 W_z 值,以充分利用材料的性能。

1. 设法改善梁的受力情况

如图 7-36(a)所示简支梁,受均布载荷 q 作用,梁内的最大弯矩为

$$M_{\max} = \frac{1}{8}qL^2 = 0.125qL^2$$

然而若将两支座内移 $0.2L$,如图 7-36(b)所示,则最大弯矩减少到

$$M'_{\max} = \frac{1}{40}qL^2 = 0.025qL^2$$

即仅为前者的五分之一。

设计锅炉筒体时,其支点之所以不设在两端,就是利用上述原理以降低 $M_{\max}$ 值,如图 7-36(c)所示。

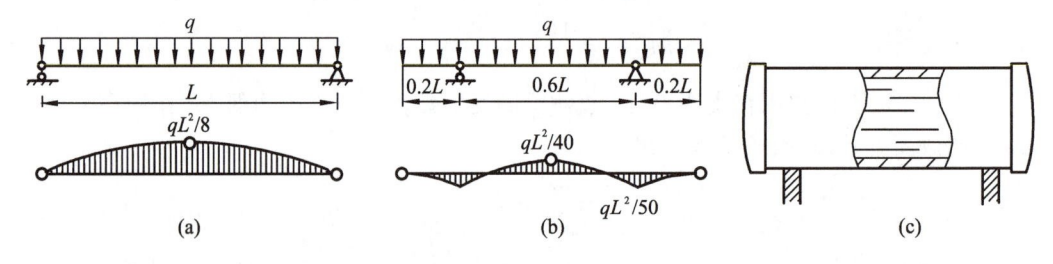

图 7-36

再如图 7-37(a)所示简支梁,在跨长中点受集中力 P 作用,梁内最大弯矩为

$$M_{\max} = \frac{1}{4}PL$$

若条件允许,将集中力变为分布力或分解为几个较小的集中力,如图 7-37(b)和图 7-36(c)所示,梁内的最大弯矩均减小了一半。

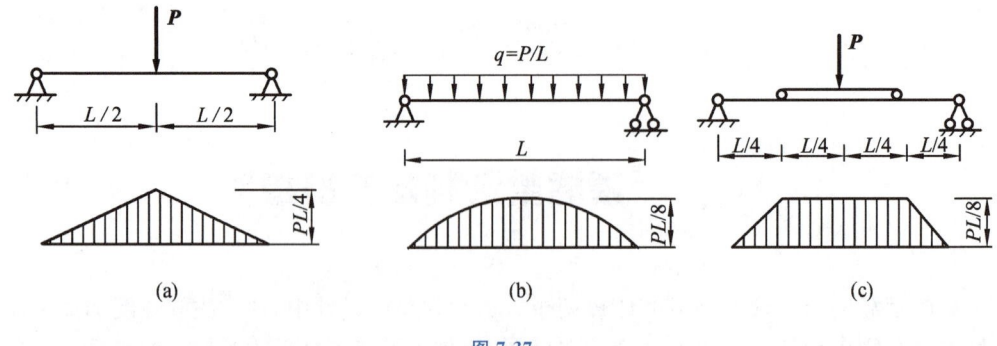

图 7-37

另外,可以在静定梁上增加约束,成为超静定梁,以降低最大弯矩。

这些例子说明,合理安排约束和加载方式可以改善梁的受力情况,显著减小梁内的最

大弯矩值。

2. 选择合理的截面形状

从弯曲强度考虑,最合理的截面形状是用最少的材料获得相对较大的抗弯截面模量的截面,故应使抗弯截面模量与该截面面积之比 W_z/A 尽可能大。例如矩形截面梁,设截面边长 $h>b$,当抵抗垂直平面内的弯曲变形时,如图7-38(a)所示竖放截面将比如图 7-38(b)所示平放截面不易弯断。然而两者的截面面积相同,上述差别只因两者的抗弯截面模量不同。即竖放时 $W_z=bh^2/6$,平放时 $W_z'=hb^2/6$。两者之比是

$$\frac{W_z}{W_z'}=\frac{\frac{1}{6}bh^2}{\frac{1}{6}hb^2}=\frac{h}{b}$$

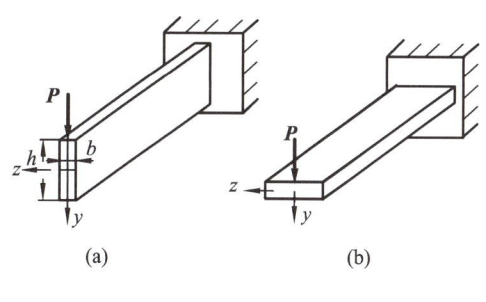

图 7-38

由于 $h>b$,因此竖放时具有较大的抗弯强度,更为合理。

但是矩形截面毕竟不是最合理的截面形状,这可以由比值 W_z/A 的大小来说明。几种常见截面的 W_z/A 比值已列于表 7-4 中。表中数据说明,实心圆截面最不经济,槽钢和工字钢最好。

表 7-4　　　　　　　几种常见截面的 W_z/A 比值

截面形状	圆形	矩形	槽钢	工字钢
W_z/A	$0.125d$	$0.167h$	$(0.27\sim 0.31)h$	$(0.27\sim 0.31)h$

显然这与弯曲正应力的线性分布有关。前面已说明,在截面上、下边缘处的弯曲正应力较大,在中性轴附近则很小。因此,为了充分利用材料,应尽可能地把材料放置在远离中性轴的地方。而实心圆截面上、下边缘材料较少,中性轴附近聚集较多材料的截面,不能做到物尽其用。对于必须采用圆截面的梁,其合理截面为空心圆。对于抗拉强度和抗压强度相同的材料,如低碳钢,宜采用沿中心轴对称的截面,如工字形、箱形(空心矩形),其截面如图 7-39 所示;而对于抗压强度高于抗拉强度的脆性材料,如铸铁,则最好采用截面形心偏于受拉一侧的截面形状,如 T 形、Π 形截面(图7-40),以便使截面上的最大拉应力和最大压应力也相应不同。

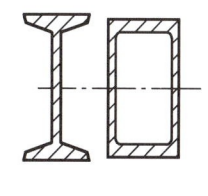

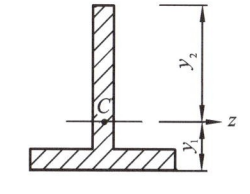

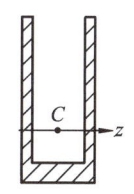

图 7-39

图 7-40

应该注意,对于工字形、箱形等薄壁截面,其腹板应具有一定的厚度,以保证剪应力强度。

3. 采用变截面梁

梁内不同截面的弯矩一般也不相同。因此按最大弯矩所设计的等截面梁,除最大弯矩所在截面外,其余截面的材料强度均未充分利用。因此可根据弯矩的变化情况,将梁相应地设计成变截面。在弯矩较大处,采用较大截面;在弯矩较小处,采用较小截面。这种截面沿梁轴线变化的梁称为变截面梁。

理想的变截面梁可设计成每一个横截面上的最大正应力都正好等于材料的许用应力,即

$$\sigma_{\max} = \frac{M(x)}{W_z(x)} = [\sigma] \tag{7-25}$$

这种梁称为等强度梁。

例如,图7-41(a)所示悬臂梁在集中力 P 作用下,弯矩方程为 $M(x)=Px$。根据等强度的观点,如果截面宽度 b 保持不变,则由式(7-25)可知,截面高度 $h(x)$ 满足

$$\frac{Px}{\frac{bh^2(x)}{6}} = [\sigma]$$

由此得

$$h(x) = \sqrt{\frac{6Px}{b[\sigma]}} \tag{7-26}$$

即截面高度沿梁轴线呈抛物线规律变化,如图7-41(b)所示。

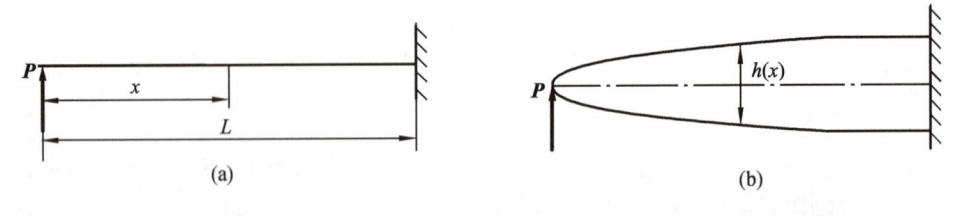

图 7-41

等强度梁的缺点是制造困难,实际构件往往只能设计成近似等强度的,如建筑中的挑梁如图7-42(a)所示。基于这种考虑,机械工程中的圆轴常设计成阶梯变截面梁(轴),如图7-42(b)所示。

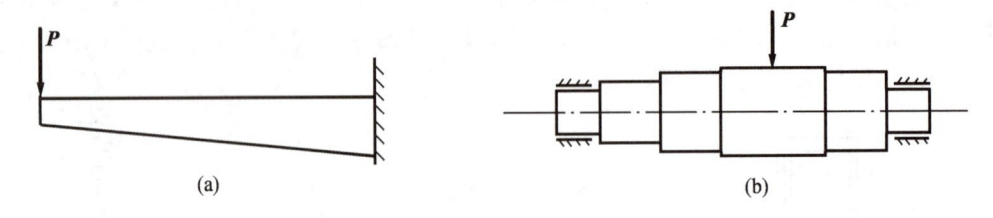

图 7-42

上面讨论的提高梁强度的措施对提高梁的刚度一般也是适用的。分析挠曲线近似微分方程及其积分方程可知,弯曲变形与梁的弯矩、跨长、约束情况、截面惯性矩及材料的弹性模量有关。影响梁刚度的因素与影响强度的因素也有不同之处,如材料弹性模量与强度无关,而与刚度有关;影响强度的截面几何性质是抗弯截面模量 W_z,而影响刚度的则

是惯性矩 I_z,而且为提高强度只需增大危险截面附近截面的 W_z 即可,而提高梁的刚度往往需增大各截面的惯性矩;还有梁的跨长对刚度的影响比对强度的影响要敏感得多,即减小跨长,能显著提高梁的刚度。

案例分析与解答

解:(1)确定 P 加在辅助梁的位置

P 加在辅助梁的位置不同,两台吊车所承受的力是不相同的,假设 P 加在辅助梁的 C 点,这一点到 150 kN 吊车的距离为 x,将 P 看成主动力,两台吊车所承受的力为约束反力,分别用 N_A 和 N_B 表示。

列平衡方程

$$\sum M_A = 0, N_B l - P(l-x) = 0$$

$$\sum M_B = 0, Px - N_A l = 0$$

解出

$$N_A = \frac{Px}{l}, N_B = \frac{P(l-x)}{l}$$

因为 A 处和 B 处的约束反力分别不能超过 200 kN 和 150 kN,故有

$$N_A = \frac{Px}{l} \leqslant 200 \text{ kN}, N_B = \frac{P(l-x)}{l} \leqslant 150 \text{ kN}$$

由此解出

$$x \leqslant \frac{200 \times 4}{300} = 2.667 \text{ m}, x \geqslant 4 - \frac{150 \times 4}{300} = 2 \text{ m}$$

于是,得到 P 加在辅助梁上的作用点范围为

$$2 \text{ m} \leqslant x \leqslant 2.667 \text{ m}$$

(2)确定辅助梁所需要的工字钢型号

根据上述计算得到 P 加在辅助梁上的作用点范围,当 $x=2$ m 时,辅助梁在 B 点受力为 150 kN;当 $x=2.667$ m 时,辅助梁在 A 点受力为 200 kN。

这两种情形下,辅助梁都在 P 作用点处弯矩最大,最大弯矩值分别为

$$M_{\max}(A) = 200 \times (l - 2.667) = 200 \times (4 - 2.667) = 266.6 \text{ kN} \cdot \text{m}$$

$$M_{\max}(B) = 150 \times 2 = 300 \text{ kN} \cdot \text{m}$$

$$M_{\max}(B) > M_{\max}(A)$$

因此,应该以 $M_{\max}(B)$ 作为强度计算的依据。于是,由强度条件

$$\sigma_{\max} > M_{\max}(A)$$

可以写出

$$\sigma_{\max} = \frac{M_{\max}(B)}{W_z} \leqslant 160 \text{ MPa}$$

由此,可以算出辅助梁所需要的抗弯截面模量

$$W_z = \frac{M_{\max}(B)}{[\sigma]} = \frac{300 \times 10^3}{160 \times 10^6} = 1.875 \times 10^{-3} \text{ m}^3 = 1.875 \times 10^3 \text{ cm}^3$$

由热轧普通工字钢型钢表中查的 50a 和 50b 号工字钢的 W_z 分别为 $1.860×10^3$ cm³ 和 $1.940×10^3$ cm³。如果选择 50a 号工字钢,它的抗弯截面模量 $1.860×10^3$ cm³ 比所需要的 $1.875×10^3$ cm³ 大约小 0.8%,即

$$\frac{1.875×10^3-1.860×10^3}{1.875×10^3}×100\%=0.8\%$$

在一般的工程设计中最大正应力可以允许超过许用应力 5%,所以选择 50a 号工字钢是可以的,但是,对于安全性要求很高的构件,最大正应力不允许超过许用应力,这就需要选择 50b 号工字钢。

小 结

1. 基本内容

(1)弯曲与平面弯曲

①弯曲:梁产生弯曲变形的特点是构件所受载荷为横向载荷(或以横向载荷为主);构件的轴线由直线变成光滑连续曲线。

②平面弯曲:作用在梁上的所有载荷均位于纵向对称面内,梁的轴线弯成纵向对称面内的平面曲线。平面弯曲是工程实际中最常见的弯曲现象。

(2)弯曲内力

梁弯曲时横截面上存在两种内力——弯矩 M 和剪力 Q。

内力与梁上所作用的外力的关系是

剪力 Q=截面一侧所有外力的代数和(截面左侧梁段向上的外力为正,向下的外力为负;右侧梁段外力符号与左侧相反)

弯矩 M=截面一侧所有外力对截面形心力矩的代数和(截面左侧梁段顺时针的外力矩(外力偶矩)为正,逆时针的外力矩(外力偶矩)为负;右侧梁段外力矩(外力偶矩)符号与左侧相反)

内力图是表示梁各截面内力变化规律的图线。作内力图的方法主要有:

①根据内力方程作内力图。

②利用 M、Q、q 之间的微分关系作内力图。

作内力图的步骤一般为

①求支座约束反力。

②对梁进行分段(以载荷变化点为分界点)。

③列内力方程(或分析 M、Q、q 之间的微分关系)。

④计算控制截面的内力值,作出内力图。

⑤确定图中最大内力的位置和内力值。

(3)弯曲应力

梁弯曲时其横截面上一般存在两种应力——正应力 σ 和剪应力 τ。

通常,由弯曲引起的正应力 σ 是决定梁强度的主要因素。正应力计算表达式为

$$\sigma=\frac{My}{I}$$

正应力沿截面高度方向呈线性分布,中性轴处正应力为零,离中性轴最远的边缘处正应力最大。

中性轴通过截面形心,将截面分成受拉和受压两个区域,应力的方向可根据弯矩的方向来确定。

正应力强度条件为

$$\sigma_{\max} = \frac{M_{\max}}{W} \leqslant [\sigma]$$

正应力计算公式是在纯弯曲条件下推导出来的,但可用于剪切弯曲。

在一些特殊情况下,还需对梁进行剪应力强度校核。剪应力计算公式为

$$\tau = \frac{QS^*}{Ib}$$

剪应力强度条件为

$$\tau_{\max} = \frac{Q_{\max} S^*_{\max}}{Ib} \leqslant [\tau]$$

矩形截面梁剪应力沿截面高度呈二次曲线分布,一般情况下,中性轴处剪应力最大,上、下边缘处剪应力为零。

(4) 弯曲变形

挠度与转角是梁变形的两个基本量。

变形计算的基本方法是积分法,对一般载荷作用的梁,常用叠加法计算梁的变形。

(5) 提高梁承载能力的措施

如何提高梁承载能力是工程中最关心的问题,虽然途径较多,但降低最大弯矩,合理选择截面形状与尺寸是工程中最常用的方法。

2. 研究思路

受力分析 $\xrightarrow[\text{平衡方程}]{\text{受力图}}$ 外力 $\xrightarrow[Q\text{图},M\text{图}]{\text{内力图绘制}}$ 确定危险截面内力 $\xrightarrow[\substack{\text{几何关系}\\\text{物理关系}\\\text{静力学关系}}]{\text{三关系法}}$ 应力 $\xrightarrow[\substack{\sigma_{\max} \leqslant [\sigma]\\\tau_{\max} \leqslant [\tau]}]{\text{强度条件}}$ 解决强度问题

3. 注意问题

(1) 截面法是分析内力的基本方法,正确分析梁的受力关系,准确列出梁的内力方程是截面法的基本前提。

(2) 内力图是研究弯曲变形的基础,正确地画出内力图对确定最大内力的截面位置至关重要。

(3) 梁内最大弯矩 M 和最大剪力 Q 通常不在同一截面,危险截面要分别判断,由于截面上的正应力和剪应力都不是均匀分布的,危险点也要分别判断。

(4) 对拉压性能不同的材料,应分别进行拉应力、压应力强度校核。

思 考 题

1. 杆在什么情况下发生弯曲变形？什么情况下发生平面弯曲变形？

2. 剪力和弯矩的正负号的物理意义是什么？与理论力学中力和力偶的正负号规则有何不同？在图 7-43(a) 中截取右段梁为研究对象时，①横截面上所设 Q 和 M 的正负号为何？②利用静力学平衡条件列 $\sum F_y = 0$ 和 $\sum M_B = 0$ 时，Q 和 M 分别代表什么？③由平衡方程解得 $Q = -qa$、$M = qa^2$，结果中的正负号说明什么？④Q、M 的实际方向和转向应为什么？⑤如所设 Q、M 与如图 7-43(b) 所示的方向相反，上述问题又如何？⑥截取左段梁为研究对象，可知横截面上的 Q、M 与 P 有关。这是否说明，Q、M 与支座 A 的约束反力和分布载荷无关？

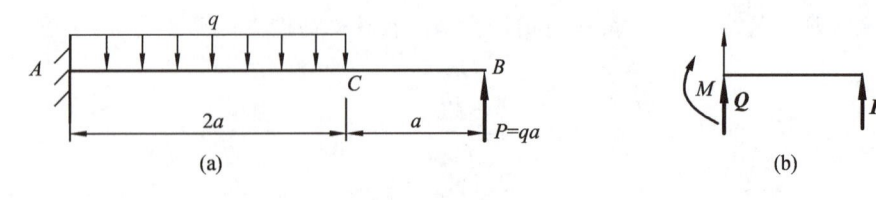

图 7-43

3. 列剪力方程与弯矩方程时，分段原则是什么？

4. 挑东西用的扁担常在中间折断，跳水板则容易在固定端处折断，为什么？

5. 比较圆形、矩形和工字形截面的合理性，并说明理由。

6. 试指出下列概念的区别：
(1) 纯弯曲与平面弯曲；(2) 中性轴与形心轴；(3) 抗弯刚度与抗弯截面系数。

7. 回答下列问题：
(1) 若矩形截面的高度和宽度分别增加一倍，截面的抗弯能力将各增大几倍？
(2) 设有载荷、跨度、横截面相同的木梁和钢梁，试比较，它们的弯矩是否一致？正应力的大小与分布是否一样？纵向线应变是否相同？
(3) 矩形截面梁 $h = 2b$，试说明竖放与平放时，它们的最大弯曲正应力和切应力各相差几倍？

8. 悬臂梁由两根矩形截面的杆组成，设力 F 沿梁的宽度 b 作用，并假设各杆分别承受 $F/2$ 的作用，试分析图 7-44 所示两种安放形式哪一种合理，为什么？

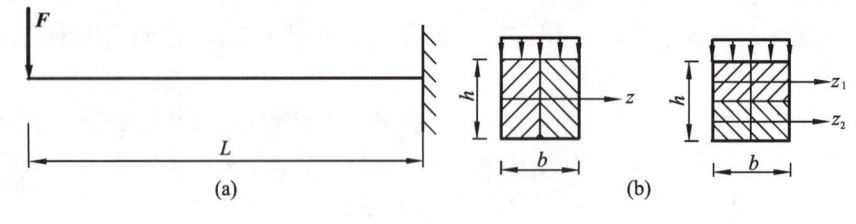

图 7-44

9. 梁的挠度和转角之间有何关系？它们的正、负号如何规定？挠度最大、转角为零，适用于哪种情况？

10. 如何确定挠度和转角的方向？如何确定最大挠度？

第7章 弯曲

习 题

1. 试求如图 7-45 所示梁的指定截面上的剪力和弯矩。设 q、a 均为已知。

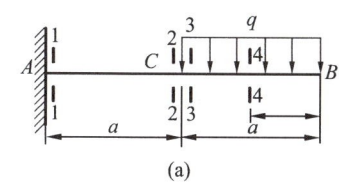

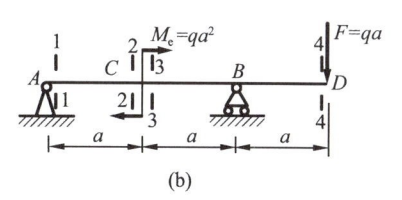

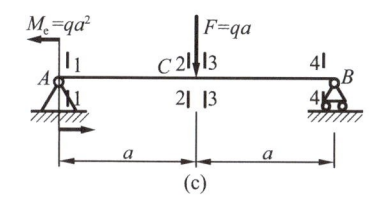

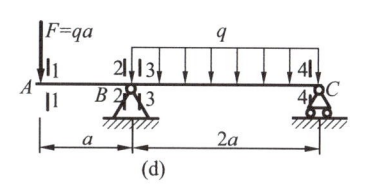

图 7-45

2. 试列出图 7-46 所示梁的剪力方程和弯矩方程,画剪力图和弯矩图,并求出 $Q_{\max}$ 和 $M_{\max}$。设 q、l、F 均为已知。

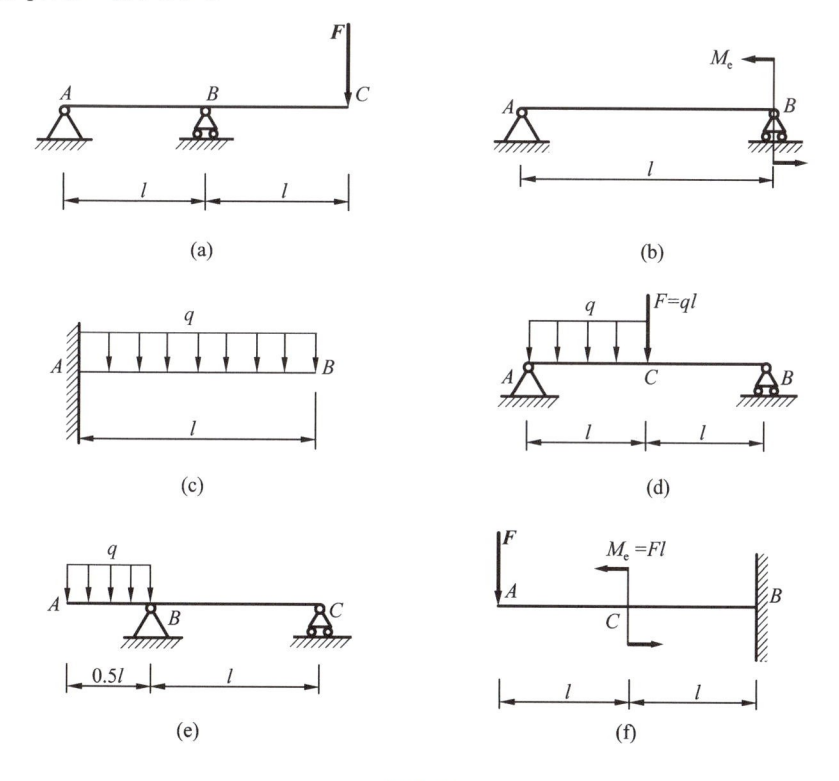

图 7-46

3. 下列剪力方程和弯矩方程,根据剪力、弯矩和载荷集度三者之间的关系绘制图 7-47 所示各梁的剪力图和弯矩图,并确定 Q_{max} 和 M_{max}。设 q、l、F 均为已知。

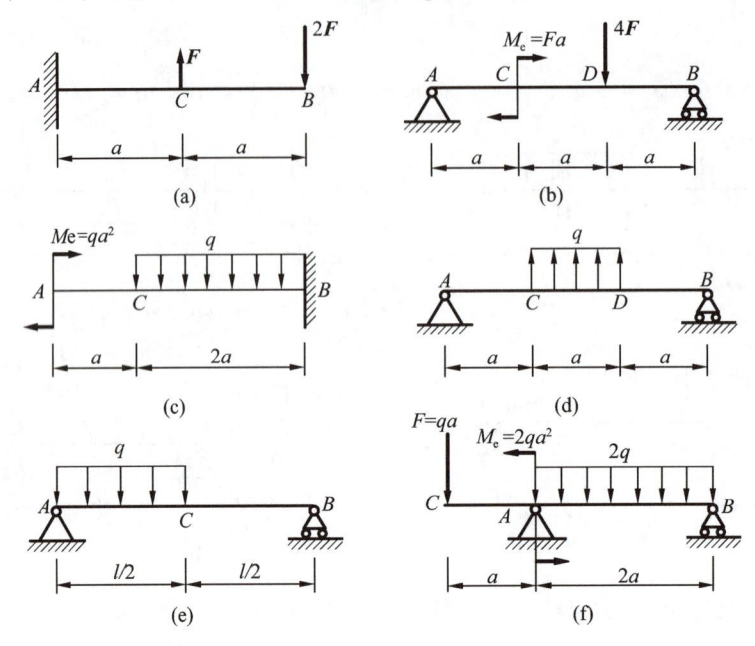

图 7-47

4. 试判断如图 7-48 所示 Q 图、M 图是否有错,若有错请改正错误。

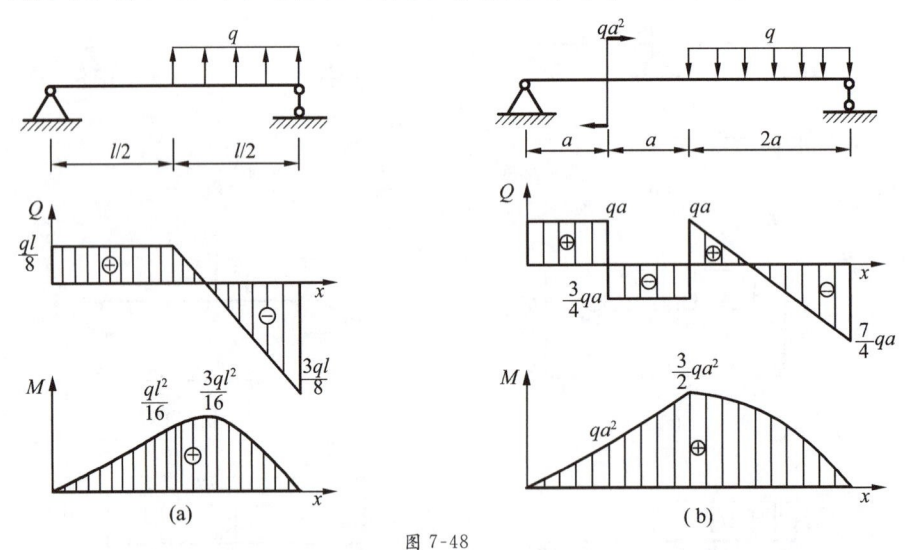

图 7-48

5. 矩形截面简支梁受载如图 7-49 所示,试分别求出梁竖放和平放时产生的最大正应力。

6. 外伸梁用 16a 号槽钢制成,如图 7-50 所示。试求梁内最大拉应力和最大压应力,并指出其作用的截面和位置。

图 7-49

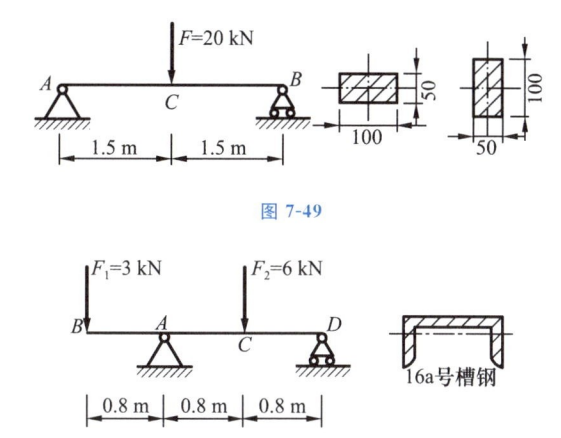

图 7-50

7. 外伸梁受均布载荷如图 7-51 所示，$q=12$ kN/m，$[\sigma]=160$ MPa。试选择此梁的工字钢型号。

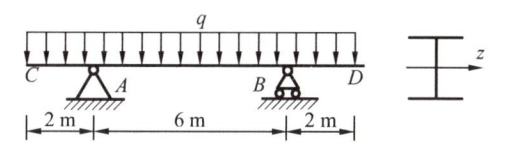

图 7-51

8. 空心管梁支承及受力如图 7-52 所示。已知 $[\sigma]=150$ MPa，管外径 $D=60$ mm，在保证安全的条件下，求内径 d 的最大值。

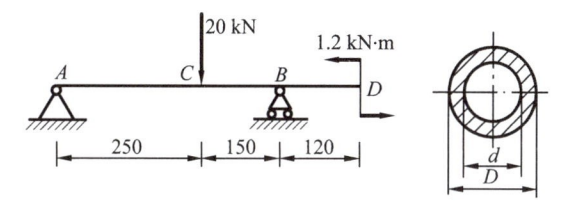

图 7-52

9. 铸铁梁的载荷及横截面尺寸如图 7-53 所示，已知 $I_z=7.63\times10^{-6}$ m⁴，$[\sigma_t]=30$ MPa，$[\sigma_c]=60$ MPa，试校核此梁的强度。

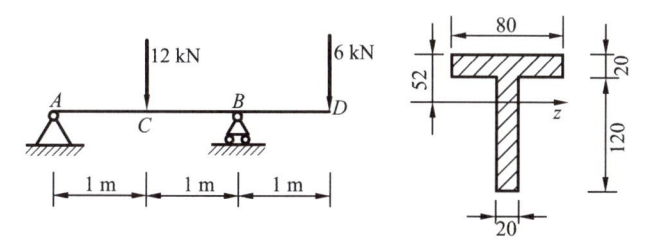

图 7-53

10. 由 20b 号工字钢制成的外伸梁,在外伸端 C 处作用集中力 F,已知 $[\sigma]=160$ MPa,尺寸如图 7-54 所示,求最大许可载荷 $[F]$。

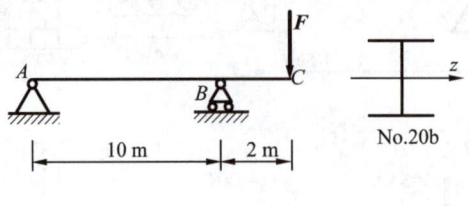

图 7-54

11. 压板的尺寸和载荷情况如图 7-55 所示,材料系钢制,$\sigma_s=380$ MPa,取安全系数 $n=1.5$。试校核压板的强度。

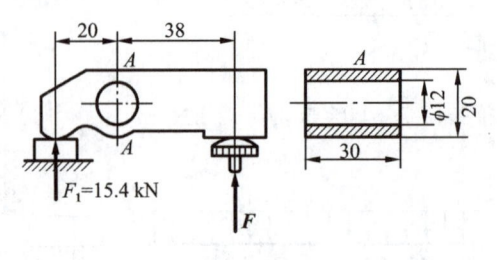

图 7-55

12. 试计算如图 7-56 所示矩形截面简支梁 1-1 截面上 a 点和 b 点的正应力和切应力。

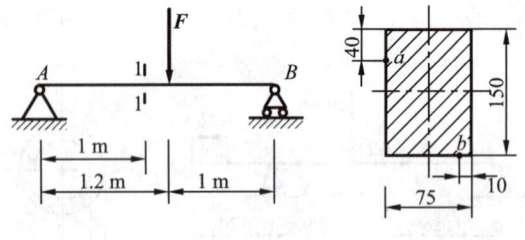

图 7-56

13. 如图 7-57 所示外伸梁采用 16 号工字钢制成,求梁内最大正应力和切应力。

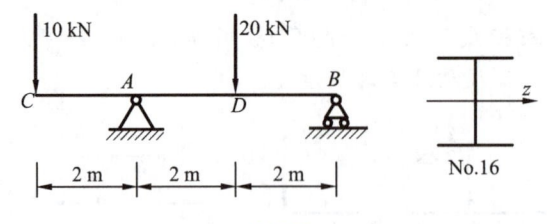

图 7-57

14. 一单梁桥式行车如图 7-58 所示。梁为 28b 号工字钢制成,电动葫芦和起重重量总重 $F=30$ kN,材料的 $[\sigma]=140$ MPa,$[\tau]=100$ MPa。试校核梁的强度。

15. 工字钢外伸梁,如图 7-59 所示。已知 $[\sigma]=160$ MPa,$[\tau]=90$ MPa,试选择合适的工字钢型号。

图 7-58

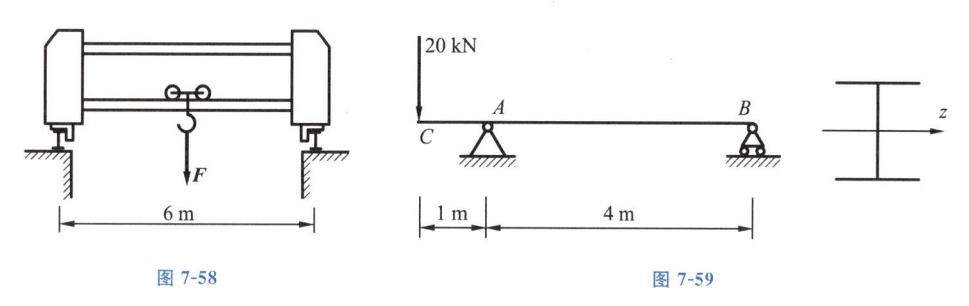

图 7-59

16. 用叠加法求图 7-60 所示梁截面 C 的挠度和截面 B 的转角,设梁的抗弯刚度 EI_z 为常量。

17. 用叠加法求图 7-61 所示梁截面 A 的挠度和转角,设梁的抗弯刚度 EI_z 为常量。

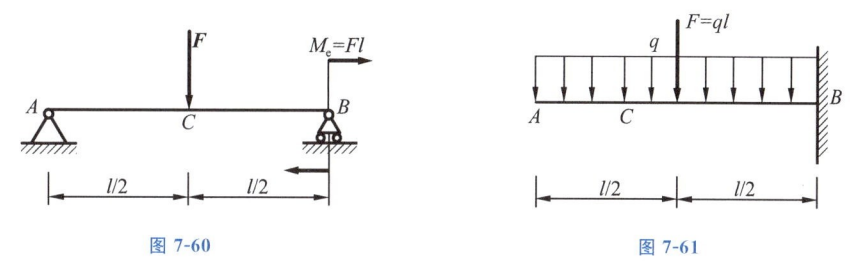

图 7-60

图 7-61

18. 用叠加法求图 7-62 所示梁截面 C 的挠度和截面 A 的转角,设梁的抗弯刚度 EI_z 为常量。

19. 简化后的电动机轴受载荷及尺寸如图 7-63 所示,$F=3.5$ kN,$q=1.035$ kN/m。轴材料的 $E=200$ GPa,直径 $d=130$ mm,定子与转子间的空隙(轴的许用挠度)$\delta=0.35$ mm,试校核该轴的刚度。

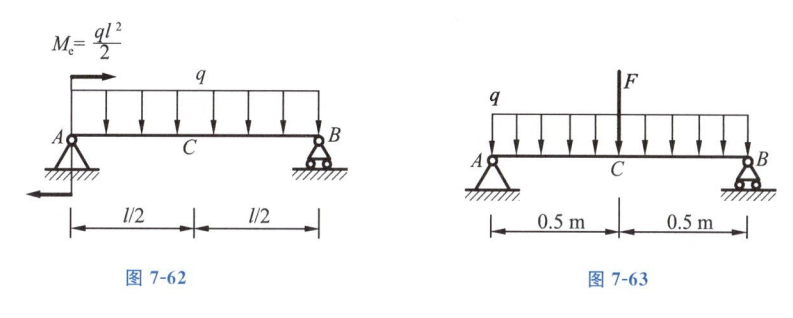

图 7-62

图 7-63

第8章

组合变形

典型案例

图 8-1 所示为工程上的钻床结构。钻床立柱为空心铸铁管,管的外径 $D=140$ mm,内、外径之比 $d/D=0.75$。铸铁的拉伸许用应力 $[\sigma_t]=35$ MPa,压缩许用应力 $[\sigma_c]=90$ MPa。钻孔时钻头和工作台面的受力如图 8-1 所示,$F_P=15$ kN,力 F_P 作用线与立柱轴线之间的距离(偏心距)$e=400$ mm。试校核立柱的强度是否安全。

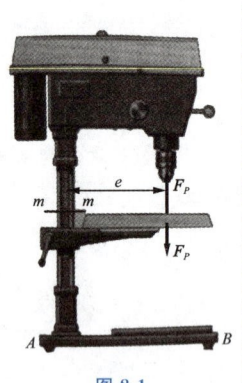

等我们学完这章后,这个问题就可以解决了。

图 8-1

学习目标

【知识目标】

1. 掌握拉(压)弯组合变形、弯扭组合变形的外力和变形特点。
2. 掌握应用叠加法分析组合变形的内力及应力。
3. 掌握拉(压)弯组合变形危险截面及危险点位置的确定。
4. 掌握拉(压)弯强度条件及解决工程实际问题。
5. 掌握应用第三强度和第四强度理论解决弯扭组合变形强度问题。

【能力目标】

1. 培养学生温故而知新的能力,学会用简单叠加法按照外力-内力-内力图-应力分析-强度条件-解决工程实际问题的思路分析组合变形问题。
2. 培养学生问题转化的能力,从弯扭组合变形危险截面处同时存在正应力和剪应力时,

第8章 组合变形

将其转化为相当应力,这是建立第三、第四强度理论的依据。

3.培养学生将复杂问题简单化的能力,组合变形就是简单基本变形的叠加,按照简单变形外力、内力、应力特点合理将组合变形问题分解为简单基本变形问题。

【素质目标】

1.从拉弯组合变形工程实际案例提出问题,激发学生学习热情,增强责任意识和大局意识。

2.本章既是对基本变形章节知识和能力的考察,又是思维和能力上的一次飞跃,学生接触到实际问题的复杂性,培养学生战胜困难的勇气和顽强的意志品质。

3.相同的学习分析思路,让学生在继承的基础上增强竞争意识和创新意识。

前面几章,我们分别研究了构件拉伸(压缩)、剪切、扭转和弯曲等基本变形时的强度和刚度计算。但在工程实际中,很多构件往往同时产生两种或两种以上的基本变形。这种由两种或两种以上的基本变形组合而成的变形称为组合变形。

图 8-2 所示为几种组合变形实例。其中,图 8-2(a)所示的烟囱除有因自重而引起的轴向压缩外,还有因水平方向风力作用而产生的弯曲变形;图 8-2(b)、图 8-2(c)所示的挡土墙和厂房立柱也会产生压缩与弯曲的组合变形。图 8-3 所示为电动机轴驱动一带轮的传动,电动机轴会产生弯曲和扭转的组合变形。对于结构形式和载荷更为复杂的构件,发生哪些基本变形,需要通过具体的内力分析才能判断。

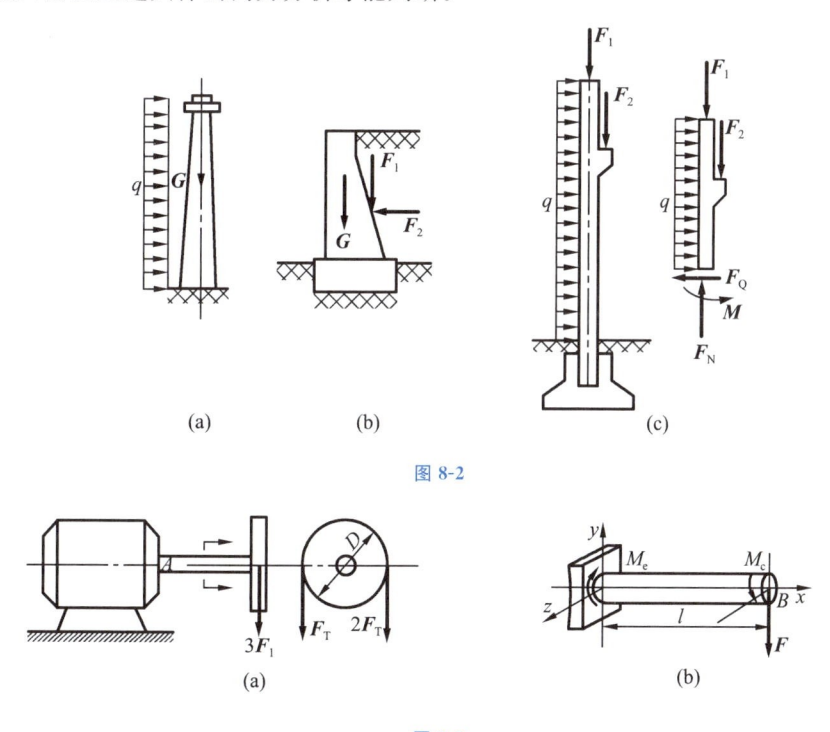

图 8-2

图 8-3

计算构件组合变形的应力与应变时,在线弹性范围内小变形的条件下,各个基本变形所引起的应力与应变是各自独立、互不影响的。因此,可先将构件上的载荷进行简化分组,分别计算每组载荷作用下产生的一种基本变形,再计算构件在基本变形下的应力,将基本变形的应力叠加,进而得到构件在组合变形时的应力,计算出危险点的应力,最后用相应的强度条件公式进行计算和校核。

构件组合变形有多种形式,下面主要介绍工程中常见的两种组合变形,即拉伸(压缩)与弯曲组合、弯曲与扭转组合变形的强度计算。

8.1 拉(压)弯组合变形

一、拉(压)弯组合变形的应力分析

拉伸或压缩与弯曲组合的变形是工程上常见的变形形式。图 8-4(a)所示为一悬臂起重机的横梁,现以此为例说明其组合变形的强度计算。

1. 外力分析

悬臂梁在自由端受力 P 的作用,力 P 位于梁的纵向对称平面内,并与梁的轴线成夹角 φ。将力 P 沿平行于轴线方向和垂直于轴线方向分解为 P_x 和 P_y(图8-4(b)),大小分别为

$$P_x = P\cos\varphi, \quad P_y = P\sin\varphi$$

分力 P_x 为轴向拉力,使梁产生轴向拉伸变形,如图 8-4(c)所示;分力 P_y 方向与梁的轴线垂直,使梁产生平面弯曲变形,如图 8-4(d)所示。故梁在力 P 作用下将产生拉弯组合变形。

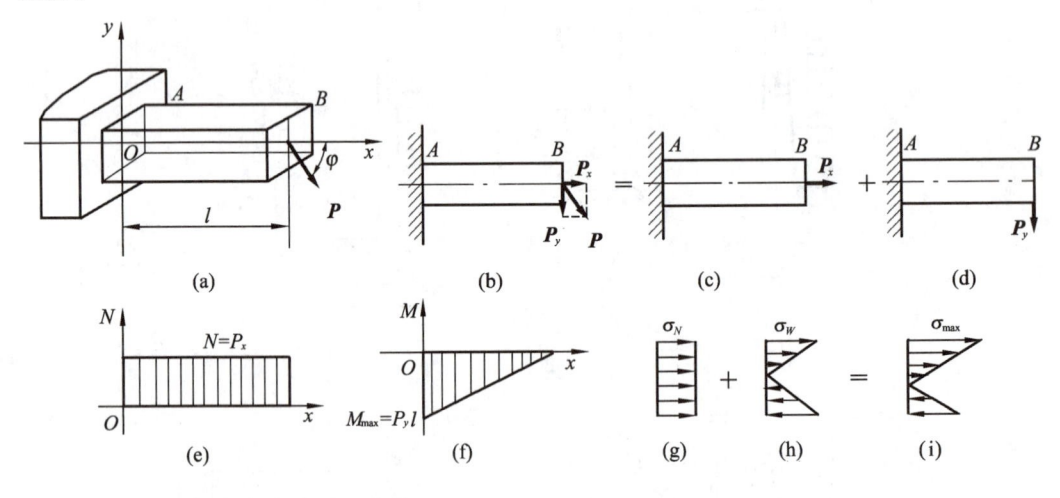

图 8-4

2. 内力分析

梁的内力图如图 8-4(e)、图 8-4(f)所示。

梁各横截面上的轴力都相等,均为

$$N = P_x = P\cos\varphi$$

梁的固定端截面 A 上的弯矩值最大,其值为

第8章 组合变形

$$M_{\max} = P_y l = Pl\sin\varphi$$

故梁的固定端截面 A 为危险截面。

3. 应力分析

在梁的危险截面上,拉应力 σ_N 均匀分布,如图 8-4(g)所示;弯曲正应力 σ_W 的分布如图 8-4(h)所示,其值分别为

$$\sigma_N = \frac{N}{A} = \frac{P_x}{A}$$

$$\sigma_W = \frac{M_{\max}}{W_z} = \frac{P_y l}{W_z}$$

根据叠加原理,可将悬臂梁固定端所在截面上的弯曲正应力和拉伸正应力相叠加,则叠加后的应力分布图如图 8-4(i)所示,在上、下边缘处,正应力大小分别为

$$\sigma_{\max} = \left|\frac{N}{A} + \frac{M_{\max}}{W_z}\right| = \left|\frac{P_x}{A} + \frac{P_y l}{W_z}\right|$$

$$\sigma_{\min} = \left|\frac{N}{A} - \frac{M_{\max}}{W_z}\right| = \left|\frac{P_x}{A} - \frac{P_y l}{W_z}\right|$$

对于压缩与弯曲的组合变形,可采用同样的分析方法。

4. 强度条件

若以 σ_N 表示拉(压)应力,以 σ_W 表示弯曲应力,则根据危险截面上单元体的应力状态及构件所用材料的自身特性等,可得强度条件

$$\sigma_{\max} = |\sigma_N + \sigma_W| \leqslant [\sigma] \tag{8-1}$$

要注意拉、压性能不相等的材料,应对最大拉应力点和最大压应力点分别校核。

二、拉(压)弯组合变形时的强度计算

根据上面所建立的拉(压)弯组合变形的强度条件,我们即可对拉弯或压弯组合变形的构件进行三类强度计算,即强度校核、尺寸设计和许可载荷的确定,下面举例说明。

例 8-1 如图 8-5(a)所示,AB 杆是悬臂吊车的滑车梁,若 AB 梁为 22a 号工字钢,材料的许用应力$[\sigma]=100$ MPa,当起吊重量 $F=30$ kN,行车移至 AB 梁的中点时,试校核 AB 梁的强度。

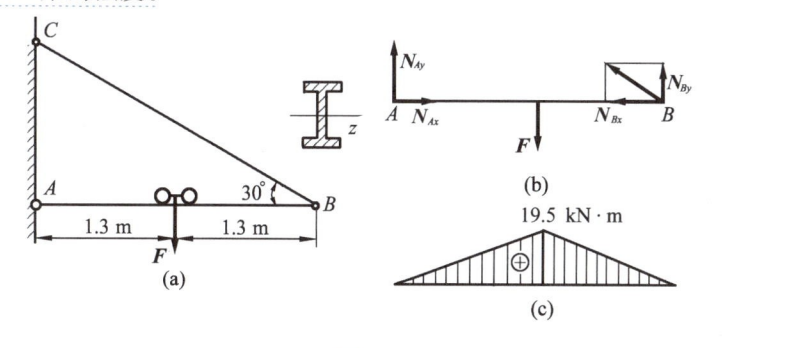

图 8-5

解:(1)外力分析。取 AB 梁为研究对象,如图 8-5(b)所示。设支座 A 处的约束反力为 N_{Ax}、N_{Ay},BC 杆给 AB 梁的约束反力为 N_{Bx}、N_{By},根据平衡方程式

可得
$$\sum M_A = 0$$
$$N_{By} = \frac{F}{2} = \frac{30}{2} = \frac{30}{2} = 15 \text{ kN}$$

可得
$$\sum M_B = 0$$
$$N_{Ay} = \frac{F}{2} = \frac{30}{2} = 15 \text{ kN}$$

$$N_{Bx} = \frac{N_{By}}{\tan 30°} = \frac{15}{\tan 30°} = \frac{15}{\tan 30°} = 25.98 \text{ kN}$$

可得
$$\sum F_x = 0$$
$$N_{Ax} = N_{Bx} = 25.98 \text{ kN}$$

其中力 N_{Ax} 与 N_{Bx} 使梁产生轴向压缩变形，N_{Ay}、N_{By}、F 使梁产生弯曲变形，所以 AB 梁将产生压弯组合变形。

(2)内力分析。N_{Ax}、N_{Bx} 使 AB 梁各横截面上产生相同的轴向压力 N，$N=25.98$ kN。

N_{Ay}、N_{By} 与 F 引起 AB 梁产生弯曲变形，其弯矩图如图 8-5(c)所示，最大弯矩发生在 AB 梁的中点，且 $M_{max}=19.5$ kN·m。根据内力分析可知，AB 梁的中点截面就是危险截面。

(3)应力分析。由轴向压力 N 引起危险截面上各点的压缩正应力均相等，由于最大弯矩引起的最大弯曲正应力产生在中点截面上侧的各点，因此危险点就形成危险截面上侧的一条线。查型钢表得 22a 号工字钢的面积 $A=42$ cm^2，抗弯截面模量 $W_z=309$ cm^3。

危险点的压应力为
$$\sigma_N = -\frac{N}{A} = -\frac{25.98 \times 10^3}{42 \times 10^{-4}} = -6.19 \times 10^6 \text{ Pa} = -6.19 \text{ MPa}$$

危险点的最大弯曲压应力为
$$\sigma_W = -\frac{M_{max}}{W_z} = -\frac{19.5 \times 10^3}{309 \times 10^{-6}} = -63.11 \times 10^6 \text{ Pa} = -63.11 \text{ MPa}$$

(4)强度计算。根据式(8-1)可得
$$\sigma_{max} = \left| -\frac{N}{A} - \frac{M_{max}}{W_z} \right| = |-6.19 - 63.11| = 69.3 \text{ MPa} < [\sigma] = 100 \text{ MPa}$$

故 AB 梁的强度足够。

由计算数据可知，由轴力所产生的正应力远小于由弯矩所产生的弯曲正应力。因此，在一般情况下，在拉(压)弯组合变形中，弯曲正应力是主要的。

例 8-2 压力机机架如图 8-6(a)所示。机架材料为铸铁，许用拉应力$[\sigma_t]=$ 40 MPa，许用压应力$[\sigma_c]=120$ MPa。立柱横截面的几何性质与有关尺寸为截面面积 $A=1.8 \times 10^5$ mm^2，惯性矩 $I_z=8 \times 10^9$ mm^4，$h=700$ mm，C 为截面形心，$y_C=200$ mm，$e=800$ mm。试确定该压力机的最大工作压力。

解：若作用在杆上的外力与杆的轴线平行而不重合，这种变形就称为偏心拉伸或偏心压缩，外力的作用线与杆件轴线间的距离称为偏心距。可见，立柱受到力 P 的偏心拉伸作用，偏心距为 e。

(1)内力分析。用截面法将立柱沿任一截面 $m\text{-}m$ 截开，取上半部为研究对象，如图 8-6(b)所示，由平衡条件可知，各截面上(垂直部分)的内力均相同，分别为

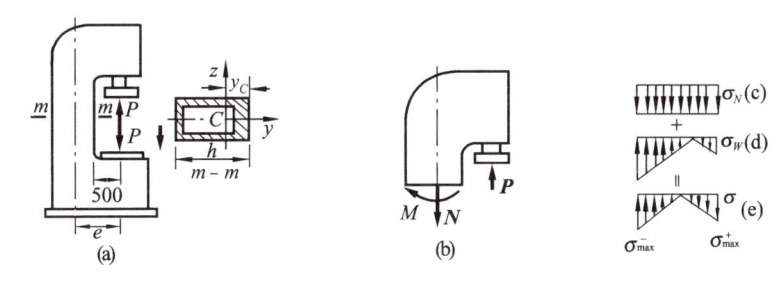

图 8-6

| 轴力 | $N=P$ | （使立柱产生拉伸变形） |
| 弯矩 | $M=Pe$ | （使立柱产生纯弯曲变形） |

所以，立柱在偏心力 **P** 的作用下，产生拉弯组合变形。

(2) 应力分析与强度条件。在 m-m 截面上的拉伸与弯曲正应力分布情况如图 8-6(c)、图 8-6(d)所示，叠加后，截面上的正应力分布情况如图 8-6(e)所示。因机架材料为铸铁，抗拉和抗压能力不同，应分别建立拉应力强度条件和压应力强度条件。

立柱右侧边缘 m-m 上拉应力最大，所以

$$\sigma_{t,\max} = \sigma_N + \sigma_M = \frac{N}{A} + \frac{My_C}{I_z} \leqslant [\sigma_t]$$

即

$$\frac{P}{A} + \frac{Pey_C}{I_z} \leqslant [\sigma_t]$$

则

$$P \leqslant \frac{[\sigma_t]}{\dfrac{1}{A} + \dfrac{ey_C}{I_z}} = \frac{40}{\dfrac{1}{1.8\times10^5} + \dfrac{800\times200}{8\times10^9}} = 1\,565\times10^3 \text{ N} = 1\,565 \text{ kN}$$

立柱左侧边缘 m-m 上压应力最大，所以

$$\sigma_{c,\max} = |\sigma_N + \sigma_M| = \left|\frac{N}{A} - \frac{M(h-y_C)}{I_z}\right| \leqslant [\sigma_c]$$

即

$$\left|\frac{P}{A} - \frac{Pe(h-y_C)}{I_z}\right| \leqslant [\sigma_c]$$

则

$$P \leqslant \left|\frac{[\sigma_c]}{\dfrac{1}{A} - \dfrac{e(h-y_C)}{I_z}}\right| = \left|\frac{120}{\dfrac{1}{1.8\times10^5} - \dfrac{800\times(700-200)}{8\times10^9}}\right| =$$

$2\,700\times10^3$ N $=2\,700$ kN

为了使立柱既满足抗拉强度，又满足抗压强度，该压力机的最大工作压力应取

$$[P] = 1\,565 \text{ kN}$$

8.2 弯曲与扭转组合变形

工程中的轴类构件，大多发生弯曲和扭转组合变形，现以图 8-7(a)所示的一圆轴为

例说明圆轴在弯曲和扭转组合变形时的强度计算。

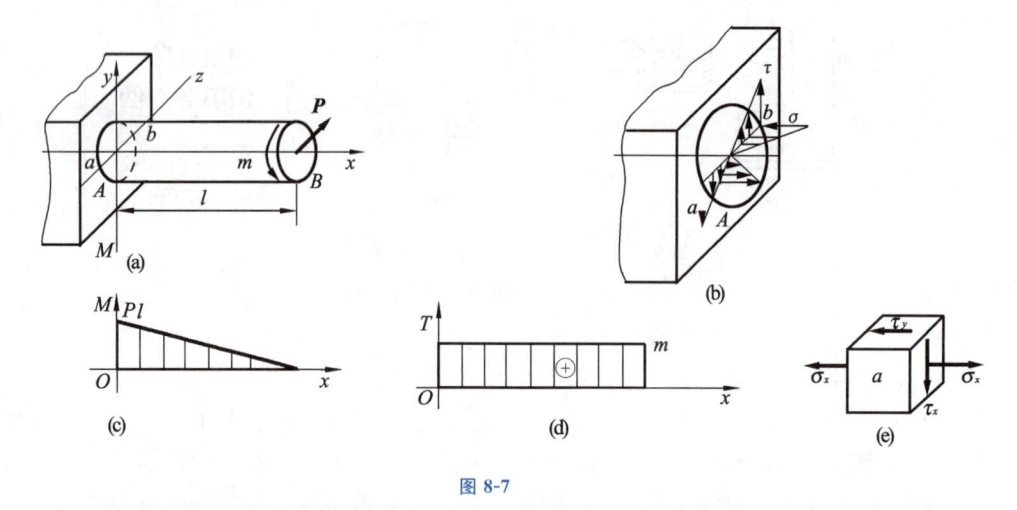

图 8-7

一、弯扭组合变形时的应力分析

1. 外力分析

设有一圆轴,如图 8-7(a)所示,左端固定,自由端受力 P 和力偶矩 m 的作用。力 P 的作用线与圆轴的轴线垂直,使圆轴产生弯曲变形;力偶矩 m 使圆轴产生扭转变形,所以圆轴 AB 将产生弯曲与扭转的组合变形。

2. 内力分析

画出圆轴的内力图,如图 8-7(c)、图 8-7(d)所示。由扭矩图可以看出,圆轴各横截面上的扭矩值都相同,而从弯矩图看出,固定端 A 截面上的弯矩值最大,所以横截面 A 为危险截面,其上的扭矩值和弯矩值分别为

$$T=m, M=Pl$$

3. 应力分析

在危险截面上同时存在着扭矩和弯矩,扭矩将产生扭转剪应力,剪应力与危险截面相切,截面的外轮廓线上各点的剪应力为最大;弯矩将产生弯曲正应力,弯曲正应力与横截面垂直,截面的前、后两点(a、b)的弯曲正应力为最大,如图 8-7(b)所示,因此,截面的前、后两点(a、b)为弯扭组合变形的危险点。危险点上的剪应力和正应力分别为

$$\tau = \frac{T}{W_t}, \sigma = \frac{M}{W_z}$$

4. 强度条件

为了进行强度计算,必须要了解危险点 a 或 b 的应力状态,围绕点 a 切取一单元体,如图 8-7(e)所示,可以看出 a 点的平面应力状态,其中 $\sigma_x = \sigma_W, \sigma_y = 0, \tau_x = -\tau_y = \tau$。应用下列公式可求得 a 点的主应力分别为

$$\sigma_1 = \frac{\sigma_x + \sigma_y}{2} + \sqrt{\left(\frac{\sigma_x - \sigma_y}{2}\right)^2 + \tau_x^2} = \frac{\sigma_W}{2} + \sqrt{\left(\frac{\sigma_W}{2}\right)^2 + \tau^2} \tag{8-2}$$

$$\sigma_2 = 0 \tag{8-3}$$

$$\sigma_3 = \frac{\sigma_x + \sigma_y}{2} - \sqrt{\left(\frac{\sigma_x - \sigma_y}{2}\right)^2 + \tau_x^2} = \frac{\sigma_w}{2} - \sqrt{\left(\frac{\sigma_w}{2}\right)^2 + \tau^2} \qquad (8\text{-}4)$$

由于圆轴一般是用塑性材料制成的,所以 a 点的强度可按下列两种强度理论进行校核。

最大切应力理论——也称第三强度理论。这一理论认为最大切应力是引起塑性屈服的主要因素,即不论材料处于何种应力状态,只要最大切应力达到材料在单向应力状态下破坏时的切应力极限值 τ_s,材料就发生屈服破坏。其强度条件为

$$\sigma_{xd3} = \sigma_1 - \sigma_3 \leqslant [\sigma]$$

将主应力值代入上式可得

$$\sigma_{xd3} = 2\sqrt{\left(\frac{\sigma_w}{2}\right)^2 + \tau^2} \leqslant [\sigma]$$

或

$$\sigma_{xd3} = \sqrt{\sigma_w^2 + 4\tau^2} \leqslant [\sigma] \qquad (8\text{-}5)$$

将 $\sigma_w = \dfrac{M}{W_z}$,$\tau = \dfrac{T}{W_t}$ 代入式(8-5),即得

$$\sigma_{xd3} = \sqrt{\left(\frac{M}{W_z}\right)^2 + 4\left(\frac{T}{W_t}\right)^2} \leqslant [\sigma]$$

对于圆截面及圆环截面,有 $W_t = 2W_z$,则上式可写为

$$\sigma_{xd3} = \frac{\sqrt{M^2 + T^2}}{W_z} \leqslant [\sigma] \qquad (8\text{-}6)$$

畸变能密度理论——也称第四强度理论。这一理论认为畸变能密度是引起材料塑性破坏的主要因素,即材料处于复杂应力状态中,只要构件危险点处的最大切应力达到材料在单向应力状态下破坏时的畸变能密度,材料就发生屈服破坏。其强度条件为

$$\sigma_{xd4} = \sqrt{\frac{1}{2}\left[(\sigma_1 - \sigma_2)^2 + (\sigma_2 - \sigma_3)^2 + (\sigma_3 - \sigma_1)^2\right]} \leqslant [\sigma]$$

将主应力 σ_1、σ_2、σ_3 的值代入上式,化简后得

$$\sigma_{xd4} = \sqrt{\sigma_w^2 + 3\tau^2} \leqslant [\sigma] \qquad (8\text{-}7)$$

将 $\sigma_w = \dfrac{M}{W_z}$,$\tau = \dfrac{T}{W_t}$,$W_t = 2W_z$,代入式(8-7),得

$$\sigma_{xd4} = \frac{\sqrt{M^2 + 0.75T^2}}{W_z} \leqslant [\sigma] \qquad (8\text{-}8)$$

注意,式(8-6)和式(8-8)中 M、T 均为危险截面上的弯矩、扭矩,W_z 为抗弯截面模量。

前面我们选择危险点 a 作为研究对象,通过第三和第四强度理论建立了强度条件,若选择危险点 b,也采用第三和第四强度理论来建立强度条件,其结果与式(8-6)、式(8-8)相同吗? a、b 两点的强度一样吗?请读者自己来解答。

二、弯扭组合变形时的强度计算

根据上面所建立的强度条件,我们同样可以对产生弯扭组合变形的构件进行三类强度计算,即强度校核、尺寸设计和许可载荷的确定。下面举例说明。

212 工程力学

例 8-3 电动机带动皮带轮,如图 8-8(a)所示,轴的直径 $d=38$ mm,带轮的直径 $D=400$ mm,其重量 $G=700$ N,若电动机的功率 $P=16$ kW,转速 $n=955$ r/min,皮带紧边与松边拉力之比为 $\dfrac{T_2}{T_1}=2$,轴的许用应力 $[\sigma]=120$ MPa。试按第三强度理论来校核该轴的强度。

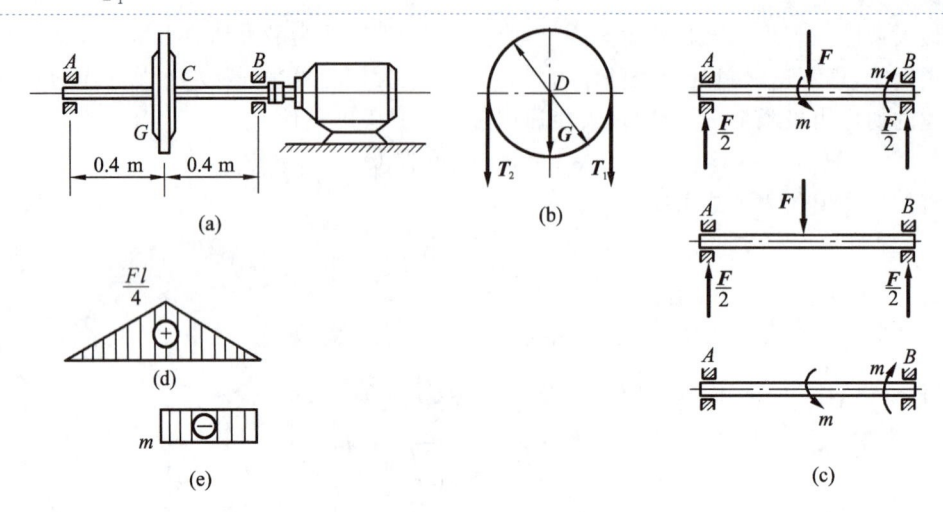

图 8-8

解:(1)外力分析。根据题意,可求得电动机输出的外力偶矩为

$$m = 9\,549\,\dfrac{P}{n} = 9\,549 \times \dfrac{16}{955} = 160 \text{ N·m}$$

又

$$m = (T_2 - T_1)\dfrac{D}{2} = \dfrac{DT_1}{2}$$

得

$$T_1 = \dfrac{2m}{D} = \dfrac{2 \times 160 \times 10^3}{400} = 800 \text{ N}$$

由皮带轮的受力图 8-8(b)可知,作用在轴上的载荷有垂直向下的力 F 和作用面垂直于轴线的力偶 m,轮轴的计算简图如图 8-8(c)所示。其中

$$F = G + T_1 + T_2 = G + 3T_1$$

所以作用于轴上的垂直向下的力为

$$F = G + 3T_1 = 700 + 3 \times 800 = 3100 \text{ N}$$

力 F 使轴产生弯曲变形,力偶 m 使轴产生扭转变形,所以轴 AB 将发生弯扭组合变形。

(2)内力分析。画出轴的内力图,如图 8-8(d)、图 8-8(e)所示,由扭矩图可以看出,轴 CB 段各横截面上的扭矩值都相同,AC 段的扭矩值为零,而从弯矩图可以看出,轴的中间截面 C 处的弯矩值最大,所以轴的中间截面 C 稍靠左处为危险截面,该截面上的扭矩值和弯矩值分别为

$$T = m = 160 \text{ N·m}$$

$$M = \dfrac{Fl}{4} = \dfrac{3\,100}{4} \times 0.8 = 620 \text{ N·m}$$

(3)强度校核。轴的抗弯截面模量

$$W_z = \frac{\pi}{32}d^3 = \frac{3.14}{32} \times 38^3 = 5384 \text{ mm}^3$$

根据式(8-6)可得

$$\sigma_{xd3} = \frac{\sqrt{M^2+T^2}}{W_z} = \frac{\sqrt{(620 \times 10^3)^2 + (160 \times 10^3)^2}}{5\ 384} = 119 \text{ MPa} < [\sigma]$$

故轴的强度足够。

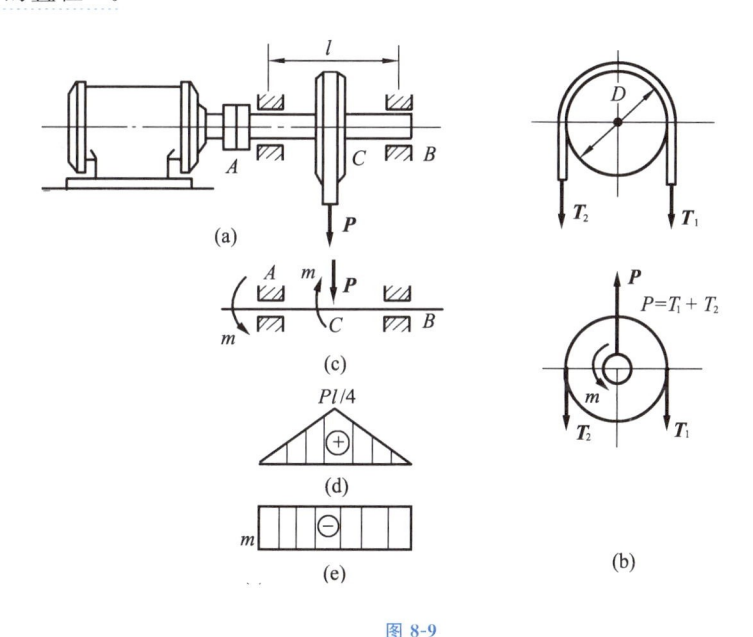

例 8-4 转轴 AB 由电动机带动,如图 8-9(a)所示,在轴的中点 C 处装有一皮带轮。已知皮带轮的直径 $D=400$ mm,皮带紧边拉力 $T_1=8$ kN,松边拉力 $T_2=4$ kN,轴承间的距离 $l=300$ mm,轴的材料为钢,其许用应力$[\sigma]=120$ MPa。试按第四强度理论设计轴 AB 的直径 d。

图 8-9

解:(1)外力分析。由皮带轮的受力图 8-9(b)可知,作用在轴上的载荷有垂直向下的力 P 和作用面垂直于轴线的力偶 m,轴的计算简图如图 8-9(c)所示。其中

$$P = T_1 + T_2 = 8 + 4 = 12 \text{ kN}$$

$$m = (T_1 - T_2)\frac{D}{2} = (8-4) \times \frac{400}{2} = 800 \text{ kN} \cdot \text{mm} = 0.8 \text{ kN} \cdot \text{m}$$

力 P 使轴产生弯曲变形,力偶 m 使轴产生扭转变形,所以轴 AB 将发生弯扭组合变形。

(2)内力分析。画出轴的内力图,如图 8-9(d)、图 8-9(e)所示,由弯矩图和扭矩图可知,轴的中间横截面 C 为危险截面,其上的扭矩值和弯矩值分别为

$$T = m = 0.8 \text{ kN} \cdot \text{m} = 800 \text{ N} \cdot \text{m}$$

$$M = \frac{1}{4}Pl = \frac{1}{4} \times 12 \times 300 = 900 \text{ kN} \cdot \text{mm} = 900 \text{ N} \cdot \text{m}$$

(3) 确定 AB 轴的直径 d。根据题意,由式(8-8)可得

$$W_z \geqslant \frac{\sqrt{M^2+0.75T^2}}{[\sigma]} = \frac{\sqrt{900^2+0.75\times800^2}}{120\times10^6} = 9.465\times10^{-6} \text{ m}^3 = 9\,465 \text{ mm}^3$$

因为
$$W_z = \frac{\pi}{32}d^3$$

所以
$$d = \sqrt[3]{\frac{32W_z}{\pi}} \geqslant \sqrt[3]{\frac{32\times9\,465}{3.14}} = 45.85 \text{ mm}$$

取 AB 轴的直径为 $d=46$ mm。

案例分析与解答

解:(1)确定立柱横截面上的内力分量

用假想截面 m-m 将立柱截开,以截开的上半部分为研究对象,如图 8-10 所示。由平衡条件得截面上的轴力和弯矩分别为

$$F_N = F_P = 15 \text{ kN}$$

$$M_z = F_P \times e = 15\times400\times10^{-3} = 6 \text{ kN·m}$$

(2)确定危险截面并计算最大正应力。

立柱在偏心力 P 作用下产生拉伸与弯曲组合变形。b 点和 a 点分别承受最大拉应力和最大压应力,其值分别为

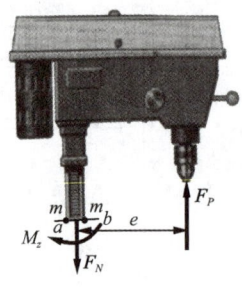

图 8-10

$$\sigma_{\max}^t = \frac{M_z}{W} + \frac{F_N}{A} = -\frac{F_P e}{\frac{\pi D^3(1-\alpha^4)}{32}} + \frac{F_P}{\frac{\pi(D^2-d^2)}{4}} =$$

$$\frac{32\times6\times10^3}{3.14\times(140\times10^{-3})^3\times(1-0.75^4)} + \frac{4\times15\times10^3}{3.14\times[(140\times10^{-3})^2-(0.75\times140\times10^{-3})^2]} =$$
$$34.84\times10^6 \text{ Pa} = 34.84 \text{ MPa}$$

$$\sigma_{\max}^C = -\frac{M_z}{W} + \frac{F_N}{A} = -\frac{F_P e}{\frac{\pi D^3(1-\alpha^4)}{32}} + \frac{F_P}{\frac{\pi(D^2-d^2)}{4}} =$$

$$-\frac{32\times6\times10^3}{3.14\times(140\times10^{-3})^3\times(1-0.75^4)} + \frac{4\times15\times10^3}{3.14\times[(140\times10^{-3})^2-(0.75\times140\times10^{-3})^2]} =$$
$$-30.35\times10^6 \text{ Pa} = -30.35 \text{ MPa}$$

二者的数值都小于各自的许用应力值。这表明立柱是安全的。

小 结

1. 组合变形

(1)由两种或两种以上的基本变形组合而成的变形称为组合变形。组合变形的强度计算主要有四个步骤,即外力分析、内力分析、应力分析和强度计算。

(2) 拉(压)弯组合变形的强度条件
$$\sigma=|\sigma_N+\sigma_W|\leqslant[\sigma]$$
(3) 弯扭组合变形的强度条件
最大切应力理论
$$\sigma_{xd3}=\sqrt{\sigma_W^2+4\tau^2}\leqslant[\sigma] \quad 或 \quad \sigma_{xd3}=\frac{\sqrt{M^2+T^2}}{W_z}\leqslant[\sigma]$$
畸变能密度理论
$$\sigma_{xd4}=\sqrt{\sigma_W^2+3\tau^2}\leqslant[\sigma] \quad 或 \quad \sigma_{xd4}=\frac{\sqrt{M^2+0.75T^2}}{W_z}\leqslant[\sigma]$$

2. 研究思路

受力分析 —受力图/平衡方程→ 外力 → 分析可能的破坏形式 → 确定组合变形强度条件 → 解决强度问题

3. 注意事项

要正确地分析构件所受的外力,根据外力判断构件可能的破坏形式,根据外力正确地画出内力图,确定危险截面上危险点的应力,应用相应的强度理论解决强度计算问题。

思 考 题

1. 拉(压)弯组合变形构件的危险截面和危险点如何确定? 弯扭组合变形构件的危险截面和危险点如何确定?

2. 试分析如图 8-11 所示杆件的 AB、BC、CD 段分别是哪几种基本变形的组合。

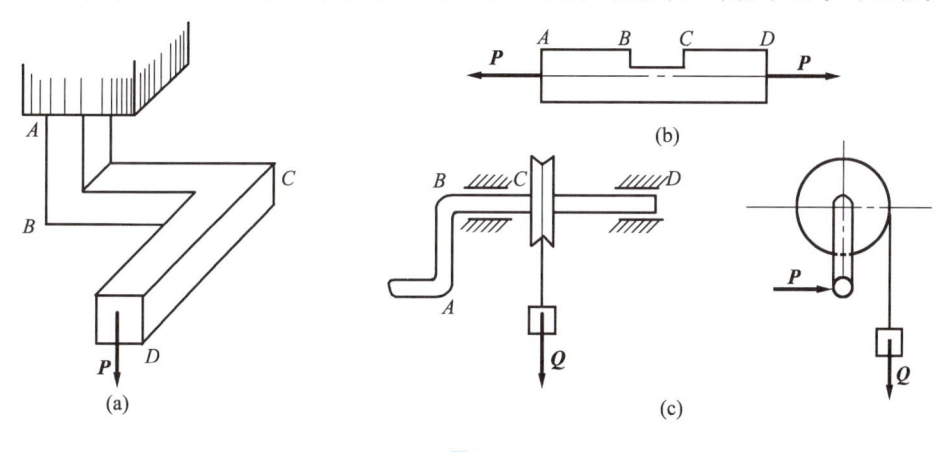

图 8-11

习 题

1. 若在横截面为正方形的短柱的中间开一槽,使横截面面积减少为原横截面面积的一半,如图 8-12 所示。试问开槽后的最大正应力为不开槽时的最大正应力的几倍?

2. 小型铆钉机座如图 8-13 所示,材料为铸铁,许用拉应力$[\sigma_t]=30$ MPa,许用压应力$[\sigma_c]=80$ MPa。I-I 截面的惯性矩 $I=3\,789$ cm^4,在冲打铆钉时,受力 $P=20$ kN 作用。试校核 I-I 截面的强度。

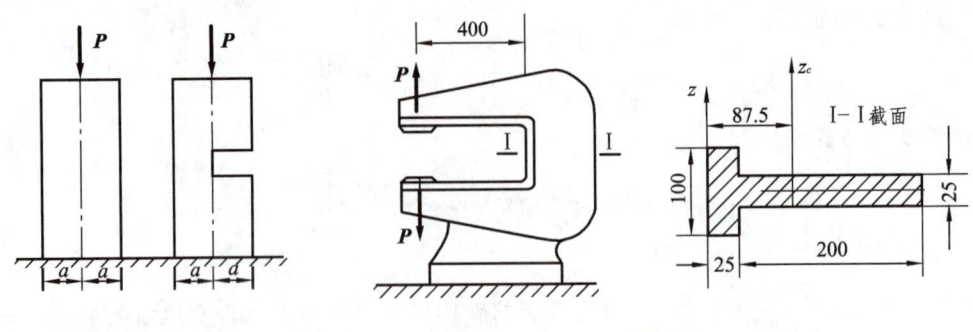

图 8-12

图 8-13

3. 如图 8-14 所示,电动机带动皮带轮转动。已知电动机功率 $P=12$ kW,转速 $n=900$ r/min,带轮直径 $D=200$ mm,重量 $G=600$ N,皮带紧边拉力与松边拉力之比为 $T/t=2$,AB 轴直径 $d=45$ mm,材料为 45 钢,许用应力 $[\sigma]=120$ MPa。试按第四强度理论校核该轴的强度。

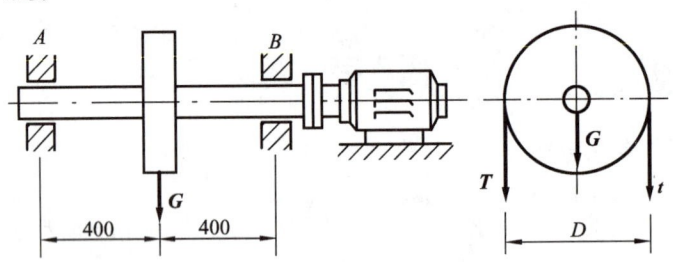

图 8-14

4. 如图 8-15 所示,圆截面杆受载荷 P 和 m 的作用。已知 $P=0.5$ kN,$m=1.2$ kN·m,圆杆材料为 45 钢,$[\sigma]=120$ MPa。力 P 的剪切作用略去不计,试按第三强度理论确定圆杆直径 d。

5. 如图 8-16 所示,拐轴在 C 处受铅垂力 P 作用。已知 $P=3.2$ kN,轴的材料为 45 钢,许用应力 $[\sigma]=160$ MPa。试用第三强度理论校核 AB 轴的强度。

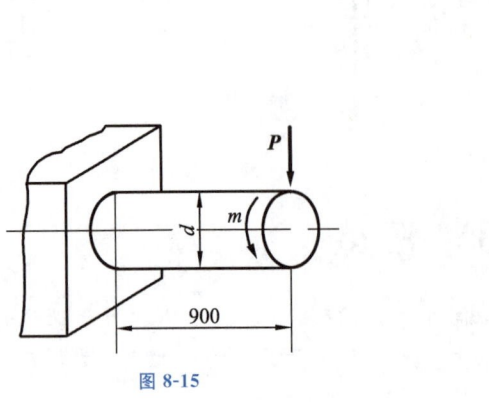

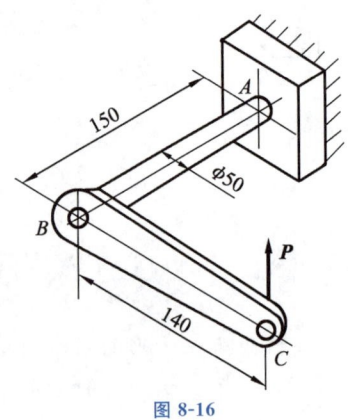

图 8-15

图 8-16

6. 如图 8-17 所示，在 AB 轴上装有两个轮子，轮上分别作用力 **P** 和 **Q** 而处于平衡状态。已知 $Q=12$ kN，$D_1=200$ mm，$D_2=100$ mm，轴的材料为碳钢，许用应力 $[\sigma]=120$ MPa。试按第四强度理论确定 AB 轴的直径。

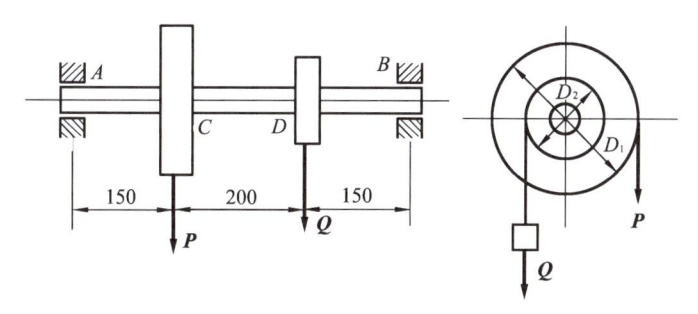

图 8-17

7. 等截面钢制圆轴受力如图 8-18 所示，已知轮 C 输入功率 $N_P=1.8$ kW，转速 $n=120$ r/min，材料许用应力 $[\sigma]=160$ MPa。按最大剪应力理论设计轴的直径。

8. 两端装有传动轮的钢轴如图 8-19 所示，轮 C 输入功率 $N_P=14.7$ kW，转速 $n=120$ r/min，D 轮上的皮带拉力 $F_1=2F_2$，材料的许用应力 $[\sigma]=160$ MPa。按第四强度理论设计轴的直径。

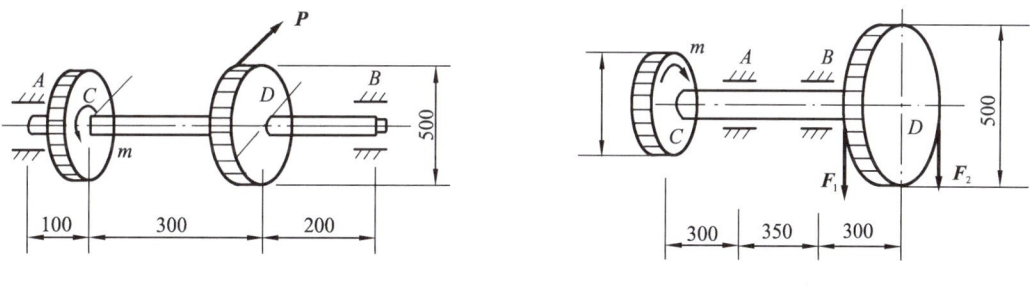

图 8-18

图 8-19

第 9 章 压杆稳定

典型案例

由于受压杆的失稳而使整个结构发生坍塌,这不仅会造成物质上的巨大损失,而且会危及人民的生命安全。1983年10月4日,地处北京的中国社会科学院科研楼工地的钢管脚手架距地面 5~6 m 处突然外弓。刹那间,这座高达 54.2 m、长 17.25 m、总重为 565.4 kN 的大型脚手架轰然坍塌,事故造成 5 人死亡,7 人受伤,脚手架所用建筑材料大部分报废,经济损失达 4.6 万元;工期推迟一个月。如图 9-1 所示为事故现场脚手架坍塌示意图。事故发生的原因是什么呢?相信大家学完这章就会有所了解。

图 9-1

学习目标

【知识目标】

1. 掌握压杆稳定性的概念。
2. 掌握细长压杆的临界力欧拉公式及适用范围。
3. 掌握压杆的临界应力计算公式,会绘制临界应力总图。
4. 掌握压杆稳定性条件及解决工程实际问题。
5. 掌握提高压杆稳定性的措施。

【能力目标】

1. 会分析受压杆件的失效形式是强度失效、刚度失效还是稳定性失效。
2. 能从临界应力总图的各个临界点分析材料的失效形式。
3. 会进行压杆稳定性设计。

第9章 压杆稳定

【素质目标】

1. 从脚手架稳定性失效导致的事故引入，激发学生的学习热情，增强学生的工程意识和责任意识。

2. 从临界应力总图上分析杆件失效的原因，培养学生辩证统一解决问题的能力，增强学生的大局观和使命感。

3. 从临界应力欧拉公式的推导过程，培养学生的创新意识，培养学生的耐心、细心和战胜困难的决心。

本章介绍压杆稳定性、临界力和临界应力等概念；重点研究压杆临界力和临界应力的计算方法，以及压杆的稳定性计算；分析提高压杆稳定性的措施。

9.1 压杆稳定的概念

稳定性问题和强度问题、刚度问题一样，是研究构件承载能力所要解决的基本问题之一。工程上把承受轴向压力的直杆称为压杆。

一根宽 30 mm、厚 5 mm 的矩形截面木杆，对其施加轴向压力，如图 9-2 所示。如果材料的抗压强度极限 σ_b＝40 MPa，则当杆件很短（设高为 30 mm）时，将杆破坏所需的压力为

$$P=\sigma_b A=40\times10^6\times30\times10^{-3}\times5\times10^{-3}=6\,000\text{ N}$$

若杆长 1 m，则只需 30 N 的压力，杆件就会弯曲，若压力继续增大，杆件就会显著弯曲而丧失工作能力。

由此可见，两根材料相同、横截面相同的压杆，由于杆长不同，其丧失工作能力的原因有着本质的不同。对粗短压杆，主要考虑其强度问题；而细长压杆丧失工作能力并非杆件本身强度不足，而是由于其轴线在轴向压力作用下不能维持原有的直线形状——压杆丧失稳定，简称失稳。因此，对于较细长的受压杆件，必须给予足够的重视。这类杆件在很小的压力作用下，就会弯曲，若压力继续增大，杆件将会发生显著的弯曲变形而丧失工作能力。

为了研究细长压杆的失稳过程，如图 9-3(a)所示，取一细长杆，在杆端施加轴向压力 P，当 P 较小时，压杆保持直线平衡状态。再施加一横向干扰力 Q，压杆将发生微小的弯曲变形，去掉干扰力 Q 后，杆经过若干次摆动，仍恢复到原来的直线平衡状态，如图 9-3(b)所示，即当压杆的原有轴线为直线时，压杆达到平衡，把这种平衡称为稳定平衡。

微课 19

压杆的稳定性

图 9-2

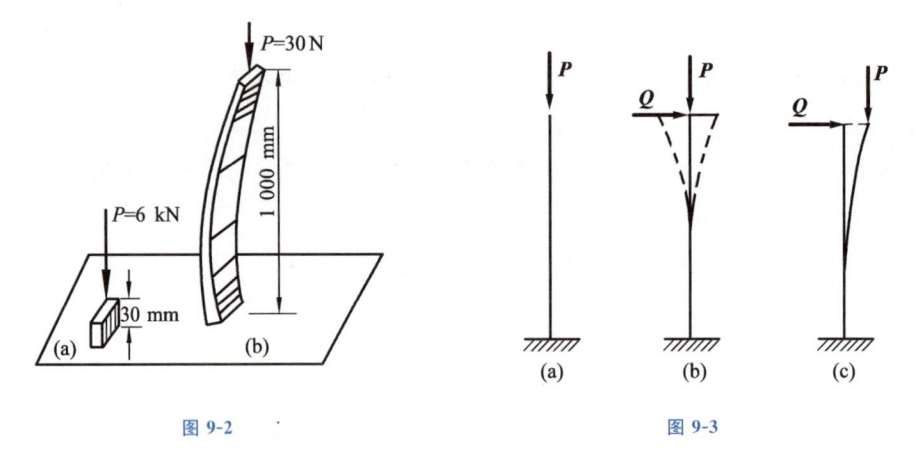

图 9-3

当压力 P 逐渐增大到某一数值时，压杆在横向干扰力 Q 作用下发生弯曲，去掉干扰力后，杆件不能恢复到原有轴线为直线的平衡状态，而处于轴线为曲线的平衡状态，如图 9-3(c)所示。压力 P 继续增大，杆件因弯曲变形显著增大而丧失工作能力，称压杆的原有轴线为曲线的平衡状态为非稳定平衡。压杆的稳定性问题，就是受压杆件的轴线能否保持原有的直线状态的平衡问题。

通过上述分析，压杆能否保持稳定，主要取决于压力 P 的大小。压力 P 小于某一数值时，压杆就处于稳定平衡状态；压力 P 超过某一数值时，压杆则处于非稳定平衡状态。压杆从稳定平衡状态过渡到非稳定平衡状态的极限状态称为临界状态，该状态所对应的轴向压力值称为临界力，用 P_{cr} 表示。因此，临界力 P_{cr} 是判断压杆是否稳定的一个重要指标。对于一个具体的压杆（材料、截面形状和尺寸、杆件的长度、两端约束情况均已知）而言，P_{cr} 是一个确定的值。只要杆件所承受的实际压力不超过 P_{cr}，该压杆就是稳定的。因此，对于压杆稳定性问题的研究，关键在于确定 P_{cr} 的大小。

在工程中，只注重压杆的强度而忽视其稳定性，会给工程结构带来极大的危害。历史上，曾多次出现由于压杆失稳而引发严重事故的案例。因此，在结构的设计计算中，特别是细长压杆，对其进行稳定性计算是非常必要的。例如对较细长的千斤顶的丝杆（图 9-4）、托架中的压杆（图 9-5）等，就必须进行稳定性计算。

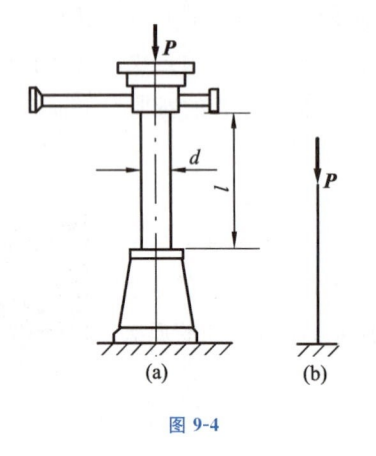

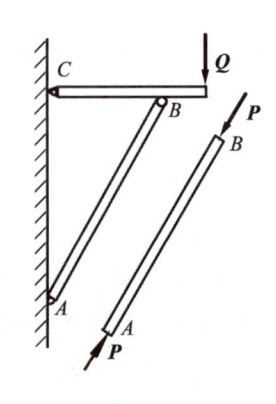

图 9-4

图 9-5

9.2 压杆的临界力和临界应力

一、压杆的临界力

1. 临界力的欧拉公式

临界力是判断压杆是否稳定的依据。当作用在压杆上的压力 $P=P_{cr}$ 时,压杆受到干扰力作用后将处于微弯曲临界平衡状态。因此,细长杆的临界力 P_{cr} 是压杆发生弯曲而失去稳定平衡的最小压力值。在杆的应变不大、杆内压应力不超过材料比例极限的情况下,根据弯曲变形理论,可以推导出临界力大小的计算公式

$$P_{cr}=\frac{\pi^2 EI}{(\mu l)^2} \tag{9-1}$$

式(9-1)称为计算临界力的欧拉公式。式中,I 为杆件横截面对中性轴的惯性矩;μ 为与杆件两端支承情况有关的长度系数,其值见表 9-1;l 为杆件的长度;μl 为有效长度,欧拉公式是按两端铰支的情况推导出来的,当杆件两端铰支时 $\mu=1$,对其余支承情况,杆件的长度应按有效长度计算。

表 9-1　　　　　　　　　　　不同支承情况的长度系数

杆端约束情况	两端铰支	一端固定一端自由	一端固定一端铰支	两端固定
挠曲线形状	l	$2l$	$0.7l$	$0.25l$，$0.5l$，$0.25l$
长度系数 μ	1.0	2.0	0.7	0.5

由式(9-1)可以看出,临界力 P_{cr} 与杆件的抗弯刚度 EI 成正比,与有效长度的平方成反比,杆件越细长,稳定性就越差。

2. 临界应力的欧拉公式

压杆在临界力作用下横截面上的压应力,称为临界应力,以 σ_{cr} 表示。设作用于压杆上的临界力为 P_{cr},压杆的横截面面积为 A,则其临界应力为

$$\sigma_{cr}=\frac{P_{cr}}{A}=\frac{\pi^2 EI}{A(\mu l)^2} \tag{9-2}$$

式中，I 和 A 均与压杆截面形状和尺寸有关。

压杆截面的惯性半径为 $i=\sqrt{\frac{I}{A}}$，将其代入式(9-2)，则得

$$\sigma_{cr}=\frac{\pi^2 E}{(\mu l)^2}i^2=\frac{\pi^2 E}{(\mu l/i)^2}$$

令

$$\lambda=\frac{\mu l}{i} \tag{9-3}$$

则有

$$\sigma_{cr}=\frac{\pi^2 E}{\lambda^2} \tag{9-4}$$

式中，λ 为压杆的柔度，又称为压杆的长细比。

式(9-4)表明：σ_{cr} 与 λ^2 成反比，λ 越大，压杆越细长，其临界应力 σ_{cr} 越小，压杆越容易失稳；反之，λ 越小，压杆越粗短，其临界应力越大，压杆越不易失稳。

λ 是反映压杆细长度的一个综合参数，它集中反映了压杆两端的支承情况、杆长、截面形状及尺寸等因素对临界应力的影响，是压杆稳定性计算中的一个重要参数。

3. 欧拉公式的适用范围

欧拉公式是在压杆处于弹性范围内推导出的，亦即只有在材料服从胡克定律的条件下才成立。因此，只有当压杆的临界应力 σ_{cr} 不超过材料的比例极限 σ_p 时，欧拉公式才能适用，即

$$\sigma_{cr}=\frac{\pi^2 E}{\lambda^2}\leqslant\sigma_p$$

由此可以求出对应于比例极限时的柔度 λ_p 为

$$\lambda_p=\pi\sqrt{\frac{E}{\sigma_p}} \tag{9-5}$$

显然，欧拉公式的适用范围是

$$\lambda\geqslant\lambda_p$$

把 $\lambda\geqslant\lambda_p$ 的压杆称为细长杆或大柔度杆。欧拉公式只适用于细长杆。

λ_p 的数值取决于材料的弹性模量 E 及比例极限 σ_p。因此，不同材料的压杆，λ_p 值是不同的。例如，对于 Q235A 钢，$E=200$ GPa，$\sigma_p=200$ MPa，代入式(9-5)得

$$\lambda_p=\pi\sqrt{\frac{E}{\sigma_p}}=3.14\times\sqrt{\frac{200\times 10^3}{200}}=100$$

这说明，用 Q235A 钢制成的压杆，只有当 $\lambda\geqslant 100$ 时，才能用欧拉公式计算其临界应力。几种材料的 λ_p 值见表 9-2。

表 9-2　　　　　　　公式的系数 a、b 及柔度 λ_p、λ_s

材　料	a/MPa	b/MPa	λ_p	λ_s
Q235A	304	1.12	100	61.6
45 钢	578	3.744	100	60
铸铁	332.2	1.454	80	
木材	28.7	0.19	110	40

二、非细长杆临界应力的经验公式

工程中,经常会遇到柔度小于 λ_p 的压杆,这类压杆的临界应力超过材料的比例极限而小于材料的屈服极限,其失效形式仍以失稳为主,在计算其临界应力 σ_{cr} 时,欧拉公式已不再适用。目前多用建立在实验基础上的经验公式,即

$$\sigma_{cr}=a-b\lambda \tag{9-6}$$

式中,a、b 是与材料性质有关的常数,其单位为 MPa。一些常见材料的 a、b 值见表 9-2。

经验公式(9-6)也有一个适用范围。对于塑性材料制成的压杆,要求其临界应力不得超过材料的屈服极限 σ_s,即

$$\sigma_{cr}=a-b\lambda<\sigma_s$$

或

$$\lambda>\frac{a-\sigma_s}{b}=\lambda_s \tag{9-7}$$

式中,λ_s 为对应于屈服极限 σ_s 的柔度值。

综上所述,经验公式(9-6)的适用范围是

$$\lambda_s<\lambda<\lambda_p$$

一般把柔度 $\lambda_s<\lambda<\lambda_p$ 的压杆称为中柔度杆或中长杆。试验证明,中长杆的稳定性接近细长杆,失效时也有明显的失稳现象。例如 Q235A 钢制成的压杆,$\sigma_s=235$ MPa,$a=304$ MPa,$b=1.12$ MPa,则

$$\lambda_s=\frac{a-\sigma_s}{b}=\frac{304-235}{1.12}=61.6$$

则 $61.6<\lambda<100$,为中长杆。

把柔度 $\lambda\leqslant\lambda_s$ 的杆称为小柔度杆或粗短杆。试验证明,这类压杆当工作应力达到屈服极限时,材料发生较大的塑性变形而丧失工作能力,其失效的主要原因是强度不足,并非失稳。

由大、中、小柔度杆的临界应力计算公式可知,大柔度杆的临界应力与柔度的平方成反比;中柔度杆的临界应力与柔度成直线关系;小柔度杆的临界应力 $\sigma_{cr}=\sigma_s$。依据上述结论,以柔度 λ 为横坐标,以临界应力 σ_{cr} 为纵坐标,可绘出临界应力随柔度变化的曲线,即临界应力总图,如图 9-6 所示。

图 9-6

根据以上分析,将各类柔度压杆临界应力计算公式归纳如下:

(1)对于大柔度杆或细长杆($\lambda\geqslant\lambda_p$),其失效以失稳为主,其临界应力用欧拉公式计算,即

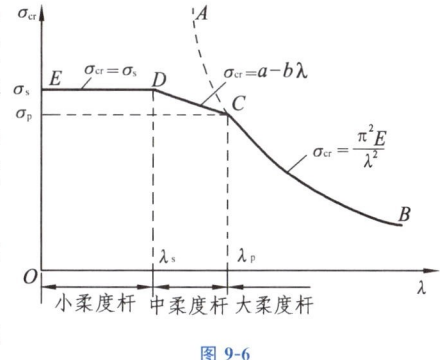

$$\sigma_{cr}=\frac{\pi^2 E}{\lambda^2}$$

(2)对于中柔度杆或中长杆($\lambda_s<\lambda<\lambda_p$),其临界应力用经验公式计算,即

$$\sigma_{cr}=a-b\lambda$$

(3)对于小柔度杆或粗短杆($\lambda\leqslant\lambda_s$),其失效是强度不足所致,用压缩强度公式计算,即

$$\sigma_{cr}=\sigma_s$$

例 9-1 有一矩形截面的压杆如图 9-7 所示,下端固定,上端自由。已知 $b=20$ mm,$h=40$ mm,$l=1$ m,材料为钢材,$E=200$ GPa,试计算此压杆的临界力。

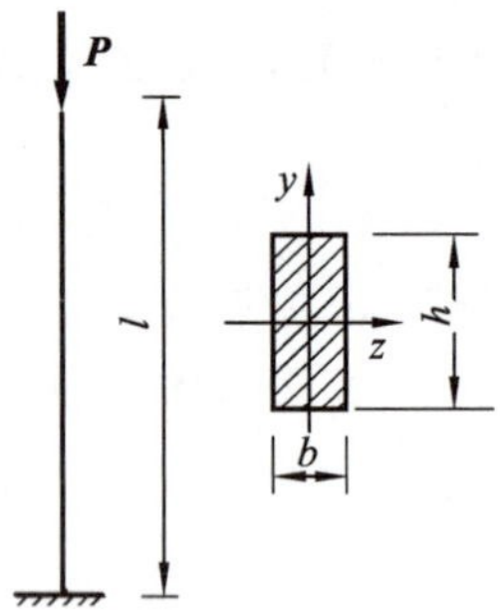

解:(1)求最小惯性半径 $i_{\min}$。截面对 y 轴和 z 轴的惯性矩分别为

$$\begin{cases} I_y = \dfrac{hb^3}{12} = \dfrac{40 \times 20^3}{12} = 26\ 667\ \text{mm}^4 \\ I_z = \dfrac{bh^3}{12} = \dfrac{20 \times 40^3}{12} = 106\ 667\ \text{mm}^4 \end{cases}$$

因 $I_{\min} = I_y$,故压杆易绕 y 轴弯曲而失稳,其最小惯性半径为

$$i_{\min} = \sqrt{\dfrac{I_{\min}}{A}} = \sqrt{\dfrac{26\ 667}{40 \times 20}} = 5.774\ \text{mm}$$

图 9-7

(2)求柔度 λ。

查表 9-1 得 $\mu = 2.0$,则

$$\lambda = \dfrac{\mu l}{i} = \dfrac{2 \times 1 \times 10^3}{5.774} = 346.4 > \lambda_p = 100$$

(3)用欧拉公式计算临界应力 σ_{cr}。

$$\sigma_{\text{cr}} = \dfrac{\pi^2 E}{\lambda^2} = \dfrac{3.14^2 \times 200 \times 10^3}{346.4^2} = 16.434\ \text{MPa}$$

(4)计算临界力 P_{cr}。

$$P_{\text{cr}} = \sigma_{\text{cr}} A = 16.434 \times 20 \times 40 = 13.1 \times 10^3\ \text{N} = 13.1\ \text{kN}$$

分析思路与过程

1. 计算临界应力是压杆稳定性计算的关键,需先计算柔度 λ。

2. 若 $\lambda = \mu l / i \geqslant \lambda_p$,则选择欧拉公式

$$\sigma_{\text{cr}} = \pi^2 E / \lambda^2$$

3. 若 $\lambda_s < \lambda = \mu l / i < \lambda_p$,则选择经验公式

$$\sigma_{\text{cr}} = a - b\lambda$$

9.3 压杆的稳定性计算

为了保证压杆不失稳,必须对其进行稳定性计算。这种计算与构件的强度或刚度计算有本质上的区别,因为它们对保证构件的安全所提出的要求是不同的。为了保证压杆有足够的稳定性,不但要求作用于压杆上的轴向载荷或工作应力不超过极限值,而且要考虑留有足够的安全储备。因此,压杆的稳定条件为

$$n_w = \frac{P_{cr}}{P} \geqslant [n_w]$$

或

$$n_w = \frac{\sigma_{cr}}{\sigma} \geqslant [n_w] \tag{9-8}$$

式中，$[n_w]$为规定的稳定安全系数。

规定的稳定安全系数$[n_w]$的确定是一个既复杂又重要的问题，它涉及的因素有很多。$[n_w]$的值在有关设计规范中都有明确的规定，一般情况下，$[n_w]$可采用如下数值：

金属结构中的钢制压杆　　　　　$[n_w]=1.8 \sim 3.0$
矿山设备中的钢制压杆　　　　　$[n_w]=4.0 \sim 8.0$
金属结构中的铸铁压杆　　　　　$[n_w]=4.5 \sim 5.5$
木结构中的木制压杆　　　　　　$[n_w]=2.5 \sim 3.5$

按式(9-8)进行稳定计算的方法，称为安全系数法。利用式(9-8)可解决压杆的三类稳定性问题：校核压杆的稳定性；设计压杆的截面尺寸；确定作用在压杆上的最大许可载荷。

下面举例说明安全系数法的具体应用。

例 9-2 如图 9-4(a)所示的螺旋千斤顶，螺杆旋出的最大长度 $l=400$ mm，螺纹直径 $d=40$ mm，最大起重量 $P=80$ kN，螺杆材料为 45 钢，$\lambda_p=100$，$\lambda_s=60$，$[n_w]=4.0$，试校核螺杆的稳定性。

解：(1) 计算柔度。

$$i = \sqrt{\frac{I}{A}} = \sqrt{\frac{\pi d^4/64}{\pi d^2/4}} = \frac{d}{4} = 10 \text{ mm}$$

查表 9-1 得 $\mu=2.0$，则

$$\lambda = \frac{\mu l}{i} = \frac{2.0 \times 400}{10} = 80 < \lambda_p = 100$$

(2) 计算临界力。因 $\lambda < \lambda_p = 100$，且 $\lambda > \lambda_s = 60$，故螺杆为中长杆，应用经验公式计算其临界应力。

查表 9-2 可得，$a=578$ MPa，$b=3.744$ MPa，则

$$\sigma_{cr} = a - b\lambda = 578 - 3.744 \times 80 = 278.48 \text{ MPa}$$

螺杆的临界力为

$$P_{cr} = \sigma_{cr} A = 278.48 \times \frac{3.14 \times 40^2}{4} = 349\ 771 \text{ N} \approx 350 \text{ kN}$$

(3) 校核压杆的稳定性。

$$n_w = \frac{P_{cr}}{P} = \frac{350}{80} = 4.375 > 4.0 = [n_w] = 4.0$$

故压杆的稳定性是足够的。

例 9-3 一根 25a 号工字钢的支柱，长 7 m，两端固定，材料是 Q235A 钢，$E=200$ GPa，$\lambda_p=100$，$[n_w]=2.0$，试求支柱的安全载荷$[P]$。

解：(1) 计算柔度 λ。由于支柱为 25a 号工字钢，查型钢表可得，$i_x=10.2$ cm，$i_y=2.4$ cm，$I_x=5\ 020$ cm^4，$I_y=280$ cm^4，故

$$\lambda_x = \frac{\mu l}{i_x} = \frac{0.5 \times 7 \times 10^3}{10.2 \times 10} = 34.3$$

$$\lambda_y = \frac{\mu l}{i_y} = \frac{0.5 \times 7 \times 10^3}{2.4 \times 10} = 145.8$$

(2)计算临界力 P_{cr}。因 $\lambda_y > \lambda_x$,故按以 y 轴为中性轴的弯曲进行稳定性计算,又因 $\lambda_y > \lambda_p$,故用欧拉公式计算得

$$P_{cr} = \frac{\pi^2 E I_y}{(\mu l)^2} = \frac{3.14^2 \times 200 \times 10^3 \times 280 \times 10^4}{(0.5 \times 7 \times 10^3)^2} = 450.7 \times 10^3 \text{ N} = 450.7 \text{ kN}$$

(3)计算支柱的安全载荷 $[P]$。

$$[P] = \frac{P_{cr}}{[n_w]} = \frac{450.7}{2} = 225.4 \text{ kN}$$

由计算结果可知,只要加在支柱上的轴向压力不超过 $[P] = 225.4$ kN,支柱在工作过程中就不会失稳。

例 9-4 一两端铰支压杆,材料为 Q235A 钢,截面为圆形,作用于杆端的最大轴向压力 $P = 70$ kN,杆长 $l = 2\ 500$ mm,稳定安全系数 $[n_w] = 2.5$,试计算压杆的直径。

解:(1)求临界力 P_{cr}。由稳定条件得

$$P_{cr} \geqslant P[n_w] = 70 \times 2.5 = 175 \text{ kN}$$

(2)计算压杆直径 d。由于压杆直径未确定,故无法计算压杆的柔度,所以也就不能正确判定是用欧拉公式计算,还是用经验公式计算。因此,在计算时可先用欧拉公式确定压杆直径,再检查是否满足其适用条件。

由欧拉公式得压杆的临界压力

$$P_{cr} = \frac{\pi^2 E I}{(\mu l)^2} \geqslant 175 \times 10^3 \text{ N}$$

即

$$\frac{3.14^2 \times 200 \times 10^3 \times \frac{\pi d^4}{64}}{(1 \times 2\ 500)^2} \geqslant 175\ 000$$

解得 $d \geqslant 57.98$ mm,取 $d = 58$ mm。

(3)验算正确性。

$$i = \sqrt{\frac{I}{A}} = \sqrt{\frac{\pi d^4/64}{\pi d^2/4}} = \frac{d}{4} = 14.5 \text{ mm}$$

$$\lambda = \frac{\mu l}{i} = \frac{1 \times 2\ 500}{14.5} = 172.41 > \lambda_p = 100$$

故应用欧拉公式计算是正确的。

例 9-5 如图 9-8 所示的结构中,梁 AB 为 14 号普通热轧工字钢,CD 为圆截面直杆,其直径为 $d = 20$ mm,二者材料均为 Q235 钢。结构受力如图 9-8 所示,A、C、D 三处均为球铰约束。若已知 $F_P = 25$ kN,$l_1 = 1.25$ m,$l_2 = 0.55$ m,$\sigma_s = 235$ MPa,强度安全系数 $n_s = 1.45$,稳定安全系数 $[n_w] = 1.8$。试校核此结构是否安全。

解:在给定的结构中共有两个构件:梁 AB,承受拉伸与弯曲的组合作用,属于强度问题;杆 CD,承受压缩载荷,属于稳定问题。现分别校核如下:

(1)梁 AB 的强度校核。梁 AB 在截面 C 处弯矩最大,该处横截面为危险截面,其上

第9章 压杆稳定

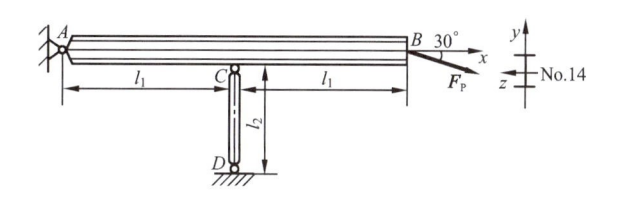

图 9-8

的弯矩和轴力分别为

$$M_{\max}=(F_P\sin 30°)l_1=(25\times 10^3\times 0.5)\times 1.25=15.63\times 10^3 \text{ N}\cdot\text{m}=15.63 \text{ kN}\cdot\text{m}$$

$$N=F_P\cos 30°=25\times 10^3\times\cos 30°=21.65\times 10^3 \text{ N}=21.65 \text{ kN}$$

由型钢表查得 14 号普通热轧工字钢的

$$W_z=102 \text{ cm}^3=102\times 10^3 \text{ mm}^3$$

$$A=21.5 \text{ cm}^2=21.5\times 10^2 \text{ mm}^2$$

由此得到

$$\sigma_{\max}=\frac{M_{\max}}{W_z}+\frac{N}{A}=\frac{15.63\times 10^3}{102\times 10^3\times 10^{-9}}+\frac{21.65\times 10^3}{21.5\times 10^2\times 10^{-6}}=$$

$$163.3\times 10^6 \text{ Pa}=163.3 \text{ MPa}$$

Q235 钢的许应力

$$[\sigma]=\frac{\sigma_s}{n_s}=\frac{235}{1.45}=162 \text{ MPa}$$

$\sigma_{\max}$ 略大于 $[\sigma]$,但 $(\sigma_{\max}-[\sigma])/[\sigma]\times 100\%=0.8\%<5\%$,工程上仍认为是安全的。

(2) 校核压杆 CD 的稳定性。由平衡方程求得压杆 CD 的轴向压力

$$N_{CD}=2F_P\sin 30°=F_P=25 \text{ kN}$$

因压杆 CD 是圆截面杆,故惯性半径

$$i=\sqrt{\frac{I}{A}}=\frac{d}{4}=5 \text{ mm}$$

又因为两端为球铰约束,$\mu=1.0$,所以

$$\lambda=\frac{\mu l}{i}=\frac{1.0\times 0.55}{5\times 10^{-3}}=110>\lambda_p=101$$

这表明,压杆 CD 为细长杆,计算其临界力

$$P_{cr}=\sigma_{cr}A=\frac{\pi^2 E}{\lambda^2}\cdot\frac{\pi d^2}{4}=\frac{3.14^2\times 206\times 10^9}{110^2}\times\frac{3.14\times(20\times 10^{-3})^2}{4}=52.7\times 10^3 \text{ N}=52.7 \text{ kN}$$

于是,压杆的工作安全系数

$$n_w=\frac{\sigma_{cr}}{\sigma_w}=\frac{P_{cr}}{N_{CD}}=\frac{52.7}{25}=2.11>[n_w]=1.8$$

这一结果说明,压杆的稳定性是安全的。

上述两项计算结果表明,整个结构在强度和稳定性方面都是安全的。

9.4 提高压杆稳定性的措施

一、影响压杆承载能力的因素

对于细长杆,由于其临界载荷为

$$P_{cr} = \frac{\pi^2 EI}{(\mu l)^2}$$

所以,影响承载能力的因素较多。临界载荷不仅与材料的弹性模量 E 有关,而且与长细比有关。长细比包含了截面形状、几何尺寸以及约束条件等多种因素。

对于中长杆,临界载荷

$$P_{cr} = \sigma_{cr} A = (a - b\lambda) A$$

影响其承载能力的因素主要是材料常数 a 和 b,以及压杆的长细比,当然还有压杆的横截面面积。

对于粗短杆,因为不发生屈曲,而只发生屈服或破坏,故对于塑性材料,有

$$P_{cr} = \sigma_{cr} A = \sigma_s A$$

临界载荷主要取决于材料的屈服极限和杆件的横截面面积。

二、提高压杆承载能力的主要途径

为了提高压杆承载能力,必须综合考虑杆长、支承、截面的合理性以及材料性能等因素的影响,可采取的措施有以下几个方面:

1. 尽量减小压杆杆长

对于细长杆,其临界载荷与杆长的平方成反比。因此,减小杆长可以显著地提高压杆承载能力,在某些情形下,通过改变结构或增加支点,可以达到减小杆长从而提高压杆承载能力的目的。例如,图 9-9(a)、图 9-9(b)所示的两种桁架,读者不难分析,两种桁架中的①、④杆均为压杆,但图 9-9(b)中压杆的承载能力要远远高于图 9-9(a)中压杆的承载能力。

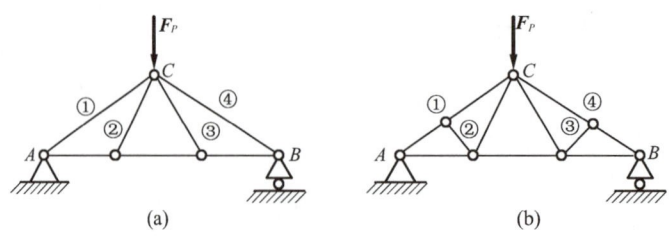

图 9-9

2. 增强支承的刚性

支承的刚性越大,压杆长度系数值越低,临界载荷就越大。例如,将两端铰支的细长杆,变成两端固定约束的情形,临界载荷将增大数倍。

3. 合理选择截面形状

当压杆两端在各个方向弯曲平面内具有相同的约束条件时,压杆将在刚度最小的主轴平面内发生弯曲。这时,如果只增大截面某个方向的惯性矩(如只增大矩形截面高度),并不能提高压杆的承载能力。最经济的办法是将截面设计成中空的,且尽量使 $I_y = I_z$,从而加大横截面的惯性矩,并使截面对各个方向轴的惯性矩均相同。因此,对于一定的横截面面积,正方形截面或圆形截面比矩形截面好;空心正方形或环形截面比实心截面好。

当压杆端部在不同的平面内具有不同的约束条件时,应采用最大与最小主惯性矩不等的截面(如矩形截面),并使主惯性矩较小的平面内具有较强刚性的约束,尽量使两主惯性矩平面内压杆的长细比相互接近。

4. 合理选用材料

在其他条件均相同的条件下,选用弹性模量大的材料,可以提高细长压杆的承载能力。例如,钢杆临界载荷大于铜、铸铁和铝制压杆的临界载荷。但是,普通碳素钢、合金钢以及高强度钢的弹性模量数值相差不大。因此,对于细长杆,若选用高强度钢,对压杆临界载荷影响甚微,意义不大,反而造成材料的浪费。但对于粗短杆或中长杆,其临界载荷与材料的比例极限或屈服强度有关,这时选用高强度钢会使临界载荷有所提高。

案例分析与解答

对于工程中发生的事故现场调查结果表明,脚手架结构本身存在严重缺陷,致使结构失稳坍塌,是这次灾难性事故的直接原因。

调查中发现技术上存在以下问题:

1. 钢管脚手架是在未经清理和夯实的地面上搭起的。这样在自重和外加载荷作用下必然使某些竖杆受力大,另外一些杆受力小。

2. 脚手架未设"扫地横杆",各大横杆之间的距离太大,最大达 2.2 m,超过规定值 0.5 m。两横杆之间的竖杆,相当于两端铰支的压杆,横杆之间的距离越大,竖杆临界载荷便越小。

3. 高层脚手架在每层均应设有与建筑墙体相连的牢固连接点。而这座脚手架竟有 8 层没有与墙体相连的连接点。

4. 这类脚手架的稳定安全系数规定为 3.0,而这座脚手架的安全系数:内层杆为 1.75;外层杆仅为 1.11。

小 结

本章对细长杆和中长杆的承载能力进行了分析与计算;解决工程中受压构件的稳定性问题。

1. 基本内容

(1)压杆稳定性问题的实质是压杆直线平衡状态是否稳定的问题。

(2)临界力 P_{cr} 是压杆从稳定平衡状态过渡到不稳定平衡状态的极限载荷值。在临界力作用下,把压杆横截面上的压应力称为临界应力 σ_{cr}。

① 对大柔度杆或细长杆($\lambda \geqslant \lambda_p$)

$$P_{cr} = \frac{\pi^2 EI}{(\mu l)^2}, \sigma_{cr} = \frac{\pi^2 E}{\lambda^2}$$

② 对中柔度杆或中长杆($\lambda_s < \lambda < \lambda_p$)

$$\sigma_{cr} = a - b\lambda, P_{cr} = \sigma_{cr} A$$

③ 对小柔度杆或粗短杆($\lambda \leqslant \lambda_s$)

$$\sigma_{cr} = \sigma_s \quad （属强度问题）$$

(3)压杆稳定性计算,常用安全系数法,其稳定条件为

$$n_w = \frac{P_{cr}}{P} \geqslant [n_w] \quad 或 \quad n_w = \frac{\sigma_{cr}}{\sigma} \geqslant [n_w]$$

校核压杆稳定性问题的一般步骤:

① 计算压杆柔度。根据压杆的实际尺寸和支承情况,分别算出在各个弯曲平面内弯曲时的实际柔度。即

$$\lambda = \frac{\mu l}{i}, i = \sqrt{\frac{I}{A}}$$

② 计算临界力。根据实际柔度恰当地选用计算临界应力的公式,并计算出临界应力 σ_{cr} 或临界力 P_{cr}。

③ 校核稳定性。按稳定性条件进行稳定性计算。

(4)提高压杆稳定性的措施:

① 合理选择截面形状。

② 减小压杆长度,改善压杆两端的约束条件。

③ 合理选择材料。

2. 研究思路

受力分析──→确定外力──→判断是否为压杆──→计算柔度──→选择临界应力计算公式──→稳定性计算

3. 注意事项

研究稳定性问题一定要明确哪类构件需要考虑稳定性,即受压的细长杆件,定量地表示就是柔度大于 λ_s 的压杆。在稳定性计算中,时刻注意柔度应优先计算,因为柔度是一个综合因素,它是压杆失效形式的决定因素。

思 考 题

1.什么是压杆的稳定平衡状态和非稳定平衡状态?

第9章 压杆稳定

2. 什么是大、中、小柔度杆？它们的临界应力如何确定？

3. 什么是柔度？它的大小由哪些因素确定？

4. 现有两根材料、截面尺寸及支承情况均相同的压杆，仅知长压杆的长度是短压杆长度的两倍。试问在什么条件下才能确定两压杆临界力之比，为什么？

5. 如图 9-10 所示的截面，若压杆两端均为铰支，压杆会在哪个平面内失稳（失稳时，横截面将绕哪根轴转动）？

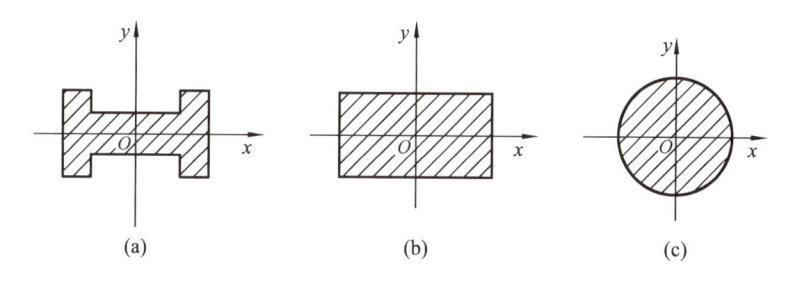

图 9-10

6. 如图 9-11 所示，四根细长压杆的材料及横截面均相同，试判断哪一根最容易失稳，哪一根最不容易失稳。

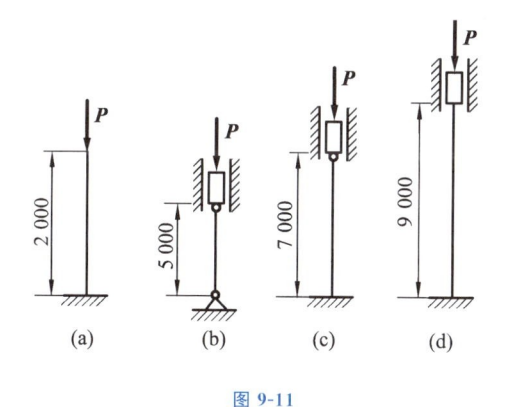

图 9-11

习 题

1. 三根圆截面压杆，其直径均为 $d=160$ mm，材料均为 Q235A 钢，$E=200$ GPa，$\sigma_s=235$ MPa，已知压杆两端均为铰接，长度分别为 L_1、L_2、L_3，且 $L_1=2L_2=4L_3=5$ m。试求各杆的临界力。

2. 由 Q235A 钢制成的 20a 号工字钢压杆，两端为铰支，杆长 $L=4$ m，弹性模量 $E=200$ GPa。试求压杆的临界力和临界应力。

3. 有一木柱两端铰支，其横截面为 120 mm × 200 mm 的矩形，长度 $L=4$ m，$E=10$ GPa，$\lambda_p=112$。试求木柱的临界应力。

4. 千斤顶的最大承重量 $P=150$ kN，丝杠直径 $d=52$ mm，长度 $L=500$ mm，材料是

45 钢。试求丝杠的工作稳定安全系数。

5. 如图 9-12 所示为简易起重机，其 BD 杆为 20 号槽钢，材料为 Q235A 钢，起重机的最大起重量是 $P=40$ kN。若 $[n_w]=5.0$，试校核 BD 杆的稳定性。

6. 如图 9-13 所示托架中，$Q=70$ kN，杆 AB 直径 $d=40$ mm，两端为铰支，材料为 Q235A 钢，$E=200$ GPa，$[n_w]=2.0$，横梁 CD 为 20a 号工字钢，$[\sigma]=140$ MPa。试校核托架是否安全。

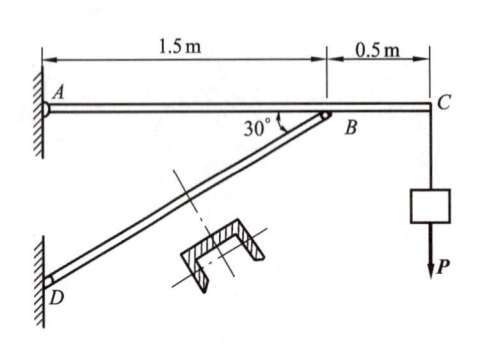

图 9-12

图 9-13

7. 如图 9-14 所示结构中，AB 为圆截面杆，直径 $d=80$ mm，BC 为正方形截面杆，边长 $a=70$ mm，两杆材料均为 Q235 钢，$E=200$ GPa，两部分可以各自独立发生屈曲而互不影响。已知 A 端固定，B、C 为球铰，$l=3$ m，稳定安全系数 $[n_w]=2.5$。试求此结构的许用载荷 $[P]$。

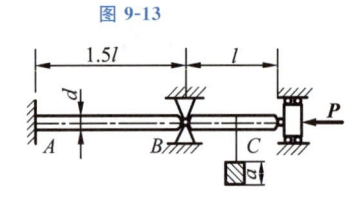

图 9-14

8. 一螺旋式千斤顶，已知螺杆旋出的最大长度 $l=38$ cm，内径 $d=4$ cm，材料为 Q235 钢，千斤顶的最大起重量 $P=80$ kN，规定的稳定安全系数 $[n_w]=3$。试校核螺杆的稳定性。

第 10 章

动载荷与疲劳强度概述

典型案例

日本航空 123 号班机空难事件发生于 1985 年 8 月 12 日。该班机是波音 747-100SR 型，如图 10-1 所示，飞机编号为 JA8119，搭载 509 名乘客及 15 名机组成员，该班机是从日本东京的羽田机场预定飞往大阪伊丹机场。班机在关东地区群马县御巢鹰山区附近的高天原山（距离东京约 100 km）坠毁，520 人罹难，包括名歌星坂本九以及一名孕妇。但有 4 名女性奇迹生还，包括 1 名未执勤的空服员、一对母女以及 1 个 12 岁女孩。

事故的原因是什么呢？让我们走进这一章的学习。

图 10-1

学习目标

【知识目标】
1. 掌握惯性力和动应力的概念。
2. 了解动载荷作用下构件的强度计算。
3. 掌握交变应力的概念、类型及其特点。
4. 了解影响疲劳强度的因素及简单的强度计算。

【能力目标】
1. 能够掌握构件做等加速直线运动时总应力的分析方法。
2. 掌握应力循环、应力比、平均应力、应力幅值、对称循环等概念及意义。

【素质目标】
1. 从日本航空123号班机空难事故案例引入，激发学生的学习热情和创新潜能。
2. 采用与静载荷相对照的方法学习动载荷问题，培养学生的大局观和方法论。
3. 在复杂的分析计算问题中，培养学生吃苦耐劳精神和顽强的意志品质。

本书前面几章所讨论的都是静载荷作用下所产生的变形和应力，这种应力称为静载荷应力，简称静应力。静应力的特点是不随时间的改变而变化。

工程中一些高速旋转或者以很高的加速度运动的构件，以及承受冲击作用的构件，其上作用的载荷，称为动载荷。构件上由动载荷引起的应力，称为动应力。这种应力有时会达到很高的数值，从而导致构件或零件失效。

工程结构中还有一些构件，其应力的大小或方向随着时间变化，这种应力称为交变应力。在交变应力作用下发生的失效，称为疲劳失效，简称疲劳。在矿山、冶金、动力、运输机械等行业，疲劳是构件的主要失效形式。

例如：某运行客车行驶 7 000 km 时，发动机出现异常，曲轴断裂，断裂部位在轴颈沿曲柄约 45°截面开裂。

工作载荷分析：曲轴受到弯曲和扭转载荷作用，并有冲击。轴颈与曲柄过渡圆角处交变应力最大，易发生疲劳裂纹。

事故原因：轴颈与曲柄过渡圆角处表面加工刀痕过深，应力集中。在弯曲交变应力作用下产生疲劳裂纹，裂纹扩展而发生疲劳断裂。

疲劳失效不易被察觉，常表现为突发事故。因此，对于承受交变应力的构件，设计时要进行疲劳分析。

10.1 等加速度直线运动时构件上的惯性力与动应力

对于以等加速度做直线运动的构件，只要确定其上各点的加速度 a，就可以应用达朗贝尔原理施加惯性力，如果是集中质量 m，则惯性力为集中力，即

$$F_I = -ma \qquad (10\text{-}1)$$

如果是连续分布质量，则作用在质量微元上的惯性力为

$$dF_I = -dma \qquad (10\text{-}2)$$

然后，按照静载荷作用下的应力分析方法对构件进行应力计算以及强度与刚度设计。

以起重机起吊重物为例，在开始吊起重物的瞬时，重物具有向上的加速度 a，重物上边有方向向下的惯性力，如图 10-2 所示。这时吊起重物的钢丝绳，除

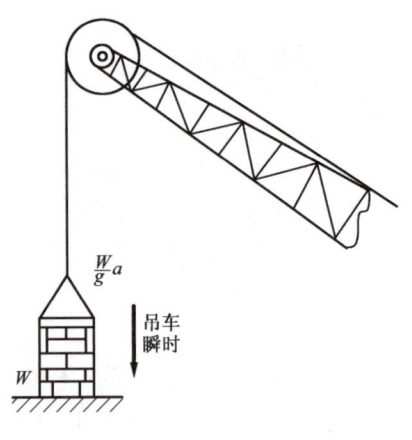

图 10-2

了承受重物的重力，还承受由此而产生的惯性力。这一惯性力就是由钢丝绳承受的动载荷；而重物的重力则是钢丝绳的静载荷。作用在钢丝绳的总载荷是动载荷与静载荷之和

$$F_\mathrm{T} = F_\mathrm{I} + F_\mathrm{st} = ma + W = \frac{W}{g}a + W \tag{10-3}$$

式中，F_T 为总载荷；F_st 与 F_I 分别为静载荷与惯性力引起的动载荷。

按照轴向拉伸时杆件的应力公式，钢丝绳横截面上的总正应力为

$$\sigma_\mathrm{T} = \sigma_\mathrm{st} + \sigma_\mathrm{I} = \frac{F_\mathrm{N}}{A} = \frac{F_\mathrm{T}}{A} \tag{10-4}$$

其中

$$\sigma_\mathrm{st} = \frac{W}{A}, \sigma_\mathrm{I} = \frac{W}{Ag}a \tag{10-5}$$

式中，σ_st 和 σ_I 分别为静应力和动应力。

根据式(10-4)、式(10-5)，总正应力表达式可以写成静应力乘以一个大于1的系数的形式

$$\sigma_\mathrm{T} = \sigma_\mathrm{st} + \sigma_\mathrm{I} = \left(1 + \frac{a}{g}\right)\sigma_\mathrm{st} = K_\mathrm{I} \sigma_\mathrm{st} \tag{10-6}$$

式中，系数 K_I 称为动载系数或动荷系数。对于做等加速度直线运动的构件，根据式(10-6)，可得动载系数

$$K_\mathrm{I} = 1 + \frac{a}{g} \tag{10-7}$$

10.2　旋转构件的受力分析与动应力计算

旋转构件由于动应力而引起的失效问题在工程中也是很常见的。处理这类问题时，首先是分析构件的运动，确定其加速度，然后应用达朗贝尔原理，在构件上施加惯性力，最后按照静载荷的分析方法，确定构件的内力和应力。

考察图 10-3(a)中所示的以等角速度 ω 旋转的飞轮。飞轮材料密度为 ρ，轮缘平均半径为 R，轮缘部分的横截面积为 A。

设计轮缘部分的截面尺寸时，为简单起见，可以不考虑轮辐的影响，从而将飞轮简化为平均半径等于 R 的圆环。

由于飞轮做等角速度转动，其上各点均只有向心加速度，故惯性力均沿着半径方向背向旋转中心，且为沿圆周方向连续均匀分布力。图 10-3(b)中所示为半圆环上惯性力的分布情形。

为求惯性力，沿圆周方向截取 ds 微段，其弧长为

$$\mathrm{d}s = R\mathrm{d}\theta \tag{10-8}$$

圆环微段的质量为

$$\mathrm{d}m = \rho A \mathrm{d}s = \rho A R \mathrm{d}\theta \tag{10-9}$$

工程力学

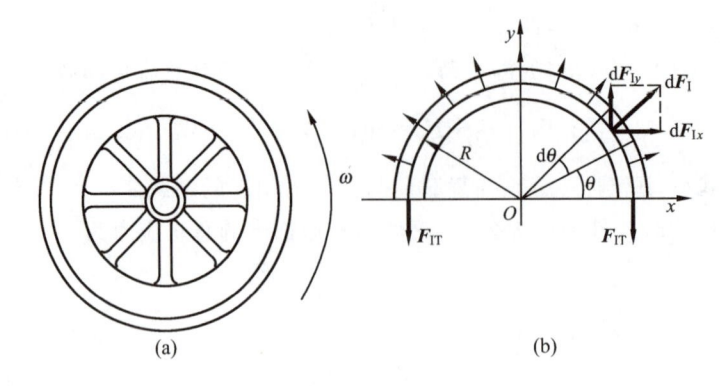

图 10-3

于是，圆环上微段的惯性力大小为

$$dF_I = R\omega^2 dm = R\omega^2 \rho AR d\theta \tag{10-10}$$

为计算圆环横截面上的应力，采用截面法，沿直径将圆环截为两个半环，其中一半环的受力如图 10-3(b)所示。图中 F_{IT} 为环向拉力，其值等于应力与面积的乘积。

以圆心为原点，建立 xOy 坐标系，由平衡方程

$$\sum F_y = 0 \tag{10-11}$$

有

$$\int_0^\pi dF_{Iy} - 2F_{IT} = 0 \tag{10-12}$$

式中，dF_{Iy} 为半圆环质量微元惯性力 dF_I 在 y 轴上的投影，根据式(10-10)其值为

$$dF_{Iy} = \rho AR^2\omega^2 \sin\theta d\theta \tag{10-13}$$

将式(10-13)代入式(10-12)，飞轮轮缘横截面上的轴力为

$$F_{IN} = F_{IT} = \frac{1}{2}\int_0^\pi \rho AR^2\omega^2 \sin\theta d\theta = \rho AR^2\omega^2 = \rho Av^2 \tag{10-14}$$

式中，v 为飞轮轮缘上任意点的速度。

当轮缘厚度远小于半径 R 时，圆环横截面上的正应力可视为均匀分布，并用 σ_{IT} 表示。于是，由式(10-14)可得飞轮轮缘横截面上的总应力为

$$\sigma_{IT} = \frac{F_{IN}}{A} = \frac{F_{IT}}{A} = \rho v^2 \tag{10-15}$$

这说明，飞轮以等角速度转动时，其轮缘中的正应力与轮缘上点的速度平方成正比。设计时必须使总应力满足设计准则

$$\sigma_{IT} \leqslant [\sigma] \tag{10-16}$$

于是，由式(10-15)和式(10-16)，得到一个重要结果

$$v \leqslant \sqrt{\frac{[\sigma]}{\rho}} \tag{10-17}$$

这一结果表明，为保证飞轮具有足够的强度，对飞轮轮缘点的速度必须加以限制，使之满足式(10-17)。工程上将这一速度称为极限速度；对应的转动速度称为极限转速。

上述结果表明，飞轮中的总应力与轮缘的横截面积无关。因此，增加轮缘部分的横截面积，无助于降低飞轮轮缘横截面上的总应力，对于提高飞轮的强度没有任何意义。

例 10-1 图 10-4(a) 所示结构中,钢制 AB 轴的中点处固结一与之垂直的均质杆 CD,二者的直径均为 d。长度 AC = CB = CD = l。轴 AB 以等角速度 ω 绕自身轴旋转。已知 $l = 0.6$ m,$d = 80$ mm,$\omega = 40$ rad/s,材料密度 $\rho = 7.95 \times 10^3$ kg/m³,许用应力 $[\sigma] = 70$ MPa。试校核轴 AB 和杆 CD 的强度是否安全。

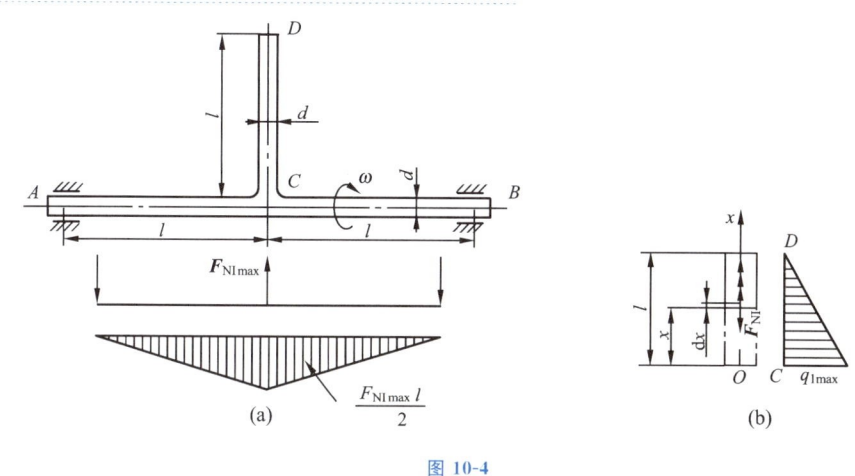

图 10-4

解:(1) 分析运动状态,确定动载荷。

当轴 AB 以等角速度 ω 旋转时,杆 CD 上的各个质点具有数值不同的向心加速度,其值为

$$a_n = x\omega^2 \tag{1}$$

式中,x 为质点到 AB 轴线的距离。AB 轴上各质点,因距轴线 AB 极近,加速度 a_n 很小,故不予考虑。

杆 CD 上各质点到轴线 AB 的距离各不相等,因而各点的加速度和惯性力也不相同。

为了确定作用在杆 CD 上的最大轴力,以及杆 CD 作用在轴 AB 上的最大载荷,首先必须确定杆 CD 上的动载荷,即沿杆 CD 轴线方向分布的惯性力。

为此,在杆 CD 上建立 Ox 坐标,如图 10-4(b) 所示。设沿杆 CD 轴线方向单位长度上的惯性力为 q_1,则微段长度 dx 上的惯性力为

$$q_1 dx = (dm)a_n = (A\rho dx)(x\omega^2) \tag{2}$$

由此得到

$$q_1 = A\rho\omega^2 x \tag{3}$$

式中,A 为杆 CD 的横截面积。

式(3) 表明,杆 CD 上各点的轴向惯性力与各点到轴线 AB 的距离 x 成正比。

为求杆 CD 横截面上的轴力,并确定轴力最大的作用面,用假想截面从任意处(坐标为 x) 将杆截开,假设这一截面上的轴力为 F_{NI},考察截面以上部分的平衡,如图 10-4(b) 所示。

建立平衡方程式

$$\sum F_x = 0, F_{NI} - \int_x^l q_1 dx = 0 \tag{4}$$

由式(3) 和式(4) 解出

$$F_{\text{NI}} = \int_x^l q_1 \mathrm{d}x = \int_x^l A\rho\omega^2 x \mathrm{d}x = \frac{A\rho\omega^2}{2}(l^2 - x^2) \tag{5}$$

根据上述结果，在 $x = 0$ 的横截面上，即杆 CD 与轴 AB 相交处的 C 截面上，杆 CD 横截面上的轴力最大，其值为

$$F_{\text{NImax}} = \frac{A\rho\omega^2 l^2}{2} \tag{6}$$

（2）画 AB 轴的弯矩图，确定最大弯矩。

上面所得到的最大轴力，也是作用在轴 AB 上的横向载荷。于是，可以画出轴 AB 的弯矩图，如图 10-4(a) 所示。轴中点截面上的弯矩最大，其值为

$$M_{\text{Imax}} = \frac{F_{\text{NImax}} 2l}{4} = \frac{A\rho\omega^2 l^3}{4} \tag{7}$$

（3）应力计算与强度校核。

对于杆 CD，最大拉应力发生在 C 截面处，其值为

$$\sigma_{\text{Imax}} = \frac{F_{\text{NImax}}}{A} = \frac{\rho\omega^2 l^2}{2} \tag{8}$$

将已知数据代入上式后，得到

$$\sigma_{\text{Imax}} = \frac{\rho\omega^2 l^2}{2} = \frac{7.95 \times 10^3 \times 40^2 \times 0.6^2}{2} = 2.29 \times 10^6 \text{ Pa} = 2.29 \text{ MPa} < [\sigma] = 70 \text{ MPa}$$

故杆 CD 强度足够。

对于轴 AB，最大弯曲正应力为

$$\sigma_{\text{Imax}} = \frac{M_{\text{Imax}}}{W} = \frac{A\rho\omega^2 l^3}{4} \times \frac{1}{W} = \frac{2\rho\omega^2 l^3}{d}$$

将已知数据代入后，得到

$$\sigma_{\text{Imax}} = \frac{2 \times 7.95 \times 10^3 \times 40^2 \times 0.6^3}{80 \times 10^{-3}} = 68.7 \times 10^6 \text{ Pa} = 68.7 \text{ MPa} < [\sigma] = 70 \text{ MPa}$$

故轴 AB 强度足够。

10.3 疲劳强度概述

一、交变应力的名词和术语

随时间做周期性变化的应力称为**交变应力**。

承受交变应力作用的构件或零部件，大部分都在规则（图 10-5）或不规则（图 10-6）变化的应力作用下工作。

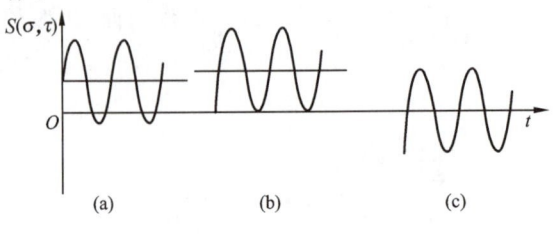

图 10-5

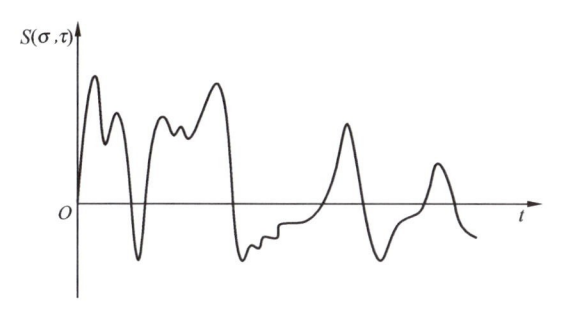

图 10-6

材料在交变应力作用下的力学行为首先与应力变化状况(包括应力变化幅度)有很大关系。因此,在强度设计中必然涉及有关应力变化的若干名词和术语,现简单介绍如下。

图 10-7 所示为杆件横截面上一点应力随时间 t 的变化曲线。其中 S 为广义应力,它可以是正应力,也可以是剪应力。

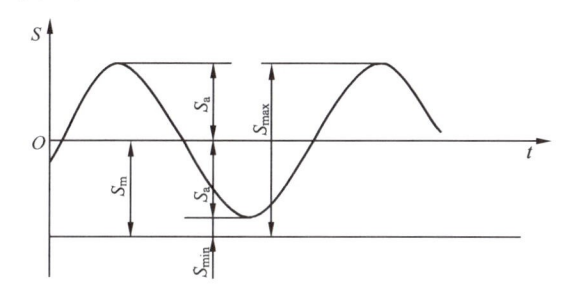

图 10-7

根据应力随时间变化的状况,定义下列名词与术语:

应力循环 —— 应力变化一个周期,称为应力的一次循环。例如,应力从最大值变到最小值,再从最小值变到最大值。

应力比 —— 应力循环中最小应力与最大应力的比值,用 r 表示

$$r = \frac{S_{\min}}{S_{\max}} (当 |S_{\min}| \leqslant |S_{\max}| 时) \tag{10-18a}$$

或

$$r = \frac{S_{\max}}{S_{\min}} (当 |S_{\min}| \geqslant |S_{\max}| 时) \tag{10-18b}$$

平均应力 —— 最大应力与最小应力的平均值,用 S_m 表示

$$S_\mathrm{m} = \frac{S_{\max} + S_{\min}}{2} \tag{10-19}$$

应力幅值 —— 最大应力与最小应力差值的一半,用 S_a 表示

$$S_\mathrm{a} = \frac{S_{\max} - S_{\min}}{2} \tag{10-20}$$

最大应力 —— 应力循环中的最大值

$$S_{\max} = S_\mathrm{m} + S_\mathrm{a} \tag{10-21}$$

最小应力 —— 应力循环中的最小值

$$S_{\min} = S_m - S_a \qquad (10\text{-}22)$$

对称循环 —— 应力循环中应力数值与正负号都反复变化,且有 $S_{\max} = -S_{\min}$,这种应力循环称为对称循环。这时,有

$$r = -1, S_m = 0, S_a = S_{\max}$$

脉冲循环 —— 应力循环中,只有应力数值随时间变化,应力的正负号不发生变化,且最小应力等于零($S_{\min} = 0$),这种应力循环称为脉冲循环。这时

$$r = 0$$

静应力 —— 静载荷作用的应力。静应力是交变应力的特例。在静应力作用下

$$r = 1, S_{\max} = S_{\min} = S_m, S_a = 0$$

需要注意的是,应力循环指一点的应力随时间的变化循环,最大应力与最小应力是指一点的应力循环中的数值。它们既不是指横截面上由于应力分布不均匀所引起的最大和最小应力,也不是指一点应力状态的最大和最小应力。

上述广义应力记号 S 泛指正应力和剪应力。若为拉、压交变或反复弯曲交变,则所有符号中的 S 均为 σ,若为反复扭转交变,则所有 S 均为 τ,其余关系不变。

上述应力均未涉及应力集中的影响,即由理论应力公式算得。如

$$\sigma = \frac{F_N}{A} \quad (拉伸)$$

$$\sigma = -\frac{M_z y}{I_z}, \sigma = \frac{M_y z}{I_y} \quad (平面弯曲)$$

$$\tau = \frac{M_x \rho}{I_p} \quad (圆截面杆扭转)$$

这些应力统称为名义应力。

二、疲劳极限与应力-寿命曲线

所谓**疲劳极限**,是指经过无穷多次应力循环而不发生破坏时的最大应力值,又称为持久极限。

为了确定疲劳极限,需要用若干光滑小尺寸试样(图 10-8(a)),在专用的疲劳试验机上进行试验,图 10-8(b)中所示为简易的对称循环疲劳试验机。

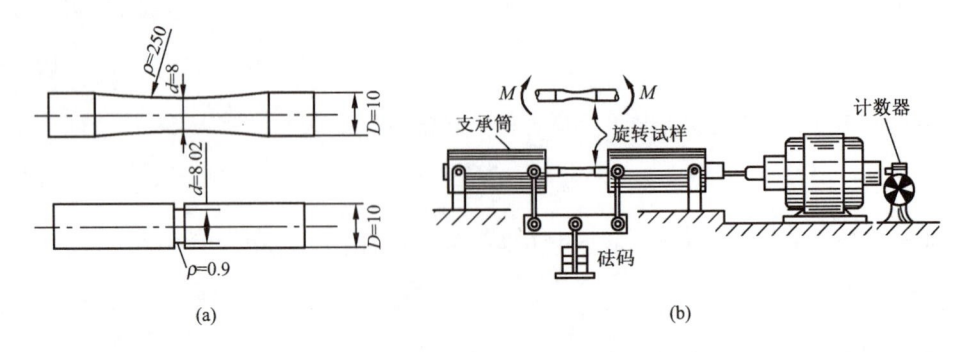

图 10-8

将试样分成若干组,各组中的试样最大应力值分别由高到低(不同的应力水平),经历应力循环,直至发生疲劳破坏。记录下每根试样中最大应力 $S_{\max}$(名义应力)以及发生破坏

时所经历的应力循环次数(又称寿命)N。将这些试验数据标在 S-N 坐标中,如图 10-9 所示。可以看出,疲劳试验结果具有明显的分散性,但是通过这些点可以画出一条曲线,表明试件寿命随其承受的应力而变化的趋势。这条曲线称为应力-寿命曲线,简称 S-N 曲线。

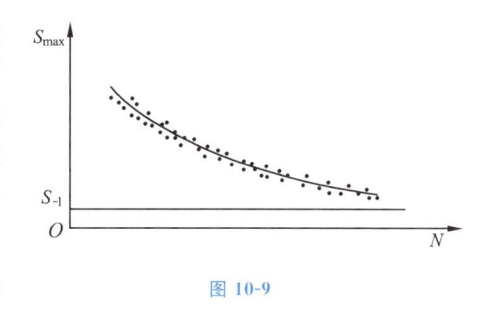

图 10-9

S-N 曲线若有水平渐近线,则表明试样经历无穷多次应力循环而不发生破坏,渐近线的纵坐标即为光滑小试样的疲劳极限。对于应力比为 r 的情形,其疲劳极限用 S_r 表示;对称循环下的疲劳极限为 S_{-1}。

所谓"无穷多次"应力循环,在试验中是难以实现的。工程设计中通常规定:对于 S-N 曲线有水平渐近线的材料(如结构钢),若经历 10^7 次应力循环而不破坏,即认为可承受无穷多次应力循环;对于 S-N 曲线没有水平渐近线的材料(如铝合金),规定某一循环次数(如 2×10^7 次)下不破坏时的最大应力作为条件疲劳极限。

*10.4　材料的持久极限及其影响因素

一、材料的持久极限

通过试验证明,在交变载荷作用下,构件内应力的最大值(绝对值)低于某一极限,则此构件可以经历无数次循环而不断裂,我们把这个应力值称为持久极限,用 σ_r 表示,r 为交变应力的循环特征。构件的持久极限与循环特征有关,构件在不同循环特征的交变应力作用下有着不同的持久极限,其中对称循环下的持久极限 σ_{-1} 最低。因此,通常都将 σ_{-1} 作为材料在交变应力下的主要强度指标。材料的持久极限可以通过疲劳试验测定。下面以常用的对称循环下的弯曲疲劳试验为例,说明持久极限的测定过程。

试验时,准备 $6\sim10$ 根直径 d 为 $7\sim10$ mm 的光滑小试件,调整载荷,一般将第一根试件的载荷调整至使试件最大弯曲应力为 $(0.5\sim0.6)\sigma_b$。开动疲劳试验机后,试件每旋转一周,其横截面上各点就经受一次对称的应力循环,经过 N 次循环后,试件断裂;然后依次逐根降低试件的最大应力,记录下每根试件断裂时的最大应力和循环次数。若以最大应力为纵坐标,以断裂时的循环次数 N 为横坐标,绘

图 10-10

成一条 σ_{max}-N 曲线,这条曲线就称为疲劳曲线,如图 10-10 所示。

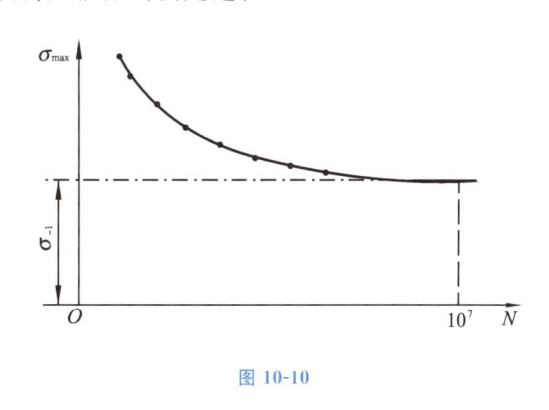

从疲劳曲线可以看出,试件断裂前所经受的循环次数,随构件内最大应力的减小而增

加,当最大应力降低到某一数值后,疲劳曲线趋于水平,即疲劳曲线有一条水平渐近线。只要应力不超过这条水平渐近线对应的应力值,试件就可以经历无限次循环而不发生疲劳断裂,这一应力值称为材料的持久极限 σ_{-1}。通常认为,钢制的光滑小试件经过 10^7 次应力循环仍未疲劳断裂,则继续试验也不断裂。因此 $N = 10^7$ 次应力循环对应的最大应力值,即为材料的持久极限 σ_{-1}。各种材料的持久极限还可以从有关手册中查得。

试验表明,材料的持久极限与其静载荷下的强度极限之间存在以下近似关系:

$$\sigma_{-1拉} \approx 0.28\sigma_b$$
$$\sigma_{-1弯} \approx 0.40\sigma_b$$
$$\sigma_{-1扭} \approx 0.22\sigma_b$$

二、影响持久极限的因素及疲劳强度计算简介

通过一系列试验,发现材料的持久极限与试件的形状、尺寸、表面加工质量及工作环境等许多因素有关。因此实际工作中构件的持久极限与上述标准试件的持久极限并不完全相同,影响材料持久极限的主要因素可归结为以下三个方面。

1. 应力集中的影响

由于工艺和使用要求,构件常需钻孔、开槽或设计台阶等,这样,在截面尺寸突变处就会产生应力集中现象。由于构件在应力集中处容易出现微裂纹,从而引起疲劳断裂,因此构件的持久极限要比标准试件的低。通常,用光滑小试件的持久极限与其他因素相同而有应力集中的试件的持久极限之比来表示应力集中对持久极限的影响,这个比值称为有效应力集中系数,用 k_σ 表示。在对称循环下

$$k_\sigma = \frac{\sigma_{-1}}{\sigma_{-1}^k}$$

式中,σ_{-1} 和 σ_{-1}^k 分别是在对称循环下无应力集中与有应力集中时试件的持久极限。

k_σ 是一个大于1的系数,可以通过试验确定。一些常见情况的有效应力集中系数已制成图表,可以在有关的设计手册中查到。

特别要说明的是,应力集中对高强度材料的持久极限的影响更大。此外,对轴类零件,截面尺寸突变处要采用圆角过渡,圆角半径越大,其有效应力集中系数则越小。若结构需要直角过渡,则需在直径大的轴段上设卸荷槽或退刀槽,以降低应力集中的影响,如图10-11 所示。

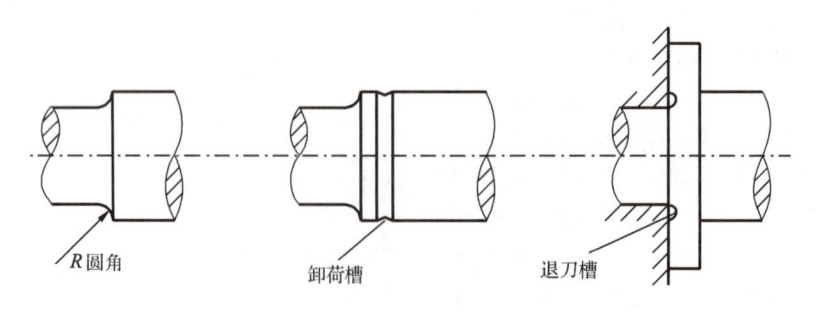

图 10-11

2. 构件尺寸的影响

试验表明,相同材料、相同形状的构件,若尺寸大小不同,其持久极限也不相同。构件

尺寸越大，其内部所含的杂质和缺陷随之增多，产生疲劳裂纹的可能性就越大，材料的持久极限会相应降低。构件尺寸对持久极限的影响可用尺寸系数 ε_σ 表示。在对称循环下

$$\varepsilon_\sigma = \frac{\sigma_{-1}^d}{\sigma_{-1}}$$

式中，σ_{-1}^d 为对称循环下大尺寸光滑试件的持久极限。

ε_σ 是一个小于 1 的系数，常用材料的尺寸系数可从有关设计手册中查到。

3. 表面加工质量的影响

通常，构件的最大应力产生在表层，疲劳裂纹也会在此形成。测试材料持久极限的标准试件，其表面是经过磨削加工的，而实际构件的表面加工质量若低于标准试件，就会因表面存在刀痕或擦伤而引起应力集中，疲劳裂纹将会先在表面产生并扩展，材料的持久极限就随之降低。表面加工质量对持久极限的影响，用表面质量系数 β 表示，在对称循环下

$$\beta = \frac{\sigma_{-1}^\beta}{\sigma_{-1}}$$

式中，σ_{-1}^β 表示在对称循环下表面加工质量不同的试件的持久极限。

表面质量系数可以从有关的设计手册中查到。随着表面加工质量的降低，高强度钢的 β 值下降更为明显。因此，优质钢材必须进行高质量的表面加工，才能提高疲劳强度。此外，强化构件表面，如对表面进行渗氮、渗碳、滚压、喷丸处理或表面淬火等措施，也可提高构件的持久极限。

综合以上三种主要因素，对称循环应力作用下构件的持久极限为

$$\sigma_{-1}^K = \frac{\varepsilon_\sigma \beta}{k_\sigma} \sigma_{-1} \tag{10-23}$$

当构件受对称循环扭转交变应力的作用时，则有

$$\tau_{-1}^K = \frac{\varepsilon_\tau \beta}{k_\tau} \tau_{-1} \tag{10-24}$$

除以上三种主要因素外，还存在很多影响构件持久极限的因素，如介质的腐蚀、温度的变化等，这些影响可以用修正系数来表示。

考虑一定的安全系数，构件在对称循环应力作用下的许用应力可表示为

$$[\sigma_{-1}^K] = \frac{\sigma_{-1}^K}{n} = \frac{\varepsilon_\sigma \beta}{n k_\sigma} \sigma_{-1}$$

式中，n 为规定的安全系数。

构件的疲劳强度条件为

$$\sigma_{\max} \leqslant [\sigma_{-1}^K] = \frac{\varepsilon_\sigma \beta}{n k_\sigma} \sigma_{-1}$$

式中，$\sigma_{\max}$ 是构件危险点的最大工作应力。在机械设计中，一般将疲劳强度条件写成由安全系数表达的形式，若令 n_σ 为工作安全系数，则有

$$n_\sigma = \frac{\sigma_{-1}^K}{\sigma_{\max}} = \frac{\varepsilon_\sigma \beta \sigma_{-1}}{k_\sigma \sigma_{\max}} \geqslant n \tag{10-25}$$

同样，在对称循环扭转交变应力作用下的构件的疲劳强度条件为

$$n_\tau = \frac{\tau_{-1}^K}{\tau_{\max}} = \frac{\varepsilon_\tau \beta \tau_{-1}}{k_\tau \tau_{\max}} \geqslant n \tag{10-26}$$

式中，$\tau_{\max}$ 为构件的最大工作应力。

在对称循环下,构件疲劳强度计算的基本步骤为:

(1) 根据已知数据,查表确定构件的有效应力集中系数 $k_\sigma(k_\tau)$、尺寸系数 $\varepsilon_\sigma(\varepsilon_\tau)$ 和表面质量系数 β。

(2) 计算构件的最大工作应力 $\sigma_{max}(\tau_{max})$。

(3) 计算构件的工作安全系数 $n_\sigma(n_\tau)$,然后用构件的疲劳强度条件进行强度计算。

对于非对称循环,可看作在其平均应力 σ_m 上叠加一个幅度为 σ_a 的对称循环。因此,只要在对称循环的公式中增加一个修正项,即可得到非对称循环下构件的疲劳强度条件为

$$n_\sigma = \frac{\sigma_{-1}}{\dfrac{k_\sigma}{\varepsilon_\sigma \beta}\sigma_a + \Psi_\sigma \sigma_m} \geqslant n \tag{10-27}$$

$$n_\tau = \frac{\tau_{-1}}{\dfrac{k_\tau}{\varepsilon_\tau \beta}\tau_a + \Psi_\tau \tau_m} \geqslant n \tag{10-28}$$

式中,Ψ_σ、Ψ_τ 是与材料有关的常数,可从有关设计手册中查到。

例 10-2 如图 10-12 所示圆杆上有一个沿直径的贯穿圆孔,不对称交变弯矩为 $M_{max} = 5M_{min} = 512 \text{ N} \cdot \text{m}$。材料为合金钢,$\sigma_b = 950 \text{ MPa}$,$\sigma_s = 540 \text{ MPa}$,$\sigma_{-1} = 430 \text{ MPa}$,$\Psi_\sigma = 0.2$。圆杆表面经磨削加工。若规定安全系数 $n = 2$,$n_s = 1.5$,试校核此杆的疲劳强度。

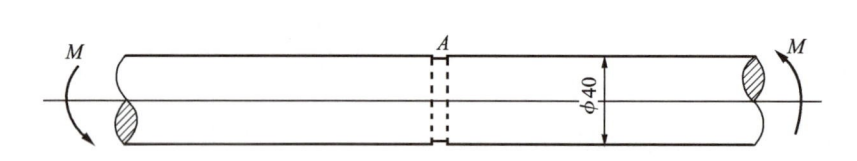

图 10-12

解: (1) 计算圆杆的工作应力

$$W = \frac{\pi}{32}d^3 = \frac{3.14}{32} \times 4^3 = 6.28 \text{ cm}^3$$

$$\sigma_{max} = \frac{M_{max}}{W} = \frac{512}{6.28 \times 10^{-6}} = 81.5 \times 10^6 \text{ Pa} = 81.5 \text{ MPa}$$

$$\sigma_{min} = \frac{1}{5}\sigma_{max} = 16.3 \text{ MPa}$$

$$r = \frac{\sigma_{min}}{\sigma_{max}} = \frac{1}{5} = 0.2$$

$$\sigma_m = \frac{\sigma_{max} + \sigma_{min}}{2} = \frac{81.5 + 16.3}{2} = 48.9 \text{ MPa}$$

$$\sigma_a = \frac{\sigma_{max} - \sigma_{min}}{2} = \frac{81.5 - 16.3}{2} = 32.6 \text{ MPa}$$

(2) 确定系数 k_σ、ε_σ、β。按照圆杆的尺寸,$\dfrac{d_0}{d} = \dfrac{2}{40} = 0.05$。查得当 $\sigma_b = 950 \text{ MPa}$ 时,$k_\sigma = 2.18$,$\varepsilon_\sigma = 0.77$。表面经磨削加工的杆件,$\beta = 1$。

(3) 疲劳强度校核。由公式(10-27)计算工作安全系数

$$n_\sigma = \frac{\sigma_{-1}}{\frac{k_\sigma}{\varepsilon_\sigma \beta}\sigma_a + \Psi_\sigma \sigma_m} = \frac{430}{\frac{2.18}{0.77 \times 1} \times 32.6 + 0.2 \times 48.9} = 4.21$$

$n_\sigma > n = 2$,所以疲劳强度是足够的。

案例分析与解答

日本官方的航空与铁道事故调查委员会经过调查后,做出以下三点结论:

1. 1978年6月2日,该飞机在大阪的伊丹机场曾损伤到机尾。

2. 机尾受损后,日航工程师没有妥善修补。在替换损伤的压力隔板时,应当使用一整块接合板连接两块需要连接的面板,并在上面使用两排铆钉固定,但维修人员使用了新的接合板,上面只有一排铆钉,造成接合点附近金属蒙皮所承受的应力明显增加,使该处累积了金属疲劳。

3. 该处的压力壁在损坏后,造成四组液压系统故障(液压油泄漏),导致机师无法正常操控飞机。

小 结

1. 基本内容

(1) 构件做等加速度直线运动时引起动载荷问题,构件上的总正应力等于动载荷作用下产生的动应力和静载荷作用下产生的静应力之和,即

$$\sigma_T = \sigma_{st} + \sigma_I = (1 + \frac{a}{g})\sigma_{st} = K_I \sigma_{st}$$

构件做等加速度直线运动时的动荷系数 K_I 为

$$K_I = 1 + \frac{a}{g}$$

构件在动载荷作用下的强度条件为

$$\sigma_{Tmax} = K_I \sigma_{st} \leqslant [\sigma]$$

(2) 随时间做周期性变化的应力称为交变应力。交变应力用 S 表示,它是广义应力,即可以是正应力,也可以是剪应力。交变应力的变化规律为

应力比 r $\qquad\qquad\qquad r = \dfrac{S_{min}}{S_{max}}$

平均应力 S_m $\qquad S_m = \dfrac{S_{max} + S_{min}}{2} = \dfrac{S_{max}}{2}(1 + r)$

应力幅值 S_a $\qquad S_a = \dfrac{S_{max} - S_{min}}{2} = \dfrac{S_{max}}{2}(1 - r)$

构件在交变应力作用下,即使构件的工作应力远低于其极限应力时,也会突然发生断裂,其断口有明显的粗糙区和光滑区,这种断裂称为疲劳断裂。材料经过无限次应力循环而不发生疲劳断裂的最大应力值,就是材料的持久极限。

构件的疲劳强度计算,必须考虑应力集中、构件尺寸和表面加工质量等因素的影响,

对称循环下构件疲劳强度条件为

$$n_\sigma = \frac{\sigma_{-1}^K}{\sigma_{\max}} = \frac{\varepsilon_\sigma \beta \sigma_{-1}}{k_\sigma \sigma_{\max}} \geqslant n$$

$$n_\tau = \frac{\tau_{-1}^K}{\tau_{\max}} = \frac{\varepsilon_\tau \beta \tau_{-1}}{k_\tau \tau_{\max}} \geqslant n$$

2. 研究思路

受力分析──→计算外力──→分析应力──→了解疲劳破坏机理

3. 注意事项

注意交变应力与静载荷作用下的应力的区别,了解工程上大多数构件疲劳破坏的原因。

思 考 题

1. 试举一些工程实例说明何谓交变应力。
2. 为什么跳高要落在沙坑里?如何降低自由落体时产生的冲击载荷的动荷系数?
3. 何谓疲劳断裂?疲劳断裂的特点是什么?
4. 怎样的应力才能称为脉动循环应力?怎样的应力才能称为对称循环应力?试举出工程实例。
5. 影响持久极限的主要因素是什么?试述提高疲劳强度的措施。
6. 一种材料只有一个持久极限值吗?交变应力中的最大应力与材料的持久极限相同吗?

习 题

1. 桥式起重机以一恒定加速度提升一重物,如图10-13所示。物体重量 $W = 10 \text{ kN}$,$a = 4 \text{ m/s}^2$,起重机横梁为28a号工字钢,跨度 $L = 6 \text{ m}$。不计横梁和钢丝绳的重量,求此时钢丝绳所承受的拉力及横梁的最大正应力。

2. 两根吊索匀加速平行提升一根14号工字钢,如图10-14所示,加速度 $a = 10 \text{ m/s}^2$。若只考虑工字钢的重量,不计吊索重量,试计算工字钢的最大动应力。

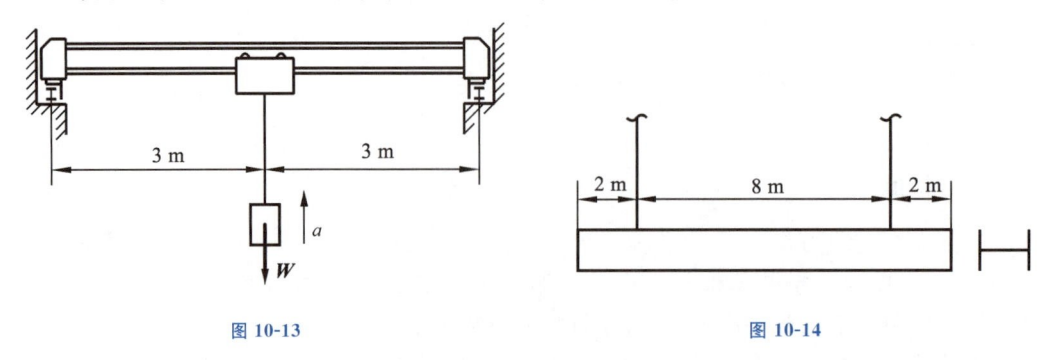

图 10-13

图 10-14

3. 圆形截面杆承受交变的轴向载荷 F 的作用。设 F 在 $5\sim 10$ kN 变化,杆的直径 $d=10$ mm。试求杆的平均应力 σ_m、应力幅度 σ_a 及循环特征 r。

4. 火车轮轴受外力情况如图 10-15 所示,$a=500$ mm,$l=1\,435$ mm,轮轴中段直径 $d=150$ mm。若 $F=50$ kN,试求轮轴中段截面边缘上任一点的最大应力 σ_max、最小应力 σ_min 及循环特征 r。

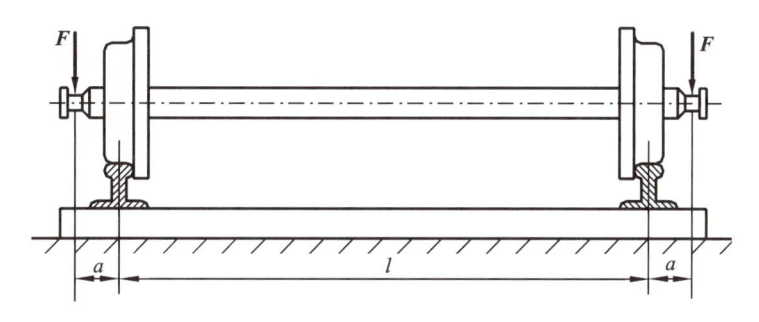

图 10-15

5. 计算如图 10-16 所示的交变应力的循环特征 r、平均应力 σ_m 和应力幅度 σ_a。

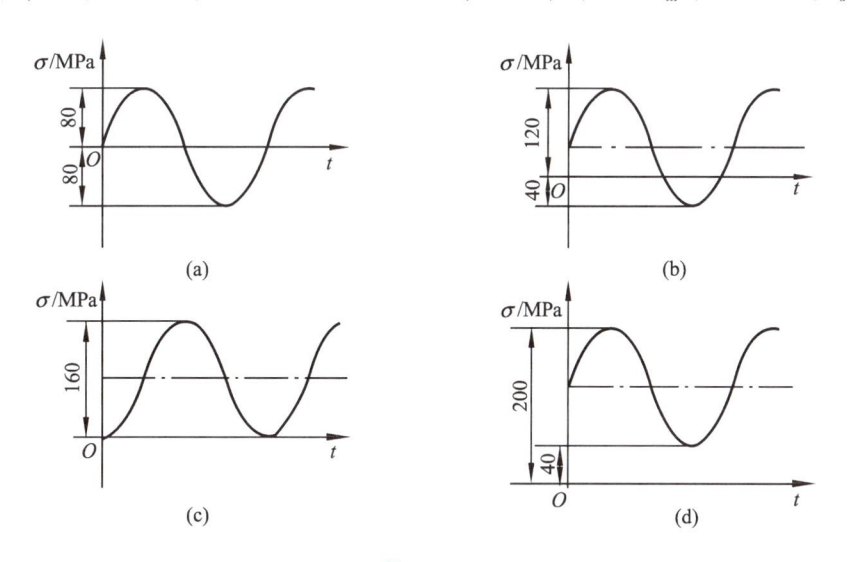

图 10-16

参 考 文 献

1. 蔡路军,张国强.工程力学.武汉:华中科技大学出版社,2020

2. 郭应征,廖东斌,周秋月.工程力学(Ⅰ).北京:中国电力出版社,2020

3. [美]R.C.希伯勒.工程力学.北京:机械工业出版社,2018

4. 刘五祥.工程力学实验.上海:同济大学出版社,2021

5. 高健.工程力学.北京:中国水利水电出版社,2017

6. 刘川.理论力学.北京:北京大学出版社,2019

7. 刘鸿文.材料力学(第六版).北京:高等教育出版社,2017

附 录

附录 1 转动惯量

附表 1-1　　　　　几种常见简单形状均质物体的转动惯量

物体的形状	简　图	转动惯量	惯性半径	体积
实心球		$J_z = \dfrac{2}{5}mR^2$	$\rho_z = \sqrt{\dfrac{2}{5}}R = 0.632R$	$\dfrac{4}{3}\pi R^3$
圆锥体		$J_z = \dfrac{3}{10}mr^2$ $J_x = J_y = \dfrac{3}{80}m(4r^2+l^2)$	$\rho_z = \sqrt{\dfrac{3}{10}}r = 0.548r$ $\rho_x = \rho_y = \sqrt{\dfrac{3}{80}(4r^2+l^2)}$	$\dfrac{\pi}{3}r^3 l$
圆环		$J_x = m\left(R^2 + \dfrac{3}{4}r^2\right)$	$\rho_x = \sqrt{R^2 + \dfrac{3}{4}r^2}$	$2\pi^2 r^2 R$
椭圆形薄板		$J_z = \dfrac{m}{4}(a^2+b^2)$ $J_y = \dfrac{m}{4}a^2$ $J_x = \dfrac{m}{4}b^2$	$\rho_z = \dfrac{1}{2}\sqrt{a^2+b^2}$ $\rho_y = \dfrac{a}{2}$ $\rho_x = \dfrac{b}{2}$	πabh

续表

物体的形状	简 图	转动惯量	惯性半径	体积
立方体		$J_z = \dfrac{m}{12}(a^2+b^2)$ $J_y = \dfrac{m}{12}(a^2+c^2)$ $J_x = \dfrac{m}{12}(b^2+c^2)$	$\rho_z = \sqrt{\dfrac{1}{12}(a^2+b^2)}$ $\rho_y = \sqrt{\dfrac{1}{12}(a^2+c^2)}$ $\rho_x = \sqrt{\dfrac{1}{12}(b^2+c^2)}$	abc
短形薄板		$J_z = \dfrac{m}{12}(a^2+b^2)$ $J_y = \dfrac{m}{12}a^2$ $J_x = \dfrac{m}{12}b^2$	$\rho_z = \sqrt{\dfrac{1}{12}(a^2+b^2)}$ $\rho_y = 0.289a$ $\rho_x = 0.289b$	abh
细直杆		$J_{zC} = \dfrac{m}{12}l^2$ $J_z = \dfrac{m}{3}l^2$	$\rho_{zC} = \dfrac{l}{2\sqrt{3}} = 0.289l$ $\rho_z = \dfrac{l}{\sqrt{3}} = 0.578l$	
薄壁圆筒		$J_z = mR^2$	$\rho_z = R$	$2\pi Rlh$
圆柱		$J_z = \dfrac{1}{2}mR^2$ $J_x = J_y = \dfrac{m}{12}(3R^2+l^2)$	$\rho_z = \dfrac{R}{\sqrt{2}} = 0.707R$ $\rho_x = \rho_y = \sqrt{\dfrac{1}{12}(3R^2+l^2)}$	$\pi R^2 l$
空心圆柱		$J_z = \dfrac{m}{12}(R^2+r^2)$	$\rho_z = \sqrt{\dfrac{1}{12}(R^2+r^2)}$	$\pi l(R^2-r^2)$
薄壁空心球		$J_z = \dfrac{2}{3}mR^2$	$\rho_z = \sqrt{\dfrac{2}{3}}R = 0.816R$	$\dfrac{3}{2}\pi Rh$

附录2 型钢表

附表 2-1　　热轧等边角钢(GB/T 706—2016)

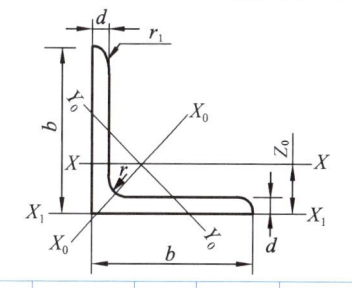

说明：b—边宽度；
d—边厚度；
r—内圆弧半径；
r_1—边端内圆弧半径；
Z_0—重心距离。

型号	截面尺寸/mm b	d	r	截面面积/cm²	理论质量/(kg·m⁻¹)	外表面积/(m²·m⁻¹)	惯性距/cm⁴ I_x	I_{x1}	I_{x0}	I_{y0}	惯性半径/cm i_x	i_{x0}	i_{y0}	截面模数/cm³ W_x	W_{x0}	W_{y0}	重心距离/cm Z_0
2	20	3	3.5	1.132	0.89	0.078	0.40	0.81	0.63	0.17	0.59	0.75	0.39	0.29	0.45	0.20	0.60
		4		1.459	1.15	0.077	0.50	1.09	0.78	0.22	0.58	0.73	0.38	0.36	0.55	0.24	0.64
2.5	25	3		1.432	1.12	0.098	0.82	1.57	1.29	0.34	0.76	0.95	0.49	0.46	0.73	0.33	0.73
		4		1.859	1.46	0.097	1.03	2.11	1.62	0.43	0.74	0.93	0.48	0.59	0.92	0.40	0.76
3.0	30	3		1.749	1.37	0.117	1.46	2.71	2.31	0.61	0.91	1.15	0.59	0.68	1.09	0.51	0.85
		4		2.276	1.79	0.117	1.84	3.63	2.92	0.77	0.90	1.13	0.58	0.87	1.37	0.62	0.89
3.6	36	3	4.5	2.109	1.66	0.141	2.58	4.68	4.09	1.07	1.11	1.39	0.71	0.99	1.61	0.76	1.00
		4		2.756	2.16	0.141	3.29	6.25	5.22	1.37	1.09	1.38	0.70	1.28	2.05	0.93	1.04
		5		3.382	2.65	0.141	3.95	7.84	6.24	1.65	1.08	1.36	0.7	1.56	2.45	1.00	1.07
4	40	3		2.359	1.85	0.157	3.59	6.41	5.69	1.49	1.23	1.55	0.79	1.23	2.01	0.96	1.09
		4		3.086	2.42	0.157	4.60	8.56	7.29	1.91	1.22	1.54	0.79	1.60	2.58	1.19	1.13
		5		3.792	2.98	0.156	5.53	10.7	8.76	2.30	1.21	1.52	0.78	1.96	3.10	1.39	1.17
4.5	45	3	5	2.659	2.09	0.177	5.17	9.12	8.20	2.14	1.40	1.76	0.89	1.58	2.58	1.24	1.22
		4		3.486	2.74	0.177	6.65	12.2	10.6	2.75	1.38	1.74	0.89	2.05	3.32	1.54	1.26
		5		4.292	3.37	0.176	8.04	15.2	12.7	3.33	1.37	1.72	0.88	2.51	4.00	1.81	1.30
		6		5.077	3.99	0.176	9.33	18.4	14.8	3.89	1.36	1.70	0.80	2.95	4.64	2.06	1.33
5	50	3	5.5	2.971	2.33	0.197	7.18	12.5	11.4	2.98	1.55	1.96	1.00	1.96	3.22	1.57	1.34
		4		3.897	3.06	0.197	9.26	16.7	14.7	3.82	1.54	1.94	0.99	2.56	4.16	1.96	1.38
		5		4.803	3.77	0.196	11.2	20.9	17.8	4.64	1.53	1.92	0.98	3.13	5.03	2.31	1.42
		6		5.688	4.46	0.196	13.1	25.1	20.7	5.42	1.52	1.91	0.98	3.68	5.85	2.63	1.46
5.6	56	3	6	3.343	2.62	0.221	10.2	17.6	16.1	4.24	1.75	2.20	1.13	2.48	4.08	2.02	1.48
		4		4.39	3.45	0.220	13.2	23.4	20.9	5.46	1.73	2.18	1.11	3.24	5.28	2.52	1.53
		5		5.415	4.251	0.220	16.0	29.3	25.4	6.61	1.72	2.17	1.10	3.97	6.42	2.98	1.57
		6		6.42	5.04	0.220	18.7	35.3	29.7	7.73	1.71	2.15	1.10	4.68	7.49	3.40	1.61
		7		7.404	5.81	0.219	21.2	41.2	33.6	8.82	1.69	2.13	1.09	5.36	8.49	3.80	1.64
		8		8.367	6.57	0.219	23.6	47.2	37.4	9.89	1.68	2.11	1.09	6.03	9.44	4.16	1.68
6	60	5	6.5	5.829	4.58	0.236	19.9	36.1	31.6	8.21	1.85	2.33	1.19	4.59	7.44	3.48	1.67
		6		6.914	5.43	0.235	23.4	43.3	36.9	9.60	1.83	2.31	1.18	5.41	8.70	3.98	1.70
		7		7.977	6.26	0.235	26.4	50.7	41.9	11.0	1.82	2.29	1.17	6.21	9.88	4.45	1.74
		8		9.02	7.08	0.235	29.5	58.0	46.7	12.3	1.81	2.27	1.17	6.98	11.0	4.88	1.78

续表

型号	截面尺寸/mm b	d	r	截面面积/cm²	理论质量/(kg·m⁻¹)	外表面积/(m²·m⁻¹)	惯性距/cm⁴ I_x	I_{x1}	I_{x0}	I_{y0}	惯性半径/cm i_x	i_{x0}	i_{y0}	截面模数/cm³ W_x	W_{x0}	W_{y0}	重心距离/cm Z_0
6.3	63	4	7	4.978	3.91	0.248	19.0	33.4	30.2	7.89	1.96	2.46	1.26	4.13	6.78	3.29	1.70
		5		6.143	4.82	0.248	23.2	41.7	36.8	9.57	1.94	2.45	1.25	5.08	8.25	3.90	1.74
		6		7.288	5.72	0.247	27.1	50.1	43.0	11.2	1.93	2.43	1.24	6.00	9.66	4.46	1.78
		7		8.412	6.60	0.247	30.9	58.6	49.0	12.8	1.92	2.41	1.23	6.88	11.0	4.98	1.82
		8		9.515	7.47	0.247	34.5	67.1	54.6	14.3	1.90	2.40	1.23	7.75	12.3	5.47	1.85
		10		11.66	9.15	0.246	41.1	84.3	64.9	17.3	1.88	2.36	1.22	9.39	14.6	6.36	1.93
7	70	4	8	5.570	4.37	0.275	26.4	45.7	41.8	11.0	2.18	2.74	1.40	5.14	8.44	4.17	1.86
		5		6.876	5.40	0.275	32.2	57.2	51.1	13.3	2.16	2.73	1.39	6.32	10.3	4.95	1.91
		6		8.160	6.41	0.275	37.8	68.7	59.9	15.6	2.15	2.71	1.38	7.48	12.1	5.67	1.95
		7		9.424	7.40	0.275	43.1	80.3	68.4	17.8	2.14	2.69	1.38	8.59	13.8	6.34	1.99
		8		10.67	8.37	0.274	48.2	91.9	76.4	20.0	2.12	2.68	1.37	9.68	15.4	6.98	2.03
7.5	75	5	9	7.412	5.82	0.295	40.0	70.6	63.3	16.6	2.33	2.92	1.50	7.32	11.9	5.77	2.04
		6		8.797	6.91	0.294	47.0	84.6	74.4	19.5	2.31	2.90	1.49	8.64	14.0	6.67	2.07
		7		10.16	7.98	0.294	53.6	98.7	85.0	22.2	2.30	2.89	1.48	9.93	16.0	7.44	2.11
		8		11.50	9.03	0.294	60.0	113	95.1	24.9	2.28	2.88	1.47	11.2	17.9	8.19	2.15
		9		12.83	10.1	0.294	66.1	127	105	27.5	2.27	2.86	1.46	12.4	19.8	8.89	2.18
		10		14.13	11.1	0.293	72.0	142	114	30.1	2.26	2.84	1.46	13.6	21.5	9.56	2.22
8	80	5	9	7.912	6.21	0.315	48.8	85.4	77.3	20.3	2.48	3.13	1.60	8.34	13.7	6.66	2.15
		6		9.397	7.38	0.314	57.4	103	91.0	23.7	2.47	3.11	1.59	9.87	16.1	7.65	2.19
		7		10.86	8.53	0.314	65.6	120	104	27.1	2.46	3.10	1.58	11.4	18.4	8.58	2.23
		8		12.30	9.66	0.314	73.5	137	117	30.4	2.44	3.08	1.57	12.8	20.6	9.46	2.27
		9		13.73	10.8	0.314	81.1	154	129	33.6	2.43	3.06	1.56	14.3	22.7	10.3	2.31
		10		15.13	11.9	0.313	88.4	172	140	36.8	2.42	3.04	1.56	15.6	24.8	11.1	2.35
9	90	6	10	10.64	8.35	0.354	82.8	146	131	34.3	2.79	3.51	1.80	12.6	20.6	9.95	2.44
		7		12.30	9.66	0.354	94.8	170	150	39.2	2.78	3.50	1.78	14.5	23.6	11.2	2.48
		8		13.94	10.9	0.353	106	195	169	44.0	2.76	3.48	1.78	16.4	26.6	12.4	2.52
		9		15.57	12.2	0.353	118	219	187	48.7	2.75	3.46	1.77	18.3	29.4	13.5	2.56
		10		17.17	13.5	0.353	129	244	204	53.3	2.74	3.45	1.76	20.1	32.0	14.5	2.59
		12		20.31	15.9	0.352	149	294	236	62.2	2.71	3.41	1.75	23.6	37.1	16.5	2.67
10	100	6	12	11.93	9.37	0.393	115	200	182	47.9	3.10	3.90	2.00	15.7	25.7	12.7	2.67
		7		13.80	10.8	0.393	132	234	209	54.7	3.09	3.89	1.99	18.1	29.6	14.3	2.71
		8		15.64	12.3	0.393	148	267	235	61.4	3.08	3.88	1.98	20.5	33.2	15.8	2.76
		9		17.46	13.7	0.392	164	300	260	68.0	3.07	3.86	1.97	22.8	36.8	17.2	2.80
		10		19.26	15.1	0.392	180	334	285	74.4	3.05	3.84	1.96	25.1	40.3	18.5	2.84
		12		22.80	17.9	0.391	209	402	331	86.8	3.03	3.81	1.95	29.5	46.8	21.1	2.91
		14		26.26	20.6	0.391	237	471	374	99.0	3.00	3.77	1.94	33.7	52.9	23.4	2.99
		16		29.63	23.3	0.390	263	540	414	111	2.98	3.74	1.94	37.8	58.6	25.6	3.06
11	110	7	12	15.20	11.9	0.433	177	311	281	73.4	3.41	4.30	2.20	22.1	36.1	17.5	2.96
		8		17.24	13.5	0.433	199	355	316	82.4	3.40	4.28	2.19	25.0	40.7	19.4	3.01
		10		21.26	16.7	0.432	242	445	384	100	3.38	4.25	2.17	30.6	49.4	22.9	3.09
		12		25.20	19.8	0.431	283	535	448	117	3.35	4.22	2.15	36.1	57.6	26.2	3.16
		14		29.06	22.8	0.431	321	625	508	133	3.32	4.18	2.14	41.3	65.3	29.1	3.24

续表

型号	截面尺寸/mm b	d	r	截面面积/cm²	理论质量/(kg·m⁻¹)	外表面积/(m²·m⁻¹)	惯性距/cm⁴ I_x	I_{x1}	I_{x0}	I_{y0}	惯性半径/cm i_x	i_{x0}	i_{y0}	截面模数/cm³ W_x	W_{x0}	W_{y0}	重心距离/cm Z_0
12.5	125	8		19.75	15.5	0.492	297	521	471	123	3.88	4.88	2.50	32.5	53.3	25.9	3.37
		10		24.37	19.1	0.491	362	652	574	149	3.85	4.85	2.48	40.0	64.9	30.6	3.45
		12		28.91	22.7	0.491	423	783	671	175	3.83	4.82	2.46	41.2	76.0	35.0	3.53
		14		33.37	26.2	0.490	482	916	764	200	3.80	4.78	2.45	54.2	86.4	39.1	3.61
		16		37.74	29.6	0.489	537	1 050	851	224	3.77	4.75	2.43	60.9	96.3	43.0	3.68
14	140	10	14	27.37	21.5	0.551	515	915	817	212	4.34	5.46	2.78	50.6	82.6	39.2	3.82
		12		32.51	25.5	0.551	604	1 100	959	249	4.31	5.43	2.76	59.8	96.9	45.0	3.90
		14		37.57	29.5	0.550	689	1 280	1 090	284	4.28	5.40	2.75	68.8	110	50.5	3.98
		16		42.54	33.4	0.549	770	1 470	1 220	319	4.26	5.36	2.74	77.5	123	55.6	4.06
15	150	8		23.75	18.6	0.592	521	900	827	215	4.69	5.90	3.01	47.4	78.0	38.1	3.99
		10		29.37	23.1	0.591	638	1 130	1 010	262	4.66	5.87	2.99	58.4	95.5	45.5	4.08
		12		34.91	27.4	0.591	749	1 350	1 190	308	4.63	5.84	2.97	69.0	112	52.4	4.15
		14		40.37	31.7	0.590	856	1 580	1 360	352	4.60	5.80	2.95	79.5	128	58.8	4.23
		15		43.06	33.8	0.590	907	1 690	1 440	374	4.59	5.78	2.95	84.6	136	61.9	4.27
		16		45.74	35.9	0.589	958	1 810	1 520	395	4.58	5.77	2.94	89.6	143	64.9	4.31
16	160	10		31.50	24.7	0.630	780	1 370	1 240	322	4.98	6.27	3.20	66.7	109	52.8	4.31
		12		37.44	29.4	0.630	917	1 640	1 460	377	4.95	6.24	3.18	79.0	129	60.7	4.39
		14		43.30	34.0	0.629	1 050	1 910	1 670	432	4.92	6.20	3.16	91.0	147	68.2	4.47
		16	16	49.07	38.5	0.629	1 180	2 190	1 870	485	4.89	6.17	3.14	103	165	75.3	4.55
18	180	12		42.24	33.2	0.710	1 320	2 330	2 100	543	5.59	7.05	3.58	101	165	78.4	4.89
		14		48.90	38.4	0.709	1 510	2 720	2 410	622	5.56	7.02	3.56	116	189	88.4	4.97
		16		55.47	43.5	0.709	1 700	3 120	2 700	699	5.54	6.98	3.55	131	212	97.8	5.05
		18		61.96	48.6	0.708	1 880	3 500	2 990	762	5.50	6.94	3.51	146	235	105	5.13
20	200	14	18	54.64	42.9	0.788	2 100	3 730	3 340	864	6.20	7.82	3.98	145	236	112	5.46
		16		62.01	48.7	0.788	2 370	4 270	3 760	971	6.18	7.79	3.96	161	266	124	5.54
		18		69.30	54.4	0.787	2 620	4 810	4 160	1 080	6.15	7.75	3.94	182	294	136	5.62
		20		76.51	60.1	0.787	2 870	5 350	4 550	1 180	6.12	7.72	3.93	200	322	147	5.69
		24		90.66	71.2	0.785	3 340	6 460	5 290	1 380	6.07	7.64	3.90	236	374	167	5.87
22	220	16	21	68.67	53.9	0.866	3 190	5 680	5 060	1 310	6.81	8.59	4.37	200	326	154	6.03
		18		76.75	60.3	0.866	3 540	6 400	5 620	1 450	6.79	8.55	4.35	223	361	168	6.11
		20		84.76	66.5	0.865	3 870	7 110	6 150	1 590	6.76	8.52	4.34	245	395	182	6.18
		22		92.68	72.8	0.865	4 200	7 830	6 670	1 730	6.73	8.48	4.32	267	429	195	6.26
		24		100.5	78.9	0.864	4 520	8 550	7 170	1 870	6.71	8.45	4.31	289	461	208	6.33
		26		108.3	85.0	0.864	4 830	9 280	7 690	2 000	6.68	8.41	4.30	310	492	221	6.41
25	250	18	24	87.84	69.0	0.985	5 270	9 380	8 370	2 170	7.75	9.76	4.97	290	473	224	6.84
		20		97.05	76.2	0.984	5 780	10 400	9 180	2 380	7.78	9.73	4.95	320	519	243	6.92
		22		106.2	83.3	0.983	6 280	11 500	9 970	2 580	7.69	9.69	4.93	349	564	261	7.00
		24		115.2	90.4	0.983	6 770	12 500	10 700	2 790	7.67	9.66	4.92	378	608	278	7.07
		26		124.2	97.5	0.982	7 240	13 600	11 500	2 980	7.64	9.62	4.90	406	650	295	7.15
		28		133.0	104	0.982	7 700	14 600	12 200	3 180	7.61	9.58	4.89	433	691	311	7.22
		30		141.8	111	0.981	8 160	15 700	12 900	3 380	7.58	9.55	4.88	461	731	327	7.30
		32		150.5	118	0.981	8 600	16 800	13 600	3 570	7.56	9.51	4.87	488	770	342	7.37
		35		163.4	128	0.980	9 240	18 400	14 600	3 850	7.52	9.46	4.86	527	827	364	7.48

注：截面中的 $r_1 = d/3$ 及表中 r 的数据用于孔型设计，不做交货条件。

附表 2-2　　热轧不等边角钢（GB/T 706—2016）

说明：B—长边宽度；　　b—短边宽度；
　　　d—边厚度；　　　r—内圆弧半径；
　　　r_1—边端内圆弧半径；　X_0—重心距离；
　　　Y_0—重心距离。

型号	B	b	d	r	截面面积/cm²	理论质量/(kg·m⁻¹)	外表面积/(m²·m⁻¹)	I_x	I_{x1}	I_y	I_{y1}	I_u	i_x	i_y	i_u	W_x	W_y	W_u	tan α	X_0	Y_0
2.5/1.6	25	16	3	3.5	1.162	0.91	0.080	0.70	1.56	0.22	0.43	0.14	0.78	0.44	0.34	0.43	0.19	0.16	0.392	0.42	0.86
			4		1.499	1.18	0.079	0.88	2.09	0.27	0.59	0.17	0.77	0.43	0.34	0.55	0.24	0.20	0.381	0.46	0.90
3.2/2	32	20	3	3.5	1.492	1.17	0.102	1.53	3.27	0.46	0.82	0.28	1.01	0.55	0.43	0.72	0.30	0.25	0.382	0.49	1.08
			4		1.939	1.52	0.101	1.93	4.37	0.57	1.12	0.35	1.00	0.54	0.42	0.93	0.39	0.32	0.374	0.53	1.12
4/2.5	40	25	3	4	1.890	1.48	0.127	3.08	5.39	0.93	1.59	0.56	1.28	0.70	0.54	1.15	0.49	0.40	0.385	0.59	1.32
			4		2.467	1.94	0.127	3.93	8.53	1.18	2.14	0.71	1.36	0.69	0.54	1.49	0.63	0.52	0.381	0.63	1.37
4.5/2.8	45	28	3	5	2.149	1.69	0.143	4.45	9.10	1.34	2.23	0.80	1.44	0.79	0.61	1.47	0.62	0.51	0.383	0.64	1.47
			4		2.806	2.20	0.143	5.69	12.1	1.70	3.00	1.02	1.42	0.78	0.60	1.91	0.80	0.66	0.380	0.68	1.51
5/3.2	50	32	3	5.5	2.431	1.91	0.161	6.24	12.5	2.02	3.31	1.20	1.60	0.91	0.70	1.84	0.82	0.68	0.404	0.73	1.60
			4		3.177	2.49	0.160	8.02	16.7	2.58	4.45	1.53	1.59	0.90	0.69	2.39	1.06	0.87	0.402	0.77	1.65
5.6/3.6	56	36	3	6	2.743	2.15	0.181	8.88	17.5	2.92	4.7	1.73	1.80	1.03	0.79	2.32	1.05	0.87	0.408	0.80	1.78
			4		3.590	2.82	0.180	11.5	23.4	3.76	6.33	2.23	1.79	1.02	0.79	3.03	1.37	1.13	0.408	0.85	1.82
			5		4.415	3.47	0.180	13.9	29.3	4.49	7.94	2.67	1.77	1.01	0.78	3.71	1.65	1.36	0.404	0.88	1.87
6.3/4	63	40	4	7	4.058	3.19	0.202	16.5	33.3	5.23	8.63	3.12	2.02	1.14	0.88	3.87	1.70	1.40	0.398	0.92	2.04
			5		4.993	3.92	0.202	20.0	41.6	6.31	10.9	3.76	2.00	1.12	0.87	4.74	2.07	1.71	0.396	0.95	2.08
			6		5.908	4.64	0.201	23.4	50.0	7.29	13.1	4.34	1.96	1.11	0.86	5.59	2.43	1.99	0.393	0.99	2.12
			7		6.802	5.34	0.201	26.5	58.1	8.24	15.5	4.97	1.98	1.10	0.86	6.40	2.78	2.29	0.389	1.03	2.15
7/4.5	70	45	4	7.5	4.553	3.57	0.226	23.2	45.9	7.55	12.3	4.40	2.26	1.29	0.98	4.86	2.17	1.77	0.410	1.02	2.24
			5		5.609	4.40	0.225	28.0	57.1	9.13	15.4	5.40	2.23	1.28	0.98	5.92	2.65	2.19	0.407	1.06	2.28
			6		6.644	5.22	0.225	32.5	68.4	10.6	18.6	6.35	2.21	1.26	0.98	6.95	3.12	2.59	0.404	1.09	2.32
			7		7.658	6.01	0.225	37.2	80.0	12.0	21.8	7.16	2.20	1.25	0.97	8.03	3.57	2.94	0.402	1.13	2.36
7.5/5	75	50	5	8	6.126	4.81	0.245	34.9	70.0	12.6	21.0	7.41	2.39	1.44	1.10	6.83	3.3	2.74	0.435	1.17	2.40
			6		7.260	5.70	0.245	41.1	84.3	14.7	25.4	8.54	2.38	1.42	1.08	8.12	3.88	3.19	0.435	1.21	2.44
			8		9.467	7.43	0.244	52.4	113	18.5	34.2	10.9	2.35	1.40	1.07	10.5	4.99	4.10	0.429	1.29	2.52
			10		11.59	9.10	0.244	62.7	141	22.0	43.4	13.1	2.33	1.38	1.06	12.8	6.04	4.99	0.423	1.36	2.60
8/5	80	50	5	8	6.376	5.00	0.255	42.0	86.2	12.8	21.1	7.66	2.56	1.42	1.10	7.78	3.32	2.74	0.388	1.14	2.60
			6		7.560	5.93	0.255	49.5	103	15.0	25.4	8.85	2.56	1.41	1.08	9.25	3.91	3.20	0.387	1.18	2.65
			7		8.724	6.85	0.255	56.2	119	17.0	28.8	10.2	2.54	1.39	1.08	10.6	4.48	3.70	0.384	1.21	2.69
			8		9.867	7.75	0.254	62.8	136	18.9	34.3	11.4	2.52	1.38	1.07	11.9	5.03	4.16	0.381	1.25	2.73
9/5.6	90	56	5	9	7.212	5.66	0.287	60.5	121	18.3	29.5	11.0	2.90	1.59	1.23	9.92	4.21	3.49	0.385	1.25	2.91
			6		8.557	6.72	0.285	71.0	146	21.4	35.6	12.9	2.88	1.58	1.23	11.7	4.96	4.13	0.384	1.29	2.95
			7		9.881	7.76	0.286	81.0	170	24.4	41.7	14.7	2.86	1.57	1.22	13.5	5.70	4.72	0.382	1.33	3.00
			8		11.18	8.78	0.286	91.0	194	27.2	47.9	16.3	2.85	1.56	1.21	15.3	6.41	5.29	0.380	1.36	3.04
10/6.3	100	63	6	10	9.618	7.55	0.320	99.1	200	30.9	50.5	18.4	3.21	1.79	1.38	14.6	6.35	5.25	0.394	1.43	3.24
			7		11.11	8.72	0.320	113	233	35.3	59.1	21.0	3.20	1.78	1.38	16.9	7.29	6.02	0.394	1.47	3.28
			8		12.58	9.88	0.319	127	265	39.4	67.9	23.5	3.18	1.77	1.37	19.1	8.21	6.78	0.391	1.50	3.32
			10		15.47	12.1	0.319	154	333	47.1	85.7	28.3	3.15	1.74	1.35	23.3	9.98	8.24	0.387	1.58	3.40

续表

型号	截面尺寸/mm B	b	d	r	截面面积/cm²	理论质量/(kg·m⁻¹)	外表面积/(m²·m⁻¹)	惯性矩/cm⁴ I_x	I_{x1}	I_y	I_{y1}	I_u	惯性半径/cm i_x	i_y	i_u	截面模数/cm³ W_x	W_y	W_u	$\tan\alpha$	重心距离/cm X_0	Y_0
10/8	100	80	6	10	10.64	8.35	0.354	107	200	61.2	103	31.7	3.17	2.40	1.72	15.2	10.2	8.37	0.627	1.97	2.95
			7		12.30	9.66	0.354	123	233	70.1	120	36.2	3.16	2.39	1.72	17.5	11.7	9.60	0.626	2.01	3.00
			8		13.94	10.9	0.353	138	267	78.6	137	40.6	3.14	2.37	1.71	19.8	13.2	10.8	0.625	2.05	3.04
			10		17.17	13.5	0.353	167	334	94.7	172	49.1	3.12	2.35	1.69	24.2	16.1	13.1	0.622	2.13	3.12
11/7	110	70	6	10	10.64	8.35	0.354	133	266	42.9	69.1	25.4	3.54	2.01	1.54	17.9	7.90	6.53	0.403	1.57	3.53
			7		12.30	9.66	0.354	153	310	49.0	80.8	29.0	3.53	2.00	1.53	20.6	9.09	7.50	0.402	1.61	3.57
			8		13.94	10.9	0.353	172	354	54.9	92.7	32.5	3.51	1.98	1.53	23.3	10.3	8.45	0.401	1.65	3.62
			10		17.17	13.5	0.353	208	443	65.9	117	39.2	3.48	1.96	1.51	28.5	12.5	10.3	0.397	1.72	3.70
12.5/8	125	80	7	11	14.10	11.1	0.403	228	455	74.4	120	43.8	4.02	2.30	1.76	26.9	12.0	9.92	0.408	1.80	4.01
			8		15.99	12.6	0.403	257	520	83.5	138	49.2	4.01	2.28	1.75	30.4	13.6	11.2	0.407	1.84	4.06
			10		19.71	15.5	0.402	312	650	101	173	59.5	3.98	2.26	1.74	37.3	16.6	13.6	0.404	1.92	4.14
			12		23.35	18.3	0.402	364	780	117	210	69.4	3.95	2.24	1.72	44.0	19.4	16.0	0.400	2.00	4.22
14/9	140	90	8	12	18.04	14.2	0.453	366	731	121	196	70.8	4.50	2.59	1.98	38.5	17.3	14.3	0.411	2.04	4.50
			10		22.26	17.5	0.452	446	913	140	246	85.8	4.47	2.56	1.96	47.3	21.2	17.5	0.409	2.12	4.58
			12		26.40	20.7	0.451	522	1 100	170	297	100	4.44	2.54	1.95	55.9	25.0	20.5	0.406	2.19	4.66
			14		30.46	23.9	0.451	594	1 280	192	349	114	4.42	2.51	1.94	64.2	28.5	23.5	0.403	2.27	4.74
15/9	150	90	8	12	18.84	14.8	0.473	442	898	123	196	74.1	4.84	2.55	1.98	43.9	17.5	14.5	0.364	1.97	4.92
			10		23.26	18.3	0.472	539	1 120	149	246	89.9	4.81	2.53	1.97	54.0	21.4	17.7	0.362	2.05	5.01
			12		27.60	21.7	0.471	632	1 350	173	297	105	4.79	2.50	1.95	63.8	25.1	20.8	0.359	2.12	5.09
			14		31.86	25.0	0.471	721	1 570	196	350	120	4.76	2.48	1.94	73.3	28.8	23.8	0.356	2.20	5.17
			15		33.95	26.7	0.471	764	1 680	207	376	127	4.74	2.47	1.93	78.0	30.5	25.3	0.354	2.24	5.21
			16		36.03	28.3	0.470	806	1 800	217	403	134	4.73	2.45	1.93	82.6	32.3	26.8	0.352	2.27	5.25
16/10	160	100	10	13	25.32	19.9	0.512	669	1 360	205	337	122	5.14	2.85	2.19	62.1	26.6	21.9	0.390	2.28	5.24
			12		30.05	23.6	0.511	785	1 640	239	406	142	5.11	2.82	2.17	73.5	31.3	25.8	0.388	2.36	5.32
			14		34.71	27.2	0.510	896	1 910	271	476	162	5.08	2.80	2.16	84.6	35.8	29.6	0.385	2.43	5.40
			16		39.28	30.8	0.510	1 000	2 180	302	548	183	5.05	2.77	2.16	95.3	40.2	33.4	0.382	2.51	5.48
18/11	180	110	10	14	28.37	22.3	0.571	956	1 940	278	447	167	5.80	3.13	2.42	79.0	32.5	26.9	0.376	2.44	5.89
			12		33.71	26.5	0.571	1 120	2 330	325	539	195	5.78	3.10	2.40	93.5	38.3	31.7	0.374	2.52	5.98
			14		38.97	30.6	0.570	1 290	2 720	370	632	222	5.75	3.08	2.39	108	44.0	36.3	0.372	2.59	6.06
			16		44.14	34.6	0.569	1 440	3 110	412	726	249	5.72	3.06	2.38	122	49.4	40.9	0.369	2.67	6.14
20/12.5	200	125	12	14	37.91	29.8	0.641	1 570	3 190	483	788	286	6.44	3.57	2.74	117	50.0	41.2	0.392	2.83	6.54
			14		43.87	34.4	0.640	1 800	3 730	551	922	327	6.41	3.54	2.73	135	57.4	47.3	0.390	2.91	6.62
			16		49.74	39.0	0.639	2 020	4 260	615	1 060	366	6.38	3.52	2.71	152	64.9	53.3	0.388	2.99	6.70
			18		55.53	43.6	0.639	2 240	4 790	677	1 200	405	6.35	3.49	2.70	169	71.7	59.2	0.385	3.06	6.78

注：截面图中的 $r_1=1/3d$ 及表中 r 的数据用于孔型设计，不做交货条件。

附表 2-3　　　　热轧槽钢（GB/T 706—2016）

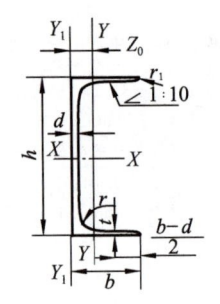

说明：h—高度；　　　　r_1—腿端圆弧半径；
　　　b—腿宽度；　　　d—腰厚度；
　　　t—腿中间厚度；　r—内圆弧半径；
　　　Z_0—重心距离。

型号	截面尺寸/mm						截面面积/cm^2	理论质量/(kg·m^{-1})	外表面积/(m^2·m^{-1})	惯性矩/cm^4			惯性半径/cm		截面模数/cm^3		重心距离/cm
	h	b	d	t	r	r_1				I_x	I_y	I_{y1}	i_x	i_y	W_x	W_y	Z_0
5	50	37	4.5	7.0	7.0	3.5	6.925	5.44	0.226	26.0	8.30	20.9	1.94	1.10	10.4	3.55	1.35
6.3	63	40	4.8	7.5	7.5	3.8	8.446	6.63	0.262	50.8	11.9	28.4	2.45	1.19	16.1	4.50	1.36
6.5	65	40	4.3	7.5	7.5	3.8	8.292	6.51	0.267	55.2	12.0	28.3	2.54	1.19	17.0	4.59	1.38
8	80	43	5.0	8.0	8.0	4.0	10.24	8.04	0.307	101	16.6	37.4	3.15	1.27	25.3	5.79	1.43
10	100	48	5.3	8.5	8.5	4.2	12.74	10.0	0.365	198	25.6	54.9	3.95	1.41	39.7	7.80	1.52
12	120	53	5.5	9.0	9.0	4.5	15.36	12.1	0.423	346	37.4	77.7	4.75	1.56	57.7	10.2	1.62
12.6	126	53	5.5	9.0	9.0	4.5	15.69	12.3	0.435	391	38.0	77.1	4.95	1.57	62.1	10.2	1.59
14a	140	58	6.0	9.5	9.5	4.8	18.51	14.5	0.480	564	53.2	107	5.52	1.70	80.5	13.0	1.71
14b	140	60	8.0	9.5	9.5	4.8	21.31	16.7	0.484	609	61.1	121	5.35	1.69	87.1	14.1	1.67
16a	160	63	6.5	10.0	10.0	5.0	21.95	17.2	0.538	866	73.3	144	6.28	1.83	108	16.3	1.80
16b	160	65	8.5	10.0	10.0	5.0	25.15	19.8	0.542	935	83.4	161	6.10	1.82	117	17.6	1.75
18a	180	68	7.0	10.5	10.5	5.2	25.69	20.2	0.596	1 270	98.6	190	7.04	1.96	141	20.0	1.88
18b	180	70	9.0	10.5	10.5	5.2	29.29	23.0	0.600	1 370	111	210	6.84	1.95	152	21.5	1.84
20a	200	73	7.0	11.0	11.0	5.5	28.83	22.6	0.654	1 780	128	244	7.86	2.11	178	24.2	2.01
20b	200	75	9.0	11.0	11.0	5.5	32.83	25.8	0.658	1 910	144	268	7.64	2.09	191	25.9	1.95
22a	220	77	7.0	11.5	11.5	5.8	31.83	25.0	0.709	2 390	158	298	8.67	2.23	218	28.2	2.10
22b	220	79	9.0	11.5	11.5	5.8	36.23	28.5	0.713	2 570	176	326	8.42	2.21	234	30.1	2.03

续表

型号	截面尺寸/mm h	b	d	t	r	r₁	截面面积/cm²	理论质量/(kg·m⁻¹)	外表面积/(m²·m⁻¹)	惯性矩/cm⁴ I_x	I_y	I_{y1}	惯性半径/cm i_x	i_y	截面模数/cm³ W_x	W_y	重心距离/cm Z_0
24a	240	78	7.0	12.0	12.0	6.0	34.21	26.9	0.752	3 050	174	325	9.45	2.25	254	30.5	2.10
24b	240	80	9.0	12.0	12.0	6.0	39.01	30.6	0.756	3 280	194	355	9.17	2.23	274	32.5	2.03
24c	240	82	11.0	12.0	12.0	6.0	43.81	34.4	0.760	3 510	213	388	8.96	2.21	293	34.4	2.00
25a	250	78	7.0	12.0	12.0	6.0	34.91	27.4	0.722	3 370	176	322	9.82	2.24	270	30.6	2.07
25b	250	80	9.0	12.0	12.0	6.0	39.91	31.3	0.776	3 530	196	353	9.41	2.22	282	32.7	1.98
25c	250	82	11.0	12.0	12.0	6.0	44.91	35.3	0.780	3 690	218	384	9.07	2.21	295	35.9	1.92
27a	270	82	7.5	12.5	12.5	6.2	39.27	30.8	0.826	4 360	216	393	10.5	2.34	323	35.5	2.13
27b	270	84	9.5	12.5	12.5	6.2	44.67	35.1	0.830	4 690	239	428	10.3	2.31	347	37.7	2.06
27c	270	86	11.5	12.5	12.5	6.2	50.07	39.3	0.834	5 020	261	467	10.1	2.28	372	39.8	2.03
28a	280	82	7.5	12.5	12.5	6.2	40.02	31.4	0.846	4 760	218	388	10.9	2.33	340	35.7	2.10
28b	280	84	9.5	12.5	12.5	6.2	45.62	35.8	0.850	5 130	242	428	10.6	2.30	366	37.9	2.02
28c	280	86	11.5	12.5	12.5	6.2	51.22	40.2	0.854	5 500	268	463	10.4	2.29	393	40.3	1.95
30a	300	85	7.5	13.5	13.5	6.8	43.89	34.5	0.897	6 050	260	467	11.7	2.43	403	41.1	2.17
30b	300	87	9.5	13.5	13.5	6.8	49.89	39.2	0.901	6 500	289	515	11.4	2.41	433	44.0	2.13
30c	300	89	11.5	13.5	13.5	6.8	55.89	43.9	0.905	6 950	316	560	11.2	2.38	463	46.4	2.09
32a	320	88	8.0	14.0	14.0	7.0	48.50	38.1	0.947	7 600	305	552	12.5	2.50	475	46.5	2.24
32b	320	90	10.0	14.0	14.0	7.0	54.90	43.1	0.951	8 140	336	593	12.2	2.47	509	49.2	2.16
32c	320	92	12.0	14.0	14.0	7.0	61.30	48.1	0.955	8 690	374	643	11.9	2.47	543	52.6	2.09
36a	360	96	9.0	16.0	16.0	8.0	60.89	47.8	1.053	11 900	455	818	14.0	2.73	660	63.5	2.44
36b	360	98	11.0	16.0	16.0	8.0	68.09	53.5	1.057	12 700	497	880	13.6	2.70	703	66.9	2.37
36c	360	100	13.0	16.0	16.0	8.0	75.29	59.1	1.061	13 400	536	948	13.4	2.67	746	70.0	2.34
40a	400	100	10.5	18.0	18.0	9.0	75.04	58.9	1.144	17 600	592	1 070	15.3	2.81	875	78.8	2.49
40b	400	102	12.5	18.0	18.0	9.0	83.04	65.2	1.148	18 600	640	1 140	15.0	2.78	932	82.5	2.44
40c	400	104	14.5	18.0	18.0	9.0	91.04	71.5	1.152	19 700	688	1 220	14.7	2.75	986	86.2	2.42

注：表中 r、r_1 的数据用于孔型设计，不做交货条件。

附表 2-4　　热轧工字钢(GB/T 706—2016)

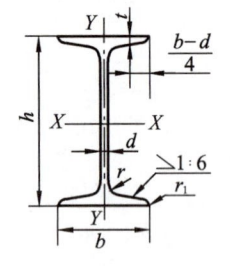

说明：h—高度；　　r_1—腿端圆弧半径；
b—腿宽度；　　d—腰中间厚度；
t—腿中间厚度；　　r—内圆弧半径。

型号	截面尺寸/mm						截面面积/cm²	理论质量/(kg·m⁻¹)	外表面积/(m²·m⁻¹)	惯性矩/cm⁴		惯性半径/cm		截面模数/cm³	
	h	b	d	t	r	r_1				I_x	I_y	i_x	i_y	W_x	W_y
10	100	68	4.5	7.6	6.5	3.3	14.33	11.3	0.432	245	33.0	4.14	1.52	49.0	9.72
12	120	74	5.0	8.4	7.0	3.5	17.80	14.0	0.493	436	46.9	4.95	1.62	72.7	12.7
12.6	126	74	5.0	8.4	7.0	3.5	18.10	14.2	0.505	488	46.9	5.20	1.61	77.5	12.7
14	140	80	5.5	9.1	7.5	3.8	21.50	16.9	0.553	712	64.4	5.76	1.73	102	16.1
16	160	88	6.0	9.9	8.0	4.0	26.11	20.5	0.621	1 130	93.1	6.58	1.89	141	21.2
18	180	94	6.5	10.7	8.5	4.3	30.74	24.1	0.681	1 660	122	7.36	2.00	185	26.0
20a	200	100	7.0	11.4	9.0	4.5	35.55	27.9	0.742	2 370	158	8.15	2.12	237	31.5
20b	200	102	9.0	11.4	9.0	4.5	39.55	31.1	0.746	2 500	169	7.96	2.06	250	33.1
22a	220	110	7.5	12.3	9.5	4.8	42.10	33.1	0.817	3 400	225	8.99	2.31	309	40.9
22b	220	112	9.5	12.3	9.5	4.8	46.50	36.5	0.821	3 570	239	8.78	2.27	325	42.7
24a	240	116	8.0	13.0	10.0	5.0	47.71	37.5	0.878	4 570	280	9.77	2.42	381	48.4
24b	240	118	10.0	13.0	10.0	5.0	52.51	41.2	0.882	4 800	297	9.57	2.38	400	50.4
25a	250	116	8.0	13.0	10.0	5.0	48.51	38.1	0.898	5 020	280	10.2	2.40	402	48.3
25b	250	118	10.0	13.0	10.0	5.0	53.51	42.0	0.902	5 280	309	9.94	2.40	423	52.4
27a	270	122	8.5	13.7	10.5	5.3	54.52	42.8	0.958	6 550	345	10.9	2.51	485	56.6
27b	270	124	10.5	13.7	10.5	5.3	59.92	47.0	0.962	6 870	366	10.7	2.47	509	58.9
28a	280	122	8.5	13.7	10.5	5.3	55.37	43.5	0.978	7 110	345	11.3	2.50	508	56.6
28b	280	124	10.5	13.7	10.5	5.3	60.97	47.9	0.982	7 480	379	11.1	2.49	534	61.2
30a	300	126	9.0	14.4	11.0	5.5	61.22	48.1	1.031	8 950	400	12.1	2.55	597	63.5
30b	300	128	11.0	14.4	11.0	5.5	67.22	52.8	1.035	9 400	422	11.8	2.50	627	65.9
30c	300	130	13.0	14.4	11.0	5.5	73.22	57.5	1.039	9 850	445	11.6	2.46	657	68.5
32a	320	130	9.5	15.0	11.5	5.8	67.12	52.7	1.084	11 100	460	12.8	2.62	692	70.8
32b	320	132	11.5	15.0	11.5	5.8	73.52	57.7	1.088	11 600	502	12.6	2.61	726	76.0
32c	320	134	13.5	15.0	11.5	5.8	79.92	62.7	1.092	12 200	544	12.3	2.61	760	81.2

续表

型号	截面尺寸/mm						截面面积/cm²	理论质量/(kg·m⁻¹)	外表面积/(m²·m⁻¹)	惯性矩/cm⁴		惯性半径/cm		截面模数/cm³	
	h	b	d	t	r	r₁				I_x	I_y	i_x	i_y	W_x	W_y
36a	360	136	10.0	15.8	12.0	6.0	76.44	60.0	1.185	15 800	552	14.4	2.69	875	81.2
36b		138	12.0				83.64	65.7	1.189	16 500	582	14.1	2.64	919	84.3
36c		140	14.0				90.84	71.3	1.193	17 300	612	13.8	2.60	962	87.4
40a	400	142	10.5	16.5	12.5	6.3	86.07	67.6	1.285	21 700	660	15.9	2.77	1 090	93.2
40b		144	12.5				94.07	73.8	1.289	22 800	692	15.6	2.71	1 140	96.2
40c		146	14.5				102.1	80.1	1.293	23 900	727	15.2	2.65	1 190	99.6
45a	450	150	11.5	18.0	13.5	6.8	102.4	80.4	1.411	32 200	855	17.7	2.89	1 430	114
45b		152	13.5				111.4	87.4	1.415	33 800	894	17.4	2.84	1 500	118
45c		154	15.5				120.4	94.5	1.419	35 300	938	17.1	2.79	1 570	122
50a	500	158	12.0	20.0	14.0	7.0	119.2	93.6	1.539	46 500	1 120	19.7	3.07	1 860	142
50b		160	14.0				129.2	101	1.543	48.600	1 170	19.4	3.01	1 940	146
50c		162	16.0				139.2	109	1.547	50 600	1 220	19.0	2.96	2 080	151
55a	550	166	12.5	21.0	14.5	7.3	134.1	105	1.667	62 900	1 370	21.6	3.19	2 290	164
55b		168	14.5				145.1	114	1.671	65 600	1 420	21.2	3.14	2 390	170
55c		170	16.5				156.1	123	1.675	68 400	1 480	20.9	3.08	2 490	175
56a	560	166	12.5				135.4	106	1.687	65 600	1 370	22.0	3.18	2 340	165
56b		168	14.5				146.6	115	1.691	68 500	1 490	21.6	3.16	2 450	174
56c		170	16.5				157.8	124	1.695	71 400	1 560	21.3	3.16	2 550	183
63a	630	176	13.0	22.0	15.0	7.5	154.6	121	1.862	93 900	1 700	24.5	3.31	2 980	193
63b		178	15.0				167.2	131	1.866	98 100	1 810	24.2	3.29	3 160	204
63c		180	17.0				179.8	141	1.870	102 000	1 920	23.8	3.27	3 300	214

注：表中 r、r_1 的数据用于孔型设计，不做交货条件。

附录3　中英文名词对照表

A
安全系数　safety factor

B
八面体切应力　octahedral shear stress
比例极限　proportional limit
边界条件　boundary conditions
变形　deformation
变形协调方程　compatibility equation of deformation
泊松比　Poisson's law

C
材料力学　mechanics of materials
纯剪切　pure shear
纯弯曲　pure bending
脆性材料　brittle materials

D
大曲率梁　curved beam with large curvature
大柔度杆　long compliance columns
单向受力假设　uniaxial stress assumption
单向应力,单向受力　uniaxial stress
等强度梁　beam of constant strength
等效力系　equivalent forces system
叠加法　superposition method
叠加原理　superposition principle
定坐标系　fixed coordinates system
动滑动摩擦　moving friction
动载荷　dynamic load
动坐标系　moving coordinates system
断面收缩率　percentage reduction of area
对称弯曲　symmetric bending
多余约束　redundant constraint
多余支反力　redundant reaction

E
二力杆　two-force clement
二向应力状态　state of biaxial stress

F
复合材料　composite materials
法面　normal plane
法线　normal
非对称弯曲　unsymmetric bending
分布载荷　distributed load
分力　components
复杂应力状态　state of complex stress

G
杆,杆件　bar
刚度　stiffness
刚架　frame
刚体　rigid body
刚体虚功原理　principle of virtual rigid body
各向同性材料　isotropical material
工作应力　working stress
构件　element
固定端　fixed ends
惯性半径　radius of gyration
惯性积　product of inertia
惯性积平行轴定理　parallel-axis theo for product of inertia
惯性矩　moment of inertia
光滑面　smooth surface
广义胡克定律　generalized Hooke's law
滚动摩擦　rolling friction
滚动支座　roller support

H
合力　resultant force/resultant of force
合力偶　resultant couple
桁架　truss
横向变形　transverse deformation
横向泊松比　transverse Poisson's ratio
横向弹性模量　transverse modulus elasticity
胡克定律　Hooke's law

滑动摩擦 sliding friction	抗压刚度 axial rigidity
滑动矢量 sliding vector	空间力系 force in space
滑移线 slip-lines	拉压杆,轴向承载杆 axially loaded ba

L

汇交力系 concurrent force system	理想弹塑性假设 elastic-perfectly pl assumption

J

机械运动 mechanical motion	力 force
基本系统 primary structure	力臂 arm of force
极惯性矩 polar moment of inertia	力对点之矩 moment of a force about a point
极限载荷 limit load	力对轴之矩 moment of a force about axis
极限扭矩 limit torque	力法 force method
极限弯矩 limit moment	力螺旋 wrench of force system
极限应力 ultimate stress	力偶 couple
集中力 concentrated force	力偶矩 moment of a couple
几何许可位移 geometrically admissible displacement	力-伸长曲线 force-elongation curve
挤压应力 bearing stress	力系 system of force
剪力 shearing force	力学性能 mechanical properties
剪力方程 equation of shearing force	连续梁 continuity beams
剪力图 shearing force diagram	连续条件 continuity condition
剪切胡克定律 Hooke's law in shear	梁 beams
剪切面 shear surface	梁柱 beam-column
剪切形状系数 form factor for shear	临界载荷 critical load
简化 reduction	临界应力 critical stress

M

交变应力,循环应力 alternative stress	
铰链 hinge	
节点 node	摩擦 friction
节点法 method of joints	摩擦力 friction force
截面法 method of sections	摩擦因数 coefficient of friction

N

截面几何性质 geometrical properties of an area	
截面中心 sore of section	内力 internal forces
颈缩 necking	挠度 deflection
静不定 statically indeterminate	挠曲度 deflection curve
静定 statically determinate	挠曲方程 equation of deflection curve
静滑动摩擦力 static friction	挠曲近似微分方程 approximately differential equation of the deflection carve
静矩 static moment	
静力边界条件 static boundary condition	挠曲线微分方程 defferential equation of the deflection curve
静力许可内力 statically admissible internal force	
静力学 statics	扭矩图 torque diagram
静载荷 static load	扭力矩 twisting moment

K

	扭转 torsion
抗扭截面模量 section modulus in torsi	扭转刚度 torsional rigidity
抗弯截面模量 section modulus in bend	扭转极限应力 ultimate stress in torsion
	扭转角 angle of twist

扭转强度极限　ultimate strength in torsion
扭转屈服应力　yielding stress in torsion

O

欧拉临界载荷　Euler's critical load

P

偏心拉伸　eccentric tension
偏心压缩　eccentric compression
平衡　equilibrium
平衡方程　equilibrium equation
平均应力　average stress/mean stress
平均正应变　average normal train
平面假设　plane cross/section assumption
平面力系　coplanar forces
平面曲杆　plane curved bar
平面曲梁　plane curved beam
平面弯曲　plane bending
平面应变状态　state of plane strain
平面应力状态　state of plane stress
平行力系　parallel forces
平行轴定理　parallex axis theorem

Q

强度　strength
强度极限　ultimate strength
强度理论　theory of strength
切变模量　shearing modulus
切应变　shearing strain
切应力　shearing stress
切应力互等定理　theorem of conjugate shearing stress
球铰链　ball joint
屈服　yield
屈服极限　yield limit
屈服扭矩　yield torque
屈服强度　yield strength
屈服条件　yield condition
屈服弯矩　yield bending moment
屈服应力　yield stress

S

三向应力状态　state of triaxial stress
伸长率　specific elongation

圣维南原理　Saint-Venant's principle
失稳　buckling
矢径　position vector
受力图　free body diagram
双剪应力　twin-shear stresses
双剪应力圆　twin-shear stresses circle
塑性,延性　ductility
塑性变形,残余变形　plastic deformation
塑形材料,延性材料　ductile materials

T

弹簧常量　spring constant
弹性变形　elastic deformation
弹性极限　elastic limit
弹性模量　modulus of elasticity
体积改变能密度　density of energy volume change
体积力　body force
体应变　volume strain

W

外力　external forces
弯矩　bending moment
弯矩方程　equation of bending moment
弯矩图　bending moment diagram
弯拉(压)组合变形　bending with axially loading
弯曲　bending
弯曲刚度　flexural rigidity
弯曲切应力　shearing stress in bending
弯曲正应力　bending stress, normal stress in bending
微体　infinitesimal element
位移　displacement
稳定条件　stability condition
稳定系数　stability coefficient
稳定性　stability

X

细长比,柔度　slenderness ratio
细性弹性体　linear elastic body
相当长度,有效长度　equivalent length
相当应力　equivalent stress
相应位移　correspondent displacement
小曲率梁　curved bean with small curvature
小柔度杆　short columns
形心　centroid
形心轴　centroidal axis

许用载荷　allowable loads
许用应力　allowable stress
循环特征　cycle performance

Y

应变能　strain energy
应变能密度　strain energy density
应变硬化　strain-hardening
应变状态　state of strain
应力　stress
应力比　stress ratio
应力幅　stress amplitude
应力集中　stress-strain diagram
应力-应变图　stress-strain diagram
应力圆,莫尔圆　Mohr's circle for stress
应力状态　state of stress
约束　constraint
约束反力　constraint reaction
约束条件　constraint condition

Z

载荷　load
正应变　normal strain
正应力　normal stress
正轴应力-应变关系　on-axis stress-strain relation
中柔度杆　intermediate columns
中性轴　neutral axis
重力　gravity
重心　center of gravity
轴　shaft
轴承　bearing
轴力　axial force

轴力图　axial force diagram
轴向变形　axial deformation
轴向载荷　axial loads
轴向拉伸　axial tension
轴向压缩　axial compression
主动力　active force
主法线　principal normal
主惯性矩　principal moment of inertia
主距　principal moment
主平面　principal planes
主矢　principal vector
主形心惯性矩　principal centre moments of inertia
主形心轴　principal centroidal axis
主应变　principal strain
主应力　principal stress
主应力迹线　principal stress trajectory
主轴　principal axis
转动　rotation
转角　angle of rotation
自由扭转　free torsion
自由矢量　free vector
纵向变形　longitudinal deformation
组合变形　combined deformation
组合截面　composite area
最大拉应变理论　maximum tensile strain theory
最大拉应力理论　maximum tensile stress theory
最大切应力理论　maximum shear stress theory
最大应力　maximum stress
最小应力　minimum stress
作用与反作用　action and reaction